建筑工程计量与计价

第三版

徐广舒　主编

化学工业出版社

·北京·

内容简介

为贯彻落实党的二十大报告精神，“加强教材建设和管理”“推进教育数字化，建设全民终身学习的学习型社会、学习型大国”，打造培根铸魂、启智增慧，适应时代要求的精品教材，依据高等职业学校土建类专业教学标准及其相关课程“建筑工程计量与计价”“工程量清单计价”的课程标准，以典型工作任务、案例等为载体组织教材内容，探索纸质教材的数字化改造，编写本教材。

教材共设上下篇。上篇为建筑工程计量与计价基础，主要内容包括工程造价的含义和特点，工程造价的计价类型和计价特点，工程造价的管理，工程造价的构成，工程造价的计价依据、计价方法和计价程序，建筑面积计算。下篇为建筑工程计量与计价实务，主要内容包括建筑工程各分部分项工程（土方工程，桩基工程，砌筑工程，钢筋工程，混凝土工程，金属结构工程，屋面及防水工程，保温、隔热、防腐工程，装饰工程）的工程量清单编制和工程量清单计价，各单价措施项目（建筑物超高增加、脚手架工程、模板工程、垂直运输、施工排水降水）费用的计算、工程结算和 BIM 软件算量与计价。

本书配套了微课视频，为线上线下混合式教学、翻转课堂等“互联网 +”时代下新形态教学，培养学生数字素养，提供了丰富的教学资源。可扫描书中二维码获取学习。

本书可作为职业本科、高职高专院校土建类专业教学用书，也可作为相关从业人员岗位培训教材，还可供从事相关专业的工程技术人员学习、参考使用。

图书在版编目（CIP）数据

建筑工程计量与计价 / 徐广舒主编. —3版. —北京：化学工业出版社，2023.7 （2025.2重印）
“十四五”职业教育国家规划教材
ISBN 978-7-122-40735-1

Ⅰ. ①建… Ⅱ. ①徐… Ⅲ. ①建筑工程 - 计量 - 职业教育 - 教材②建筑造价 - 职业教育 - 教材 Ⅳ. ① TU723.3

中国版本图书馆 CIP 数据核字（2022）第 019354 号

责任编辑：李仙华　王文峡　　装帧设计：关　飞
责任校对：李雨晴

出版发行：化学工业出版社（北京市东城区青年湖南街 13 号　邮政编码 100011）
印　　装：河北延风印务有限公司
787mm × 1092mm　1/16　印张 20¼　字数 494 千字　2025 年 2 月北京第 3 版第 5 次印刷

购书咨询：010-64518888　　售后服务：010-64518899
网　　址：http://www.cip.com.cn
凡购买本书，如有缺损质量问题，本社销售中心负责调换。

定　　价：49.80 元

前 言

“建筑工程计量与计价”是高职建筑工程技术、建设工程管理、工程造价等专业的核心技术课程。通过课程的学习，学生能运用建筑工程计量与计价的依据、方法和程序，计算各分部分项工程的工程量、编制工程量清单；能掌握计价定额子目的套用原则和换算方法，编制清单招标控制价和投标报价；能运用 BIM 软件建模计量和计价软件计价；能编制项目实施过程中的结算文件。

本教材根据《建设工程工程量清单计价规范》(GB 50500—2013)、《房屋建筑与装饰工程工程量计算规范》(GB 50854—2013)、《江苏省建筑与装饰工程计价定额》(2014 版)、《江苏省建设工程费用定额》(2014 年)、《江苏省装配式混凝土建筑工程定额》(试行)(2017 版)和建设工程计价依据调整的相关文件、通知等，结合全国一级、二级造价工程师执业资格考试大纲、“1+X”《工程造价数字化应用》职业技能等级证书考核标准和全国职业院校“建设工程数字化计量与计价”技能大赛，岗课赛证融通，以工程小案例为载体，充分体现“教”“学”“做”一体的职业教育思想，由浅入深、由单个知识点到多个知识点，循序渐进，从而实现“教师牵着手、学生跟着做”→“教师搭把手、学生学着做”→“教师放开手、学生独立做”，系统培养学生的自主学习能力和动手能力。

第三版教材中增加了预制装配式混凝土工程的计量与计价、BIM 算量软件和计价软件简介等内容，将党的二十大精神有机地融入教材，帮助学生了解我国现代建筑产业政策，增强环保意识，倡导绿色建造，“协同推进降碳、减污、扩绿、增长，推进生态优先、节约集约、绿色低碳发展”。并对第二版配有的技能训练进行了更新和补充，特别增加了近几年造价师职业资格考试的真题，内容具有更强的通用性、政策性、时效性和实用性，以帮助读者提高工程实际应用能力和未来职业生涯应试能力。培养学生守法诚信、廉洁自律的职业道德，自觉维护国家和社会公共利益，逐步形成规范意识、质量意识和创新意识，适应专业技术不断发展的要求，树立终身学习的理念。本教材为“十四五”职业教育国家规划教材。

本教材由南通职业大学徐广舒教授担任主编。其中项目 4、6、11 ~ 14、16 由徐广舒教授编写，项目 1 ~ 3、7、15 由南通职业大学王伟编写，项目 5、8 ~ 10、17 由南通职业大学宋玲编写。教材编写人员长期从事一线教学、科研、生产相关工作，均获得全国一级造价工程师职业资格，具有扎实的专业知识、丰富的教学经验和较强的实践能力。中如建工集团有限公司总工程师、研究员级高级工程师江林对本教材进行了审核，并提出了宝贵意见。

教材配套的丰富教学视频，为 2022 年职业教育国家在线精品课程，在中国大学 MOOC 和智慧职教等平台运行，可扫描书中二维码观看学习。同时本书提供有电子课件、技能训练答案等数字教学资源，读者可登录 www.cipedu.com.cn 免费获取。本书体现“互联网 +”时代信息化工程造价管理的要求，推进教育数字化。

本书在编写过程中，参考了相关的文献和资料，在此谨向这些作者表示衷心感谢！书中难免有不足之处，敬请读者批评指正。

编者

2023 年 3 月

第二版前言

高等学校土木建筑类专业应用型人才培养目标是培养能够适应生产、建设、管理和服务第一线需要的技术技能型人才。各高等职业院校历经几年的教学改革、示范性建设，专业不断优化，课程教学内容得到进一步的整合，加大了教材建设的投入。但由于国家和地方颁布的法规、规程、规范、标准等的修订，目前专业教材的内容与之仍然不能同步。教材内容的及时更新已成为常规教学中的一项重要工作。吸引企业专家联合确定教材内容，共同编写理实一体化教材，从而增强教材的时效性和适用性，迫在眉睫。本书为“十三五”职业教育国家规划教材，“十二五”江苏省高等学校重点教材。

为更好地让读者学习、理解和应用计价理论和方法，本书依据《建设工程工程量清单计价规范》(GB 50500—2013）和《江苏省建筑与装饰工程计价定额》(2014 版)、《江苏省建设工程费用定额》(2014 年)、实施营改增后建设工程计价依据调整的相关文件、通知等，将第一版中的工程实例置换为若干个小案例，充分体现“教”“学”“做”一体的职业教育思想，由浅入深、由单个知识点到多个知识点，循序渐进，从而实现“教师牵着手、学生跟着做”→“教师搭把手、学生学着做”→“教师放开手、学生独立做”，系统培养学生的自主学习能力和动手能力。同时，本书配有一定数量的案例分析和技能训练，以提高读者工程实际应用能力和未来职业生涯应试能力。内容除具有较强的通用性外，更强调地域性、政策性、时序性和实用性。

本书由南通职业大学徐广舒教授担任主编。其中项目 4、6、11 ~ 14、16 由徐广舒教授编写，项目 1 ~ 3、7、15 由南通职业大学王伟老师编写，项目 5、8 ~ 10 由南通职业大学宋玲老师编写。全书由徐广舒统稿。

读者可以登录 http://jiangsu.icourses.cn，点击网站首页“品牌专业课程”，选择“高职→土木建筑大类→建筑工程计量与计价”，免费注册并学习以本书为主要教学内容的江苏省在线开放课程《建筑工程计量与计价》。

本书配套了微课视频等教学资源，可扫描书中二维码观看学习。同时本书提供有电子课件、技能训练答案，读者可登录 www.cipedu.com.cn 免费获取。

本书在编写过程中，参考了相关的文献和资料，在此谨向这些作者表示衷心感谢！

由于时间紧迫，编者水平有限，书中难免有不足之处，敬请读者批评指正。

编者

2017 年 9 月

目录

项目12 屋面及防水工程计量与计价 / 184

项目13 保温、隔热、防腐工程计量与计价 / 198

项目14 装饰工程计量与计价 / 204

项目 15　单价措施项目费计算　/ 242

项目 16　工程结算　/ 264

二维码资源目录

续表

二维码编号	资源名称	资源类型	页码
10.6	叠合楼板详图	PDF	160
10.7	剪力墙详图	PDF	160
10.8	装配式混凝土工程案例一	视频	175
10.9	装配式混凝土工程案例二	视频	175
10.10	装配式混凝土工程案例三	视频	175
10.11	装配式混凝土工程案例四	视频	175
10.12	装配式混凝土工程案例五	视频	175
11.1	金属结构工程	视频	179
12.1	屋面防水工程清单编制	视频	191
14.1	楼地面装饰工程工程量清单编制	视频	210
14.2	墙柱面装饰工程工程量清单编制	视频	211
14.3	楼地面装饰工程清单综合单价	视频	227
14.4	墙柱面装饰工程清单综合单价	视频	228
14.5	装饰工程综合案例	视频	232
15.1	脚手架工程清单计价	视频	246
15.2	模板工程清单计量	视频	251
15.3	模板工程案例	视频	257
15.4	分部分项工程综合案例	视频	261
15.5	混凝土及模板综合案例	视频	261
16.1	预付工程款	视频	266
16.2	预付工程款案例分析	视频	267
16.3	工程量偏差引起的合同价款调整	视频	269
16.4	现场签证引起的合同价款调整	视频	273
16.5	工程价款的动态结算	视频	281
16.6	工程合同价款管理综合案例	视频	288
16.7	工程索赔综合案例	视频	288
16.8	工程结算综合案例	视频	288
16.9	项目的建设投资计算综合案例	视频	288
17.1	计价软件应用 1	视频	302
17.2	计价软件应用 2	视频	308

上篇

建筑工程计量与计价基础

项目 1

认识工程造价

学习目标

● 知识目标：了解工程造价的含义和特点，掌握不同建设阶段工程造价的概念、计价依据和作用。

● 能力目标：能够区分不同建设阶段工程造价的计价内容及其之间的关系。

素质目标

●“国家宏观调控、市场竞争形成价格”的造价原则，体现中国特色社会主义制度优势，坚定“四个自信”，增强学习动力。

●工程造价的特点反映出国家或地区经济发展的实力、人民物质文化生活的水平，决定了工程造价是进行宏观经济调控的依据之一；工程造价管理责任重大。

1.1 工程造价的含义

工程造价是指建设工程项目自筹建到按照确定的建设内容、建设规模、建设标准、功能要求和使用要求等全部建成并验收合格交付使用所需的全部费用。根据所站角度不同，工程造价有不同的含义。

二维码 1.1

从投资者（业主）角度而言，工程造价就是工程投资费用，即建设一项工程预期开支或实际开支的全部固定资产投资费用，即建设工程项目固定资产投资。

从市场交易的角度，即业主和承包商双方而言，工程造价是指工程价格，即建成一项工程，预计或实际在工程发承包交易活动中所形成的建筑安装工程价格或建设工程总价格。

工程造价的两种含义实质上就是从不同角度把握同一事物的本质。对市场经济条件下的投资者来说，工程造价就是项目投资，是“购买”工程项目要付出的价格；同时，工程造价也是投资者作为市场供给主体“出售”工程项目时确定价格和衡量投资经济效益的尺度。

1.2 工程造价的特点

建设项目工程造价的特点是由建设项目自身的特点决定的。建设项目工程造价具有以下特点：

（1）工程造价的大额性

建设项目工程造价数额巨大，动辄上千万元、数十亿元。这一特点使它关系到国家、行业或地区的重大经济利益，对国计民生也会产生重大的影响。建设项目工程造价的大额性决定了工程造价的特殊地位，也说明了工程造价管理的重要意义。

（2）工程造价的个别性

每个建设项目都是按照特定使用者的专门用途、在指定地点逐个建设的。每项建设项目为适应不同使用要求，其面积和体积、造型和结构、装修与设备的标准及数量都会有所不同，而且特定地点的气候、地质、水文、地形等自然条件及当地政治、经济、风俗习惯等因素必然使建筑产品实物形态千差万别。再加上不同地区构成工程造价的各种生产要素（如人工、材料、机械）价格的差异，导致建设项目工程造价的个别性。

（3）工程造价的动态性

任何一个建设项目从筹建到竣工交付使用，都要经历一个较长的建设周期，其中会出现许多影响工程造价的因素，如设计变更、材料价格的变化、工资标准的调整等。因此，建设项目的工程造价在整个建设期内处于不确定状态，直至竣工决算后才能确定建设项目的最终实际工程造价。

（4）工程造价的层次性

建设项目工程造价的层次性取决于建设项目的层次性。一个建设项目可以分解成若干个能独立发挥生产设计能力或效益的单项工程，一个单项工程又可以分解成若干个能够独立设计、独立组织施工的单位工程，一个单位工程又可以按照单位工程的部位或工种划分分解成若干个分部工程，一个分部工程又可以分解成若干个分项工程。由此相对应，工程造价的层次性表现为：分部分项工程造价、单位工程造价、单项工程造价、建设项目总造价。

1.3 工程造价的计价类型

工程造价在工程建设的各个不同阶段对应着不同的计价类型，主要包括建设项目投资估算、设计概算、修正设计概算、施工图预算、承包合同价、工程结算价和竣工结（决）算价等，如图 1-1 所示。

二维码 1.2

1.3.1 投资估算

投资估算是指在建设项目决策阶段对拟建项目从筹建、施工直至建成投产所需资金总额进行的预测和估计，投资估算是项目投资决策、筹资和控制工程造价的主要依据。

1.3.2 设计概算

设计概算是指在初步设计阶段，在投资估算的控制下，由设计单位根据初步设计图纸、概算指标、费用定额和建设地各项价格信息等资料对建设项目从筹建到交付使用所需全部费用进行的概略计算。

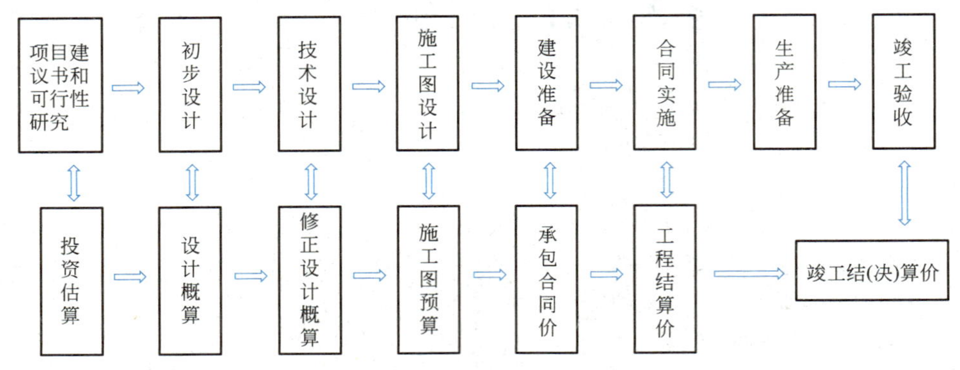

图 1-1 建筑工程计价类型

设计概算较投资估算准确，一经批准将作为控制建设项目投资的最高限额。设计概算是控制施工图设计和施工图预算、编制招标控制价和投标报价等的依据。

1.3.3 修正设计概算

修正设计概算是指在采用初步设计、技术设计和施工图设计三阶段设计的技术设计阶段，根据技术设计的要求，对初步设计阶段的概算造价的修正和调整。修正设计概算较设计概算准确，但受设计概算的控制。

1.3.4 施工图预算

施工图预算是指在施工图设计阶段以施工图设计文件为依据，通过编制预算文件预先测算和确定的工程造价。施工图预算较设计概算或修正设计概算更为详尽和准确，但同样受前一阶段工程造价的控制，它是投资方确定工程招标控制价，施工企业编制投标报价、控制工程成本及进行工程结算等的重要依据。招标控制价和投标报价都属于施工图预算。

（1）招标控制价

招标控制价是指招标人根据国家或省级、行业建设主管部门颁发的有关计价依据和办法，以及拟定的招标文件和招标工程量清单，结合工程具体情况编制的招标工程的最高投标限价。

招标控制价应由具有编制能力的招标人或受其委托具有相应资质的工程造价咨询人编制和复核。国有资金投资的建设工程招标，招标人必须编制招标控制价。该招标控制价作为招标人能够接受的最高交易价格。

招标控制价按照《建设工程工程量清单计价规范》（GB 50500—2013）（以下简称“计价规范”）的规定编制，不应上调或下浮。体现招标的公开、公正，防止招标人有意抬高或压低工程造价。招标控制价超过批准的概算时，招标人应将其报原概算审批部门审核。

招标人应在发布招标文件时公布招标控制价，同时应将招标控制价及有关资料报送工程所在地工程造价管理机构（或有该工程管辖权的行业管理部门）备查。

（2）投标价

投标价是指投标人投标时响应招标文件要求所报出的对已标价工程量清单标明的总价。投标价应由投标人或受其委托具有相应资质的工程造价咨询人编制。投标人应依据“计价规范”的规定自主确定投标报价。自主报价是市场竞争形成价格的真实体现，但投标报价不得低于工程成本。

工程成本是指承包人为实施合同工程并达到质量标准，在确保安全施工的前提下，必须消耗或使用的人工、材料、工程设备、施工机械台班及其管理等方面发生的费用和按规定缴纳的规费和税金。禁止投标人以低于其自身完成投标项目所需的成本的报价进行投标竞争，一是为了避免出现投标人以低于工程成本的报价中标后，再以粗制滥造、偷工减料等违法手段不正当地降低工程成本，挽回其低价中标的损失，给工程质量造成危害。二是为了维护正常的投标竞争秩序，防止产生投标人以低于其工程成本的报价进行不正当竞争，损害其他以合理报价进行竞争的投标人的利益。

1.3.5 合同价

合同价是指在工程发承包阶段，通过投标竞争确定中标单位，签订承包合同所约定的工程造价。合同价是工程结算的依据，但是合同价并不是最终结算的实际工程造价。

1.3.6 工程结算

工程结算是指在工程实施和竣工验收阶段，以合同价为基础，根据设计变更与工程索赔等情况，通过编制工程结算确定已完工程价格，作为业主支付进度款的依据。

1.3.7 竣工结算

竣工结算是指工程项目完工并经竣工验收合格后，发承包双方按照施工合同的约定对所完成的工程项目进行的工程价款的结算、调整和确认，是发包范围内及施工期间发生的应由发包人承担的工程实际造价。

竣工结算由承包人或其委托的具有相应资质的工程造价咨询人编制，由发包人或受其委托的具有相应资质的工程造价咨询人核对。

1.3.8 竣工决算

竣工决算是整个建设工程全部完工并经过验收合格以后，由建设单位编制的建设项目从筹建到竣工交付使用为止的全部建设费用、建设成果和财务情况的总结性文件。竣工决算价包括竣工项目从筹建到竣工投产全过程的全部实际费用，也是建设工程项目最终的实际工程造价。

1.4 工程造价的计价特点

工程造价的特点决定了工程计价具有单件性、多次性、组合性、多样性的特点。

（1）计价的单件性

建筑工程造价的个别性决定了建筑工程造价不可能像其他工业产品那样统一成批定价，只能根据它们各自所需的物化劳动和活劳动消耗量逐项计价，即单件计价。

（2）计价的多次性

建筑工程工期长、规模大、造价高，需要按建设程序决策和实施，工程计价也需要在工程建设的各个阶段依据一定的计价顺序、计价资料和计价方法分别计算各个阶段的工程造价，以保证工程造价的合理确定和有效控制。多次计价是一个随着工程不断展开而逐步深化、逐步细化和逐步接近实际造价的动态过程，不是固定的、唯一的和静止的。各个环节之间相互衔接，前者制约后者，后者补充前者。

（3）计价的组合性

建筑工程造价的计算是由分部组合而成的，需分别计算分部分项工程造价、单位工程造价、单项工程造价，最后才形成建设工程的总造价。

（4）计价方法的多样性

建筑工程多次性计价有各不相同的计价依据和计价方法，每次计价的精确度要求也不一样，由此决定了计价方法的多样性。

1.5 工程造价管理

与工程造价两种含义对应的工程造价管理，也有两种含义，一是投资管理，二是价格管理。

工程建设投资管理，是指为了实现投资的预期目标，在撰写的规划、设计方案的条件下，预测、计算、确定和监控工程造价及其变动的系统活动。投资费用管理，属于工程建设投资管理的范畴，包括优化设计方案、控制建设标准、做好招标工作、优选承建单位等环节。

工程价格管理是从货币形态来研究完成一定建筑安装产品的费用构成，以及如何运用各种经济规律和科学方法，对建设项目的立项、筹建、设计、施工、竣工交付使用的全过程工程造价进行合理确定和有效控制。

价格管理，在微观层次上，是生产企业在全面掌握市场价格信息的基础上，为实现管理目标而进行的成本控制，计价、定价和竞价的系统活动。在宏观层次上，是政府根据社会经济的要求，利用法律手段、经济手段和行政手段对价格进行管理和调控，以及通过市场管理，规范市场主体价格行为的系统活动。工程价格管理，属于价格管理范畴。

投资管理与价格管理，既相互联系又相互区别。由于工程投资费用的外延是全方位的，而工程价格涵盖的范围随工程发承包范围不同有较大差异，二者管理的内容和范围不同；但它们又是相互联系的，工程价格的确定是建设成本管理的重要环节，同时服务于投资管理。工程造价管理的核心任务就是合理地确定工程造价和有效地控制工程造价。

在如今的互联网时代，随着信息技术的进步和发展，工程造价和工程造价管理的方式也发生了很大变化。其中运用 BIM 技术进行造价管理的优势尤为突出。

BIM 技术的自动算量功能可以提升计算客观性与效率，节约了人力、物力与时间资源；应用 BIM 技术建立三维模型可提供更精确、更完善的数据基础，有利于资金计划、人力计划、材料计划与设备设施计划等的编制与使用；利用 BIM 三维建模碰撞检查工具，降低设计变更发生率；在变更发生时，通过模型的调整获得工程量自动变化情况，避免了重复计算造成的误差等问题。

技能训练

一、思考题

1. 如何理解工程造价的两种含义？
2. 工程造价有哪些特点？
3. 工程建设的各个不同阶段对应着哪些不同的计价类型？

4. 什么是招标控制价？什么是投标价？两者之间有什么联系和区别？

二、单项选择题

1. 从投资者角度，工程造价是建设工程预计投资或者实际投资的（　　）费用。【造价师职业资格考试真题】

A. 固定资产　　B. 建安工程

C. 流动资金　　D. 静态投资

2. 工程造价在整个建设期内处于不确定状态，直至竣工决算后才能确定建设项目的最终实际工程造价，反映了工程造价的（　　）特点。

A. 大额性　　B. 个别性

C. 动态性　　D. 层次性

3. 对于采用不同设计建造的建筑，必须单独计算造价，这体现了工程造价的（　　）。

A. 大额性的特点　　B. 个别性的特点

C. 层次性的特点　　D. 动态性的特点

4. 分项工程的价格汇总得到分部工程价格，分部工程价格汇总得到单位工程价格，这体现了工程造价的（　　）。

A. 大额性的特点　　B. 个别性的特点

C. 层次性的特点　　D. 动态性的特点

5. 工程计价是一个逐步组合的过程，正确的造价组合过程是（　　）。【造价师职业资格考试真题】

A. 单位工程造价→分部分项工程造价→单项工程造价

B. 单位工程造价→单项工程造价→分部分项工程造价

C. 分部分项工程造价→单位工程造价→单项工程造价

D. 分部分项工程造价→单项工程造价→单位工程造价

6. 工程项目的多次计价是一个（　　）的过程。【造价师职业资格考试真题】

A. 逐步分解和组合，逐步汇总概算造价

B. 逐步深化和细化，逐步接近实际造价

C. 逐步分析和测算，逐步确定投资估算

D. 逐步确定和控制，逐步积累竣工结算价

7. 建筑产品的单件性特点决定了每项工程造价都必须（　　）。

A. 分部组合　　B. 多层组合

C. 多次计算　　D. 单独计算

8. 关于项目投资估算的作用，下列说法中正确的是（　　）。【造价师职业资格考试真题】

A. 项目建议书阶段的投资估算，是确定建设投资最高限额的依据

B. 可行性研究阶段的投资估算，是项目投资决策的重要依据，不得突破

C. 投资估算不能作为制定建设贷款计划的依据

D. 投资估算是核算建设项目固定资产需要额的重要依据

9. 初步设计阶段，按照有关规定编制（　　）。

A. 初步投资估算　　B. 初步设计总概算

C. 施工图预算　　D. 结算

10. 施工图设计阶段，按照有关规定编制（　　）。

A. 初步投资估算　　B. 初步设计总概算

C. 预算 D. 结算

11. 项目建议书阶段，按照有关规定编制（　　）。

A. 初步投资估算 B. 初步设计总概算

C. 施工图预算 D. 结算

12. 建设工程承包价格对应于（　　）。

A. 承包人而言的 B. 承、发包双方而言的

C. 发包人而言的 D. 建设单位而言的

13. 经有关部门批准，（　　）为控制拟建项目工程造价的最高限额。

A. 初步投资估算 B. 初步设计总概算

C. 投资估算 D. 决算价

14. 建设工程造价管理的关键是在（　　）阶段。【造价师职业资格考试真题】

A. 设计和施工 B. 施工和竣工结算

C. 招标和施工 D. 前期决策和设计

项目 2

工程造价的构成

学习目标

- 知识目标：掌握建设项目工程造价的构成，了解设备及工器具购置费、工程建设其他费用的构成，掌握建筑安装工程费用的构成，熟悉预备费、建设期利息的计算。
- 能力目标：能够计算设备及工器具购置费；能够计算预备费、建设期利息。

素质目标

- 全过程工程造价管理的理念，既要树立全局观，又要针对建设项目工程造价构成的每一个要素，采用不同的计算方法，即“一把钥匙开一把锁”。
- 严格按费用的归属进行计价汇总，培养严谨的逻辑思维和全面辩证分析问题的能力。

2.1 我国现行建设项目工程造价的构成

我国现行建设项目工程造价主要由设备及工器具购置费、建筑安装工程费、工程建设其他费用、预备费（包括基本预备费和涨价预备费）、建设期利息构成。具体构成内容如图 2-1 所示。

非生产性建设项目总投资即固定资产总投资；生产性建设项目总投资包括固定资产投资和流动资产投资。其中固定资产投资与建设项目的工程造价在量上相等。

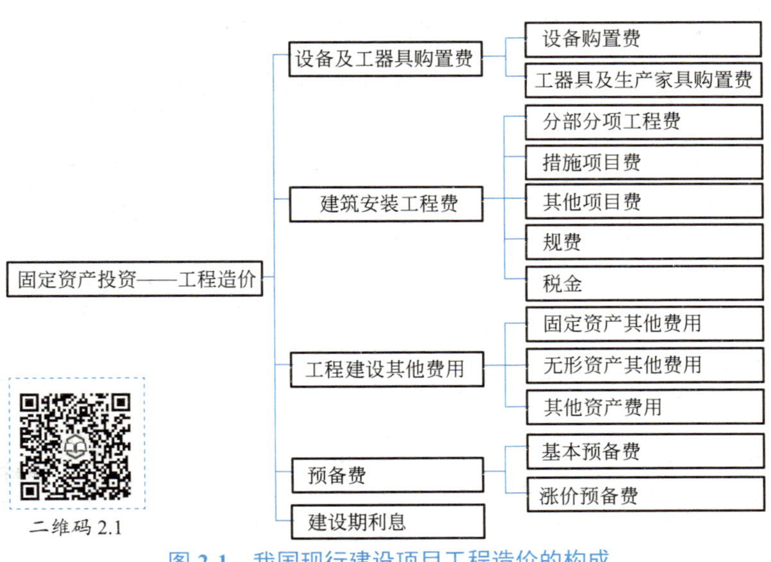

图 2-1 我国现行建设项目工程造价的构成

2.2 设备及工器具购置费

二维码 2.2

设备及工器具购置费用由设备购置费用和工器具及生产家具购置费用组成。

2.2.1 设备购置费

设备购置费是指为建设工程购置或自制的达到固定资产标准的各种国产和进口设备、工具、器具的购置费用。

$$设备购置费 = 国产设备原价或进口设备原价 + 设备运杂费 \tag{2-1}$$

2.2.1.1 国产设备原价

国产设备原价一般指的是设备制造厂的交货价，或订货合同价。其根据生产厂或供应商的询价、报价、合同确定，或采用一定的方法计算确定。

2.2.1.2 进口设备原价

进口设备原价也称进口设备抵岸价，是指抵达买方边境港口或边境车站，且交完关税以后的价格。进口设备抵岸价由进口设备到岸价（CIF）和进口从属费组成。

（1）进口设备到岸价

进口设备到岸价（CIF）是指进口设备抵达进口国口岸的价格，由进口设备离岸价（FOB）、国际运费、国际运输保险费组成。

进口设备离岸价（FOB）是指进口设备在装运港船上交货价。

（2）进口从属费

进口从属费包括银行财务费、外贸手续费、进口关税、消费税、进口环节增值税等，对进口车辆还包括车辆购置税。

$$\begin{aligned}进口设备原价 &= 进口设备到岸价（CIF）+ 进口从属费\\ &= 离岸价（FOB）+ 国际运费 + 国际运输保险费 + 银行财务费 + 外贸手续费 +\\ &\quad 进口关税 + 增值税 + 消费税\end{aligned} \tag{2-2}$$

其中：国际运费 = 离岸价（FOB）× 运费率　或　国际运费 = 单位运价 × 运量

$$国际运输保险费 = \frac{离岸价(FOB) + 国际运费}{1 - 保险费率} \times 保险费率 \tag{2-3}$$

$$银行财务费 = 离岸价（FOB）× 银行财务费率 \tag{2-4}$$

$$外贸手续费 = 到岸价（CIF）× 外贸手续费率 \tag{2-5}$$

$$关税 = 到岸价（CIF）× 进口关税税率 \tag{2-6}$$

$$消费税 = \frac{到岸价(CIF) \times 人民币外汇汇率 + 关税}{1 - 消费税税率} \times 消费税税率 \tag{2-7}$$

$$增值税 =（到岸价 + 关税 + 消费税）× 增值税税率 \tag{2-8}$$

$$车辆购置税 =（到岸价 + 关税 + 消费税）× 车辆购置税税率 \tag{2-9}$$

2.2.1.3 设备运杂费

（1）国产设备运杂费

国产设备运杂费是指由设备制造厂交货地点运至工地仓库止所发生的运输费、装卸费和采保费，一般按设备原价乘以设备运杂费率计算。设备运杂费率按各部门及省、市规定计取。

（2）进口设备运杂费

进口设备运杂费是指进口设备由进口国到岸港口、边境车站起至工地仓库止所发生的运输费、装卸费和采保费等，一般按进口设备原价乘以设备运杂费率计算。

2.2.2 工器具及生产家具购置费

工器具及生产家具购置费是指新建项目或扩建项目初步设计规定所必须购置的不够固定资产标准的设备、仪器、工卡模具、器具、生产家具和备品备件的费用。一般按设备购置费乘以定额费率计算。

案例分析

【2-1】 某公司从国外进口一套机电设备，离岸价为500万美元。如果国际运费率为5%，国际运输保险费率为0.3%，银行财务手续费率为0.5%，外贸手续费率为1.5%，关税税率为22%，增值税税率为17%，消费税税率为10%，银行外汇牌价为1美元=6.5元人民币，试计算该套设备的原价。

解析：

$$\text{FOB}=500\times6.5=3250\text{（万元）}$$

$$\text{国际运费}=3250\times5\%=162.5\text{（万元）}$$

$$\text{国际运输保险费}=\frac{3250+162.5}{1-0.3\%}\times0.3\%=10.27\text{（万元）}$$

$$\text{CIF}=3250+162.5+10.27=3422.77\text{（万元）}$$

$$\text{银行财务手续费}=3250\times0.5\%=16.25\text{（万元）}$$

$$\text{外贸手续费}=3422.77\times1.5\%=51.34\text{（万元）}$$

$$\text{关税}=3422.77\times22\%=753.01\text{（万元）}$$

$$\text{消费税}=\frac{3422.77+753.01}{1-10\%}\times10\%=463.98\text{（万元）}$$

$$\text{增值税}=(3422.77+753.01+463.98)\times17\%=788.76\text{（万元）}$$

进口设备原价：

$$3422.77+16.25+51.34+753.01+463.98+788.76=5496.11\text{（万元）}$$

【2-2】 背景资料：某外企公司引进全套工艺设备和技术，在我国某城市内建设项目，总投资中引进部分的合同总价为680万美元。其中，硬件费620万美元，软件费60万美元。人民币兑换美元的外汇牌价均按1美元=6.3元人民币计算。中国远洋公司的现行海运费率6%，海运保险费率0.35%，现行外贸手续费率、银行财务手续费率、增值税率和关税税率分别按1.5%、0.5%、17%、17%计取。设备的国内运杂费率为2.5%。问题：计算该进口设备购置费。

解析：货价 =620×6.3+60×6.3=3906+378=4284（万元）

国际运输费 =3906×6%=234.36（万元）

国际运输保险费 =（3906 + 234.36）÷（1−0.35%）×0.35%=14.54（万元）

关税：硬件关税 =（3906 + 234.36 + 14.54）×17%=4154.90×17%=706.33（万元）

软件关税 =378×17%=64.26（万元）

合计 =706.33+64.26=770.59（万元）

增值税 =（4284+234.36+14.54+770.59）×17%=5303.49×17%=901.59（万元）

银行财务手续费 =4284×0.5%=21.42（万元）

外贸手续费 =（4284+234.36+14.54）×1.5%=67.99（万元）

进口设备原价 =4284+234.36+14.54+770.59+901.59+21.42+67.99=6294.49（万元）

该进口设备的购置费 = 6294.49×（1+2.5%）=6451.85（万元）

2.3 建筑安装工程费用的构成

根据住建部和财政部发布的《关于印发〈建筑安装工程费用项目组成〉的通知》（建标〔2013〕44 号），建筑安装工程费用项目有以下两种不同的划分方式：按费用构成要素划分和按造价形成划分。

2.3.1 按费用构成要素划分

按照费用构成要素划分，建筑安装工程费包括人工费、材料（包含工程设备，下同）费、施工机具使用费、企业管理费、利润、规费和税金。

二维码 2.3

（1）人工费

人工费是指按工资总额构成规定，支付给从事建筑安装工程施工的生产工人和附属生产单位工人的各项费用。内容包括：

① 计时工资或计件工资：指按计时工资标准和工作时间或对已做工作按计件单价支付给个人的劳动报酬。

② 奖金：指对超额劳动和增收节支支付给个人的劳动报酬，如节约奖、劳动竞赛奖等。

③ 津贴补贴：指为了补偿职工特殊或额外的劳动消耗和由于其他特殊原因支付给个人的津贴，以及为了保证职工工资水平不受物价影响支付给个人的物价补贴。如流动施工津贴、特殊地区施工津贴、高温（寒）作业临时津贴、高空津贴等。

④ 加班加点工资：指按规定支付的在法定节假日工作的加班工资和在法定日工作时间外延时工作的加点工资。

⑤ 特殊情况下支付的工资：指根据国家法律、法规和政策规定，由于病、工伤、产假、计划生育假、婚丧假、事假、探亲假、定期休假、停工学习、执行国家或社会义务等原因按计时工资标准或计时工资标准的一定比例支付的工资。

人工费的基本计算公式为：

人工费 =∑（工日消耗量 × 日工资单价）　　(2-10)

其中，日工资单价是指施工企业平均技术熟练程度的生产工人在每工作日（国家法定工作时间内）按规定从事施工作业应得的日工资总额。

（2）材料费

材料费是指施工过程中耗费的原材料、辅助材料、构配件、零件、半成品或成品、工程设备的费用。其中，工程设备是指构成或计划构成永久工程一部分的机电设备、金属结构设备、仪器装置及其他类似的设备和装置。材料费具体内容包括：

① 材料原价　指材料、工程设备的出厂价格或商家供应价格。

② 运杂费　材料、工程设备自来源地运至工地仓库或指定堆放地点所发生的全部费用。

③ 运输损耗费　材料在运输装卸过程中不可避免的损耗。

④ 采购及保管费　为组织采购、供应和保管材料、工程设备的过程中所需要的各项费用，包括采购费、仓储费、工地保管费、仓储损耗。

材料费的基本计算公式为：

$$材料费=\sum（材料消耗量\times 材料单价） \tag{2-11}$$

$$材料单价=\{（材料原价+运杂费）\times[1+运输损耗率（\%）]\}\times[1+采购保管费率（\%）] \tag{2-12}$$

$$工程设备费=\sum（工程设备量\times 工程设备单价） \tag{2-13}$$

$$工程设备单价=（设备原价+运杂费）\times[1+采购保管费率（\%）] \tag{2-14}$$

（3）施工机具使用费

施工机具使用费是指施工作业所发生的施工机械、仪器仪表使用费或其租赁费。包括：

① 施工机械使用费：指施工机械作业发生的使用费或租赁费。施工机械使用费的基本计算公式：

$$施工机械使用费=\sum（施工机械台班消耗量\times 机械台班单价） \tag{2-15}$$

其中，施工机械台班单价应由下列七项费用组成：

a. 折旧费。指施工机械在规定的使用年限内，陆续收回其原值的费用。

b. 大修理费。指施工机械按规定的大修理间隔台班进行必要的大修理，以恢复其正常功能所需的费用。

c. 经常修理费。指施工机械除大修理以外的各级保养和临时故障排除所需的费用。包括为保障机械正常运转所需替换设备与随机配备工具附具的摊销和维护费用，机械运转中日常保养所需润滑与擦拭的材料费用及机械停滞期间的维护和保养费用等。

d. 安拆费及场外运费。安拆费指施工机械（大型机械除外）在现场进行安装与拆卸所需的人工、材料、机械和试运转费用以及机械辅助设施的折旧、搭设、拆除等费用；场外运费指施工机械整体或分体自停放地点运至施工现场或由一施工地点运至另一施工地点的运输、装卸、辅助材料及架线等费用。

e. 人工费。指机上司机（司炉）和其他操作人员的人工费。

f. 燃料动力费。指施工机械在运转作业中所消耗的各种燃料及水、电等。

g. 税费。指施工机械按照国家规定应缴纳的车船使用税、保险费及年检费等。

② 仪器仪表使用费：是指工程施工所需使用的仪器仪表的摊销及维修费用。

仪器仪表使用费的基本计算公式：

$$仪器仪表使用费=工程使用的仪器仪表摊销费+维修费 \tag{2-16}$$

（4）企业管理费

企业管理费是指建筑安装企业组织施工生产和经营管理所需的费用。企业管理费包括：

① 管理人员工资：指按规定支付给管理人员的计时工资、奖金、津贴补贴、加班加点工资及特殊情况下支付的工资等。

② 办公费：指企业管理办公用的文具、纸张、账表、印刷、邮电、书报、办公软件、现场监控、会议、水电、烧水和集体取暖降温（包括现场临时宿舍取暖降温）等费用。

③ 差旅交通费：指职工因公出差、调动工作的差旅费、住勤补助费，市内交通费和误餐补助费，职工探亲路费，劳动力招募费，职工退休、退职一次性路费，工伤人员就医路费，工地转移费以及管理部门使用的交通工具的油料、燃料等费用。

④ 固定资产使用费：指企业及其附属单位使用的属于固定资产的房屋、设备、仪器等的折旧、大修、维修或租赁费。

⑤ 工具用具使用费：指企业施工生产和管理使用的不属于固定资产的工具、器具、家具、交通工具和检验、试验、测绘、消防用具等的购置、维修和摊销费。

⑥ 劳动保险和职工福利费：指由企业支付的职工退职金、按规定支付给离休干部的经费，集体福利费、夏季防暑降温、冬季取暖补贴、上下班交通补贴等。

⑦ 劳动保护费：企业按规定发放的劳动保护用品的支出。如工作服、手套、防暑降温饮料以及在有碍身体健康的环境中施工的保健费用等。

⑧ 检验试验费：指施工企业按照有关标准规定，对建筑以及材料、构件和建筑安装物进行一般鉴定、检查所发生的费用，包括自设试验室进行试验所耗用的材料等费用。不包括新结构、新材料的试验费，对构件做破坏性试验及其他特殊要求检验试验的费用和建设单位委托检测机构进行检测的费用，对此类检测发生的费用，由建设单位在工程建设其他费用中列支。但对施工企业提供的具有合格证明的材料进行检测不合格的，该检测费用由施工企业支付。

⑨ 工会经费：是指企业按《工会法》规定的全部职工工资总额比例计提的工会经费。

⑩ 职工教育经费：是指按职工工资总额的规定比例计提，企业为职工进行专业技术和职业技能培训，专业技术人员继续教育、职工职业技能鉴定、职业资格认定以及根据需要对职工进行各类文化教育所发生的费用。

⑪ 财产保险费：是指企业管理用财产、车辆等的保险费用。

⑫ 财务费：是指企业为施工生产筹集资金或提供预付款担保、履约担保、职工工资支付担保等所发生的各种费用。

⑬ 税金：是指企业按规定缴纳的房产税、车船使用税、土地使用税、印花税、城市维护建设税、教育费附加、地方教育附加等各项税费。

⑭ 其他：包括技术转让费、技术开发费、投标费、业务招待费、绿化费、广告费、公证费、法律顾问费、审计费、咨询费、保险费等。

⑮ 附加税：国家税法规定的应计入建筑安装工程造价内的城市维护建设税、教育费附加、地方教育费附加。

（5）利润

利润是指施工企业完成所承包工程获得的盈利。

施工企业根据企业自身需求并结合建筑市场实际自主确定，列入报价中。

工程造价管理机构在确定计价定额中利润时，应以定额人工费或（定额人工费 + 定额机械费）作为计算基数，其费率根据历年工程造价积累的资料，并结合建筑市场实际确定，以单位（单项）工程测算，利润在税前建筑安装工程费的比例可按不低于 5% 且不高于 7% 的费率计算。利润应列入分部分项工程和措施项目中。

（6）规费

规费是指按国家法律、法规规定，由省级政府和省级有关权力部门规定必须缴纳或计取的费用。规费包括：

① 社会保险费，包括：养老保险费、失业保险费、医疗保险费、生育保险费和工伤保险费。

养老保险费是指企业按照规定标准为职工缴纳的基本养老保险费；失业保险费是指企业按照规定标准为职工缴纳的失业保险费；医疗保险费是指企业按照规定标准为职工缴纳的基本医疗保险费；生育保险费是指企业按照规定标准为职工缴纳的生育保险费；工伤保险费是指企业按照规定标准为职工缴纳的工伤保险费。

② 住房公积金：是指企业按规定标准为职工缴纳的住房公积金。

其他应列而未列入的规费，按实际发生计取。

（7）税金

税金是指根据建筑服务销售价格，按规定税率计算的增值税销项税额。

2.3.2 按工程造价形成划分

按照工程造价形成划分，建筑安装工程费包括：分部分项工程费、措施项目费、其他项目费、规费和税金。

（1）分部分项工程费

分部分项工程费是指各专业工程的分部分项工程应予列支的各项费用。

① 专业工程：按现行国家各专业工程工程量计算规范（以下简称“计量规范”）划分的房屋建筑与装饰工程、仿古建筑工程、通用安装工程、市政工程、园林绿化工程、矿山工程、构筑物工程、城市轨道交通工程、爆破工程等各类工程。

② 分部分项工程：按现行国家“计量规范”对各专业工程划分的项目。分部工程是单项或单位工程的组成部分，是按结构部位、路段长度及施工特点或施工任务将单项或单位工程划分为若干分部的工程；分项工程是分部工程的组成部分，是按不同施工方法、材料、工序及路段长度等将分部工程划分为若干个分项或项目的工程。如房屋建筑与装饰工程划分的土石方工程、地基处理与桩基工程、砌筑工程、钢筋及钢筋混凝土工程等。

各类专业工程的分部分项工程按现行国家“计量规范”划分。分部分项工程费的计算详见项目 6 ～项目 14。

（2）措施项目费

措施项目费是指为完成建设工程施工，发生于该工程施工前和施工过程中的技术、生活、安全、环境保护等方面的费用。根据现行“计量规范”，措施项目分为单价措施项目和总价措施项目。

① 单价措施项目：指在现行“计量规范”中有对应的工程量计算规则，按人工费、材料费、施工机具使用费、管理费和利润形式组成综合单价的措施项目。《房屋建筑与装饰工程工程量计算规范》（GB 50854—2013）中，单价措施项目包括：脚手架工程，混凝土模板及支架（撑），垂直运输，超高施工增加，大型机械设备进出场及安拆，施工排水、降水。

② 总价措施项目：指在现行“计量规范”中无工程量计算规则，以总价（或计算基础乘以相应费率）计算的措施项目。包括：

a. 安全文明施工费。指在合同履行过程中，承包人按照国家法律、法规、标准等规定，为保证安全施工、文明施工，保护现场内外环境和搭拆临时设施等所采用的措施而发生的费用。包括环境保护、文明施工、安全施工、临时设施等费用。

环境保护费：施工现场为达到环保部门要求所需要的各项费用。

文明施工费：施工现场文明施工所需要的各项费用。

安全施工费：施工现场安全施工所需要的各项费用。

临时设施费：施工企业为进行建设工程施工所必须搭设的生活和生产用的临时建筑物、构筑物和其他临时设施费用。

b. 夜间施工增加费。指因夜间施工所发生的夜班补助费、夜间施工降效费、夜间施工照明设备摊销及照明用电等费用。

c. 非夜间施工照明费。指为保证工程施工正常进行，在如地下室、地宫等特殊施工部位施工时所采用的照明设备的安拆、维护、摊销及照明用电等费用。

d. 二次搬运费。指因施工场地条件限制而发生的材料、构配件、半成品等一次运输不能到达堆放地点，必须进行两次或多次搬运所发生的费用。

e. 冬雨季施工增加费。指在冬季或雨季施工需增加的临时设施、防滑、排除雨雪，人工及施工机械效率降低等费用。

f. 地上、地下设施、建筑物的临时保护设施费。指在工程施工过程中，对已建成的地上、地下设施和建筑物进行的遮盖、封闭、隔离等必要保护措施。

g. 已完工程及设备保护费。指竣工验收前，对已完工程及设备采取的必要保护措施所发生的费用。

（3）其他项目费

其他项目费包括暂列金额、暂估价、计日工和总承包服务费。

① 暂列金额：指招标人在工程量清单中暂定并包括在合同价款中的一笔款项。用于工程合同签订时尚未确定或者不可预见的所需材料、工程设备、服务的采购，施工中可能发生的工程变更、合同约定调整因素出现时的合同价款调整以及发生的索赔、现场签证确认等的费用。

② 暂估价：指招标人在工程量清单中提供的用于支付必然发生但暂时不能确定价格的材料、工程设备的单价以及专业工程的金额。

③ 计日工：指在施工过程中，承包人完成发包人提出的工程合同范围以外的零星项目或工作，按合同中约定的单价计价的一种方式。

④ 总承包服务费：指总承包人为配合协调发包人进行的专业工程发包，对发包人自行采购的材料、工程设备等进行保管以及施工现场管理、竣工资料汇总整理等服务所需的费用。

（4）规费和税金

规费和税金与按照费用构成要素划分中的规费和税金相同。

建筑安装工程费用无论按费用构成要素划分还是按造价形成划分，两者包含内容并无实质差异。按费用构成要素划分表达的是费用的组成；按造价形成划分是建筑安装工程在工程交易和工程实施阶段工程造价的组价要求。两者之间的关系如图 2-2 所示。

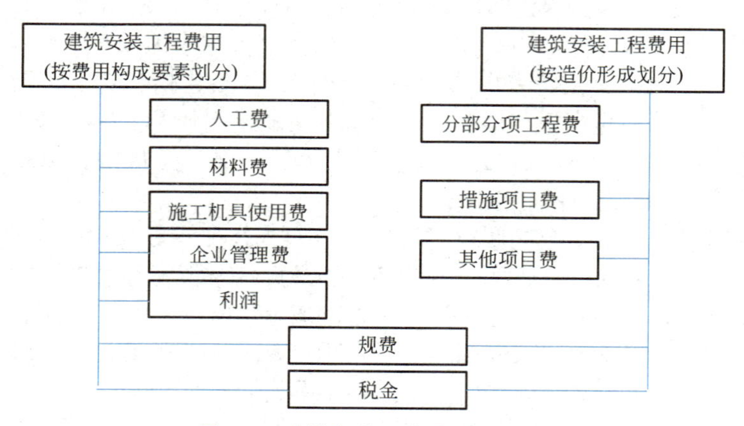

图 2-2　建筑安装工程费用的构成

2.4 工程建设其他费用的构成

二维码 2.4

工程建设其他费用，是指从工程筹建到工程竣工验收交付使用的整个建设期间，除建筑安装工程费用和设备、工器具购置费用以外的，为保证工程建设顺利完成和交付使用后正常发挥效用而发生的各项费用。工程建设其他费用一般包括如下内容。

（1）建设管理费

建设管理费是指建设单位为组织完成工程项目建设，在建设期内发生的各类管理性费用。具体包括以下内容：

① 建设单位管理费。指建设单位发生的管理性质的开支，包括：工作人员工资、工资性补贴、施工现场津贴、职工福利费、住房基金、基本养老保险费、基本医疗保险费、失业保险费、工伤保险费、办公费、差旅交通费、劳动保护费、工具用具使用费、固定资产使用费、必要的办公及生活用品购置费、必要的通信设备及交通工具购置费、零星固定资产购置费、招募生产工人费、技术图书资料费、业务招待费、设计审查费、工程招标费、合同契约公证费、法律顾问费、咨询费、工程质量监督检查费、审计费、完工清理费、竣工验收费、印花税和其他管理性质开支。

② 工程监理费。指建设单位委托工程监理单位实施工程监理的费用。

（2）建设用地费

建设用地费是指按照《中华人民共和国土地管理法》（以下简称为《土地管理法》）等的规定，建设项目使用土地应支付的费用。具体包括：

① 土地征用及迁移补偿费。指建设项目通过划拨方式取得无限期的土地使用权，依照《土地管理法》等的规定所支付的费用，包括：土地补偿费，青苗补偿费和被征用土地上的房屋、水井、树木等附着物补偿费，安置补助费，耕地占用税或城镇土地使用税、土地登记费及征地管理费，以及征地动迁费和水利水电工程水库淹没处理补偿费等。其总和一般不得超过被征土地年产值的 30 倍。

② 土地使用权出让金。指建设项目通过土地使用权出让方式，取得有限期的土地使用权，依照《中华人民共和国城镇国有土地使用权出让和转让暂行条例》的规定支付的土地使用权出让金。

（3）可行性研究费

可行性研究费是指在建设项目前期工作中，编制和评估项目建议书（或预可行性研究报告）以及可行性研究报告所需的费用。

（4）研究试验费

研究实验费是指为建设项目提供或验证设计数据和资料等进行必要的研究试验，及按照设计规定在建设过程中必须进行试验和验证所需的费用。

（5）勘察设计费

勘察设计费是指委托勘察设计单位进行工程水文地质勘察和工程设计所发生的各项费用，包括：工程勘察费、初步设计费（基础设计费）、施工图设计费（详细设计费）、设计模型制作费。

（6）环境影响评价费

环境影响评价费是指按照《中华人民共和国环境保护法》《中华人民共和国环境影响评

价法》等规定，为全面、详细评价建设项目对环境可能产生的污染或造成的重大影响所需的费用，包括编制环境影响报告书（含大纲）、环境影响报告表和评估环境影响报告书（含大纲）、评估环境影响报告表等所需的费用。

（7）劳动安全卫生评价费

劳动安全卫生评价费是指按照劳动部《建设项目（工程）劳动安全卫生监察规定》和《建设项目（工程）劳动安全卫生预评价管理办法》的规定，为预测和分析建设项目存在的职业危险、危害因素的种类和危险危害程度，并提出先进、科学、合理可行的劳动安全卫生技术和管理对策所需的费用。包括编制建设项目劳动安全卫生预评价大纲和劳动安全卫生预评价报告书以及为编制上述文件所进行的工程分析和环境现状调查等所需费用。

（8）场地准备及临时设施费

场地准备及临时设施费包括建设项目场地准备费和建设单位临时设施费。

建设项目场地准备费是指建设项目为达到工程开工条件所发生的场地平整及对建设场地余留的有碍于施工建设的设施进行拆除清理的费用。

建设单位临时设施费是指为满足施工建设需要而供到场地界区的临时水、电、路、信、气等工程费用和建设单位的现场临时建（构）筑物的搭设、维修、拆除、摊销或建设期间租赁费用，以及施工期间专用公路养护费和维修费。此费用不包括已列入建筑安装工程费用中的施工单位临时设施费用。

场地准备及临时设施费应尽量与永久性工程统一考虑。建设场地的大型土石方工程应进入工程费用的总图运输费用中。

（9）引进技术和引进设备其他费

引进技术和引进设备其他费是指引进技术和设备发生的但未计入设备购置费中的费用。

（10）工程保险费

工程保险费是指为转移工程项目建设的意外风险，在建设期内对建筑工程、安装工程、机械设备和人身安全进行投保而发生的费用。包括建筑工程一切险和人身意外伤害险、引进设备国内安装保险等。

（11）特殊设备安全监督检验费

特殊设备安全监督检验费是指安全监察部门对在施工现场组装的锅炉及压力容器、压力管道、消防设备、燃气设备、电梯等特殊设备和设施实施安全检验收取的费用。

（12）联合试运转费

联合试运转费是指新建或新增加生产能力的工程项目，在交付生产前按照设计文件规定的工程质量标准和技术要求，对整个生产线或装置进行负荷联合试运转所发生的费用净支出（试运转支出大于收入的差额部分费用）。试运转支出包括试运转所需原材料、燃料及动力消耗、低值易耗品、其他物料消耗、工具用具使用费、机械使用费、保险金、施工单位参加试运转人员工资以及专家指导费等；试运转收入包括试运转期间的产品销售收入和其他收入。联合试运转费不包括应由设备安装工程费用开支的调试及试车费用，以及在试运转中暴露出来的由于施工原因或设备缺陷等发生的处理费用。

（13）专利及专有技术使用费

专利及专有技术使用费包括：国外设计及技术资料费，引进有效专利、专有技术使用费和技术保密费；国内有效专利、专有技术使用费；商标权、商誉和特许经营权费等。

（14）生产准备及开办费

生产准备及开办费是指在建设期内，建设单位为保证项目正常生产而发生的人员培训费、提前进厂费以及投产使用必备的办公、生活家具用具及工器具等的购置费用。

（15）市政公用设施建设及绿化费

市政公用设施建设及绿化费是指使用市政公用设施的工程项目，按照项目所在地人民政府有关规定建设和缴纳的市政公用设施建设配套费用以及绿化工程补偿费等。

工程建设其他费用一般按照工程造价乘以一定的费用比例计算。其中，费用比例按照相关部门颁布的收费标准执行。

2.5 预备费

预备费包括基本预备费和涨价预备费。

二维码 2.5

（1）基本预备费

基本预备费是指在项目实施中可能发生难以预料的支出，需要预先预留的费用，又称为不可预见费。主要指设计变更及施工过程中可能增加工程量的费用。

基本预备费 =（设备及工器具购置费 + 建筑安装工程费 + 工程建设其他费用）× 基本预备费率　　(2-17)

（2）涨价预备费

涨价预备费是指建设工程在建设期内由于价格等变化引起工程造价变化的预测预留费用。包括人工、设备、材料、施工机械的价差费，建筑安装工程费及工程建设其他费调整，利率、汇率调整等增加的费用。涨价预备费的计算采用复利方法。计算公式为：

$$PF = \sum_{t=1}^{n} I_t[(1+f)^m(1+f)^{0.5}(1+f)^{t-1} - 1] \quad (2\text{-}18)$$

式中　PF——涨价预备费；

I_t——第 t 年的静态投资计划费用，包括：设备及工器具购置费、建筑安装工程费、工程建设其他费用及基本预备费；

n——建设期年份数；

f——建设期年均投资价格上涨率；

m——建设前期年限。

2.6 建设期利息

建设期利息是指项目借款在建设期内发生并计入固定资产的利息。为了简化计算，通常假定借款均在每年的年中支用，借款第一年按半年计息，其余各年按全年计息，其计算公式：

各年应计利息 =（年初借款本息累计 + 本年借款额 /2）× 年利率　　(2-19)

二维码 2.6

案例分析

【2-3】 某建设项目设备及工器具购置费、建筑安装工程费和工程建设其他费用之和为

8000 万元。项目建设前期年限为 1 年，建设期为 5 年，5 年的投资分年度使用比例为 10%、20%、40%、20%、10%。建设期内年平均价格变动率为 5%。则该项目建设期的涨价预备费为多少元？

解析：

第一年投资计划用款额：I_1=8000×10%=800（万元）

第一年涨价预备费：PF_1=800×［（1+5%）×（1+5%）$^{0.5}$−1］=60.74（万元）

第二年投资计划用款额：I_2=8000×20%=1600（万元）

第二年涨价预备费：PF_2=1600×［（1+5%）×（1+5%）$^{0.5}$×（1+5%）−1］=207.56（万元）

第三年投资计划用款额：I_3=8000×40%=3200（万元）

第三年涨价预备费：PF_3=3200×［（1+5%）×（1+5%）$^{0.5}$×（1+5%）^{2}−1］=595.88（万元）

第四年投资计划用款额：I_4=8000×20%=1600（万元）

第四年涨价预备费：PF_4=1600×［（1+5%）×（1+5%）$^{0.5}$×（1+5%）^{3}−1］=392.84（万元）

第五年投资计划用款额：I_5=8000×10%=800（万元）

第五年涨价预备费：PF_5=800×［（1+5%）×（1+5%）$^{0.5}$×（1+5%）^{4}−1］=246.24（万元）

项目建设期的涨价预备费：PF=PF_1+PF_2+PF_3+PF_4+PF_5=1503.26 万元

【2-4】 某新建项目，建设期 4 年，分年均衡进行贷款，第一年贷款 1000 万元，以后各年贷款均为 500 万元，年贷款利率为 6%，建设期内利息只计息不支付，该项目建设期贷款利息为多少？

解析：当总贷款是分办均衡发包时，建设期利息的计算可按当年借款在年中支用考虑，即单年贷款按半年计息。

第一年贷款利息：（1000×1/2）×6%=30（万元）

第二年贷款利息：（1000+30+500×1/2）×6%=76.8（万元）

第三年贷款利息：（1030+500+76.8+500×1/2）×6%=111.41（万元）

第四年贷款利息：（1030+576.8+611.41+500×1/2）×6%=148.09（万元）

项目建设期贷款利息为：30+76.8+111.41+148.09=366.30（万元）

技能训练

一、思考题

1. 建筑安装工程费按费用构成要素划分和按工程造价形成划分的区别与联系是什么？
2. 暂列金额和暂估价的最本质的区别是什么？
3. 总价措施项目费包含哪些费用？

二、选择题

（一）单项选择题

1. 建设项目的造价是指项目总投资中的（　　）。【造价师职业资格考试真题】

A. 固定资产与流动资产投资之和　　B. 建筑安装工程投资

C. 建筑安装工程费和设备费之和　　D. 固定资产投资总额

2. 以下属于静态投资的是（　　）。【造价师职业资格考试真题】

A. 涨价预备费　　B. 基本预备费

C. 建设期贷款利息　　D. 资金的时间价值

3. 根据我国现行建设项目总投资构成规定，固定资产投资的计算公式为（　　）。【造价

师职业资格考试真题】

A. 工程费用 + 工程建设其他费用 + 建设期利息

B. 建设投资 + 预备费 + 建设期利息

C. 工程费用 + 工程建设其他费用 + 预备费

D. 工程费用 + 工程建设其他费用 + 预备费 + 建设期利息

4. 根据我国现行建设工程总投资及工程造价的构成，下列资金在数额上和工程造价相等的是（　　）。【造价师职业资格考试真题】

A. 固定资产投资 + 流动资金　　B. 固定资产投资 + 铺底流动资金

C. 固定资产投资　　D. 建设投资

5. 已知某项目设备及工、器具购置费为 1000 万元，建筑安装工程费 580 万元，工程建设其他费用 240 万元，基本预备费 150 万元，价差预备费 50 万元，建设期贷款 500 万元，建设期贷款利息 80 万元，项目正常生产年份流动资产平均占用额为 350 万元，流动负债平均占用额为 280 万元，则该建设项目的工程造价为（　　）万元。

A.2170　　B.2450　　C.2020　　D.2100

6. 关于进口设备到岸价的构成及计算，下列公式中正确的是（　）。【造价师职业资格考试真题】

A. 到岸价 = 离岸价 + 运输保险费　　B. 到岸价 = 离岸价 + 进口从属费

C. 到岸价 = 运费在内价 + 运输保险费　　D. 到岸价 = 运费在内价 + 进口从属费

7. 进口设备的原价是指进口设备的（　　）。

A. 到岸价　　B. 抵岸价　　C. 离岸价　　D. 运费在内价

8. 某进口设备到岸价为 1500 万元，银行财务费、外贸手续费合计 36 万元；关税 300 万元，消费税和增值税税率分别为 10%、17%，则该进口设备原价为（　　）万元。

A.2386.8　　B.2376.0　　C.2362.0　　D.2352.6

9. 某工地商品混凝土的采购有关费用如下：供应价格 300 元 /m^3，运杂费 20 元 /m^3，运输损耗 1%，采购及保管费费率 5%，该商品混凝土的材料单价为（　　）元 /m^3。

A.323.2　　B.338.15　　C.339.15　　D.339.36

10. 根据我国现行建筑安装工程费用项目组成的规定，直接从事建筑安装工程施工的生产工人的法定节假日工作的加班工资应计入（　　）。

A. 人工费　　B. 规费　　C. 企业管理费　　D. 现场管理费

11. 根据现行建筑安装工程费用项目组成的规定，下列费用项目中，属于施工机具使用费的是（　　）。【造价师职业资格考试真题】

A. 仪器仪表使用费　　B. 施工机械财产保险费

C. 大型机械进出场费　　D. 大型机械安拆费

12. 应计入材料检验试验费的项目是（　　）。

A. 自设试验室进行试验所耗用的材料费用

B. 新结构和新材料的试验费

C. 建设单位对具有出厂合格证明的材料进行检验的费用

D. 对构件做破坏性试验的费用

13. 根据我国现行建筑安装工程费用组成的规定，下列不属于社会保险费的是（　　）。

A. 养老保险费　　B. 劳动保险费　　C. 失业保险费　　D. 医疗保险费

14. 下列费用中，应计入总价措施项目清单与计价表中的是（　　）。【造价师职业资格考试真题】

A. 垂直运输费　　　　　　　　　　B. 施工降排水费

C. 地上地下成品保护费　　　　　　D. 大型机械进出场费

15. 招标人在工程量清单中提供的用于支付必然发生但暂不能确定价格的材料、工程设备的单价及专业工程的金额是（　　）。

A. 暂列金额　　B. 暂估价　　C. 总承包服务费　　D. 价差预备费

16. 施工机具使用费不包括（　　）。

A. 大型机械设备进出场及安拆费　　B. 机械操作人员工资

C. 机械经常修理费　　　　　　　　D. 养路费

（二）多项选择题

1. 根据现行建筑安装工程费用项目组成规定，下列费用项目中已包括在人工日工资单价内的有（　　）。【造价师职业资格考试真题】

A. 节约奖　　B. 流动施工津贴　　C. 高温作业临时津贴

D. 劳动保护费　　E. 探亲假期间工资

2. 下列材料单价的构成费用，包含在采购及保管费中进行计算的有（　　）。

A. 运杂费　　B. 仓储费　　C. 工地管理费

D. 运输损耗　　E. 仓储损耗

3. 按我国现行建筑安装工程费用项目组成的规定，下列属于企业管理费内容的有（　　）。

A. 企业管理人员办公用的文具、纸张等费用

B. 企业施工生产和管理使用的属于固定资产的交通工具的购置、维修费

C. 对建筑以及材料、构件和建筑安装进行特殊鉴定检查所发生的检验试验费

D. 按全部职工工资总额比例计提的工会经费

E. 为施工生产筹集资金、履约担保所发生的财务费用

4. 应予计量的措施项目费包括（　　）。

A. 垂直运输费　　B. 排水、降水费　　C. 冬雨季施工增加费

D. 临时设施费　　E. 超高施工增加费

5. 根据《房屋建筑与装饰工程工程量计算规范》（GB 50854—2013），安全文明施工措施包括的内容有（　　）。【造价师职业资格考试真题】

A. 地上、地下设施保护　　　　　　B. 环境保护

C. 安全施工　　D. 临时设施　　E. 文明施工

6. 下列费用中，属于招标工程量清单中其他项目清单编制内容的是（　　）。【造价师职业资格考试真题】

A. 暂列金额　　B. 暂估价　　C. 计日工

D. 总承包服务费　　E. 措施费

三、分析计算题

1. 某新建项目的建设期为3年，第一年贷款3000万元，第二年贷款6000万元，第三年没有贷款。贷款在年度内均衡发放，年利率为6%，贷款本息均在项目投产后偿还，则该项目第三年贷款利息为多少万元？

2. 已知某工程设备、工器具购置费为5000万元，建筑安装工程费为3000万元，工程建设其他费用为1600万元，基本预备费为500万元，建设期贷款利息为600万元，若项目建设前期年限为1年，建设期为3年，各年投资计划额为：第一年30%，第二年50%，第三年20%。假设年均价格上涨率为5%，则该建设项目涨价预备费为多少元？

项目 3 工程造价的计价依据

学习目标

● 知识目标：了解《建设工程工程量清单计价规范》构成，了解建设工程定额的分类，掌握建筑工程劳动定额、机械台班定额和材料消耗定额消耗量的确定。

● 能力目标：能够区分施工定额、预算定额、概算定额的用途及相互关系，能够计算劳动定额、机械台班定额和材料消耗定额的消耗量，能够计算预算定额的人工、材料和机械台班消耗量。

素质目标

● 无规矩不成方圆，掌握定额原理，学会举一反三。

● 定额的真实性和科学性、权威性和指导性、稳定性和时效性，是评判造价合理性的社会尺度，是执法监督的技术依据。

● 培养遵守规则、认真踏实、精益求精的工程精神。

3.1 《建设工程工程量清单计价规范》（GB 50500—2013）概述

为规范建设工程造价计价行为，统一建设工程计价文件的编制原则和计价方法，根据《中华人民共和国建筑法》《中华人民共和国合同法》《中华人民共和国招标投标法》等法律法规，制定了 2013 版清单计价规范系列。

2013 版清单计价规范系列是在总结 2003 版清单计价规范实施 10 年来的经验，对 2008 版清单计价规范进行的修订，标志着我国工程价款管理迈入全过程精细化管理的新时代，工程价款管理将向集约型管理、科学化管理、全过程管理、重在前期管理的方向转变和发展，对提高工程量清单计价改革的整体效力有着重大深远的意义。

2013 版清单计价规范由十册规范组成，一册为《建设工程工程量清单价计价规范》（GB 50500—2013）（以下简称“计价规范”）；其余九册为各专业工程工程量计算规范（以下简称“计量规范”），分别为：《房屋建筑与装饰工程工程量计算规范》（GB 50854—2013）、《仿古建筑工程工程量计算规范》（GB 50855—2013）、《通用安装工程工程量计算规范》（GB

50856—2013)、《市政工程工程量计算规范》(GB 50857—2013)、《园林绿化工程工程量计算规范》(GB 50858—2013)、《矿山工程工程量计算规范》(GB 50859—2013)、《构筑物工程工程量计算规范》(GB 50860—2013)、《城市轨道交通工程工程量计算规范》(GB 50861—2013)、《爆破工程工程量计算规范》(GB 50862—2013)。

"计价规范"适用于建设工程发承包及其实施阶段的计价活动,共分 15 章、54 节、253 条。正文部分由总则、术语、一般规定、工程量清单编制、招标控制价、投标报价、合同价款约定、工程计量、合同价款调整、合同价款期中支付、竣工结算与支付、合同解除的价款结算与支付、合同价款争议的解决、工程造价鉴定、工程造价资料与档案、工程计算表格等。

3.2 建设工程定额概述

3.2.1 建设工程定额的概念

二维码 3.1

建设工程定额是指在正常的施工条件和合理劳动组织、合理使用材料及机械的条件下,完成单位合格产品所必须消耗资源(包括人工、材料、机械、资金)的数量标准。

3.2.2 建设工程定额的分类

建设工程定额是工程建设中各类定额的总称,可以按照不同的原则和方法进行科学的分类。

3.2.2.1 按定额反映的生产要素消耗内容分类

按定额反映的生产要素消耗内容分类,建设工程定额可分为劳动消耗定额、材料消耗定额及施工机械台班消耗定额三种形式。

(1)劳动消耗定额

劳动消耗定额简称劳动定额(也称人工定额),是指在正常施工技术条件和合理劳动组织条件下,为完成单位合格建筑安装产品的施工任务所需消耗的人工工日的数量标准。其主要表现形式为时间定额,但同时也表现为产量定额,时间定额和产量定额互为倒数。人工时间定额以"工日"为单位,一个工日工作时间按 8h 计算。

(2)材料消耗定额

材料消耗定额是指在合理和节约使用材料的条件下,生产单位合格建筑安装产品所需消耗的一定规格的材料、成品、半成品和水、电等资源的数量标准。

(3)机械台班消耗定额

机械台班消耗定额也称机械台班定额,是指施工机械在正常施工技术条件和组织条件下完成单位合格建筑安装产品所必须消耗的施工机械台班的数量标准。其主要表现形式也为时间定额和产量定额,时间定额和产量定额互为倒数。机械时间定额以"台班"为单位,一个台班工作时间按 8h 计算。

劳动消耗定额、材料消耗定额及施工机械台班定额也称为三大基本定额。

3.2.2.2 按定额编制程序和用途分类

按定额编制程序和用途分类,建设工程定额分为施工定额、预算定额、概算定额、概算指标和投资估算指标。

（1）施工定额

施工定额是施工企业根据本企业的施工技术水平和管理水平而编制的人工、材料和施工机械台班的数量消耗标准。施工定额以同一性质的施工过程——工序作为研究对象，表示生产产品数量与时间消耗综合关系的定额。施工定额是施工企业进行施工组织、成本管理、经济核算和投标报价的重要依据，在企业内部使用，属于企业定额的性质。施工定额是建筑工程定额中分项最细，定额子目最多的一种定额，是建筑工程定额中的基础性定额，也是编制预算定额的基础。

（2）预算定额

预算定额是指在正常的施工条件下，完成一定计量单位合格分项工程和结构构件所需消耗的人工、材料、施工机械台班数量及其费用标准。预算定额是一种计价性定额，它是以施工定额为基础综合扩大编制的一种社会平均资源消耗标准，也是编制概算定额的基础。

（3）概算定额

概算定额是指完成单位合格扩大分项工程或扩大结构构件所需消耗的人工、材料和施工机械台班的数量及其费用标准。概算定额是编制设计概算、确定和控制项目投资的重要依据。概算定额一般是在预算定额的基础上综合扩大而成的，每一综合分项概算定额都包含了数项预算定额。

（4）概算指标

概算指标是指以单位工程为对象，完成一个规定计量单位建筑安装产品的经济消耗指标。概算指标是方案设计阶段编制概算的依据，也是进行建设项目技术经济分析、控制建设投资的依据。

（5）投资估算指标

投资估算指标是以独立的单项工程或完整的工程项目为计算对象编制确定的生产要素消耗的数量标准或项目费用标准，是根据已建工程或现有工程的价格数据和资料，经分析、归纳和整理编制而成的。投资估算指标是项目建议书和可行性研究阶段编制投资估算、计算投资需要量的指标，是合理确定建设工程项目投资的基础。

上述 5 种定额是相互联系的，详见表 3-1。

表 3-1　各种定额的相互联系

定额名称	施工定额	预算定额	概算定额	概算指标	投资估算指标
编制对象	工序	分项工程	扩大分项工程	整个建筑物或构筑物	独立的单项工程或完整的工程项目
用途	编制施工预算	编制施工图预算	编制设计概算	编制初步设计概算	编制投资估算
项目划分	最细	细	较细	粗略	很粗
定额水平	平均先进	平均			
定额性质	生产性定额	计价性定额			

3.2.2.3　按管理权限和适用范围分类

按管理权限和适用范围分类，建设工程定额可以分为全国统一定额、行业定额、地区定额、企业定额和补充定额。

（1）全国统一定额

全国统一定额是由国家建设行政主管部门组织，依据有关国家标准和规范，综合全国工程建设的技术和管理状况等编制和发布，在全国范围内使用的定额。

（2）行业定额

行业定额是指由行业建设行政主管部门组织，依据有关行业标准和规范，考虑行业工程建设特点等情况编制和发布的，在本行业范围内使用的定额。

（3）地区定额

地区定额是指由地区建设行政主管部门组织，考虑地区工程建设特点和情况编制和发布的，在本地区内使用的定额。各地区不同的气候条件、物质技术条件、地方资源条件是确定地区定额内容和水平的重要依据。

（4）企业定额

企业定额是指由建筑业企业自行组织，根据本企业具体情况，包括人员素质、机械装备程度、技术和管理水平，参照国家、行业或地区定额编制，只在本企业内部使用。企业定额水平是企业技术水平和管理水平的标志，一般应高于国家现行定额。

（5）补充定额

补充定额是指随着设计、施工技术的发展，现行定额不能满足需要的情况下，为了补充缺陷所编制的定额。

3.2.2.4 按投资的费用性质分类

按投资的费用性质，建设工程定额可分为建筑工程定额、设备安装工程定额、建设工程费用定额、工器具定额和工程建设其他费用定额。

3.3 劳动定额

二维码 3.2

定额编制的基本理论是对工作进行研究，即对工作进行分析、设计和管理，从而最大限度地节约工作时间，提高工作效率，并实现工作的科学化、标准化和规范化。工作研究主要包括动作研究和时间研究两部分内容，其中时间研究是对特定工作所需消耗的时间进行分析研究，找出非定额时间及其产生的原因，并采取措施予以消除，提高工作效率。

3.3.1 工人工作时间分类

工人在工作班延续时间内消耗的工作时间，按其消耗的性质，可分为必需消耗的时间和损失时间。

3.3.1.1 必需消耗的工作时间

必需消耗的工作时间是工人在正常施工条件下，为完成一定数量合格产品（工作任务）所必需消耗的时间。它是制定定额的主要根据。必需消耗的工作时间包括有效工作时间、休息时间和不可避免的中断时间。

（1）有效工作时间

有效工作时间是从生产效果来看与产品生产直接有关的时间消耗，包括基本工作时间、准备与结束工作时间和辅助工作时间。

基本工作时间是工人完成一定产品的施工工艺过程所消耗的时间。基本工作时间所包括的内容依工作性质而各不相同。例如，砖瓦工的砌砖时间。基本工作时间的长短和工作量大小成正比。

准备与结束工作时间是执行任务前或任务完成后所消耗的工作时间。例如：工作开始前准备相应工具的时间，工作结束后的整理工作时间等。准备和结束工作时间的长短与所担负的工作量大小无关，但往往和工作内容有关。

辅助工作时间是为保证基本工作能顺利完成所做的辅助性工作所消耗的时间。在辅助工作时间里，不能使产品的形状大小、性质或位置发生变化。例如：施工过程中工具的校正，机械的调整等所消耗的工作时间。辅助工作时间的结束，往往是基本工作时间的开始。辅助工作时间的长短与工作量大小有关。

(2) 休息时间

休息时间是工人在工作过程中为恢复体力所必需的短暂休息和生理需要的时间消耗。这种时间是为了保证工人精力充沛地进行工作，应作为必需消耗的时间，属于定额时间。休息时间的长短和劳动条件有关，劳动繁重紧张、劳动条件差（如高温），休息时间需要长一些。

(3) 不可避免的中断时间

不可避免的中断时间是由施工工艺特点所引起的工作中断所消耗的时间。例如：汽车司机在等待汽车装、卸货时消耗的时间。与施工过程工艺特点有关的工作中断时间，应包括在定额时间内，但应尽量缩短此项时间消耗。与工艺特点无关的工作中断所占用的时间，是由劳动组织不合理引起的，属于损失时间，不能计入定额时间。

3.3.1.2 损失时间

损失时间是与产品生产无关，但与施工组织和技术上的缺点有关，与工人或机械在施工过程的个人过失或某些偶然因素有关的时间消耗。损失时间一般不能作为正常的时间消耗因素，在制定定额时一般不加以考虑。损失时间包括停工、多余和偶然工作、违背劳动纪律所引起的时间损失。

(1) 停工时间

停工时间是工作班内停止工作造成的工时损失。停工时间按其性质可分为施工本身造成的停工时间和非施工本身造成的停工时间。

施工本身造成的停工时间：是由于施工组织不善、材料供应不及时、工作面准备工作不充分、工作地点组织不良等情况而引起的停工时间。

非施工本身造成的停工时间：是由于气候条件以及水源、电源中断而引起的停工时间。施工本身造成的停工时间在拟定定额时不应计算，非施工本身造成的停工时间应给予合理的考虑。

(2) 多余和偶然工作损失时间

多余工作是工人进行了任务以外的而又不能增加产品数量的工作。如重砌质量不合格的墙体。多余工作的时间损失，一般都是由于工程技术人员和工人的差错而引起的，不应计入定额时间中。偶然工作也是工人在任务外进行的工作，但能够获得一定产品。如抹灰工不得不补上偶然遗留的墙洞等。由于偶然工作能获得一定产品，拟定定额时可适当考虑。

(3) 违背劳动纪律造成的工作时间损失

违背劳动纪律造成的工作时间损失是指工人在工作班内的迟到早退、擅自离开工作岗位、工作时间内聊天或办私事等造成的时间损失。此项时间损失不应允许存在，定额中不能考虑。

工人的工作时间分类如图 3-1 所示。

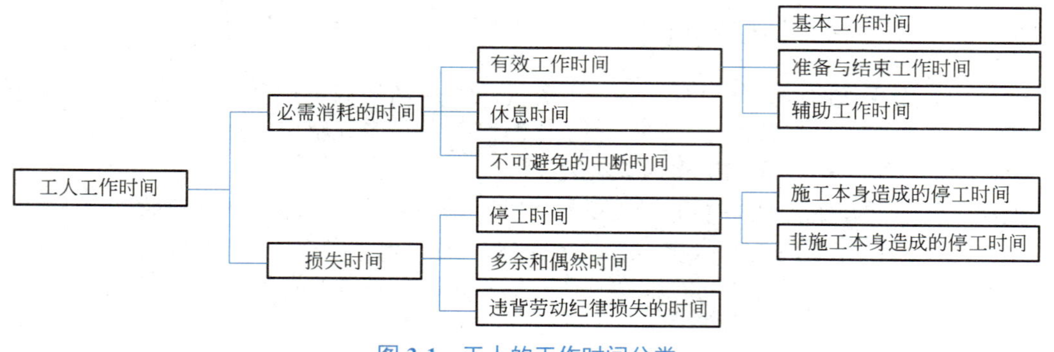

图 3-1　工人的工作时间分类

3.3.2　劳动定额消耗量的确定

（1）时间定额

时间定额是指某种专业、某种技术等级工人班组或个人，在正常的施工技术和合理的劳动组织条件下，完成单位合格工程建设产品的施工任务所必需消耗的工时数量。如砌 $1m^3$ 砖墙需消耗多少工日。

根据工人工作时间的分类，劳动定额的时间定额为基本工作时间、准备与结束工作时间、辅助工作时间、不可避免的中断时间与休息时间之和。计算公式为：

工序作业时间 = 基本工作时间 + 辅助工作时间

= 基本工作时间 /（1− 辅助工作时间占工序作业时间 %）　（3-1）

规范时间 = 准备与结束工作时间 + 不可避免的中断时间 + 休息时间　（3-2）

时间定额 = 工序作业时间 /（1− 规范时间 %）　（3-3）

时间定额以一个工人 8h 工作日的工作时间为 1 个“工日”单位。

（2）产量定额

产量定额就是在合理的劳动组织和合理使用材料的条件下，某种专业、某种技术等级工人班组或个人，在单位时间（一个工日）内必须完成合格产品的施工任务的数量。

产量定额与时间定额互为倒数，即：

时间定额 × 产量定额 =1　（3-4）

产量定额 =1/ 时间定额　（3-5）

3.4　材料消耗定额

施工中材料的消耗可分为必需消耗的材料和损失的材料。编制材料定额消耗量，主要是确定必需的材料消耗。

必需消耗的材料，是指在合理用料的条件下，生产合格产品所需消耗的材料，它属于施工正常消耗，是确定材料消耗定额的基本数据。必需消耗的材料包括直接用于建筑和安装工程的材料净用量和在施工现场内运输及操作过程中不可避免的施工废料、不可避免的材料损耗。

材料定额消耗量计算公式：

$$材料消耗量 = 材料净用量 + 材料损耗量 \tag{3-6}$$

$$材料消耗量 = 材料净用量 \times（1+ 材料损耗率） \tag{3-7}$$

其中：

$$材料损耗率 =（材料损耗量 / 材料净用量）\times 100\% \tag{3-8}$$

确定实体材料定额消耗量的方法有：现场技术测定法、实验室试验法、现场统计法和理论计算法等。

3.5 机械台班消耗定额

3.5.1 机械工作时间分类

二维码 3.3

机械工作时间的消耗也分为必需消耗的时间和损失时间。

3.5.1.1 机械必需消耗的时间

机械必需消耗的工作时间包括：有效工作时间、不可避免的无负荷工作时间和不可避免的中断工作时间。

（1）有效工作时间

有效工作时间包括正常负荷下、有根据地降低负荷下的工时消耗。

正常负荷下的工作时间，是指机械在与机械说明书规定的计算负荷相符的情况下进行工作的时间。有根据地降低负荷下的工作时间，是指在个别情况下由于技术上的原因，机械在低于其计算负荷下工作的时间。例如，汽车运输重量轻而体积大的货物时，不能充分利用汽车的载重吨位，因而不得不降低其计算负荷。

（2）不可避免的无负荷工作时间

不可避免的无负荷工作时间是指由施工过程的特点和机械结构的特点造成的机械无负荷工作时间。例如，载重汽车在工作班时间的单程“放空车”；筑路机在工作区末端调头等。

（3）不可避免的中断工作时间

不可避免的中断工作时间是与工艺过程的特点、机械的使用和保养、工人休息有关的不可避免的中断时间。

3.5.1.2 机械损失工作时间

机械损失的工作时间包括：多余工作、停工、违背劳动纪律所消耗的工作时间和低负荷下的工作时间。

（1）机械多余工作时间

机械多余工作时间是机械进行任务内和工艺过程内未包括的工作而延续的时间。如搅拌机搅拌灰浆超过规定而多延续的时间；工人没有及时供料而使机械空运转的时间。

（2）机械停工时间

机械停工时间按其性质也可分为施工本身造成和非施工本身造成的停工。前者是由于施工组织不当而引起的停工现象，如由于未及时供给机器水、电、燃料而引起的停工。后者是由于气候条件而引起的停工现象，如暴雨时压路机的停工。

（3）违反劳动纪律引起的机械时间损失

违反劳动纪律引起的机械时间损失是指由于工人迟到早退或擅离岗位等原因而引起的机械停工时间。

（4）低负荷下的工作时间

低负荷下的工作时间是由于工人或技术人员的过错而造成的施工机械在降低负荷的情况下工作的时间。例如，工人装车的砂石数量不足引起的汽车在降低负荷的情况下工作所延续的时间。此项工作不能作为计算时间定额的基础。

机械的工作时间分类如图 3-2 所示。

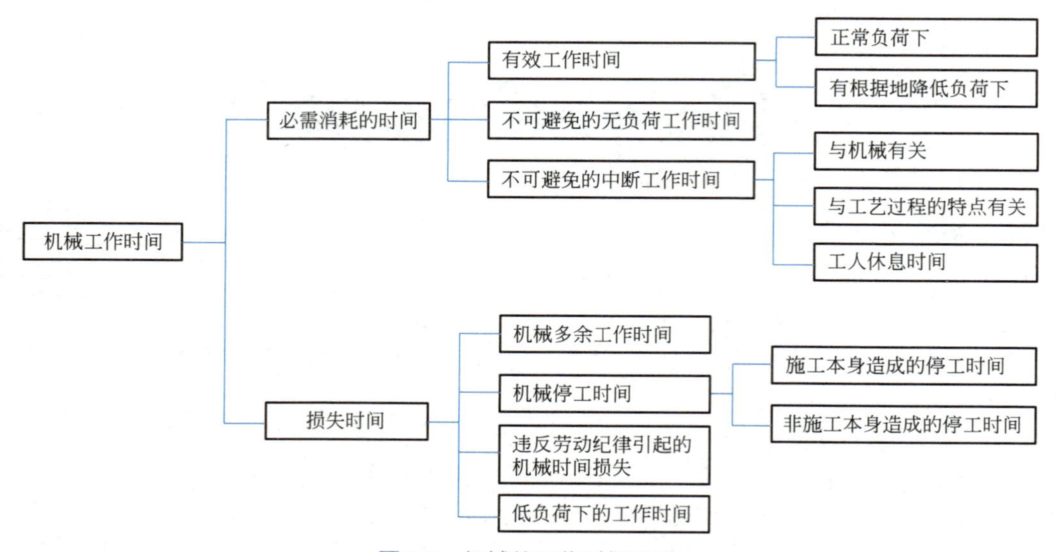

图 3-2　机械的工作时间分类

3.5.2　机械台班消耗量的确定

机械台班定额消耗量主要也有两种表现形式：时间定额和产量定额。机械台班定额消耗量按以下步骤确定。

① 拟定机械工作的正常施工条件。拟定机械工作的正常施工条件包括工作地点的合理组织、施工机械作业方法的拟定、配合机械作业的施工小组的组织及机械工作班制度等。

② 确定机械净工作生产率。机械净工作生产率，即机械纯工作 1h 的正常生产率。

③ 确定机械的正常利用系数。机械的正常利用系数是指机械在施工作业班内对作业时间的利用率。

机械正常利用系数 = 机械在一个工作班内纯工作时间 / 一个工作班延续时间（8h）　（3-9）

④ 计算机械台班定额。施工机械台班产量定额按下列公式计算：

施工机械台班产量定额 = 机械净工作生产率 × 工作班延续时间 × 机械利用系数　（3-10）

施工机械台班时间定额 =1/ 施工机械台班产量定额　（3-11）

机械净工作生产率 = 机械纯工作 1h 正常循环次数 × 一次循环生产的产品数量　（3-12）

⑤ 拟定工人小组的定额时间。工人小组的定额时间指配合施工机械作业工人小组的工作时间总和。

工人小组定额时间 = 施工机械时间定额 × 工人小组的人数　（3-13）

时间定额与产量定额互为倒数，即：时间定额 =1/ 产量定额　（3-14）

案例分析

【3-1】 一项工程的单组门框扇工作的基本工作时间是6h，辅助时间占工序作业时间的比例是15%，规范时间的比例是6%，则该项工作的定额时间是多少？

解析：定额时间＝工序作业时间/（1-规范时间%）

工序作业时间＝基本工作时间＋辅助工作时间

将案例已知条件代入上式，得：工序作业时间＝基本工作时间＋工序作业时间×12%

则：工序作业时间＝基本工作时间/（1-辅助时间%）=6/（1-15%）=7.06（h）

定额时间＝工序作业时间/（1-规范时间%）=7.06/（1-6%）=7.51（h）

【3-2】 已知某人工挖一类土1m^{3}的基本工作时间为8h，辅助工作时间占工序作业时间的2%。准备与结束工作时间、不可避免的中断时间、休息时间分别占工作日的3%、2%、18%。则该人工挖一类土的时间定额是多少？

解析：基本工作时间=8h=1（工日）

工序作业时间=1/(1-2%)=1.02（工日）

时间定额=1.02/（1-3%-2%-18%）=1.32（工日/m^3）

【3-3】 某地砖规格为400mm×300mm×5mm，水泥砂浆结合层厚度为10mm，假设地砖损耗率为1.5%，砂浆损耗率为1%。试计算每100m^{2}地面中地砖和砂浆的消耗量（灰缝宽为1mm）。

解析：

$$地砖的净用量=\frac{100}{(0.4+0.001)\times(0.3+0.001)}=829(块)$$

地砖消耗量=829×（1+1.5%）=842（块）

灰缝砂浆的净用量＝［100-(0.4×0.3×829)］×0.005=0.0026（m^3）

结合层砂浆的净用量=100×0.01=1（m^3）

水泥砂浆总消耗量＝(0.0026+1)×（1+1%）=1.01（m^3）

【3-4】 已知600L混凝土搅拌机每一次搅拌循环：装料120s，搅拌360s，卸料120s，中断120s，机械正常利用系数0.9，混凝土损耗率为1.5%。求混凝土搅拌机台班产量定额。

解析：搅拌机一次循环时间=120+360+120+120=720（s）=0.2（h）

搅拌机纯工作1h正常循环次数=1/0.2=5（次）

搅拌机1h纯工作生产率=5×0.6=3（m^3/h）

搅拌机台班产量定额=3×8×0.9=21.6（m^3/台班）

3.6 预算定额人工、材料和机械消耗量的计算

预算定额是指在正常的施工条件下，完成一定计量单位合格分项工程和结构构件所需消耗的人工、材料、施工机械台班数量及其费用标准，它是以施工定额为基础综合扩大编制的。

3.6.1 预算定额人工消耗量

二维码 3.4

预算定额中人工工日消耗量是指在正常施工条件下，完成单位质量合格的建筑安装产品所需消耗的一定技术等级的人工工时数量。它由分项工程所综合的各个工序劳动定额包括的基本用工和其他用工组成。

3.6.1.1 基本用工

基本用工是指完成一项合格分项工程或结构构件所必须消耗的技术工种用工。按技术工种相应劳动定额的工时定额计算，以不同工种列出定额工日。其计算公式如下：

基本用工 =∑（综合取定的工程量 × 施工劳动定额） (3-15)

如砖基础有 1 砖厚、1 砖半厚、2 砖厚等之分，用工各不相同。但在预算定额中不区分厚度，需按统计的比例加权平均，即公式中的综合取定得出用工。

3.6.1.2 其他用工

其他用工是指辅助基本用工消耗的工日，包括辅助用工、超运距用工和人工幅度差用工。

（1）辅助用工

辅助用工是指技术工种劳动定额内不包括而在预算定额内又必须考虑的用工。例如，机械土方工程配合用工等。其计算公式如下：

辅助用工 =∑（材料加工数量 × 相应的加工劳动定额） (3-16)

（2）超运距用工

超运距是指劳动定额中已包括的材料和半成品场内水平搬运距离，与预算定额所考虑的现场材料和半成品堆放地点到操作地点的水平运输距离之差。超运距用工即为完成增加运输距离所发生的用工。计算公式为：

超运距 = 预算定额取定运距 − 劳动定额已包括的运距 (3-17)

超运距用工 =∑（超运距材料数量 × 时间定额） (3-18)

（3）人工幅度差用工

人工幅度差是预算定额与劳动定额的差额，是指劳动定额中未包括而在正常施工情况下不可避免但又很难精确计量的用工和各种工时损失。其内容包括：各工种间的工序搭接及交叉作业相互配合或影响所发生的停歇用工，施工机械在单位工程之间转移及临时水电线路移动所造成的停工，质量检查和隐蔽工程验收的影响，班组操作地点转移用工，工序交接时对前一工序不可避免的修正用工，施工中不可避免的其他零星用工。其计算公式为：

人工幅度差 =（基本用工 + 辅助用工 + 超运距用工）× 人工幅度差系数 (3-19)

其中，人工幅度差系数一般为 10% ～ 15%。

人工工日消耗量 =（基本用工 + 辅助用工 + 超运距用工）×（1+ 人工幅度差系数） (3-20)

3.6.2 预算定额材料消耗量

预算定额中的材料消耗量，主要包括主要材料、辅助材料、周转材料和零星材料等，由材料的净用量和损耗量所构成。计算公式为：

材料消耗量 = 材料净用量 + 材料损耗量 (3-21)

材料损耗量 = 材料净用量 × 损耗率 (3-22)

材料消耗量 = 材料净用量 ×（1+ 损耗率） (3-23)

3.6.3 预算定额机械台班消耗量

预算定额中的机械台班消耗量是指在正常施工条件下，生产单位合格产品（分部分项工程或结构构件）必须消耗的某种型号施工机械的台班数量。计算公式为：

机械台班消耗量 = 施工定额机械台班消耗量 ×（1+ 机械幅度差系数）（3-24）

案例分析

【3-5】 背景资料：某砌筑 1 砖砖墙工程，技术测定资料如下：完成 $1m^3$ 砌体的基本工作时间为 16h；辅助工作时间占工作班的 3%；准备与结束时间占工作班的 2%；不可避免的中断时间占工作班的 2%，休息时间占工作班的 18%；人工幅度差系数为 10%。

砂浆用 400L 搅拌机现场搅拌，完成 $1m^3$ 墙体所需机械纯工作时间为：运料 200s，装料 40s，搅拌 80s，卸料 30s，正常中断 10s，机械利用系数 0.8，幅度差系数为 5%。

问题：

根据技术测定资料，试确定：

① 砌筑 $1m^3$ 1 砖砖墙的劳动时间定额和机械台班产量定额。

② 砌筑 $10m^3$ 1 砖砖墙的预算定额人工、机械台班消耗量。

解析：

① 砌筑 $1m^3$ 1 砖墙的劳动时间定额：

基本工作时间 =16h=2（工日）

时间定额 =2/（1−3%−2%−2%−18%）=2.67（工日 /m^3）

砌筑 $1m^3$ 1 砖墙的机械台班产量定额：

搅拌机一次循环时间 =200+40+80+30+10=360（s）=0.1（h）

搅拌机纯工作 1h 正常循环次数 =1/0.1=10（次）

搅拌机 1h 纯工作生产率 =10×0.4=4（m^3/h）

搅拌机产量定额 =4×8×0.8=25.6（m^3/ 台班）

② 砌筑 $10m^3$ 1 砖墙的预算定额人工、机械台班消耗量：

预算定额人工消耗量 =2.67×10×（1+10%）=29.37（工日 /$10m^3$）

预算定额机械台班消耗量 =（1/25.6）×10×（1+5%）=0.41（台班 /$10m^3$）

技能训练

一、思考题

1. 工程量清单的组成内容及作用是什么？
2. 分部分项工程量清单应包括哪五个要件？
3. 以某一分部分项工程为例，说说其项目特征和工程内容有什么不同？
4. 施工定额、预算定额、概算定额与概算指标之间的联系和区别是什么？

二、选择题

（一）单项选择题

1. 关于建设工程施工招标文件，下列说法正确的是（　　）。【造价师职业资格考试

真题】

A. 工程量清单不是招标文件的组成部分

B. 由招标人编制的招标文件只对投标人具有约束力

C. 招标项目的技术要求可以不在招标文件中描述

D. 招标人可以对已发出的招标文件进行必要的修改

2. 采用工程量清单计价方式招标时，对工程量清单的完整性和准确性负责的是（　　）。

A. 编制招标文件的招标代理人　　B. 编制清单的工程造价咨询人

C. 发布招标文件的招标人　　D. 确定中标的投标人

3. 载明建设工程分部分项工程项目、措施项目、其他项目的名称和相应数量以及规费税金项目等内容的明细清单称为（　　）。

A. 工程量清单　　B. 招标工程量清单

C. 已标价工程量清单　　D. 未标价工程量清单

4. 只有生产产品的消耗量而没有价格的定额是（　　）。

A. 施工定额　　B. 预算定额　　C. 概算定额　　D. 概算指标

5. 下列计价性定额中，项目划分最细的计价定额是（　　）。

A. 施工定额　　B. 劳动定额　　C. 预算定额　　D. 概算定额

6. 根据建筑安装工程定额编制的原则，按平均先进水平编制的是（　　）

A. 预算定额　　B. 施工定额　　C. 概算定额　　D. 概算指标

7. 关于概算定额，下列说法正确的是（　　）。【造价师职业资格考试真题】

A. 不仅包括人工、材料和施工机具台班的数量标准，还包括费用标准

B. 是施工定额的综合与扩大

C. 反映的主要内容、项目划分和综合扩大程度与预算定额类似

D. 定额水平体现平均先进水平

8. 关于工程定额的应用，下列说法正确的是（　　）。【造价师职业资格考试真题】

A. 施工定额是编制施工图预算的依据

B. 行业统一定额只能在本行业范围内使用

C. 企业定额反映了施工企业的生产消耗标准，只用于工程计价

D. 工期定额是工程定额的一种类型，但不属于工程计价定额

9. 对工人工作时间消耗的分类中，属于必需消耗时间而被计入时间定额的是（　　）。【造价师职业资格考试真题】

A. 偶然工作时间　　B. 工人休息时间

C. 施工本身造成的停工时间　　D. 非施工本身造成的停工时间

10. 工人基本工作时间的消耗量与任务大小（　　）。

A. 成正比　　B. 有关　　C. 无关　　D. 成反比

11. 某瓦工班组 20 人，砌 1 砖厚砖基础，基础埋深 1.3m，5 天完成 $89m^3$ 的砌筑工程量，砌筑砖基础的时间定额是（　　）。

A.0.89 工日 $/m^3$　　B.1.12m^3/ 工日　　C.115.20m^3　　D.1.12 工日 $/m^3$

12. 已知挖 $50m^3$ 土方，按现行劳动定额计算共需 20 工日，则其时间定额和产量定额分别为（　　）。

A.0.4；0.4　　B.0.4；2.5　　C.2.5；0.4　　D.2.5；2.5

13. 干混地面砂浆 DSM20 贴 600mm×600mm 石材楼面，灰缝宽 2mm，石材损耗率 2%。

则每 $100m^2$ 石材楼面中石材的消耗量为（　　）块。【造价师职业资格考试真题】

A.281.46　　B.281.57　　C.283.33　　D.283.45

14. 某装载容量为 $15m^3$ 的运输机械，每运输 10km 的一次循环工作中，装车、运输、卸料、空转时间分别为 10min、15min、8min、12min, 机械时间利用系数为 0.75, 则该机械运输 10km 的台班产量定额为（　　）$10m^3$/ 台班。【造价师职业资格考试真题】

A.8　　B.10.91　　C.12　　D.16.36

15. 在计算预算定额人工工日消耗量时，对于工种间的工序搭接及交叉作业相互配合影响所发生的停歇用工，应列入（　　）。

A. 辅助用工　　B. 人工幅度差　　C. 基本用工　　D. 超运距用工

16. 设 $1m^2$ 分项工程，其中基本用工 2 工日，超运距用工 0.5 工日，辅助用工 1 工日，人工幅度差系数 15%，则该工程预算定额人工消耗量为（　　）。

A.3.800 工日　　B.3.875 工日　　C.4.025 工日　　D.3.725 工日

（二）多项选择题

1. 工程量清单要素中的项目特征，其主要作用体现在（　　）。【造价师职业资格考试真题】

A. 提供确定综合单价和依据　　B. 描述特有属性

C. 明确质量要求　　D. 明确安全要求

E. 确定措施项目

2. 根据现行《建设工程工程量清单计价规范》，关于工程量清单的特点和应用，下列说法正确的有（　　）。【造价师职业资格考试真题】

A. 分为招标工程量清单和已标价工程量清单

B. 以单位（项）工程为单位编制

C. 是招标文件的组成部分

D. 是载明发包工程内容和数量的清单，不涉及金额

E. 仅用于最高投标限价和投标报价的编制

3. 工程建设定额按生成要素消耗内容可分为（　　）。

A. 劳动定额　　B. 时间消耗定额　　C. 机械消耗定额

D. 材料消耗定额　　E. 施工消耗定额

4. 按定额的编制程序和用途，建设工程定额可划分为（　　）。

A. 施工定额　　B. 企业定额　　C. 预算定额

D. 补充定额　　E. 投资估算指标

5. 在下列工人工作时间中，包含在定额中或在定额中给予合理考虑的时间有（　　）。

A. 休息时间　　B. 多余工作时间　　C. 不可避免的中断时间

D. 偶然工作时间　　E. 非施工本身造成的停工时间

6. 下列人工、材料、机械台班的消耗，应计入定额消耗量的有（　　）。【造价师职业资格考试真题】

A. 准备与结束工作时间　　B. 施工本身原因造成的工人停工时间

C. 措施性材料的合理消耗量　　D. 不可避免的施工废料

E. 低负荷下的机械工作时间

7. 预算定额中人工工日消耗量的组成包括（　　）。

A. 基本用工　　B. 企业管理人员用工

C. 其他用工　　D. 现场管理人员用工

E. 人工幅度差

8. 下列与施工机械工作相关的时间中，应包括在预算定额机械台班消耗量中，但不包括在施工定额中的有（ ）。

A. 低负荷下工作时间

B. 机械施工不可避免的工序间歇

C. 机械维修引起的停歇时间

D. 开工时工作量不饱满所损失的时间

E. 不可避免的中断时间

三、分析计算题

1. 砌筑 $10m^3$ 砖墙需基本用工 20 个工日，辅助用工为 5 个工日，超运距用工需 2 个工日，人工幅度差系数为 10%，则预算定额人工工日消耗量为多少？

2. 完成 $20m^3$ 的砖墙需消耗砖净用量 20000 块，有 1000 块的损耗量，则材料的损耗率和材料消耗定额分别为多少？

3. 某挖土机挖土，一次正常循环工作时间是 60s，每次循环平均挖土量为 $0.5m^3$，机械正常利用系数为 0.75，则该机械挖土 $1000m^3$ 的机械耗用台班量是多少台班？

4. 已知 400L 混凝土搅拌机每一次搅拌循环：装料 60s，运行 180s，卸料 40s，中断 20s，机械利用系数 0.9，求混凝土搅拌机台班产量定额。

项目 4

工程量清单计价

学习目标

● 知识目标：熟悉工程量清单计价的方法、内容和程序，掌握建设工程工程量清单的内容，熟悉计价定额综合单价的构成，掌握清单综合单价与定额综合单价间的关系。

● 能力目标：能够根据定额子目的综合单价确定相应清单项目的综合单价，能够填写、编制建设工程工程量清单表式，能够应用清单计价程序计算工程造价。

素质目标

● 安全文明施工措施项目清单应根据各省市行业主管部门的管理要求和拟建工程的实际情况单独列项，强调安全的重要性，树立“安全第一”的思想。

● 招标工程量清单应以合同标的为单位列项编制，并作为招标文件的组成部分，其准确性和完整性由招标人负责，强调法律意识和责任担当。

4.1 工程量清单计价概述

4.1.1 工程量清单计价基本原理和方法

二维码 4.1

工程量清单计价法亦称综合单价法，是指建设工程招标投标中，招标人按照《建设工程工程量清单计价规范》（GB 50500—2013），提供工程数量清单，由投标人依据工程量清单计算所需的全部费用，包括分部分项工程费、措施项目费、其他项目费、规费和税金，自主报价，并按照经评审合理低价中标的工程造价计价模式。简言之，工程量清单计价法是建设工程在招标投标中，招标人（或委托具有相应资质的咨询人）编制反映工程实体消耗和措施消耗的工程量清单，作为招标文件的一部分提供给投标人，由投标人依据工程量清单、企业定额、工程造价信息和经验数据等自主报价的计价方式。其计算过程如图 4-1 所示。

从工程量清单计价过程的示意图中可以看出，其编制过程可以分为两个阶段：工程量清单编制和利用工程量清单招标人编制招标控制价、投标人编制投标报价。

工程量清单计价，是一种主要由市场定价的计价模式。“计价规范”规定，使用国有资金投资的建设工程发承包，必须采用工程量清单计价。非国有资金投资的建设工程，宜采用工程量清单计价。国有资金投资的工程建设项目包括使用国有资金投资和国家融资投资的工程建设项目。

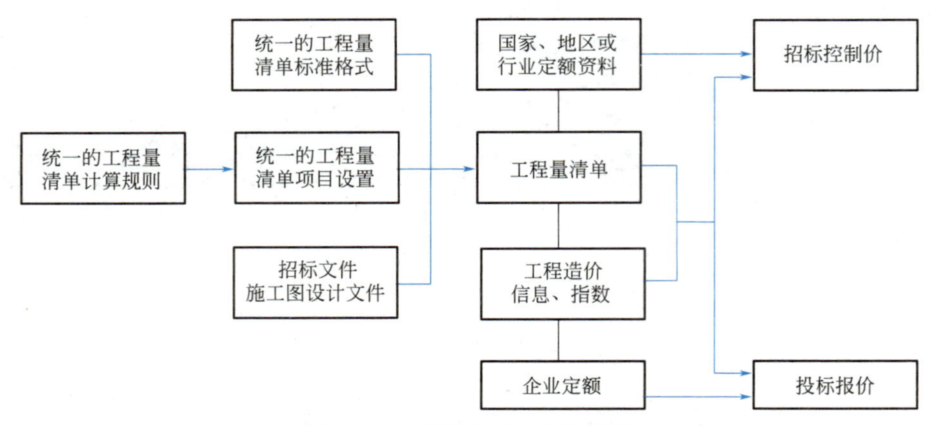

图 4-1　工程量清单计价流程图

（1）使用国有资金投资项目的范围

① 使用各级财政预算资金的项目。

② 使用纳入财政管理的各种政府性专项建设基金的项目。

③ 使用国有企事业单位自有资金，并且国有资产投资者实际拥有控制权的项目。

（2）国家融资项目的范围

① 使用国家发行债券所筹资金的项目。

② 使用国家对外借款或者担保所筹资金的项目。

③ 使用国家政策性贷款的项目。

④ 国家授权投资主体融资的项目。

⑤ 国家特许的融资项目。

对于非国有资金投资的工程建设项目，是否采用工程量清单方式计价由项目业主自主确定。当确定采用工程量清单计价时，应执行“计价规范”。建设工程发承包及其实施阶段的计价活动应遵循客观、公正、公平的原则。

工程量清单计价应采用综合单价计价。综合单价是指完成一个规定清单项目所需的人工费、材料和工程设备费、施工机具使用费和企业管理费、利润，以及一定范围内的风险费用。风险费用是指隐含于已标价工程量清单综合单价中，用于化解发承包双方在工程合同中约定内容和范围内的市场价格波动风险的费用。

风险是一种客观存在的、可以带来损失的、不确定的状态。“计价规范”中所指的风险是工程施工阶段，发承包双方在招投标活动和合同履约及施工中所面临涉及工程计价方面的风险，也是综合单价包含的内容。在工程施工阶段，发承包双方都面临许多风险，但不是所有的风险以及无限度的风险都应由承包人承担，而是应按风险共担的原则，对风险进行合理分摊。

建设工程发承包，必须在招标文件、合同中明确计价中的风险内容及其范围，不得采用无限风险、所有风险或类似语句规定计价中的风险内容及其范围。

4.1.2　工程量清单计价的内容

实行工程量清单计价时，建筑安装工程造价由分部分项工程费、措施项目费、其他项目费、规费和税金五部分组成。

（1）分部分项工程费

$$分部分项工程费=综合单价\times 清单工程量 \tag{4-1}$$

其中：综合单价=人工费+材料和工程设备费+施工机具使用费+企业管理费+利润+风险费用；清单工程量是工程量清单编制人按照施工图纸和清单工程量计算规则计算的工程净量。

（2）措施项目费

$$单价措施项目费=措施项目综合单价\times 清单工程量 \tag{4-2}$$

$$总价措施项目费=(分部分项工程费+单价措施项目费-工程设备费)\times 费率 \tag{4-3}$$

措施项目中的安全文明施工费必须按国家或省级、行业建设主管部门的规定计算，不得作为竞争性费用。

（3）其他项目费

其他项目费应根据工程特点，按照发承包双方在合同中的约定进行计算。

① 暂列金额。暂列金额按发包人给定的标准计取。

② 暂估价。暂估价按发包人给定的标准计取。

招标人在工程量清单中提供暂估价的材料、工程设备和专业工程属于依法必须招标的，由承包人和招标人共同通过招标确定材料、工程设备单价和专业工程分包价。若材料、设备未达到法律、法规规定的标准，不属于依法必须招标的，经发承包双方协商确认单价后计价；若专业工程不属于依法必须招标的，由发包人、总承包人与分包人按有关计价依据进行计价。

③ 计日工。计日工按合同中约定的综合单价计价，即：综合单价×计日工工程量。

④ 总承包服务费。总承包服务费按费率计算。

（4）规费

① 环境保护税。包括废气、污水、固体及危险废物和噪声排污费等内容，按工程所在地环境保护等部门规定的标准缴费，按实计取由建设单位缴纳。

② 社会保险费及住房公积金。为确保施工企业各类从业人员社会保障权益落到实处，省、市有关部门可根据实际情况制定管理办法。

$$规费=(分部分项工程费+措施项目费+其他项目费-工程设备费)\times 费率 \tag{4-4}$$

（5）税金

$$税金=(分部分项工程费+措施项目费+其他项目费+规费-工程设备费)\times 增值税率 \tag{4-5}$$

在工程造价计价时，规费和税金都是工程造价的组成部分，但其费用内容和计取标准都不是发承包人能自主确定的，也不是由市场竞争决定的，应按照国家或省级、行业建设主管部门依据国家税法及省级政府或省级有关权力部门的规定计算，不得作为竞争性费用。

4.2 工程量清单

4.2.1 工程量清单的含义

工程量清单是载明建设工程分部分项工程项目、措施项目、其他项目的名称和相应数量以及规费、税金项目等内容的明细清单。在工程发承包不同阶段，工程量清单又分为招标工程量清单和已标价工程量清单。

（1）招标工程量清单

招标工程量清单是招标人依据国家标准、招标文件、设计文件以及施工现场实际情况编制的，随招标文件发布供投标报价的工程量清单，包括其说明和表格。

（2）已标价工程量清单

已标价工程量清单是构成合同文件组成部分的投标文件中已标明价格，经算术性错误修正（如有）且承包人已确认的工程量清单，包括其说明和表格。

4.2.2 工程量清单编制的一般规定

（1）工程量清单的编制主体及编制责任

招标工程量清单应由具有编制能力的招标人或受其委托，具有相应资质的工程造价咨询人或招标代理人编制。采用工程量清单招标的工程，招标工程量清单必须作为招标文件的组成部分，招标人应将工程量清单连同招标文件的其他内容一并发（或发售）给投标人。招标人对编制的工程量清单的准确性和完整性负责。

作为投标人报价的共同平台，工程量清单准确性（数量不算错）、完整性（不缺项漏项）均应由招标人负责。如招标人委托工程造价咨询人编制，责任仍应由招标人承担。投标人依据工程量清单进行投标报价，对工程量清单不负有核实的义务，更不具有修改和调整的权力。

（2）工程量清单的作用及组成

招标工程量清单是工程量清单计价的基础，应作为编制招标控制价、投标报价、计算或调整工程量、施工索赔等的依据之一。

招标工程量清单应以单位（项）工程为单位编制，由分部分项工程项目清单、措施项目清单、其他项目清单、规费和税金项目清单组成。

（3）工程量清单的编制依据

编制工程量清单应依据：

①《建设工程工程量清单计价规范》（GB 50500—2013）和相关工程的国家“计量规范”。

② 国家或省级、行业建设主管部门颁发的计价定额和办法。

③ 建设工程设计文件及相关资料。

④ 与建设工程有关的标准、规范、技术资料。

⑤ 拟定的招标文件。

⑥ 施工现场情况、地勘水文资料、工程特点及常规施工方案。

⑦ 其他相关资料。

二维码 4.2

4.2.3 分部分项工程项目清单

分部工程是单项或单位工程的组成部分，是按结构部位、路段长度及施工特点或施工任务将单项或单位工程划分为若干分部的工程；分项工程是分部工程的组成部分，是按不同施工方法、材料、工序及路段长度等将分部工程划分为若干个分项或项目的工程。如某教学楼土建工程由基础工程、主体结构、装饰工程等分部工程组成；基础工程由桩基工程、土方工程、混凝土基础等分项工程组成。

分部分项工程项目清单必须载明项目编码、项目名称、项目特征、计量单位和工程量。即构成一个分部分项工程量清单的五个要件是项目编码、项目名称、项目特征、计量单位和工程量，它们在分部分项工程量清单的组成中缺一不可。

分部分项工程项目清单必须根据相关工程现行国家“计量规范”规定的项目编码、项目名称、项目特征、计量单位和工程量计算规则进行编制。表 4-1 为某一分部分项工程项目清单与计价表。

表 4-1 分部分项工程项目清单与计价表

工程名称：某办公楼工程 标段： 第 页 共 页

序号	项目编码	项目名称	项目特征描述	计量单位	工程量	金额 / 元		
						综合单价	合价	其中暂估价
1	010301001001	预制混凝土方桩	一级土，C40 预制混凝土方桩，截面 250mm×250mm，单桩长 8.3m，共 30 根	根	30			
	……							

4.2.3.1 项目编码

项目编码是指分部分项工程和措施项目清单名称的阿拉伯数字标识。分部分项工程量清单的项目编码采用十二位阿拉伯数字表示：一、二位为专业工程代码，如 01——房建与装饰工程，04——市政工程；三、四位为附录分类顺序码，如 0103——桩基工程，0401——市政土方工程；五、六位为分部工程顺序码，如 0105——混凝土及钢筋混凝土工程，010502——现浇混凝土柱，0111——楼地面装饰工程，011102——楼地面镶贴；七、八、九位为分项工程项目名称顺序码，如 010502——现浇混凝土柱，010502001——构造柱，010503——现浇混凝土梁，010503004——圈梁。十至十二位为清单项目名称顺序码。如图 4-2 所示。

一至九位应按各专业“计量规范”附录的规定设置，十至十二位应根据拟建工程的工程量清单项目名称设置，同一招标工程的项目编码不得有重码。

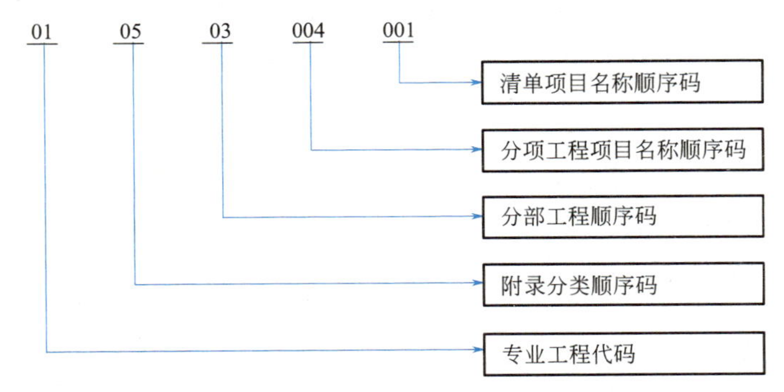

图 4-2 项目编码

当同一标段（或合同段）的一份工程量清单中含有多个单位工程且工程量清单是以单位工程为编制对象时，在编制工程量清单时应特别注意对项目编码十至十二位的设置不得有重码的规定。例如一个标段（或合同段）的工程量清单中含有三个单位工程，每一个单位工程中都有项目特征相同的实心砖墙砌体，在工程量清单中又需反映三个不同单位工程的实心砖墙砌体工程量时，则第一个单位工程的实心砖墙的项目编码应为 010401003001，第二个单位工程的实心砖墙的项目编码应为010401003002，第三个单位工程的实心砖墙的项目编码应为010401003003，并分别列出各单位工程实心砖墙的工程量。

4.2.3.2 项目名称

分部分项工程量清单的项目名称应按附录的项目名称结合拟建工程的实际确定。例如，《房屋建筑与装饰工程工程量计算规范》（GB 50854—2013）010804007项目名称为特种门，而拟建工程采用冷藏门、冷冻间门，则清单项目应以冷藏门和冷冻间门分别编码列项。

4.2.3.3 项目特征

项目特征是指构成分部分项工程项目、措施项目自身价值的本质特征。分部分项工程量清单项目特征应按“计量规范”附录中规定的项目特征予以描述，结合拟建工程项目的实际，能满足确定综合单价的需要。

分部分项工程量清单项目特征是确定一个清单项目综合单价的重要依据，在编制工程量清单中必须对其进行准确和全面的描述。

（1）工程量清单项目特征描述的意义

① 项目特征是区分清单项目的依据。工程量清单项目特征是用来表述分部分项清单项目的实质内容，用于区分“计价规范”中同一清单条目下各个具体的清单项目。没有项目特征的准确描述，对于相同或相似的清单项目名称，就无从区分。

② 项目特征是确定综合单价的前提。工程量清单项目特征决定了工程实体的实质内容，必然直接决定了工程实体的自身价值。因此，工程量清单项目特征描述得准确与否，直接关系到工程量清单项目综合单价的准确确定。

③ 项目特征是履行合同义务的基础。实行工程量清单计价，工程量清单及其综合单价是施工合同的组成部分。因此，如果工程量清单项目特征的描述不清甚至漏项、错误，从而引起在施工过程中的更改，都会引起分歧，导致纠纷。

由此可见，清单项目特征的描述，应根据专业“计量规范”附录中有关项目特征的要求，结合技术规范、标准图集、施工图纸，按照工程结构、使用材质及规格或安装位置等，予以详细而准确的表述和说明。可以说离开了清单项目特征的准确描述，清单项目就没有生命力。当然，由于种种原因，对于同一个清单项目，由不同的人进行编制，会有不同的描述，尽管如此，体现项目本质区别的特征和对报价有实质影响的内容都必须描述，这一点是无可置疑的。

（2）“项目特征”与“工程内容”的区别

“项目特征”与“工程内容”是两个不同性质的概念。

在进行工程量清单计价时，项目特征必须描述，因为它确定工程项目的实质，直接决定工程的价值。例如砖砌体实心墙，按照“计量规范”“项目特征”栏的规定，必须描述的项目特征有：

① 砖的品种、规格、强度等级。砖的品种是黏土砖、还是粉煤灰砖；砖的规格，是标准砖还是非标准砖，是非标准砖就应注明规格尺寸；砖的强度等级，是MU10、MU15还是MU20。因为砖的品种、规格、强度等级直接关系到砖的价格。

② 墙体类型。墙体的类型，是1砖（240mm），还是1砖半（370mm）等。因为墙体的厚类型直接影响砌砖的工效以及砖、砂浆的消耗量。

③ 砂浆的强度等级、配合比。砌筑砂浆的种类是混合砂浆，还是水泥砂浆；砂浆的强度等级是M5、M7.5还是M10等。因为不同种类、不同强度等级、不同配合比的砂浆，其价格是不同的。

在进行工程量清单计价时，工程内容无须描述，因为其主要讲的是操作程序。例如“计量规范”关于实心砖墙的“工程内容”中的“砂浆制作、运输，砌砖，刮缝，砖压顶砌筑，材料运输”就不必描述。因为，发包人没有必要指出承包人要完成实心砖墙的砌筑所需要完成的工程内容，承包人也必然要操作这些工序，才能完成最终验收的砖砌体。由于在“计量规范”中，工程量清单项目与工程量计算规则、工程内容有一一对应的关系，当采用“计量规范”这一标准时，工程内容均有规定，无须描述。

（3）清单项目特征描述原则

招标人应高度重视分部分项工程量清单项目特征的描述，任何不描述或描述不清，均会在施工合同履约过程中产生分歧，导致纠纷、索赔。但是有的项目特征用文字往往又难以准确和全面地描述清楚。因此为达到规范、简捷、准确、全面描述项目特征的要求，在描述工程量清单项目特征时应按以下原则进行。

① 工程量清单项目特征应按各专业工程工程量计算规范中附录规定的项目特征予以描述，结合拟建工程项目的实际，满足确定综合单价的需要。涉及正确计量、结构要求、材质要求、安装方式的内容必须描述。如：砖的强度等级，是MU10、MU15还是MU20；墙体的类型，是1砖（240mm），还是1砖半（370mm）等。

② 对计量计价没有实质影响的内容、应由投标人根据施工方案确定的内容可以不描述。

③ 若采用标准图集或施工图纸能够全部或部分满足项目特征描述的要求，项目特征描述可直接采用详见 ×× 图集或 ×× 图号的方式。对不能满足项目特征描述要求的部分，仍应用文字描述。

④ 应由投标人根据施工方案确定的或由投标人根据施工现场实际自行考虑决定报价的，项目特征可以不描述。

4.2.3.4 计量单位

工程量清单的计量单位应按各专业工程工程量计算规范中附录规定的计量单位确定。计量单位均采用基本单位，与定额中所采用基本单位扩大一定的倍数不同，除各专业另有特殊规定外，均按以下单位计量：

① 以重量计算的项目——吨或千克（t或kg）。

② 以体积计算的项目——立方米（m^3）。

③ 以面积计算的项目——平方米（m^2）。

④ 以长度计算的项目——米（m）。

⑤ 以自然计量单位计算的项目——个、套、块、樘、组、台……

⑥ 没有具体数量的项目——宗、项……

当有两个或两个以上计量单位时，应结合拟建工程项目的实际情况，确定其中一个为计量单位。在同一个建设项目（或标段、合同段）中，有多个单位工程的相同项目计量单位必须保持一致。

4.2.3.5 工程量计算规则

分部分项工程量清单中所列工程量应按“计量规范”附录中规定的工程量计算规则计算。工程量的有效位数遵守下列规定：

① 以“t”为单位，应保留小数点后三位数字，第四位小数四舍五入。

② 以“m^3”“m^2”“m”“kg”为单位，应保留小数点后两位数字，第三位小数四舍五入。

③ 以“个”“件”“根”“组”“系统”等为单位，应取整数。

4.2.3.6 补充项目编码

随着工程建设中新材料、新技术、新工艺等的不断涌现，规范附录所列的工程量清单项目不可能包含所有项目。在编制工程量清单时，当出现规范附录中未包括的清单项目时，编制人应作补充，并报省级或行业工程造价管理机构备案，省级或行业工程造价管理机构应汇总报住房和城乡建设部标准定额研究所。

补充项目的编码应由专业代码、B 和三位阿拉伯数字组成，后三位从 001 起按顺序编制，同一招标工程的项目不得重码。补充的工程量清单需附有补充项目的项目名称、项目特征、计量单位、工程量计算规则和工作内容。不能计量的措施项目，须附有补充项目的项目名称、工作内容及包含范围。

4.2.4 措施项目清单

措施项目分为单价措施项目和总价措施项目。措施项目清单必须根据相关工程现行国家“计量规范”的规定编制，并应根据拟建工程的实际情况列项。

单价措施项目清单宜采用分部分项工程量清单的方式编制，列出项目编码、项目名称、项目特征、计量单位和工程量计算规则。如混凝土浇筑的模板工程，用分部分项工程量清单的方式采用综合单价，更有利于措施费的确定和调整。

总价措施项目清单，以“项”为计量单位。表 4-2 为总价措施项目清单与计价表。

表 4-2 总价措施项目清单与计价表

工程名称：　　　　　　　　　　　　标段：　　　　　　　　　　　　第　页　共　页

序号	项目编码	项目名称	计算基础	费率 /%	金额 / 元	调整费率 /%	调整后金额 / 元	备注
1	011707001	安全文明施工费						
2	011707002	夜间施工增加费						
3	011707003	非夜间施工照明费						
4	011707004	二次搬运费						
5	011707005	冬雨季施工增加费						
6	011707006	地上、地下设施，建筑物的临时保护设施费						
7	011707007	已完工程及设备保护费						

编制人（造价人员）：　　　　　　　　　　　　复核人（造价工程师）：

注：1.“计算基础”中安全文明施工费可以是“定额基价”“定额人工费”或“定额人工费 + 定额机械费”，其他项目可以是“定额人工费”或“定额人工费 + 定额机械费”。

2. 按施工方案计算的措施费，若无“计算基础”和“费率”的数值，也可只填“金额”数值，但应在备注栏说明施工方案出处或计算方法。

措施项目清单的编制需考虑多种因素，除工程本身的因素外，还涉及水文、气象、环境、安全等因素。在编制措施项目清单时，因工程情况不同，出现规范及附录中未列的措施项目，可根据工程的具体情况对措施项目清单作补充。

4.2.5 其他项目清单

其他项目费是对工程中可能发生或必然发生，但价格或工程量不能确定的项目费用的列支。包括暂列金额、暂估价、计日工、总承包服务费以及索赔与现场签证等费用。

工程建设标准的高低、工程的复杂程度、工程的工期长短、工程的组成内容、发包人对工程管理要求等都直接影响其他项目清单的具体内容,《计价规范》提供了4项内容作为其他项目清单列项参考,其不足部分,可根据工程的具体情况进行补充。其他项目清单与计价汇总表如表4-3所示。

表4-3　其他项目清单与计价汇总表

工程名称:　　　　　　　　　　　　　　　　标段:　　　　　　　　　　　　　　　　第　页　共　页

序号	项目名称	金额/元	结算金额/元	备注
1	暂列金额			明细详见表3-4
2	暂估价			
2.1	材料(工程设备)暂估价/结算价	—		明细详见表3-5
2.2	专业工程暂估价/结算价			明细详见表3-6
3	计日工			明细详见表3-7
4	总承包服务费			明细详见表3-8
5	索赔与现场签证	—		
合　计				

注:材料(工程设备)暂估单价进入清单项目综合单价,此处不汇总。

(1)暂列金额

暂列金额是指招标人在工程量清单中暂定并包括在工程合同价款中的一笔款项。用于施工合同签订时尚未确定或者不可预见的所需材料、工程设备、服务的采购,施工中可能发生的工程变更、合同约定调整因素出现时的工程价款调整以及发生的索赔、现场签证确认等的费用。

暂列金额应根据工程特点按有关计价规定估算,其表格形式如表4-4所示。

表4-4　暂列金额明细表

工程名称:　　　　　　　　　　　　　　　　标段:　　　　　　　　　　　　　　　　第　页　共　页

序号	项目名称	计量单位	暂定金额/元	备注
1				
2				
4				
5				
合　计				

注:此表由招标人填写,如不能详列,也可只列暂定金额总额,投标人应将上述暂列金额计入投标总价中。

(2)暂估价

暂估价包括材料暂估单价、工程设备暂估单价、专业工程暂估价。暂估价中的材料、工程设备暂估单价应根据工程造价信息或参照市场价格估算,列出明细表;专业工程暂估价应分不同专业,按有关计价规定估算,列出明细表。暂估价的表格形式如表4-5、表4-6

所示。

表 4-5　材料（工程设备）暂估单价及调整表

工程名称：　　　　　　　　　　　　　标段：　　　　　　　　　　　　第　页　共　页

序号	材料（工程设备）名称、规格、型号	计量单位	数量		暂估价 / 元		确认 / 元		差额 ±/ 元		备注
			暂估	确认	单价	合价	单价	合价	单价	合价	
合　计											

注：此表由招标人填写“暂估单价”，并在备注栏说明暂估价的材料、工程设备拟用在哪些清单项目上，投标人应将上述材料、工程设备暂估单价计入工程量清单综合单价报价中。

表 4-6　专业工程暂估价及结算价表

工程名称：　　　　　　　　　　　　　标段：　　　　　　　　　　　　第　页　共　页

序号	工程名称	工程内容	暂估金额 / 元	结算金额 / 元	差额 ±/ 元	备注
合　计						

注：此表“暂估金额”由招标人填写，投标人应将“暂估金额”计入投标总价中。结算时按合同约定结算金额填写。

（3）计日工

计日工是指在施工过程中，承包人完成发包人提出的工程合同范围以外的零星项目或工作，按合同中约定的单价计价的一种方式。

计日工是为解决现场发生的零星工作的计价而设立的。适用的所谓零星工作一般是指合同约定之外的或者因变更而产生的、工程量清单中没有相应项目的额外工作，尤其是那些时间不允许事先商定价格的额外工作。计日工以完成零星工作所消耗的人工工时、材料数量、施工机械台班进行计量，并按照计日工表中填报的适用项目的单价进行计价支付。计日工应列出项目名称、计量单位和暂估数量。计日工按表 4-7 所示的表格形式计算。

表 4-7　计日工表

工程名称：　　　　　　　　　　　　　标段：　　　　　　　　　　　　第　页　共　页

编号	项目名称	单位	暂定数量	实际数量	综合单价 / 元	合价 / 元	
						暂定	实际
一	人工						
1							
2							

续表

编号	项目名称	单位	暂定数量	实际数量	综合单价/元	合价/元	
						暂定	实际
人工小计							
二	材料						
1							
2							
材料小计							
三	施工机械						
1							
2							
施工机械小计							
四	企业管理费和利润						
总　　计							

注：此表项目名称、暂定数量由招标人填写，编制招标控制价时，单价由招标人按有关计价规定确定；投标时，单价由投标人自主报价，按暂定数量计算合价计入投标总价中。结算时，按发承包双方确认的实际数量计算合价。

（4）总承包服务费

总承包服务费是指总承包人为配合协调发包人进行的专业工程发包，对发包人自行采购的材料、工程设备等进行保管以及施工现场管理、竣工资料汇总整理等服务所需的费用。总承包服务费表格形式如表 4-8 所示。

表 4-8　总承包服务费计价表

工程名称：　　　　标段：　　　　第　页　共　页

序号	项目名称	项目价值/元	服务内容	计算基础	费率/%	金额/元
1	发包人发包专业工程					
2	发包人提供材料					
合　　计						

注：此表项目名称、服务内容由招标人填写，编制招标控制价时，费率及金额由招标人按有关计价规定确定；投标时，费率及金额由投标人自主报价，计入投标总价中。

4.2.6　规费、税金项目清单

规费是指根据国家法律、法规规定，由省级政府或省级有关权力部门规定施工企业必须缴纳的，应计入建筑安装工程造价的费用。规费、税金项目清单与计价表如表 4-9 所示。

表 4-9　规费、税金项目清单与计价表

工程名称：　　　　　　　　　　　　　　标段：　　　　　　　　　　　　　　第　页　共　页

序号	项目名称	计算基础	计算基数	计算费 /%	金额 / 元
1	规费	定额人工费			
1.1	社会保险费	定额人工费			
（1）	养老保险费	定额人工费			
（2）	失业保险费	定额人工费			
（3）	医疗保险费	定额人工费			
（4）	工伤保险费	定额人工费			
（5）	生育保险费	定额人工费			
1.2	住房公积金	定额人工费			
2	税金	分部分项工程费＋措施项目费＋其他项目费＋规费－按规定不计税的工程设备金额			
合　计					

编制人（造价人员）：　　　　　　　　　　　　　　　　　　复核人（造价工程师）：

4.3　定额计价

4.3.1　《江苏省建筑与装饰工程计价定额》（2014 版）简介

为了贯彻执行住房和城乡建设部《建设工程工程量清单计价规范》（GB 50500—2013）以及《房屋建筑与装饰工程工程量计算规范》（GB 50854—2013），适应江苏省建设工程市场计价的需要，为工程建设各方提供计价依据，江苏省住房和城乡建设厅组织有关人员对《江苏省建筑与装饰工程计价表》进行了修订，形成了《江苏省建筑与装饰工程计价定额》(2014年)（以下简称“计价定额”）。

“计价定额”是按在正常的施工条件下，结合江苏省颁布的地方标准《江苏省建筑安装工程施工技术操作规程》、现行的施工及验收规范和江苏省颁发的部分建筑构、配件通用图做法进行编制，与《江苏省建设工程费用定额》（以下简称“费用定额”）配套使用，适用于江苏省行政区域范围内一般工业与民用建筑的新建、扩建、改建工程及其单独装饰工程的计量与计价，其实质是江苏省地区性预算定额。

（1）计价定额的内容构成

“计价定额”分上、下两册，共设置 24 章，9 个附录。其中第一～十八章为分部分项工程项目，分别为：土、石方工程，地基处理及边坡支护工程，桩基工程，砌筑工程，钢筋工程，混凝土工程，金属结构工程，构件运输及安装工程，木结构工程，屋面及防水工程，保温、隔热、防腐工程，厂区道路及排水工程，楼地面工程，墙柱面工程，天棚工程，门窗工程，油漆、涂料、裱糊工程，其他零星工程。第十九～二十四章为措施项目，分别为：建筑物超高增加费，脚手架工程，模板工程，施工排水、降水，建筑工程垂直运输，场内二次搬运。附录包括：混凝土及钢筋混凝土构件模板、钢筋含量表，机械台班预算单价取定表，混凝土、特种混凝土配合比表，砌筑砂浆、抹灰砂浆、其他砂浆配合比表，防腐耐酸砂浆配合比表，主要建筑材料预算价格取定表，抹灰分层厚度及砂浆种类表，主要材料、半成品损耗率取定表，常用钢材理论重量及形体公式计算表。

（2）计价定额的作用

① 编制工程招标控制价（最高投标限价）的依据。

② 工程投标报价、企业内部核算、制定企业定额的参考。

③ 编制工程概算定额的依据。

④ 工程结算的依据。

⑤ 建设行政主管部门调解工程价款争议、合理确定工程造价的依据。

二维码 4.3

4.3.2 计价定额中定额子目的综合单价

计价定额中各定额子目的综合单价由人工费、材料费、机械费、管理费、利润五项费用组成，即：

$$综合单价 = 人工费 + 材料费 + 机械费 + 管理费 + 利润 \tag{4-6}$$

（1）人工费

$$人工费 =\sum（人工消耗量 \times 日工资单价） \tag{4-7}$$

其中，日工资单价是指施工企业平均技术熟练程度的生产工人在每工作日（国家法定工作时间内）按规定从事施工作业应得的日工资总额。《江苏省建筑与装饰工程计价定额》人工工资分别按一类工为 85.0 元 / 工日、二类工为 82.0 元 / 工日、三类工为 77.0 元 / 工日。每工日按八小时工作制计算。

（2）材料费

$$材料费 =\sum（材料消耗量 \times 除税材料单价） \tag{4-8}$$

其中，除税材料单价是指材料在采购、运输、保管过程中形成的价格，由材料原价（或供应价格）、材料运杂费、运输损耗费、采购及保管费等组成。

$$除税材料单价 = \{（材料原价 + 运杂费）\times [1+ 运输损耗率（\%）]\} \times [1+ 采购保管费率（\%）] \tag{4-9}$$

（3）机械费

$$施工机械使用费 =\sum（施工机械台班消耗量 \times 除税机械台班单价） \tag{4-10}$$

其中，除税机械台班单价 = 台班折旧费 + 台班大修费 + 台班经常修理费 + 台班安拆费及场外运费 + 台班人工费 + 台班燃料动力费 + 台班车船税费。

（4）管理费

管理费以人工费加机械费为计算基础，乘以相应工程类别的管理费费率。

（5）利润

利润以人工费加机械费为计算基础，乘以相应工程类别的利润率。

计价定额中，一般建筑工程、打桩工程的管理费与利润，按照三类工程标准计入综合单价内；一类、二类工程和单独发包的专业工程，应对管理费、利润进行调整后计入综合单价内，计价定额子目中带括号的材料价格供选用，不包含在综合单价内。建筑工程企业管理费和利润取费标准按表 4-10 执行。

表 4-10　建筑工程企业管理费和利润取费标准表

序号	项目名称	计算基础	企业管理费率 /%			利润率 /%
			一类工程	二类工程	三类工程	
一	建筑工程	人工费 + 除税施工机具使用费	32	29	26	12
二	单独预制构件制作		15	13	11	6
三	打预制桩、单独构件吊装		11	9	7	5
四	制作兼打桩		17	15	12	7
五	大型土石方工程		7			4

案例分析

【4-1】　分析表 4-11 定额子目 6-190 的综合单价（三类建筑工程）。

解析： 定额子目 6-190　矩形柱，除税综合单价 =474.92（元 /m³）

其中：人工费 = 工日消耗量 × 日工资单价 =0.76×82=62.32（元）

材料费 =∑（材料消耗量 × 除税材料单价）

=0.99×351.66+0.031×250.42+0.28×0.69+1.25×4.57+0.21

=348.14+7.76+0.19+5.71+0.21=362.01（元）

机械费 =∑（施工机械台班消耗量 × 除税机械台班单价）

=0.112×10.45+0.006×120.64+0.011×1600.52

=1.17+0.72+17.61=19.50（元）

管理费 =（62.32+19.5）×26%=21.27（元）

利润 =（62.32+19.5）×12%=9.82（元）

综合单价 =62.32+362.01+19.50+21.27+9.82=474.92（元 /m³）

详见表 4-11。

表 4-11　预拌混凝土泵送构件（柱）

工作内容：购入预拌混凝土、泵送、浇捣、养护　　　　单位：m³

定额编号				6-190	
项　目		单位	单价	矩形	
				数量	合计
除税综合单价		元	474.92		
其中	人工费	元	62.32		
	材料费	元	362.01		
	机械费	元	19.50		
	管理费	元	21.27		
	利润	元	9.82		
二类工		工日	82.00	0.76	62.32

续表

定额编号					6-190	
项　　目			单位	单价	矩形	
					数量	合计
材料	80212105	预拌混凝土（泵送型）C30	m^3	351.66	0.99	348.14
	80010123	水泥砂浆 1 ∶ 2	m^3	250.42	0.031	7.76
	02090101	塑料薄膜	m^2	0.69	0.28	0.19
	31150101	水	m^3	4.57	1.25	5.71
		泵管摊销费				0.21
机械	99052107	混凝土振捣器　插入式	台班	10.45	0.112	1.17
	99050503	灰浆搅拌机　拌筒容量 200L	台班	120.64	0.006	0.72
	99051204	混凝土输送泵车输送量 $60m^3/h$	台班	1600.52	0.011	17.61

4.3.3 工程类别划分

二维码 4.4

《江苏省建设工程费用定额》（2014 年）中，根据不同的工程类型，按施工难易程度，结合江苏省建筑工程项目管理水平，工程类别划分为一类、二类、三类三个标准，详见表 4-12。

表 4-12　建筑工程类别划分表

工　程　类　型			单位	工程类别划分标准		
				一类	二类	三类
工业建筑	单层	檐口高度	m	≥ 20	≥ 16	＜ 16
		跨度	m	≥ 24	≥ 18	＜ 18
	多层	檐口高度	m	≥ 30	≥ 18	＜ 18
民用建筑	住宅	檐口高度	m	≥ 62	≥ 34	＜ 34
		层数	层	≥ 22	≥ 12	＜ 12
	公共建筑	檐口高度	m	≥ 56	≥ 30	＜ 30
		层数	层	≥ 18	≥ 10	＜ 10
构筑物	烟囱	混凝土结构高度	m	≥ 100	≥ 50	＜ 50
		砖结构高度	m	≥ 50	≥ 30	＜ 30
	水塔	高度	m	≥ 40	≥ 30	＜ 30
	筒仓	高度	m	≥ 30	≥ 20	＜ 20
	贮池	容积（单体）	m^3	≥ 2000	≥ 1000	＜ 1000
	栈桥	高度	m	—	≥ 30	＜ 30
		跨度	m	—	≥ 30	＜ 30

续表

工 程 类 型		单位	工程类别划分标准		
			一类	二类	三类
大型机械吊装工程	檐口高度	m	≥ 20	≥ 16	< 16
	跨度	m	≥ 24	≥ 18	< 18
大型土石方工程	单位工程挖或填土（石）方容量	m^3	≥ 5000		
桩基础工程	预制混凝土（钢板）桩长	m	≥ 30	≥ 20	< 20
	灌注混凝土桩长	m	≥ 50	≥ 30	< 30

（1）工程类型

建筑物、构筑物高度系指设计室外地面标高至檐口顶标高（不包括女儿墙，高出屋面电梯间、楼梯间、水箱间等的高度），跨度系指轴线之间的宽度。

① 工业建筑工程：指从事物质生产和直接为生产服务的建筑工程，主要包括生产（加工）车间、实验车间、仓库、独立实验室、化验室、民用锅炉房、变电所和其他生产用建筑工程。

② 民用建筑工程：指直接用于满足人们的物质和文化生活需要的非生产性建筑，主要包括：商住楼、综合楼、办公楼、教学楼、宾馆、宿舍及其他民用建筑工程。

③ 构筑物工程：指与工业与民用建筑工程相配套且独立于工业与民用建筑的工程，主要包括烟囱、水塔、仓类、池类、栈桥等。

④ 桩基础工程：指天然地基上的浅基础不能满足建筑物、构筑物稳定要求而采用的一种深基础。主要包括各种现浇和预制桩。

（2）工程类别划分说明

① 不同层数组成的单位工程，当高层部分的面积（竖向切分）占总面积 30% 以上时，按高层的指标确定工程类别，不足 30% 的按低层指标确定工程类别。

② 强夯法加固地基、基础钢筋混凝土支撑和钢支撑均按建筑工程二类标准执行。深层搅拌桩、粉喷桩、基坑锚喷护壁按制作兼打桩三类标准执行。专业预应力张拉施工如主体为一类工程按一类工程取费；主体为二类、三类工程均按二类工程取费。钢板桩按打预制桩标准取费。

③ 预制构件制作工程类别划分按相应的建筑工程类别划分标准执行。

④ 与建筑物配套的零星项目，如化粪池、检查井、围墙、道路、下水道、挡土墙等，均按三类标准执行。

⑤ 建筑物加层扩建时要与原建筑物一并考虑套用类别标准。

⑥ 确定类别时，地下室、半地下室和层高小于 2.2m 的楼层均不计算层数。空间可利用的坡屋顶或顶楼的跃层，当净高超过 2.1m 部分的水平面积与标准层建筑面积相比达到 50% 以上时应计算层数。底层车库（不包括地下或半地下车库）在设计室外地面以上部分不小于 2.2m 时，应计算层数。

⑦ 基槽坑回填砂、灰土、碎石工程量不执行大型土石方工程，按相应的主体建筑工程类别标准执行。

⑧ 凡工程类别标准中，有两个指标控制的，只要满足其中一个指标即可按该指标确定工程类别。

⑨ 单独地下室工程按二类标准取费，如地下室建筑面积≥ $10000m^3$，则按一类标准取费。

⑩ 有地下室的建筑物，工程类别不低于二类。

⑪ 多栋建筑物下有连通的地下室时，地上建筑物的工程类别同有地下室的建筑物；其地下室部分的工程类别同单独地下室工程。

⑫ 桩基工程类别有不同桩长时，以超过 30% 根数的设计最大桩长为准。同一单位工程内有不同类型的桩时，应分别计算。

⑬ 施工现场完成加工制作的钢结构工程费用标准按照建筑工程执行。

⑭ 加工厂完成制作，到施工现场安装的钢结构工程（包括网架屋面），安全文明施工措施费按单独发包的构件吊装标准执行。加工厂为施工企业自有的，钢结构除安全文明施工措施费外，其他费用标准按建筑工程执行。钢结构为企业成品购入的，钢结构以成品预算价格计入材料费，费用标准按照单独发包的构件吊装工程执行。

⑮ 在确定工程类别时，对于工程施工难度很大的（如建筑造型、结构复杂，采用新的施工工艺的工程等），以及工程类别标准中未包括的特殊工程，如展览中心、影剧院、体育馆、游泳馆等，由当地工程造价管理机构根据具体情况确定，报上级造价管理机构备案。

案例分析

【4-2】 判别下列建筑工程的工程类别：

① 檐高 29.8m，地上层数 10 层，无地下室的办公楼。

② 檐高 29.8m，地上层数 9 层，有地下室的办公楼。

③ 檐高 30m，地上层数 10 层，无地下室的住宅。

解析：① 属于公共建筑，檐高 29.8m ＜ 30m，层数 10 层，满足其中一个控制指标达到二类工程标准，是二类建筑物。

② 属于公共建筑，檐高 29.8m ＜ 30m，层数 9 层＜ 10 层，两个控制指标都未达到二类工程标准，但因有地下室的建筑物，工程类别不低于二类，所以也属于二类建筑物。

③ 是住宅建筑，檐高 30m ＜ 34m，层数 10 层＜ 12 层，是三类建筑物。

【4-3】 某桩基工程，共有 500 根预制管桩，其中设计桩长 40m 的桩 100 根，35m 的桩 60 根，25m 的桩 340 根，则该打桩工程按什么类别工程计算？

解析：本桩基工程中的预制管桩，设计桩长＞ 30m 的桩共有 160 根，占桩总数量的 160/500= 0.32=32% ＞ 30%，因此按一类工程计算。

4.3.4 定额计价的原理、内容和程序

4.3.4.1 定额计价原理

二维码 4.5

定额计价法是指根据招标文件和施工图图纸，按照各省级建设行政主管部门颁布的建设工程计价定额中规定的工程量计算规则、定额单价、费用定额中的取费标准、税率等，确定建筑安装工程造价的计价方法，按计量、套价、取费的程序进行计价。

按照计价定额中定额子目的划分原则，将设计图纸的内容划分为计算造价的基本单位，即进行项目的划分，计算确定每个项目（定额中的子目、分项工程）的工程量，然后选套相应项目的定额单价（子目基价），再计取工程的各项费用，最后汇总得到整个工程的造价。

4.3.4.2 定额计价内容

(1) 分部分项工程费

分部分项工程费 = 定额综合单价 × 定额工程量　　(4-11)

其中，定额综合单价 = 人工费 + 材料费 + 机械费（施工机具使用费）+ 管理费 + 利润；定额工程量按照施工图纸和定额中规定的各分部分项工程的工程量计算规则，并考虑施工方法计算的工程量。各分部分项工程定额工程量的计算，详见项目 6 ～项目 14。

(2) 措施项目费

定额计价法计算措施项目费时，也分为单价措施项目与总价措施项目。

单价措施项目费 = 措施项目定额综合单价 × 定额工程量

定额综合单价按人工费、材料费、施工机具使用费、管理费和利润形式组成，定额工程量按定额中对应的工程量计算规则计算，计算方法同分部分项工程费。建筑与装饰工程单价措施项目包括：脚手架工程，混凝土模板及支架（撑），垂直运输，超高施工增加，大型机械设备进出场及安拆，施工排水、降水。措施项目具体计算详见项目 15。

总价措施项目费 =（分部分项工程费 + 单价措施项目费 − 工程设备费）× 费率　(4-12)

建筑工程可能发生的总价措施项目包括：

① 安全文明施工：为满足施工安全、文明、绿色施工以及环境保护、职工健康生活所需要的各项费用。本项为不可竞争费用。

环境保护包含范围：现场施工机械设备降低噪声、防扰民措施费用；水泥和其他易飞扬细颗粒建筑材料密闭存放或采取覆盖措施等费用；工程防扬尘洒水费用；土石方、建渣外运车辆冲洗、防洒漏等费用；现场污染源的控制、生活垃圾清理外运、场地排水排污措施的费用；其他环境保护措施费用。

文明施工包含范围："五牌一图"的费用；现场围挡的墙面美化（包括内外粉刷、刷白、标语等)、压顶装饰费用；现场厕所便槽刷白、贴面砖，水泥砂浆地面或地砖费用，建筑物内临时便溺设施费用；其他施工现场临时设施的装饰装修、美化措施费用；现场生活卫生设施费用；符合卫生要求的饮水设备、淋浴、消毒等设施费用；生活用洁净燃料费用；防煤气中毒、防蚊虫叮咬等措施费用；施工现场操作场地的硬化费用；现场绿化费用、治安综合治理费用、现场电子监控设备费用；现场配备医药保健器材、物品费用和急救人员培训费用；用于现场工人的防暑降温费、电风扇、空调等设备及用电费用；其他文明施工措施费用。

安全施工包含范围：安全资料、特殊作业专项方案的编制，安全施工标志的购置及安全宣传的费用；"三宝"（安全帽、安全带、安全网)、"四口"（楼梯口、电梯井口、通道口、预留洞口)、"五临边"（阳台围边、楼板围边、屋面围边、槽坑围边、卸料平台两侧)，水平防护架、垂直防护架、外架封闭等防护的费用；施工安全用电的费用，包括配电箱三级配电、两级保护装置要求、外电防护措施；起重机、塔吊等起重设备（含井架、门架）及外用电梯的安全防护措施（含警示标志）费用及卸料平台的临边防护、层间安全门、防护棚等设施费用；建筑工地起重机械的检验检测费用；施工机具防护棚及其围栏的安全保护设施费用；施工安全防护通道的费用；工人的安全防护用品、用具购置费用；消防设施与消防器材的配置费用；电气保护、安全照明设施费；其他安全防护措施费用。

绿色施工包含范围：建筑垃圾分类收集及回收利用费用；夜间焊接作业及大型照明灯具的挡光措施费用；施工现场办公区、生活区使用节水器具及节能灯具增加费用；施工现场基坑降水储存使用、雨水收集系统、冲洗设备用水回收利用设施增加费用；施工现场生活区厕所化粪池、厨房隔油池设置及清理费用；从事有毒、有害、有刺激性气味和强光、噪声施工人员的防护器具；现场危险设备、地段、有毒物品存放地安全标识和防护措施；厕所、卫生设施、排水沟、阴暗潮湿地带定期消毒费用；保障现场施工人员劳动强度和工作时间符合国家标准《体力劳动强度分级》（GB 3869—1997）的增加费用等。

建筑工程安全文明施工措施费取费标准按表 4-13 执行。

表 4-13 建筑工程安全文明施工措施费取费标准

序号	工程名称	计算基数	基本费率 /%	省级标化增加费 /%		
				一星级	二星级	三星级
1	建筑工程	分部分项工程费 + 单价措施项目费 − 除税工程设备费	3.1	0.7	0.77	0.84
2	单独构件吊装		1.6	—	—	—
3	打预制桩 / 制作兼打桩		1.5/1.8	0.3/0.4	0.33/0.44	0.36/0.48

② 夜间施工：规范、规程要求正常作业而发生的夜班补助、夜间施工降效、夜间照明设施的安拆、摊销、照明用电以及夜间施工现场交通标志、安全标牌、警示灯安拆等费用。

③ 二次搬运：由于施工场地限制而发生的材料、成品、半成品等一次运输不能到达堆放地点，必须进行的两次或多次搬运费用。

④ 冬雨季施工：在冬雨季施工期间所增加的费用。包括冬季作业、临时取暖、建筑物门窗洞口封闭及防雨措施、排水、工效降低、防冻等费用。不包括设计要求混凝土内添加防冻剂的费用。

⑤ 地上、地下设施、建筑物的临时保护设施：在工程施工过程中，对已建成的地上、地下设施和建筑物进行的遮盖、封闭、隔离等必要保护措施。

⑥ 已完工程及设备保护费：对已完工程及设备采取的覆盖、包裹、封闭、隔离等必要保护措施所发生的费用。

⑦ 临时设施费：施工企业为进行工程施工所必需的生活和生产用的临时建筑物、构筑物和其他临时设施的搭设、使用、拆除等费用。

临时设施包括：临时宿舍、文化福利及公用事业房屋与构筑物、仓库、办公室、加工场等。

建筑、装饰工程规定范围内（建筑物沿边起 50m 以内，多幢建筑两幢间隔 50m 内）围墙、临时道路、水电、管线和轨道垫层等。

⑧ 赶工措施费：施工合同工期比现行工期定额提前，施工企业为缩短工期所发生的费用。如施工过程中，发包人要求实际工期比合同工期提前时，由发承包双方另行约定。

⑨ 工程按质论价：施工合同约定质量标准超过国家规定，施工企业完成工程质量达到经有权部门鉴定或评定为优质工程所必须增加的施工成本费。

⑩ 特殊条件下施工增加费：地下不明障碍物、铁路、航空、航运等交通干扰而发生的施工降效费用。

⑪ 非夜间施工照明：为保证工程施工正常进行，在如地下室、地宫等特殊施工部位施工时所采用的照明设备的安拆、维护、摊销及照明用电等费用。

⑫ 住宅工程分户验收：按江苏省《住宅工程质量分户验收规程》（DGJ 32/TJ 103—2010）的要求对住宅工程进行专门验收（包括蓄水、门窗淋水等）发生的费用。室内空气污染测试不包含在住宅工程分户验收费用中，由建设单位直接委托检测机构完成，由建设单位承担费用。

建筑工程各总价措施项目费的取费标准按表 4-14 执行。

表 4-14 建筑工程措施项目费取费标准表

序号	项目	计算基数	费率 /%
1	夜间施工	分部分项工程费 + 单价措施项目费 − 除税工程设备费	0 ～ 0.1
2	非夜间施工照明		0.2
3	冬雨季施工		0.05 ～ 0.2
4	已完工程及设备保护		0 ～ 0.05
5	临时设施		1 ～ 2.3
6	赶工措施		0.5 ～ 2.1
7	按质论价		0.7 ～ 1.6
8	住宅工程分户验收		0.4

(3) 其他项目费

其他项目费应根据工程特点，按照发承包双方在合同中的约定进行计算。

① 暂列金额：由建设单位根据工程特点，按有关计价规定估算；施工过程中由建设单位掌握使用，扣除合同价款调整后如有余额，归建设单位。

② 暂估价：包括材料暂估价和专业工程暂估价。材料暂估价在清单综合单价中考虑，不计入暂估价汇总。

③ 计日工：按合同中约定的除税综合单价计价。

④ 总承包服务费：总包服务范围由建设单位在招标文件中明示，并且发承包双方在施工合同中约定。

(4) 规费

规费 =（分部分项工程费 + 措施项目费 + 其他项目费 − 除税工程设备费）× 费率（4-13）

① 环境保护税：包括废气、污水、固体及危险废物和噪声排污费等内容，按工程所在地环境保护等部门规定的标准缴费，按实计取列入。

② 社会保险费：企业应为职工缴纳的养老保险、医疗保险、失业保险、工伤保险和生育保险五项社会保障方面的费用。

③ 住房公积金：企业应为职工缴纳的住房公积金。

建筑工程社会保险费及住房公积金按表 4-15 标准计取。

(5) 税金

税金以除税工程造价为计取基础，增值税税率为 9%。

税金 =（分部分项工程费 + 措施项目费 + 其他项目费 + 规费 − 除税工程设备费）× 增值税税率（4-14）

表 4-15 社会保险费及住房公积金取费标准

序号	工程名称	计算基数	社会保险费率 /%	公积金费率 /%
1	建筑工程	分部分项工程费 + 措施项目费 + 其他项目费 − 工程设备费	3.2	0.53
2	单独预制构件制作、单独构件吊装、打预制桩、制作兼打桩		1.3	0.24
3	人工挖孔桩		3	0.53

4.3.4.3 定额计价程序

为配合《建设工程工程量清单计价规范》（GB 50500—2013）的贯彻执行，按《江苏省建筑与装饰工程计价定额》进行计价时，也采用综合单价法，其计价程序见表 4-16。

表 4-16 定额计价法计价程序

序号	费用名称		计算公式	备注
一	分部分项工程费		定额工程量 × 定额综合单价	人、材、机单价及消耗量按“计价定额”； 管理费费率、利润率按“费用定额”
	其中	1. 人工费	定额人工消耗量 × 人工单价	
		2. 材料费	定额材料消耗量 × 材料单价	
		3. 机械费	定额机械消耗量 × 机械单价	
		4. 企业管理费	（人工费 + 机械费）× 管理费费率	
		5. 利润	（人工费 + 机械费）× 利润率	
二	措施项目费			
	其中	单价措施项目费	定额工程量 × 定额综合单价	同分部分项工程费
		总价措施项目费	（分部分项工程费 + 单价措施项目费 − 工程设备费）× 费率 或以项计费	费率按“费用定额”计取
三	其他项目费用			双方约定
四	规费			
	其中	1. 环境保护税		按工程所在地环保和税务部门的规定执行
		2. 社会保险费	（一 + 二 + 三）× 费率	费率按“费用定额”规定费率计取
		3. 住房公积金		
五	税金		（一 + 二 + 三 + 四）× 税率	按当地税率标准计取
六	工程造价		一 + 二 + 三 + 四 + 五	

4.4 清单计价与定额计价的关系

二维码 4.6

清单计价与定额计价是产生在不同历史年代的计价模式。定额计价是计划经济的产物，产生在新中国成立之初，一直沿用至今，是一种传统的计价模式。清单计价是市场经济的产物，产生在 2003 年，是以国家标准推行的新的计价模式。

长期以来，工程预算定额是我国发承包计价、定价的主要依据，现行预算定额中规定的消耗量和有关施工措施费用是按社会平均水平编制的，以此形式的工程造价基本上也是属于社会平均价格。而采用工程量清单计价形式的工程造价，反映的是工程个别成本，体现了参与竞争企业的实际消耗和技术管理水平，更加有利于企业自主报价和公平竞争。

4.4.1 两种计价方式的区别

（1）项目工程量计算规则的区别

① 工程量清单项目的工程内容以最终产品为对象，按实际完成一个综合实体项目所需内容列项。其工程量计算规则是根据主体工程项目设置的，其内容涵盖了主体工程项目及主体项目以外的完成该综合实体（清单项目）的其他工程项目的全部工程内容。计价定额（预算定额）项目主要是以施工过程为对象进行划分的，工程量计算规则仅是单一的工程内容。

② 工程量清单项目工程量计算规则是按工程实体尺寸的净量计算，不考虑施工方法和施工余量。计价定额（预算定额）项目计量是考虑了不同的施工方法和施工余量的施工过程的实际数量。

③ 工程量清单项目的计量单位一般采用基本的物理计量单位或自然计量单位，如 m^2、m^3、kg、t 等，计价（预算）定额的计量单位一般为扩大的物理计量单位或自然计量单位，如 $10m^2$、$100m^3$、100m 等。

（2）综合单价的区别

清单综合单价中人工、材料、机械的消耗量是以企业的施工定额为基础。人工工资标准、材料单价及施工机械台班的单价更接近当时当地的市场价格，并结合施工组织设计和施工方案，综合考虑了工程量增减的因素及施工过程中的各类合理损耗。管理费费率及利润率不仅反映出企业的技术水平和管理水平，也体现了企业及项目决策者的投标技巧和策略。采用工程量清单计价时的综合单价，其组价的依据有：

① 招标文件、工程量清单。

② 企业定额。

③ 施工组织设计及施工方案。

④ 已往的报价资料。

⑤ 现行人工、材料，机械台班市场价格信息。

⑥ 其他有关资料等。

“计价定额”中的综合单价的确定以预算定额为依据，反映的是定额的社会平均水平。

工程量清单计价与定额计价的区别可参见表 4-17。

表 4-17　工程量清单计价与定额计价的区别

序号	内　容	定额计价	工程量清单计价
1	定价理念	政府定价	企业自主报价、竞争形成价格
2	计价依据	建设行政主管部门发布的“计价定额”“费用定额”	国标《建设工程工程量清单计价规范》、企业定额
3	消耗水平	社会平均消耗水平	企业个别消耗水平
4	工程量计算规则	“计价定额”规定的工程量计算规则	“计量规范”规定的工程量计算规则
5	工程量计算	只计算定额工程量	既要计算清单工程量、又要计算定额工程量
6	计量单位	扩大的物理计量单位或自然计量单位，如 $10m^2$、$100m^3$、100m 等	基本的物理计量单位或自然计量单位，如 m^2、m^3、kg、t
7	计价项目划分	以分项工程为单元划分	以实体工程为单元划分
8	项目编码	项目的定额子目	全国统一项目编码
9	列项方式	只列定额项	既要列清单项、又要列定额项
10	编制步骤	读图→列项→算量→套价→计费	读图、读清单→清单组价（含列清单项、列定额项、算定额量、计算综合单价）→计费

4.4.2 两种计价方式的联系

清单计价是在学习借鉴国外通行做法并与中国实际相结合的产物，是在定额计价基础上衍生出来的计价模式。在企业定额没有能够被业主普遍认同，政府“计价定额”仍然占主导地位的前提下，清单计价实质上是定额计价的翻版。无论是定额计价还是清单计价，“定额”始终是计价的依据。定额所规定的人、材、机消耗量始终是一切计价的基础，人工费、材料费、施工机具使用费都是基于定额消耗量产生的。即清单计价法的综合单价的计算，是以计价定额为基础进行组合计算的。

《房屋建筑与装饰工程工程量计算规范》（GB 50854—2013）与《江苏省建筑与装饰工程计价定额》的对应关系详见表 4-18。

表 4-18 《房屋建筑与装饰工程工程量计算规范》与《江苏省建筑与装饰工程计价定额》的对应关系

《房屋建筑与装饰工程工程量计算规范》	《江苏省建筑与装饰工程计价定额》
附录 A　土石方工程	第一章　土、石方工程
附录 B　地基处理及边坡支护工程	第二章　地基处理及边坡支护工程
附录 C　桩基工程	第三章　桩基工程
附录 D　砌筑工程	第四章　砌筑工程
附录 E　混凝土及钢筋混凝土工程	第五章　钢筋工程；第六章　混凝土工程
附录 F　金属结构工程	第七章　金属结构工程；第八章　构件运输及安装工程
附录 G　木结构工程	第九章　木结构工程
附录 H　门窗工程	第十六章　门窗工程
附录 J　屋面及防水工程	第十章　屋面及防水工程
附录 K　保温、隔热、防腐工程	第十一章　保温、隔热、防腐工程
附录 L　楼地面装饰工程	第十三章　楼地面工程
附录 M　墙柱面装饰与隔断幕墙工程	第十四章　墙柱面工程
附录 N　天棚工程	第十五章　天棚工程
附录 P　油漆、涂料、裱糊工程	第十七章　油漆、涂料、裱糊工程
附录 Q　其他装饰工程	第十八章　其他零星工程
附录 R　拆除工程	
附录 S　措施项目	第十九章　建筑物超高增加费用；第二十章　脚手架工程； 第二十一章　模板工程；第二十二章　施工排水、降水； 第二十三章　建筑工程垂直运输； 第二十四章　场内二次搬运

4.5 清单综合单价的确定

二维码 4.7

用工程量清单计价法计算工程造价时，计算清单工程量和确定综合单价是需要解决的两个核心问题。工程量的计算详见各分部分项工程的计量与计价。综合单价计算可按以下步骤进行。

（1）确定组合定额子目

因可能出现一个清单项目对应多个定额子目，计算综合单价时，应首先将清单项目的工作内容与定额项目的工作内容进行比较，结合清单项目的特征描述，确定拟组价清单项目的定额子目组成。

（2）计算定额子目工程量

清单工程量计算规则与定额工程量计算规则之间存在差异，两者的计量单位也不完全一致。因此清单工程量不能直接用于计价，计价时必须考虑施工方案，根据所采用的计价定额及相应的工程量计算规则计算各定额子目的施工工程量。

（3）基于计价定额计算清单综合单价

综合单价 = 清单项目人、料、机、管理费、利润之和（定额合价）/ 清单工程量 （4-15）

案例分析

【4-4】 根据表 4-19 所列的某办公楼项目部分分部分项工程及其工程量，确定清单综合单价。(基于《江苏省建筑与装饰工程计价定额》)

表 4-19 工程量计算表

项目编码	项目名称	清单工程量 /m^2	定额编号	定额综合单价 / 元	项目名称	定额工程量
010101001001	平整场地	501.82	1-98	60.57	平整场地	715.74m^2
011001001001	保温隔热屋面：1 ：8 水泥珍珠岩平均厚度 248mm；20 厚 1 ：3 水泥砂浆找平层（保温隔热层上下各一道）	501.82	10-72	159.85	1 ：3 水泥砂浆找平层，设分格缝	501.82m^2
			11-6	323.64	1 ：8 水泥珍珠岩	124.45m^3
			13-15	127.21	20 厚 1 ：3 水泥砂浆找平层（保温隔热层下）	501.82m^2

解析：清单综合单价的计算详见各工程量清单综合单价分析表（表 4-20、表 4-21）。

表 4-11 中：数量 =715.74÷10÷501.82=0.1426。

或：清单综合单价 =（定额综合单价 × 定额工程量）/ 清单工程量

=（60.57×715.74÷10）/501.82=8.64（元）

表 4-20　工程量清单综合单价分析表 1

工程名称：办公楼　　　　　　　　标段：　　　　　　　　第 1 页 共 2 页

项目编码	010101001001	项目名称		平整场地		计量单位		m²		工程量		501.82	
清单综合单价组成明细													
定额编号	定额名称	定额单位	数量	单价 / 元					合价 / 元				
				人工费	材料费	机械费	管理费	利润	人工费	材料费	机械费	管理费	利润
1-98	平整场地	10m²	0.1426	43.89			11.41	5.27	6.26			1.63	0.75
综合人工工日		小计							6.26			1.63	0.75
0.08 工日		未计价材料费											
清单项目综合单价									8.64				

表 4-21　工程量清单综合单价分析表 2

工程名称：办公楼　　　　　　　　标段：　　　　　　　　第 2 页 共 2 页

项目编码	011001001001	项目名称		保温隔热屋面		计量单位		m²		工程量		501.82	
清单综合单价组成明细													
定额编号	定额名称	定额单位	数量	单价 / 元					合价 / 元				
				人工费	材料费	机械费	管理费	利润	人工费	材料费	机械费	管理费	利润
10-72	20 厚屋面找平层，水泥砂浆，有分格缝	10m²	0.1	65.6	62.66	4.83	18.31	8.45	6.56	6.27	0.48	1.83	0.85
11-6	保温隔热现浇水泥珍珠岩	m³	0.248	82	210.48		21.32	9.84	20.34	52.50		5.29	2.44
13-15	20 厚水泥砂浆找平层	10m²	0.1	54.94	44.73	4.83	15.54	7.17	5.49	4.47	0.48	1.55	0.72
综合人工工日		小计							32.39	62.94	0.96	8.67	4.01
0.40 工日		未计价材料费											
清单项目综合单价									108.97				

材料费明细	主要材料名称、规格、型号	单位	数量	单价 / 元	合价 / 元	暂估单价 / 元	暂估合价 / 元
	铁钉	kg	0.003	3.60	0.01		
	水泥 32.5 级	kg	58.98	0.27	15.92		
	中砂	t	0.065	67.39	4.38		
	APP 高强嵌缝膏	kg	0.236	7.55	1.78		
	珍珠岩	m³	0.2934	137.21	40.26		
	水	m³	0.1254	4.57	0.57		
	其他材料费			—	0.02	—	
	材料费小计			—	62.94	—	

表 4-12 中，“计价定额”中编码为 80010125 水泥砂浆的主要材料数量：

水 = (0.3×0.0202+0.006) ×2=0.0241 (m^3)

水泥 32.5 级 =408×0.0202×2=16.483 (kg)

中砂 =1.611×0.0202×2=0.0651 (t)

或：清单综合单价 = (定额综合单价 × 定额工程量) / 清单工程量

=[(159.85×501.82÷10)+(323.64×124.45)+(127.21×501.82÷10)]/501.82

=108.97 (元 / m^2)

4.6 工程量清单计价程序

4.6.1 一般计税法计价程序

二维码 4.8

根据住房和城乡建设部办公厅《关于做好建筑业营改增建设工程计价依据调整准备工作的通知》(建办标〔2016〕4 号) 规定的计价依据调整要求，营改增后，采用一般计税方法的建设工程费用组成中的分部分项工程费、措施项目费、其他项目费、规费中均不包含增值税可抵扣进项税额。企业管理费组成内容中，增加国家税法规定的应计入建筑安装工程造价内的城市建设维护税、教育费附加及地方教育附加。甲供材料和甲供设备费用应在计取现场保管费后，在税前扣除。

采用一般计税法的工程量清单计价程序见表 4-22。税金以除税工程造价为计取基础，费率为 9%。

表 4-22 工程量清单计价程序（一般计税方法）

<table>
<tr><th>序号</th><th colspan="2">费用名称</th><th>计算公式</th></tr>
<tr><td rowspan="6">一</td><td colspan="2">分部分项工程费</td><td>清单工程量 × 除税综合单价</td></tr>
<tr><td rowspan="5">其中</td><td>1. 人工费</td><td>人工消耗量 × 人工单价</td></tr>
<tr><td>2. 材料费</td><td>材料消耗量 × 除税材料单价</td></tr>
<tr><td>3. 施工机具使用费</td><td>机械消耗量 × 除税机械单价</td></tr>
<tr><td>4. 管理费</td><td>(人工费 + 施工机具使用费) × 费率或人工费 × 费率</td></tr>
<tr><td>5. 利润</td><td>(人工费 + 施工机具使用费) × 费率或人工费 × 费率</td></tr>
<tr><td rowspan="3">二</td><td colspan="2">措施项目费</td><td></td></tr>
<tr><td rowspan="2">其中</td><td>单价措施项目费</td><td>清单工程量 × 除税综合单价</td></tr>
<tr><td>总价措施项目费</td><td>(分部分项工程费 + 单价措施项目费 - 除税工程设备费) × 费率或以项计费</td></tr>
<tr><td>三</td><td colspan="2">其他项目费</td><td></td></tr>
<tr><td rowspan="4">四</td><td colspan="2">规费</td><td></td></tr>
<tr><td rowspan="3">其中</td><td>1. 环境保护税</td><td rowspan="3">(一 + 二 + 三 - 除税工程设备费) × 费率</td></tr>
<tr><td>2. 社会保险费</td></tr>
<tr><td>3. 住房公积金</td></tr>
<tr><td>五</td><td colspan="2">税金</td><td>[一 + 二 + 三 + 四 - (除税甲供材料费 + 除税甲供设备费) /1.01] × 税率</td></tr>
<tr><td>六</td><td colspan="2">工程造价</td><td>一 + 二 + 三 + 四 - (除税甲供材料费 + 除税甲供设备费) /1.01+ 五</td></tr>
</table>

4.6.2 简易计税法计价程序

营改增后，采用简易计税方式的建设工程费用组成中，分部分项工程费、措施项目费、其他项目费的组成，均与《江苏省建设工程费用定额》（2014 年）原规定一致，包含增值税可抵扣进项税额。甲供材料和甲供设备费用应在计取现场保管费后，在税前扣除。

采用简易计税方法的工程量清单计价程序见表 4-23。

表 4-23 工程量清单计价程序（简易计税方法）

<table>
<tr><th>序号</th><th colspan="2">费用名称</th><th>计算公式</th></tr>
<tr><td rowspan="6">一</td><td colspan="2">分部分项工程费</td><td>清单工程量 × 综合单价</td></tr>
<tr><td rowspan="5">其中</td><td>1. 人工费</td><td>人工消耗量 × 人工单价</td></tr>
<tr><td>2. 材料费</td><td>材料消耗量 × 材料单价</td></tr>
<tr><td>3. 施工机具使用费</td><td>机械消耗量 × 机械单价</td></tr>
<tr><td>4. 管理费</td><td>（人工费 + 施工机具使用费）× 费率或人工费 × 费率</td></tr>
<tr><td>5. 利润</td><td>（人工费 + 施工机具使用费）× 费率或人工费 × 费率</td></tr>
<tr><td rowspan="3">二</td><td colspan="2">措施项目费</td><td></td></tr>
<tr><td rowspan="2">其中</td><td>单价措施项目费</td><td>清单工程量 × 综合单价</td></tr>
<tr><td>总价措施项目费</td><td>（分部分项工程费 + 单价措施项目费 − 工程设备费）× 费率或以项计费</td></tr>
<tr><td>三</td><td colspan="2">其他项目费</td><td></td></tr>
<tr><td rowspan="4">四</td><td colspan="2">规费</td><td></td></tr>
<tr><td rowspan="3">其中</td><td>1. 环境保护税</td><td rowspan="3">（一 + 二 + 三 − 工程设备费）× 费率</td></tr>
<tr><td>2. 社会保险费</td></tr>
<tr><td>3. 住房公积金</td></tr>
<tr><td>五</td><td colspan="2">税金</td><td>[一 + 二 + 三 + 四 −（甲供材料费 + 甲供设备费）/1.01] × 费率</td></tr>
<tr><td>六</td><td colspan="2">工程造价</td><td>一 + 二 + 三 + 四 −（甲供材料费 + 甲供设备费）/1.01+ 五</td></tr>
</table>

税金定义及包含内容调整为：税金包含增值税应纳税额、城市建设维护税、教育费附加及地方教育附加。

① 增值税应纳税额 = 包含增值税可抵扣进项税额的税前工程造价 × 适用税率，税率：3%。

② 城市建设维护税 = 增值税应纳税额 × 适用税率，税率：市区 7%、县镇 5%、乡村 1%。

③ 教育费附加 = 增值税应纳税额 × 适用税率，税率：3%。

④ 地方教育附加 = 增值税应纳税额 × 适用税率，税率：2%。

以上四项合计，以包含增值税可抵扣进项税额的税前工程造价为计费基础，税金费率分别为：市区 3.36%、县镇 3.30%、乡村 3.18%。

建筑业企业为一般纳税人，在清单计价时，按一般计税法计价。

案例分析

【4-5】 背景资料：已知某办公楼工程的分部分项工程费为6000万元，单价措施项目费为1600万元，安全文明施工措施费、社会保险费、公积金按《江苏省建设工程费用定额》（2014年）中的标准计取。冬雨季施工措施费、临时设施费的费率分别为0.125%和1.6%，暂列金额为200万元，按一般计税方法计税，增值税税率为9%，其他未列项目不计取费用。试计算该办公楼的工程造价。

解析：（1）计算总价措施项目费

计算基础＝分部分项工程费＋单价措施项目费－工程设备费=6000+1600−0=7600（万元）

总价措施项目清单与计价表见表4-24。

表4-24 总价措施项目清单与计价表

工程名称：办公楼　　标段：　　第1页　共1页

序号	项目编码	项目名称	计算基础 / 万元	费率 /%	金额 / 万元
1	011701001001	安全文明施工	分部分项工程费＋单价措施项目费－工程设备费		288.80
1.1		基本费		3.100	235.60
1.2		增加费		0.700	53.20
2	011701005001	冬雨季施工	7600	0.125	9.50
3	011701009001	临时设施	7600	1.600	121.60
合　计					419.90

（2）计算规费和税金

规费计算基础＝分部分项工程费＋措施项目费＋其他项目费－工程设备费

=6000+1600+419.90+200−0=8219.90（万元）

规费、税金项目清单与计价表见表4-25。

表4-25 规费、税金项目清单与计价表

工程名称：办公楼　　标段：　　第1页　共1页

序号	项目名称	计算基础 / 万元	费率 /%	金额 / 万元
1	规费	分部分项工程费＋措施项目费＋其他项目费－除税工程设备=8219.90		306.61
1.1	社会保险费	8219.90	3.20	263.04
1.2	住房公积金	8219.90	0.53	43.57
2	税金	分部分项工程费＋措施项目费＋其他项目费＋规费－（除税甲供材料费＋除税甲供设备费）/1.01 =8526.51	9	767.39

税金计算基础＝分部分项工程费＋措施项目费＋其他项目费＋规费

=8219.90+306.61=8526.51（万元）

（3）计算工程造价

工程造价 = 分部分项工程费 + 措施项目费 + 其他项目费 + 规费 + 税金

单位工程招标控制价（投标报价）汇总表见表 4-26。

表 4-26 单位工程招标控制价（投标报价）汇总表

序号	汇总内容	金额 / 万元	其中：暂估价 / 万元
1	分部分项工程工程量清单费用	6000	
2	措施项目清单费用	2019.90	
2.1	安全文明施工（含环境保护、文明施工、安全施工）	288.80	
3	其他项目费用	200.00	
3.1	暂列金额	200.00	
4	规费	306.61	
5	税金	767.39	
6	工程造价	9293.89	

4.7 招标控制价

4.7.1 招标控制价的编制依据

招标控制价应根据下列依据编制与复核：

① 工程量清单计价规范。

② 国家或省级、行业建设主管部门颁发的计价定额和计价办法。

③ 建设工程设计文件及相关资料。

④ 拟定的招标文件及招标工程量清单。

⑤ 与建设项目相关的标准、规范、技术资料。

⑥ 施工现场情况、工程特点及常规施工方案。

⑦ 工程造价管理机构发布的工程造价信息；工程造价信息没有发布的，参照市场价。

⑧ 其他的相关资料。

4.7.2 招标控制价的计价原则

① 综合单价中应包括招标文件中划分的应由投标人承担的风险范围及其费用，招标文件中没有明确的，如是工程造价咨询人编制，应提请招标人明确；如是招标人编制，应予明确。

② 分部分项工程项目按下列规定计价：

a. 采用的分部分项工程量应是招标文件中工程量清单提供的工程量。

b. 综合单价应根据拟定的招标文件和招标工程量清单项目中的特征描述及有关要求确定。

c. 招标文件提供了暂估单价的材料，应按招标文件确定的暂估单价计入综合单价。

③ 措施项目应按招标文件中提供的措施项目清单确定。单价措施项目，应根据拟定的招标文件和招标工程量清单项目中的特征描述及有关要求确定综合单价计算；措施项目中的总价项目应根据拟定的招标文件中的措施项目清单按“计价规范”的规定计价。

措施项目中的安全文明施工费必须按国家或省级、行业建设主管部门的规定计算，不得作为竞争性费用。

④ 其他项目应按下列规定计价：

a. 暂列金额应按招标工程量清单中列出的金额填写。为保证工程施工建设的顺利实施，应对施工过程中可能出现的各种不确定因素对工程造价的影响，在招标控制价中估算一笔暂列金额。暂列金额可根据工程的复杂程度、设计深度、工程环境条件（包括地质、水文、气候条件等）进行估算，一般可按分部分项工程费的 10% ～ 15% 作为参考。

b. 暂估价中的材料、工程设备单价应按招标工程量清单中列出的单价计入综合单价；暂估价中的专业工程金额应按招标工程量清单中列出的金额填写。

c. 计日工应按招标工程量清单中列出的项目，根据工程特点和有关计价依据确定综合单价计算。

d. 总承包服务费应根据招标工程量清单列出的内容和要求估算。

⑤ 规费和税金必须按国家或省级、行业建设主管部门的规定计算，不得作为竞争性费用。

4.8 投标报价

4.8.1 投标报价编制与复核的依据

投标报价应根据下列依据编制和复核：

①《建设工程工程量清单计价规范》（GB 50500—2013）。

② 国家或省级、行业建设主管部门颁发的计价办法。

③ 企业定额，国家或省级、行业建设主管部门颁发的计价定额和计价办法。

④ 招标文件、招标工程量清单及其补充通知、答疑纪要。

⑤ 建设工程设计文件及相关资料。

⑥ 施工现场情况、工程特点及投标时拟定的施工组织设计或施工方案。

⑦ 与建设项目相关的标准、规范等技术资料。

⑧ 市场价格信息或工程造价管理机构发布的工程造价信息。

⑨ 其他的相关资料。

4.8.2 投标报价的要求

（1）清单的填写

投标人必须按招标工程量清单填报价格。项目编码、项目名称、项目特征、计量单位、工程量必须与招标工程量清单一致。

（2）综合单价的确定

综合单价中应包括招标文件中划分的应由投标人承担的风险范围及其费用，招标文件中没有明确的，投标人应提请招标人明确。

分部分项工程和措施项目中的单价项目，应依据招标文件及其招标工程量清单项目中的特征描述确定综合单价计算。

招标文件中要求投标人承担的风险费用，投标人应考虑进入综合单价。在施工过程中，当出现的风险内容及其范围（幅度）在招标文件规定的范围（幅度）内时，综合单价不得变动，工程价款不作调整。

在招投标过程中，当出现招标文件中分部分项工程量清单特征描述与设计图纸不符时，投标人应以分部分项工程量清单的项目特征描述为准，确定投标报价的综合单价。当施工中施工图纸或设计变更与工程量清单项目特征描述不一致时，发、承包双方应按实际施工的项目特征，依据合同的约定重新确定综合单价。

投标报价的人、材、机消耗量应根据企业定额确定，现阶段应按照各省、自治区、直辖市的《计价定额》计算。

（3）措施项目

措施项目中的总价项目金额应根据招标文件中的措施项目清单及投标时拟定的施工组织设计或施工方案按“计价规范”的规定自主确定。其中安全文明施工费必须按国家或省级、行业建设主管部门的规定计算，不得作为竞争性费用。

由于投标人拥有的施工装备、技术水平和采用的施工方法有所差异，招标人提出的措施项目清单是根据一般情况确定的，没有考虑不同投标人的“个性”，投标人投标时应根据自身编制的投标施工组织设计（或施工方案）确定措施项目，并对招标人提供的措施项目进行调整。

（4）其他项目报价规定

① 暂列金额应按招标工程量清单中列出的金额填写，不得变动。

② 材料、工程设备暂估价应按招标工程量清单中列出的单价计入综合单价。

③ 专业工程暂估价应按招标工程量清单中列出的金额填写。

④ 计日工应按招标工程量清单中列出的项目和数量，自主确定综合单价并计算计日工金额。

⑤ 总承包服务费应根据招标工程量清单中列出的内容和提出的要求自主确定。

（5）规费和税金

规费和税金必须按国家或省级、行业建设主管部门的规定计算，不得作为竞争性费用。

（6）投标总价

投标总价应当与分部分项工程费、措施项目费、其他项目费和规费、税金的合计金额一致。即投标人在进行工程量清单招标的投标报价时，不能进行投标总价优惠（或降价、让利），投标人对投标报价的任何优惠（或降价、让利）均应反映在相应清单项目的综合单价中。

招标工程量清单与计价表中列明的所有需要填写单价和合价的项目，投标人均应填写且只允许有一个报价。未填写单价和合价的项目，视为此项费用已包含在已标价工程量清单中其他项目的单价和合价之中。竣工结算时，此项目不得重新组价予以调整。投标人的投标报价高于招标控制价的应予废标。

技能训练

一、思考题

1. 工程量清单计价中招标控制价与投标报价的计价依据有什么不同？

2. 清单计价与定额计价的区别与联系是什么？

3. 如何确定工程量清单计价的综合单价？

二、选择题

（一）单项选择题

1. 分部分项工程和措施项目清单名称的阿拉伯数字标识称为（　　）。

A. 项目编码　　B. 项目名称　　C. 项目特征　　D. 项目内容

2. 根据《建设工程工程量清单计价规范》（GB 50500—2013），下列关于工程量清单项目编码的说法中，正确的是（　　）。

A. 第三级编码为分部工程顺序码，由三位数字表示

B. 第五级编码应根据拟建工程的工程量清单项目名称设置，不得重码

C. 同一标段含有多个单位工程，不同单位工程中项目特征相同的工程应采用相同编码

D. 补充项目编码以“B”加上“计量规范”代码后跟三位数字表示

3. 构成分部分项工程项目、措施项目自身价值的本质特征的是（　　）。

A. 项目编码　　B. 项目名称　　C. 项目特征　　D. 项目内容

4. 关于工程量清单编制中的项目特征描述，下列说法中正确的是（　　）。

A. 措施项目无需描述项目特征

B. 应按“计量规范”附录中规定的项目特征，结合技术规范、标准图集加以描述

C. 对完成清单项目可能发生的具体工作和操作程序仍需加以描述

D. 图纸中已有的工程规格、型号、材质等可不描述

5. 根据《建设工程工程量清单计价规范》（GB 50500—2013），下列费用项目中需纳入分部分项工程项目综合单价的是（　　）。【造价师职业资格考试真题】

A 工程设备暂估价　　B. 专业工程暂估价　　C. 暂列金额　　D. 计日工费

6. 措施项目清单编制中，下列适用于以“项”为单位计价的措施项目费是（　　）。

A. 已完工程及设备保护费　　B. 超高施工增加费

C. 大型机械设备进出场及安拆费　　D. 施工排水、降水费

7. 工程量清单的编制者是（　　）。

A. 造价咨询人　　B. 招标人

C. 投标人　　D. 造价咨询人或招标人

8. 根据建筑工程类别划分规定，有地下室的建筑物的最低工程类别为（　　）。

A. 一类　　B. 二类　　C. 三类　　D. 四类

9. 以下可作为竞争性费用的是（　　）。

A. 安全文明施工费　　B. 单价措施项目费　　C. 规费　　D. 税金

10. 根据《建设工程工程量清单计价规范》（GB 50500—2013）中对招标控制价的相关规定，下列说法正确的是（　　）。【造价师职业资格考试真题】

A. 招标控制价公布后根据需要可以上浮或下调

B. 招标人可以只公布招标控制价总价，也可以只公布单价

C. 招标控制价可以在招标文件中公布，也可以在开标时公布

D. 高于招标控制价的投标报价应被拒绝

（二）多项选择题

1. 分部分项工程项目清单必须载明（　　）。

A. 项目编码　　B. 项目名称　　C. 项目特征

D. 项目内容　　　　E. 项目风险

2. 清单项目编码应采用十二位阿拉伯数字表示，以下说法正确的有（　　）。

A. 一、二位为专业工程代码

B. 三、四位为附录分类顺序码

C. 五、六位为分部工程顺序码

D. 七、八位为分项工程项目名称顺序码

E. 九、十位为清单项目名称顺序码

3. 在对分部分项工程项目特征描述时，下列（　　）是必须描述的。

A. 涉及正确计量的内容　　B. 涉及结构要求的内容

C. 涉及材质要求的内容　　D. 涉及安装方式的内容

E. 应由施工措施解决的内容

4. 根据《建设工程工程量清单计价规范》（GB 50500—2013），关于分部分项工程项目清单的编制，下列说法中正确的有（　　）。【造价师职业资格考试真题】

A. 项目编码应按照“计量规范”附录给定的编码

B. 项目名称应按照“计量规范”附录给定的名称

C. 项目特征描述应满足确定综合单价的需要

D. 补充项目应有两个或两个以上的计量单位

E. 工程量计算应按一定顺序依次进行

5. 根据《建设工程工程量清单计价规范》（GB 50500—2013），在其他项目清单中，应由投标人自主确定价格的有（　　）。

A. 暂列金额　　B. 专业工程暂估价　　C. 材料暂估价单价

D. 计日工单价　　E. 总承包服务费

三、分析计算题

某购物中心工程，其分部分项工程费为3000万元，单价措施项目费为80万元，安全文明施工费按省级标准化文明工地计取，非夜间施工照明费、赶工措施费的费率分别为0.2%、1.2%，专业工程暂估价为30万元，规费的总费率为3.8%，其他未列项目不计取。试按一般计税法计算该购物中心工程的工程造价。

项目 5 建筑面积计算

学习目标

- 知识目标：了解建筑面积的含义，掌握建筑面积的计算规则。
- 能力目标：能够根据施工图纸计算房屋建筑的建筑面积。

素质目标

- 依法计算建筑面积的重要性，引导学生有法可依、有法必依。
- 通过建筑面积计算纠纷案例，培养学生守法、诚信、遵规的良好职业习惯。

5.1 建筑面积的概念和作用

5.1.1 建筑面积的概念

二维码 5.1

建筑面积是指建筑物（包括墙体）所形成的楼地面面积，即外墙勒脚以上各层水平投影面积的总和，包括室外阳台、雨篷、檐廊、室外走廊、室外楼梯等。

建筑面积包括有效面积和结构面积。其中，有效面积又由使用面积和辅助面积组成。使用面积是指建筑物各层平面布置中，可直接为生产或生活使用的净面积总和。辅助面积是指建筑物各层平面布置中，为辅助生产或生活所占净面积的总和。结构面积是指建筑物各层平面布置中的墙体、柱等结构所占面积的总和。

即： 建筑面积 = 有效面积 + 结构面积 = 使用面积 + 辅助面积 + 结构面积　　（5-1）

5.1.2 建筑面积的作用

（1）建筑面积是确定建设规模的重要指标

如对于工业、民用与公共建筑工程，单体建筑面积大于 30000m^2 的，为大型建筑工程；单体建筑面积为 5000 ～ 30000m^2 的，则属于中型建筑工程；而单体建筑面积≤ 5000m^2 的，为小型建筑工程。

（2）建筑面积是确定各项技术经济指标的基础

建筑工程各项技术经济指标包括：

单位建筑面积工程造价 = 工程造价 / 建筑面积　　(5-2)

单位建筑面积的材料消耗指标 = 工程材料消耗量 / 建筑面积　　(5-3)

单位建筑面积的人工用量 = 工程人工消耗量 / 建筑面积　　(5-4)

（3）建筑面积是评价设计方案的依据

如商品房的成套房屋的建筑面积 = 套内建筑面积 + 分摊的共有公用建筑面积。套内建筑面积是指房屋的权利人单独占有使用的建筑面积，它由套内房屋使用面积、套内墙体面积、套内阳台建筑面积三部分组成。分摊的共有公用建筑面积是指房屋的权利人应该分摊的各产权业主共同占有或共同使用的那部分建筑面积，内容包括：电梯井、管道井、楼梯间、垃圾道、变电室、设备间、公共门厅、过道、地下室、值班警卫室等，以及为整幢服务的公共用房和管理用房的建筑面积，以水平投影面积计算。

得房率 = 套内建筑面积 / 房屋的建筑面积　　(5-5)

= 套内建筑面积 /（套内建筑面积 + 分摊的共有公用建筑面积）

得房率的高低可作为评价设计方案的依据。

（4）建筑面积是计算有关分项工程量的依据

在计算工程量时，如计算出建筑面积，就可以计算室内填土、地面垫层、平整场地、脚手架工程等项目的工程量。

（5）建筑面积是选择概算指标和编制概算的基础数据

概算指标通常以建筑面积为计量单位，用概算指标编制概算时，要以建筑面积为计算基础。

5.2 建筑面积计算规则

5.2.1 应计算建筑面积的范围及规则

二维码 5.2

《建筑工程建筑面积计算规范》（GB/T 50353—2013）规定了建筑面积的计算规则。

① 建筑物的建筑面积应按自然层外墙结构外围水平面积之和计算。结构层高在 2.20m 及以上的，应计算全面积；结构层高在 2.20m 以下的，应计算 1/2 面积。

结构层高是指楼面或地面结构层上表面与上部结构层上表面之间的垂直距离。在主体结构内形成的建筑空间，满足计算全面积的结构层高要求是 2.20m 及以上；2.20m 以下的，计算 1/2 面积。

当外墙结构本身在一个层高范围内不等厚时，以楼地面结构标高处的外围水平面积计算。

② 建筑物内设有局部楼层时，对于局部楼层的二层及以上楼层，有围护结构的应按其围护结构外围水平面积计算；无围护结构的应按其结构底板水平面积计算，且结构层高在 2.20m 及以上的应计算全面积，结构层高在 2.20m 以下的应计算 1/2 面积。建筑物内的局部楼层如图 5-1 所示。

③ 对于形成建筑空间的坡屋顶，结构净高在 2.10m 及以上的部位应计算全面积；结构净高在 1.20m 及以上、2.10m 以下的部位应计算 1/2 面积；结构净高在 1.20m 以下的部

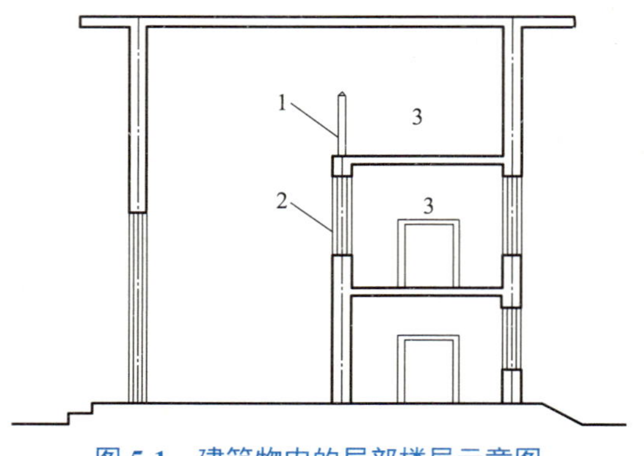

图 5-1 建筑物内的局部楼层示意图

1—围护设施；2—围护结构；3—局部楼层

位不应计算建筑面积。

结构净高是指楼面或地面结构层上表面至上部结构层下表面之间的垂直距离。

④ 对于场馆看台下的建筑空间，结构净高在 2.10m 及以上的部位应计算全面积；结构净高在 1.20m 及以上、2.10m 以下的部位应计算 1/2 面积；结构净高在 1.20m 以下的部位不应计算建筑面积。室内单独设置的有围护设施的悬挑看台，应按看台结构底板水平投影面积计算建筑面积。有顶盖无围护结构的场馆看台应按其顶盖水平投影面积的 1/2 计算面积。

"有顶盖无围护结构的场馆看台"所称的"场馆"，指各种"场"类建筑，如：体育场、足球场、网球场、带看台的风雨操场等。

⑤ 地下室、半地下室应按其结构外围水平面积计算。结构层高在 2.20m 及以上的，应计算全面积；结构层高在 2.20m 以下的，应计算 1/2 面积。

地下室是指室内地平面低于室外地平面的高度超过室内净高 1/2 的房间。半地下室是指室内地平面低于室外地平面的高度超过室内净高的 1/3，且不超过 1/2 的房间。

⑥ 出入口外墙外侧坡道有顶盖的部位，应按其外墙结构外围水平面积的 1/2 计算面积。

出入口坡道顶盖的挑出长度，为顶盖结构外边线至外墙结构外边线的长度；顶盖以设计图纸为准，对后增加及建设单位自行增加的顶盖等，不计算建筑面积。顶盖不分材料种类（如钢筋混凝土顶盖、彩钢板顶盖、阳光板顶盖等）。地下室出入口如图 5-2 所示。

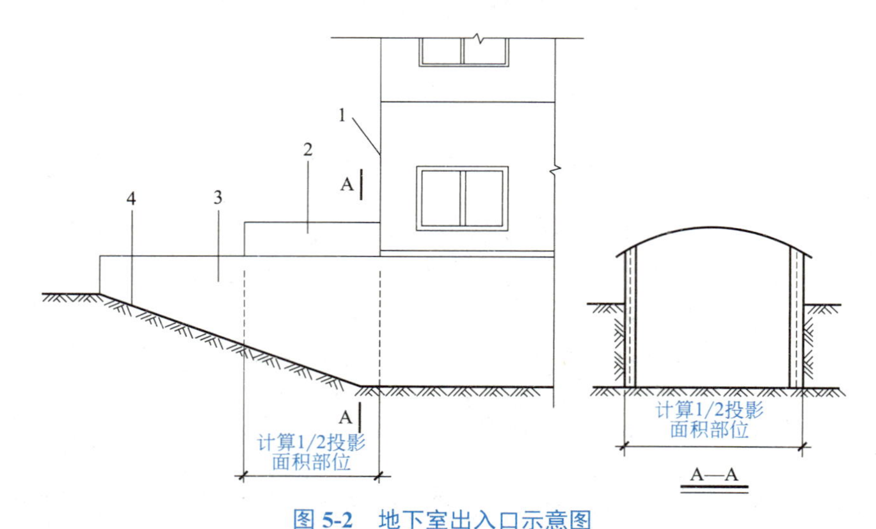

图 5-2 地下室出入口示意图

1—主体建筑；2—出入口顶盖；3—封闭出入口侧墙；4—出入口坡道

⑦ 建筑物架空层及坡地建筑物吊脚架空层，应按其顶板水平投影计算建筑面积。结构层高在 2.20m 及以上的，应计算全面积；结构层高在 2.20m 以下的，应计算 1/2 面积。

本条既适用于建筑物吊脚架空层、深基础架空层建筑面积的计算，也适用于目前部分住宅、学校教学楼等工程在底层架空或在二楼或以上某个甚至多个楼层架空，作为公共活动、停车、绿化等空间的建筑面积的计算。架空层中有围护结构的建筑空间按相关规定计算。建筑物吊脚架空层如图 5-3 所示。

⑧ 建筑物的门厅、大厅应按一层计算建筑面积，门厅、大厅内设置的走廊应按走廊结构底板水平投影面积计算建筑面积。结构层高在 2.20m 及以上的，应计算全面积；结构层高在 2.20m 以下的，应计算 1/2 面积。

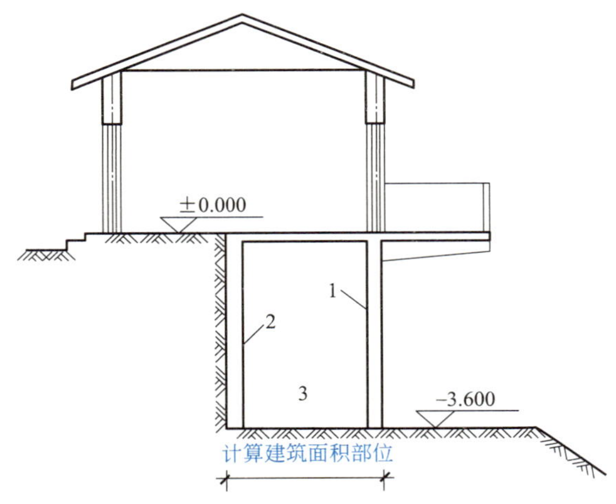

图 5-3　建筑物吊脚架空层示意图

1—柱；2—墙；3—吊脚架空层

⑨ 建筑物间的架空走廊，有顶盖和围护结构的，应按其围护结构外围水平面积计算全面积；无围护结构、有围护设施的，应按其结构底板水平投影面积计算 1/2 面积。无围护结构的架空走廊如图 5-4 所示；有围护结构的架空走廊如图 5-5 所示。

图 5-4　无围护结构的架空走廊

1—栏杆；2—架空走廊

⑩ 立体书库、立体仓库、立体车库，有围护结构的，应按其围护结构外围水平面积计算建筑面积；无围护结构、有围护设施的，应按其结构底板水平投影面积计算建筑面积。无结构层的应按一层计算；有结构层的应按其结构层面积分别计算。结构层高在 2.20m 及以上的，应计算全面积；结构层高在 2.20m 以下的，应计算 1/2 面积。

起局部分隔、存储等作用的书架层、货架层或可升降的立体钢结构停车层均不属于结构层，故该部分分层不计算建筑面积。

⑪ 有围护结构的舞台灯光控制室，应按其围护结构外围水平面积计算。结构层高在 2.20m 及以上的，应计算全面积；结构层高在 2.20m 以下的，应计算 1/2 面积。

⑫ 附属在建筑物外墙的落地橱窗，应按其围护结构外围水平面积计算。结构层高在 2.20m 及以上的，应计算全面积；结构层高在 2.20m 以下的，应计算 1/2 面积。

⑬ 窗台与室内楼地面高差在 0.45m 以下且结构净高在 2.10m 及以上的凸（飘）窗，应按其围护结构外围水平面积计算 1/2 面积。

⑭ 有围护设施的室外走廊（挑廊），应按其结构底板水平投影面积计算 1/2 面积；有围护设施（或柱）的檐廊，应按其围护设施（或柱）外围水平面积计算 1/2 面积。檐廊如图 5-6 所示。

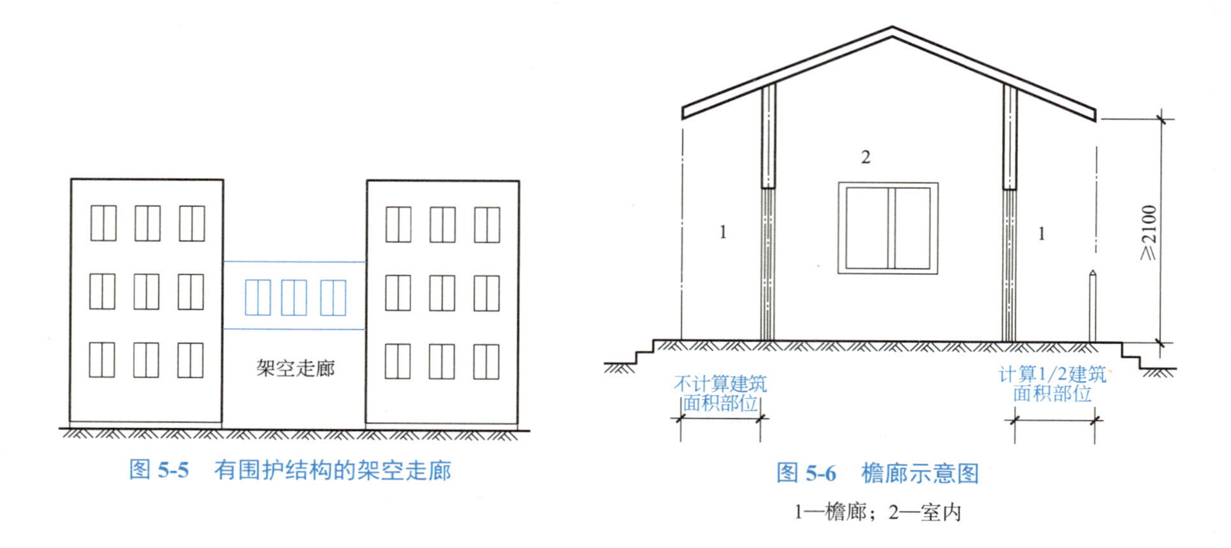

图 5-5　有围护结构的架空走廊

图 5-6　檐廊示意图

1—檐廊；2—室内

⑮ 门斗应按其围护结构外围水平面积计算建筑面积，且结构层高在 2.20m 及以上的，应计算全面积；结构层高在 2.20m 以下的，应计算 1/2 面积。门斗如图 5-7 所示。

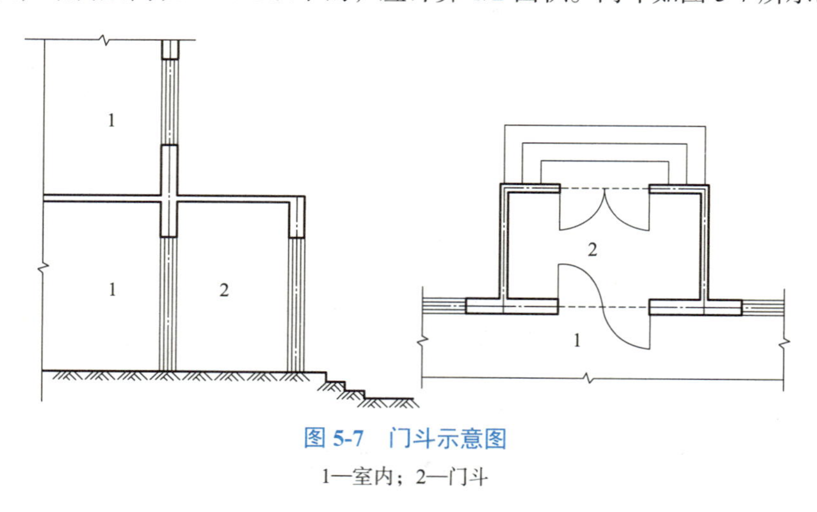

图 5-7　门斗示意图

1—室内；2—门斗

⑯ 门廊应按其顶板的水平投影面积的 1/2 计算建筑面积；有柱雨篷应按其结构板水平投影面积的 1/2 计算建筑面积；无柱雨篷的出挑宽度在 2.10m 及以上的，应按雨篷结构板的水平投影面积的 1/2 计算建筑面积。

出挑宽度是指雨篷结构外边线至外墙结构外边线的宽度；弧形或异形时，取最大宽度。

⑰ 设在建筑物顶部的、有围护结构的楼梯间、水箱间、电梯机房等，结构层高在 2.20m 及以上的应计算全面积；结构层高在 2.20m 以下的，应计算 1/2 面积。

⑱ 围护结构不垂直于水平面的楼层，应按其底板面的外墙外围水平面积计算。结构净高在 2.10m 及以上的部位，应计算全面积；结构净高在 1.20m 及以上、2.10m 以下的部位，应计算 1/2 面积；结构净高在 1.20m 以下的部位，不应计算建筑面积。斜围护结构如图 5-8 所示。

⑲ 建筑物的室内楼梯、电梯井、提物井、管道井、通风排气竖井、烟道，应并入建筑物的自然层计算建筑面积。有顶盖的采光井应按一层计算面积，且结构净高在 2.10m 及以上的，应计算全面积；结构净高在 2.10m 以下的，应计算 1/2 面积。

建筑物的楼梯间层数按建筑物的层数计算。有顶盖的采光井包括建筑物中的采光井和地下室采光井。地下室采光井如图 5-9 所示。

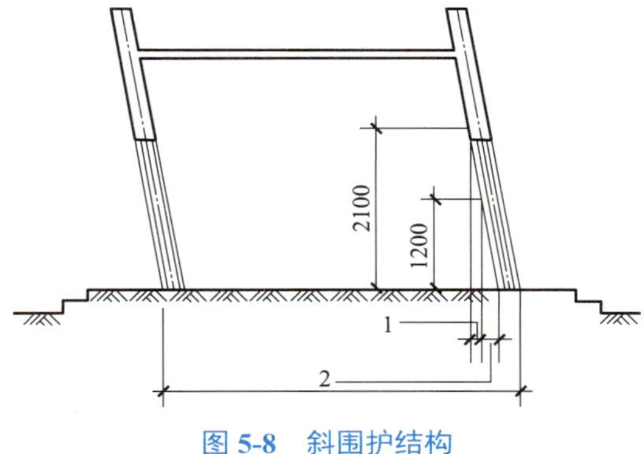

图 5-8 斜围护结构

1—计算 1/2 建筑面积部位；
2—不计算建筑面积部位

⑳ 室外楼梯应并入所依附建筑物自然层，并应按其水平投影面积的 1/2 计算建筑面积。层数为室外楼梯所依附的楼层数，即梯段部分投影到建筑物范围的层数。利用室外楼梯下部的建筑空间不得重复计算建筑面积；利用地势砌筑的室外踏步，不计算建筑面积。

㉑ 在主体结构内的阳台，应按其结构外围水平面积计算全面积；在主体结构外的阳台，应按其结构底板水平投影面积计算 1/2 面积。建筑物的阳台，不论其形式如何，均以建筑物主体结构为界分别计算建筑面积。

㉒ 有顶盖无围护结构的车棚、货棚、站台、加油站、收费站等，应按其顶盖水平投影面积的 1/2 计算建筑面积。

㉓ 以幕墙作为围护结构的建筑物，应按幕墙外边线计算建筑面积。设置在建筑物墙体外起装饰作用的幕墙，不计算建筑面积。

㉔ 建筑物的外墙外保温层，应按其保温材料的水平截面积计算，并计入自然层建筑面积。建筑外墙外保温如图 5-10 所示。

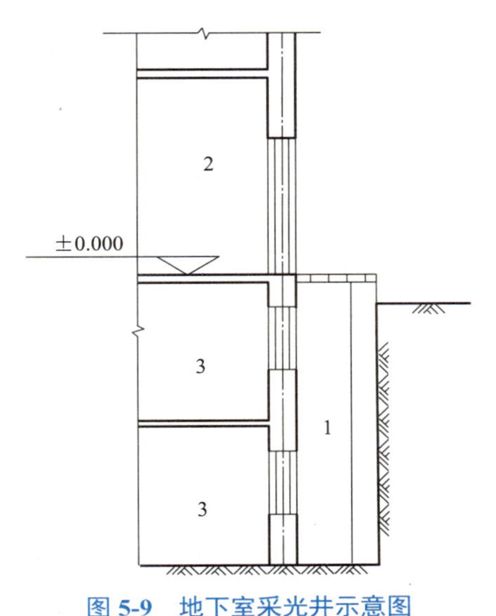

图 5-9 地下室采光井示意图

1—采光井；2—室内；3—地下室

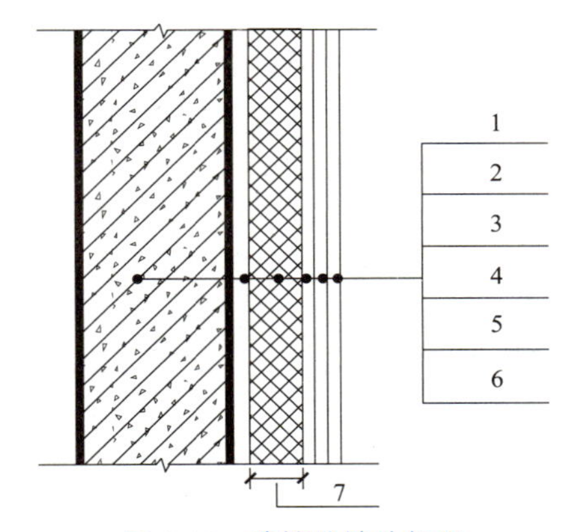

图 5-10 建筑外墙外保温

1—墙体；2—黏结胶浆；3—保温材料；4—标准网；
5—加强网；6—抹面胶浆；7—计算建筑面积部位

㉕ 与室内相通的变形缝，应按其自然层合并在建筑物建筑面积内计算。对于高低联跨

的建筑物，当高低跨内部连通时，其变形缝应计算在低跨面积内。

与室内相通的变形缝，是指暴露在建筑物内，在建筑物内可以看得见的变形缝。

㉖ 对于建筑物内的设备层、管道层、避难层等有结构层的楼层，结构层高在 2.20m 及以上的，应计算全面积；结构层高在 2.20m 以下的，应计算 1/2 面积。

5.2.2 不计算建筑面积的范围

① 与建筑物内不相连通的建筑部件。

② 骑楼（图 5-11）、过街楼（图 5-12）底层的开放公共空间和建筑物通道。

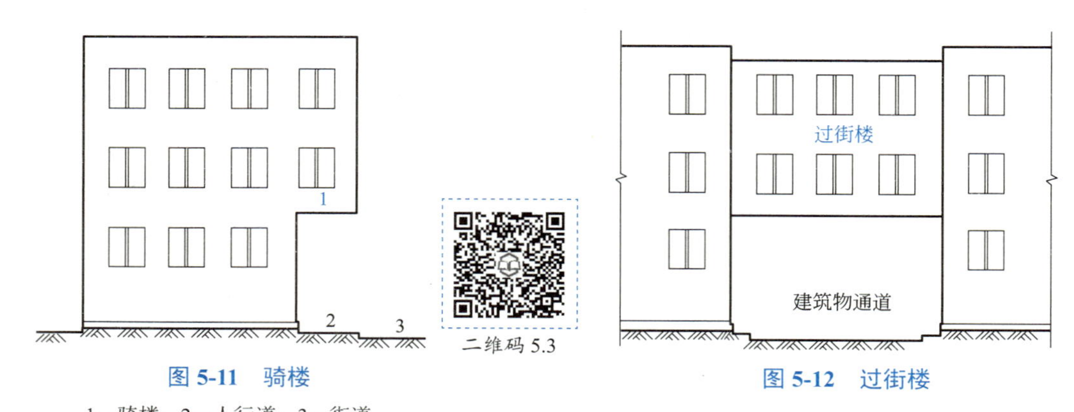

图 5-11 骑楼

1—骑楼；2—人行道；3—街道

图 5-12 过街楼

③ 舞台及后台悬挂幕布和布景的天桥、挑台等。

④ 露台、露天游泳池、花架、屋顶的水箱及装饰性结构构件。

⑤ 建筑物内的操作平台、上料平台、安装箱和罐体的平台。

⑥ 勒脚、附墙柱、垛、台阶、墙面抹灰、装饰面、镶贴块料面层、装饰性幕墙，主体结构外的空调室外机搁板（箱）、构件、配件，挑出宽度在 2.10m 以下的无柱雨篷和顶盖高度达到或超过两个楼层的无柱雨篷。

⑦ 窗台与室内地面高差在 0.45m 以下且结构净高在 2.10m 以下的凸（飘）窗，窗台与室内地面高差在 0.45m 及以上的凸（飘）窗。

⑧ 室外爬梯、室外专用消防钢楼梯。

⑨ 无围护结构的观光电梯。

⑩ 建筑物以外的地下人防通道，独立的烟囱、烟道、地沟、油（水）罐、气柜、水塔、贮油（水）池、贮仓、栈桥等构筑物。

案例分析

【5-1】 某建筑各层外围水平面积为 5600m²，共 6 层，二层以上每层有 10 个阳台（凸阳台），每个阳台的水平面积为 6m²（有围护结构），建筑中间设置一宽度为 300mm 的变形缝，缝长 20m，则该建筑的总建筑面积是多少？

解析：① 6 层建筑面积 =5600×6=33600（m^2）。

② 二～六层阳台的建筑面积应按水平投影面积的 1/2 计算。

阳台的建筑面积 =5×10×6/2=150（m^2）

③ 变形缝按自然层已合并在每层的建筑面积内，不再另行计算。

该建筑的总建筑面积 =33600+150=33750（m^2）

【5-2】 一座四层坡屋顶住宅楼，勒脚以上结构外围水平面积每层为 1860m^2，一～三层层高 3.0m，建筑物顶层全部加以利用，净高超过 2.10m 的面积为 820m^2，净高在 1.20 ～ 2.10m 的部位面积为 400m^2，其余部位净高小于 1.20m，该住宅楼的建筑面积是多少？

解析：① 一～三层建筑面积：

一～三层建筑面积为勒脚以上结构外围水平面积之和，即：1860×3=5580（m^2）

② 坡屋顶面积：

净高超过 2.10m 的部位应计算全面积，即 820m^2；净高在 1.20 ～ 2.10m 的部位应计算 1/2 面积，即 400/2=200（m^2）；净高不足 1.20m 的部位不应计算面积。

③ 该住宅楼的建筑面积 =5580+820+200=6600（m^2）。

【5-3】 某层高 3.6m 的 7 层展览馆框架结构，各层外墙的外围水平面积均为 8000m^2，馆内布置有大厅并设有两层回廊。大厅长 60m、宽 35m、高 8.9m。每层回廊长 180m、宽 2.5m。计算该展览馆的建筑面积。

解析：

① 一～七层展览馆建筑面积：

一～七层展览馆建筑面积为勒脚以上结构外围水平面积之和，即：

8000×7=56000（m^2）（已含大厅面积）

② 展览馆大厅建筑面积：

展览馆大厅按一层计算建筑面积，8.9m 高的大厅的建筑面积为：60×35=2100（m^2）

③ 展览馆回廊建筑面积：

两层回廊的建筑面积为：180×2.5×2=900（m^2）

④ 展览馆的建筑面积 =56000−2100×2（二层大厅面积）+900=52700（m^2）。

技能训练

一、选择题

（一）单项选择题

1. 在《建筑工程建筑面积计算规范》（GB/T 50353—2013）术语中，建筑面积是指建筑物（包括墙体）所形成的（　　）。

A. 楼地面面积　　B. 空间面积

C. 外墙外包面积　　D. 结构构件外包面积

2. 某建筑的使用面积为 120m^2，有效面积为 140m^2，结构面积为 10m^2，辅助面积为 20m^2，则建筑面积是（　　）m^2。

A.260　　B.150　　C.170　　D.290

3. 在《建筑工程建筑面积计算规范》（GB/T 50353—2013）术语中，楼面或地面结构层上表面至上部结构层上表面之间的垂直距离称为（　　）。

A. 层高　　B. 建筑层高

C. 结构层高　　D. 楼层高

4. 根据《建筑工程建筑面积计算规范》（GB/T 50353—2013），建筑面积有围护结构

的以围护结构外围计算，其围护结构包括围合建筑空间的（　　）。【造价师职业资格考试真题】

A. 栏杆　　B. 栏板

C. 门窗　　D. 勒脚

5. 根据《建筑工程建筑面积计算规范》（GB/T 50353—2013），建筑物出入口坡道外侧设计有外挑宽度为 2.2m 的钢筋混凝土顶盖，坡道两侧外墙外边线间距为 4.4m，则该部位建筑面积（　　）。【造价师职业资格考试真题】

A. 为 4.84m^2　　B. 为 9.24m^2

C. 为 9.68m^2　　D. 不予计算

6. 根据《建筑工程建筑面积计算规范》（GB/T 50353—2013），建筑物雨篷部位建筑面积计算正确的为（　　）。【造价师职业资格考试真题】

A. 有柱雨篷按柱外围面积计算

B. 无柱雨篷不计算

C. 有柱雨篷按结构板水平投影面积计算

D. 外挑宽度为 1.8m 的无柱雨篷不计算

7. 根据《建筑工程建筑面积计算规范》（GB/T 50353—2013），围护结构不垂直于水平面的楼层，其建筑面积计算正确的为（　　）。【造价师职业资格考试真题】

A. 按其围护底板面积的 1/2 计算

B. 结构净高≥ 2.10m 的部位计算全面积

C. 结构净高≥ 1.20m 的部位计算 1/2 面积

D. 结构净高＜ 2.10m 的部位不计算面积

8. 根据《建筑工程建筑面积计算规范》（GB/T 50353—2013），建筑物室外楼梯建筑面积计算正确的为（　　）。【造价师职业资格考试真题】

A. 并入建筑物自然层，按其水平投影面积计算

B. 无顶盖的不计算

C. 结构净高小于 2.1m 的不计算

D. 下部建筑空间加以利用的不重复计算

9. 根据《建筑工程建筑面积计算规范》（GB/T 50353—2013），建筑物室内变形缝建筑面积计算正确的为（　　）。【造价师职业资格考试真题】

A. 不计算

B. 按自然层计算

C. 不论层高只按底层计算

D. 按变形缝设计尺寸的 1/2 计算

10. 根据《建筑工程建筑面积计算规范》（GB/T 50353—2013），按照相应计算规则算 1/2 面积的是（　　）。【造价师职业资格考试真题】

A. 建筑物间有围护结构、有顶盖的架空走廊

B. 无围护结构、有围护设施，但无结构层的立体车库

C. 有围护设施，顶高 5.20m 的室外走廊

D. 结构层高 3.10m 的门斗

11. 根据《建筑工程建筑面积计算规范》（GB/T 50353—2013），带幕墙建筑物的建筑面积计算正确的是（　　）。【造价师职业资格考试真题】

A. 以幕墙立面投影面积计算

B. 以主体结构外边线面积计算

C. 作为外墙的幕墙按围护结构外边线计算

D. 起装饰作用的幕墙按幕墙横断面的1/2计算

12. 根据《建筑工程建筑面积计算规范》(GB/T 50353—2013)，外挑宽度为1.8m的有柱雨篷建筑面积应(　　)。【造价师职业资格考试真题】

A. 按柱外边线构成的水平投影面积计算

B. 不计算

C. 按结构板水平投影面积计算

D. 按结构板水平投影面积的1/2计算

13. 根据《建筑工程建筑面积计算规范》(GB/T 50353—2013)，室外楼梯建筑面积计算正确的是(　　)。【造价师职业资格考试真题】

A. 无顶盖、有围护结构的按其水平投影面积的1/2计算

B. 有顶盖、有围护结构的按其水平投影面积计算

C. 层数按建筑物的自然层计算

D. 无论有无顶盖和围护结构，均不计算

14. 根据《建筑工程建筑面积计算规范》(GB/T 50353—2013)，有顶盖无围护结构的场馆看台部分(　　)。

A. 不予计算

B. 按其结构底板水平投影面积计算

C. 按其顶盖的水平投影面积1/2计算

D. 按其顶盖的水平投影面积计算

15. 在《建筑工程建筑面积计算规范》(GB/T 50353—2013)术语中，建筑物入口处两道门之间的空间称为(　　)。

A. 雨篷　　B. 门斗　　C. 门廊　　D. 门厅

(二) 多项选择题

1. 按《建筑工程建筑面积计算规范》(GB/T 50353—2013)计算建筑面积时，按投影面积的一半计算建筑面积的有(　　)。

A. 室外楼梯　　B. 悬挑宽度2.2m的悬挑雨篷

C. 阳台　　D. 建筑物通道

E. 室外台阶

2. 按《建筑工程建筑面积计算规范》(GB/T 50353—2013)计算建筑面积时，不计算建筑面积的有(　　)。

A. 露台　　B. 悬挑宽度2.1m的悬挑雨篷

C. 室外楼梯　　D. 室外台阶　　E. 管道井

3. 按《建筑工程建筑面积计算规范》(GB/T 50353—2013)计算建筑面积时，不计算建筑面积的有(　　)。

A. 无围护结构的观光电梯　　B. 有柱雨篷

C. 独立烟囱　　D. 外墙外保温层

E. 建筑物内的操作平台

4. 根据《建筑工程建筑面积计算规范》(GB/T 50353—2013)，不计算建筑面积的为(　　)。【造价师职业资格考试真题】

A. 厚度为200mm石材勒脚

B. 规格为 400mm×400mm 的附墙装饰柱

C. 挑出宽度为 2.19m 的雨篷

D. 顶盖高度超过两个楼层的无柱雨篷

E. 突出外墙 200mm 的装饰性幕墙

5. 根据《房屋建筑与装饰工程工程量计算规范》(GB 50854—2013),不计算建筑面积的有(　　)。【造价师职业资格考试真题】

A. 结构层高为 2.10m 的门斗

B. 建筑物内的大型上料平台

C. 无围护结构的观光电梯

D. 有围护结构的舞台灯光控制室

E. 过街楼底层的开放公共空间

二、分析计算题

某现浇混凝土框架结构别墅如图 5-13 所示。外墙为 370 厚多孔砖,内墙为 240 厚多孔砖(内墙轴线为墙中心线),柱截面积为 370mm×370mm(除已标明的外,柱轴线为柱中心线),板厚为 100mm,梁高为 600mm。坡屋面顶板下表面至楼面的净高的最大值为 4.24m,坡屋面为坡度 1 :2 的两坡屋面。雨篷 YP1 水平投影尺寸为 2.10m×3.00m,YP2 水平投影尺寸为 1.50m×11.55m,YP3 水平投影尺寸为 1.50m×3.90m。按《建筑工程建筑面积计算规范》(GB/T 50353—2013)计算该别墅的建筑面积。

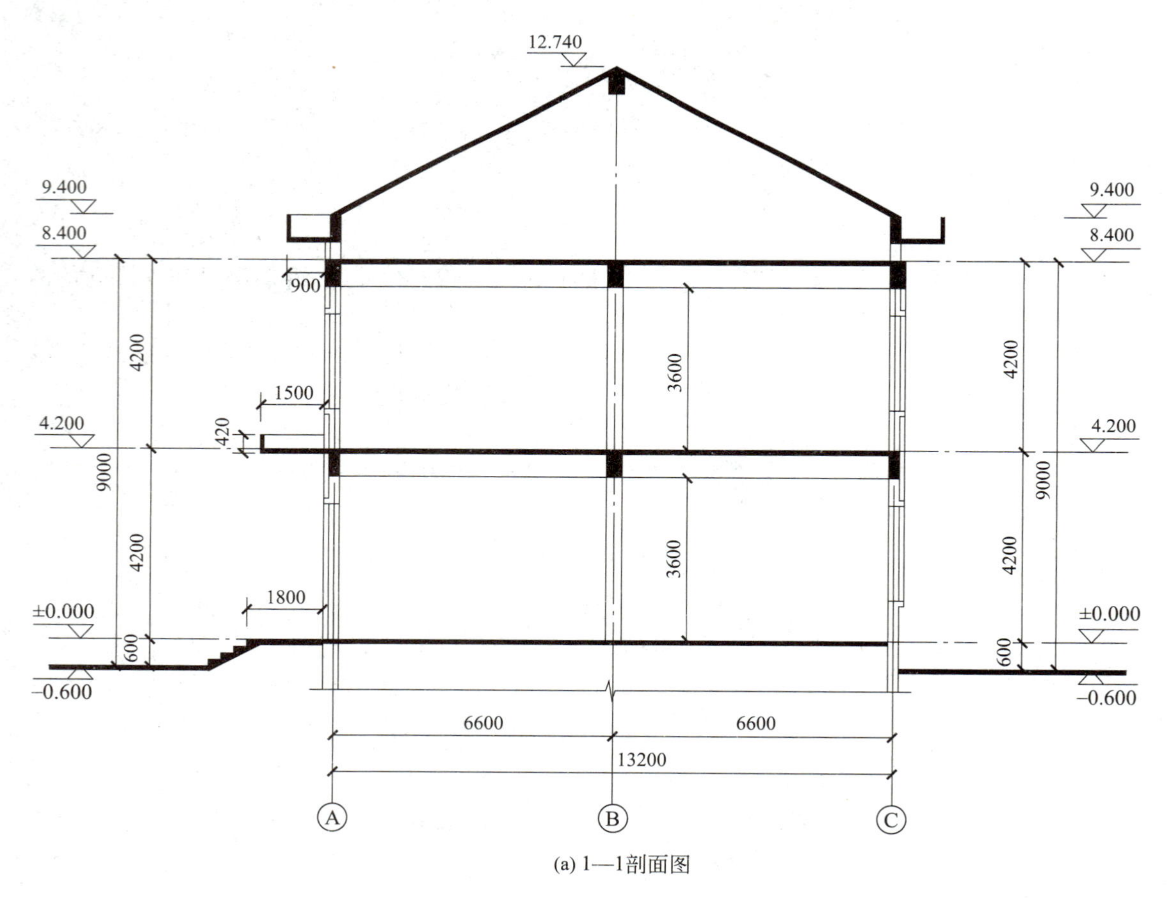

(a) 1—1剖面图

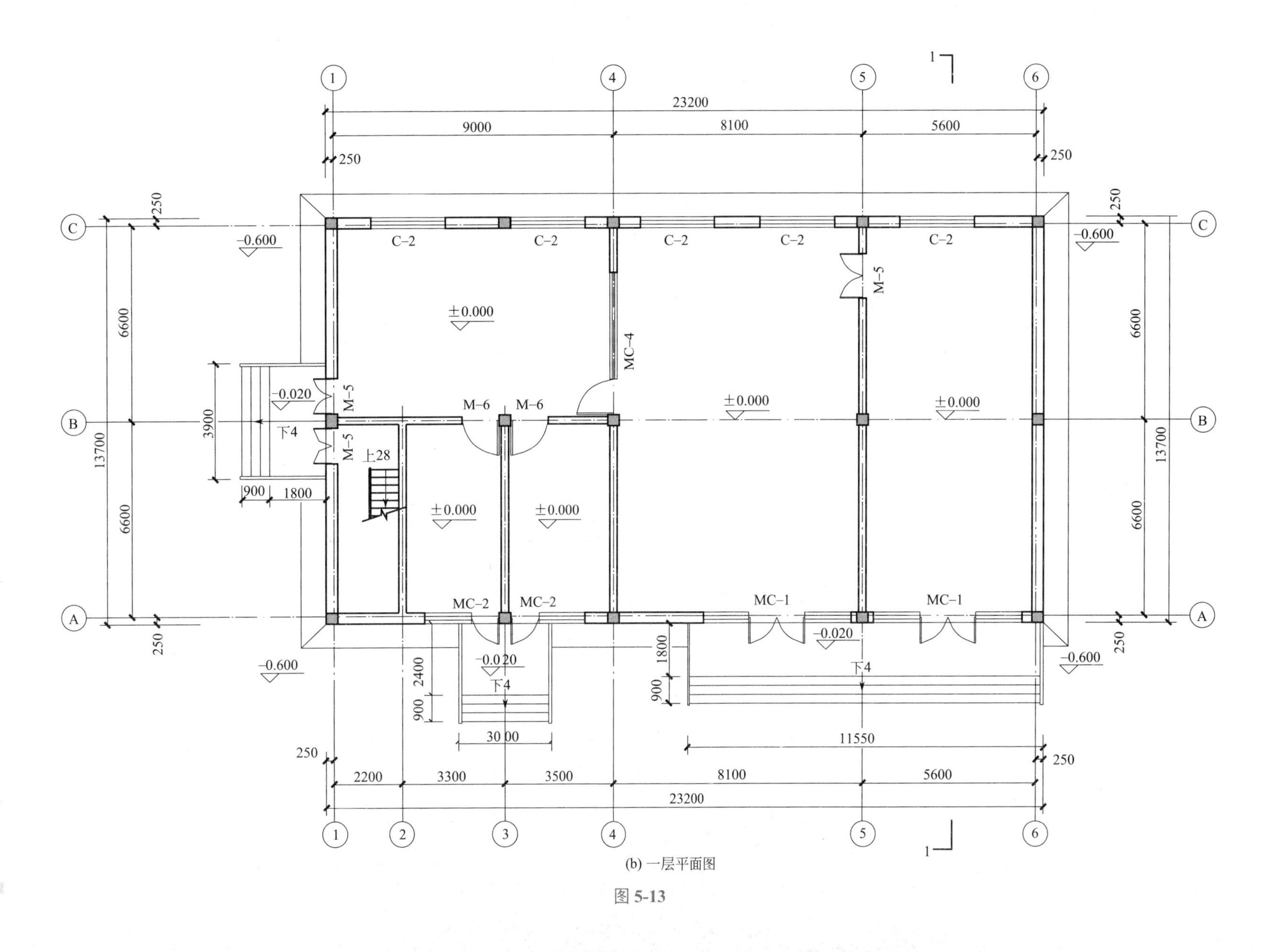

23200
9000
8100
5600
250
13700
6600
3900
1800
900
2400
3000
11550
2200
3300
3500
C–2
M–5
MC–4
M–6
MC–2
MC–1
±0.000
−0.020
−0.600
下4
上28

(b) 一层平面图

图 5-13

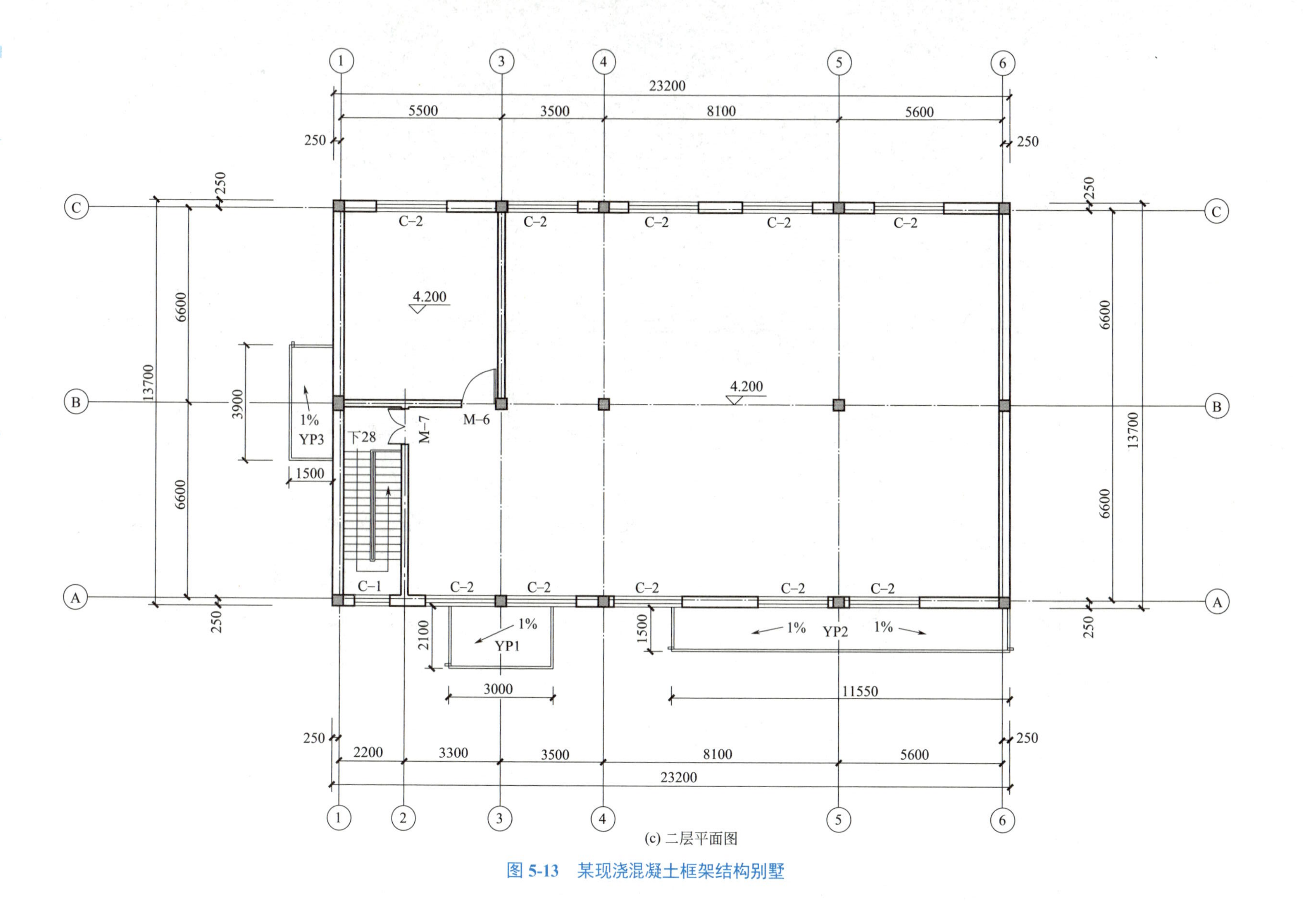

(c) 二层平面图

图 5-13 某现浇混凝土框架结构别墅

下篇

建筑工程计量与计价实务

项目 6

土方工程计量与计价

学习目标

● 知识目标：了解《房屋建筑与装饰工程工程量计算规范》中土方工程清单项目的设置，掌握土方工程清单工程量计算规则，熟悉土方工程的计价要点及其应用。

● 能力目标：能够编制土方工程的工程量清单，能够计算土方工程分部分项工程费。

素质目标

● 严格遵循有关标准、规范、规程、管理规定和合同，规范计量，强调“规范”意识和“标准”意识。

● 结合土方工程计量中“挖方－填方－土方运输”工程量间的逻辑关系，掌握学习的方法和技巧，引导学生养成认真细致的工匠精神。

导入项目 编制某办公楼土方工程的清单工程量并进行清单计价。

① 工程概况：某办公楼三类工程，基础平面图、剖面图如图 6-1 所示。基础为 C20 钢筋混凝土条形基础，体积为 98.70m^3；C15 素混凝土垫层，体积为 21.98m^3；±0.000m 以下墙身采用标准砖砌筑，室外标高以下砖基础、构造柱体积为 31.10m^3，地圈梁体积为 5.21m^3；室外地坪设计标高为 -0.150m，地面构造层厚度 80mm。

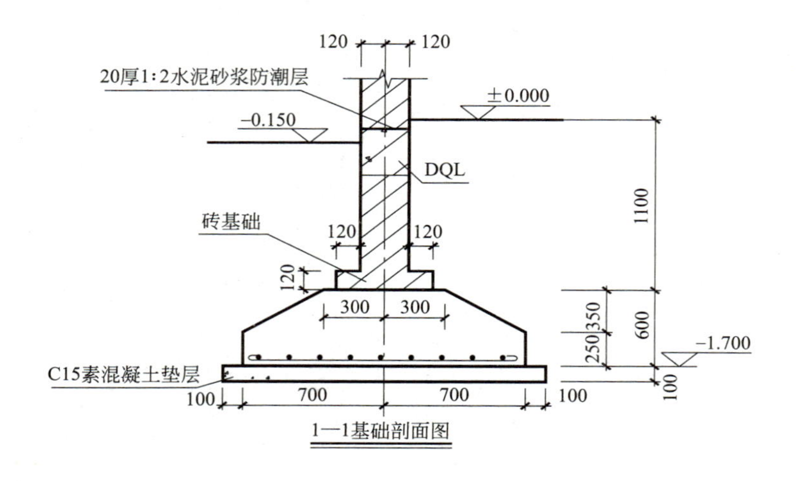

1—1基础剖面图

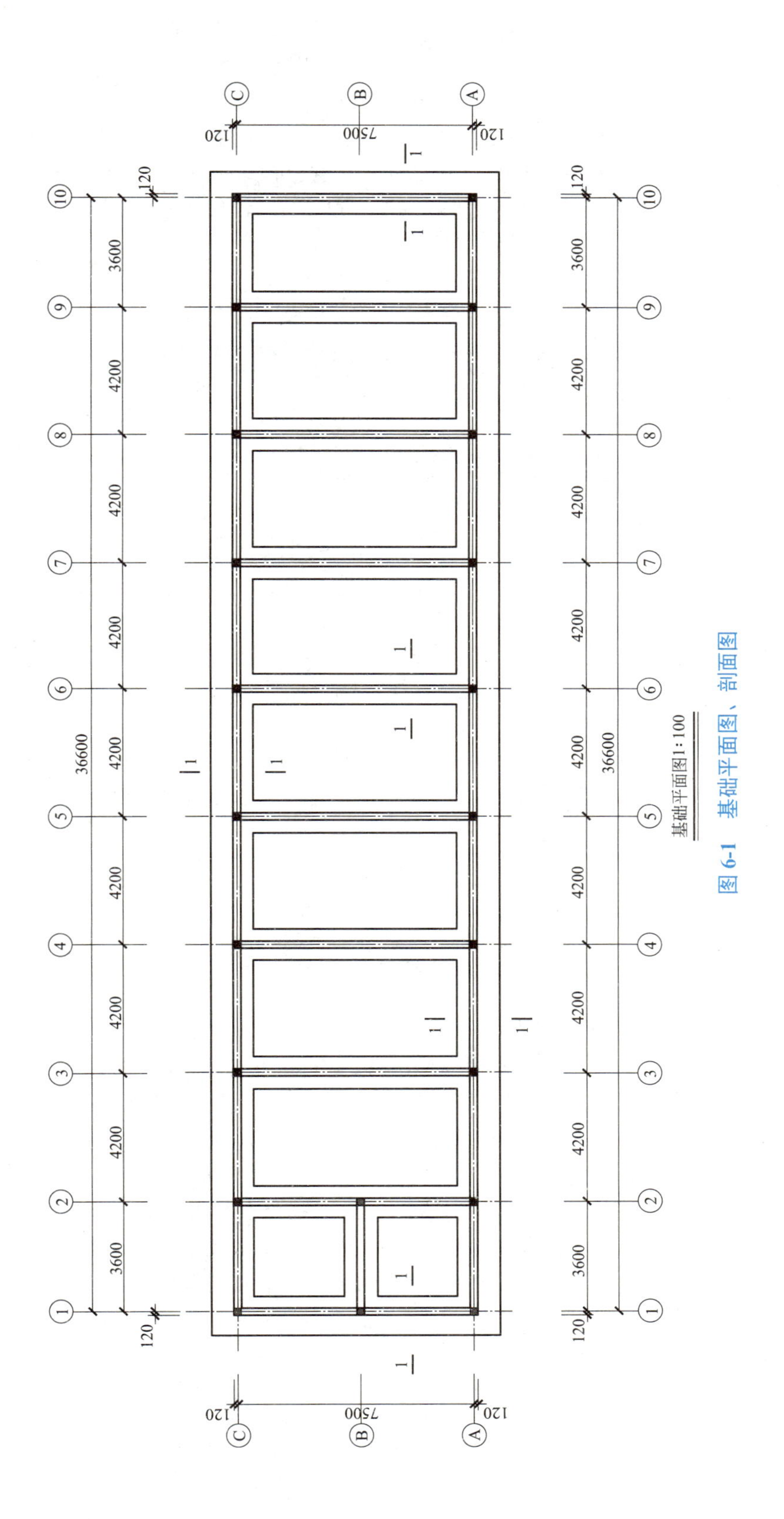

图 6-1 基础平面图、剖面图

② 地质勘探报告中，土壤类别为三类土，无地下水。该工程采用人工挖土，从垫层下表面起放坡，放坡系数为 1 ∶ 0.33，工作面从垫层边到基槽边为 200mm，混凝土采用泵送预拌混凝土。余土用反铲挖掘机挖土，自卸汽车运土。

③ 编制依据：《建设工程工程量清单计价规范》（GB 50500—2013）（以下简称“计价规范”）、《房屋建筑与装饰工程工程量计算规范》（GB 50854—2013）（以下简称“计算规范”）《江苏省建筑与装饰工程计价定额》（2014 版）（以下简称“计价定额”）、《江苏省建设工程费用定额》（2014 年）（以下简称“费用定额”）。

6.1 土方工程清单计量

6.1.1 清单项目设置及其工程量计算规则

根据《房屋建筑与装饰工程工程量计算规范》附录 A 规定，土方工程包括平整场地、挖一般土方、挖沟槽土方、挖基坑土方、冻土开挖、挖淤泥流砂、管沟土方、石方工程、回填方、余方弃置、缺方内运等 3 节 15 个项目。

本办公楼项目土方工程包括挖方和填方，按附录 A 对工程量清单项目设置、项目特征描述的内容、计量单位及工程量计算规则的规定执行。

（1）平整场地 010101001

平整场地是指建筑场地厚度在 ±30cm 以内的挖、填、运、找平的土方工作，如图 6-2 所示。项目特征应描述的内容包括：土壤类别、弃土运距和取土运距。平整场地工程量按设计图示尺寸以建筑物首层建筑面积计算。

二维码 6.1

室外设计标高

300 300

图 6-2 平整场地示意图

（2）挖一般土方 010101002

凡沟槽底宽 7m 以上，基坑底面积 150m^2 以上者，按挖一般土方计算，并按设计图示尺寸以体积计算。包括排地表水、土方开挖、围护（挡土板）、支撑、基底钎探和运输工作。项目特征应描述的内容包括土壤类别和挖土深度。

（3）挖沟槽土方 010101003

底宽≤ 7m 且底长＞ 3 倍底宽的为沟槽，包括排地表水、土方开挖、围护（挡土板）、支撑、基底钎探和运输工作。房屋建筑挖沟槽土方按设计图示尺寸以基础垫层底面积乘以挖土深度计算；构筑物按最大水平投影面积乘以挖土深度（原地面平均标高至坑底高度）以体积计算。项目特征应描述的内容包括土壤类别和挖土深度。

（4）挖基坑土方 010101004

底长≤ 3 倍底宽且底面积≤ 150m^2 的为基坑，包括排地表水、土方开挖、围护（挡土板）、支撑、基底钎探和运输工作。房屋建筑挖基坑土方按设计图示尺寸以基础垫层底面积乘以挖土深度计算。构筑物按最大水平投影面积乘以挖土深度（原地面平均标高至坑底高度）以体积计算。项目特征应描述的内容包括土壤类别和挖土深度。

(5) 冻土开挖 010101005

冻土开挖工作内容包括爆破、开挖、清理、运输。项目特征应描述的内容为冻土厚度。冻土开挖按设计图示尺寸冻土开挖面积乘厚度以体积计算。

(6) 挖淤泥流砂 010101006

挖淤泥流砂按设计图示位置、界限以体积计算，其工作内容包括开挖和运输。项目特征应描述的内容为挖掘深度、弃淤泥流砂距离。

(7) 管沟土方 010101007

管沟土方以米计量，按设计图示以管道中心线长度计算；或以立方米计量，按设计图示管底垫层面积乘以挖土深度计算；无管底垫层按管外径的水平投影面积乘以挖土深度计算。管沟土方工作内容包括排地表水、土方开挖、围护（挡土板）、支撑、运输、回填。

(8) 回填方 010103001

回填方按设计图示尺寸以体积计算。回填项目包括场地回填、室内回填和基础回填。场地回填土指施工场地内整体回填土方至设计标高；基础回填是指在基础工程施工完成后，土方回填至设计室外地坪标高；室内回填土是指地面施工前的室内土方回填，保证地面施工完成后室内地坪标高的形成，如图 6-3 所示。项目特征描述内容包括：土质要求、密实度要求、粒径要求、夯填（碾压）、松填、运输距离。

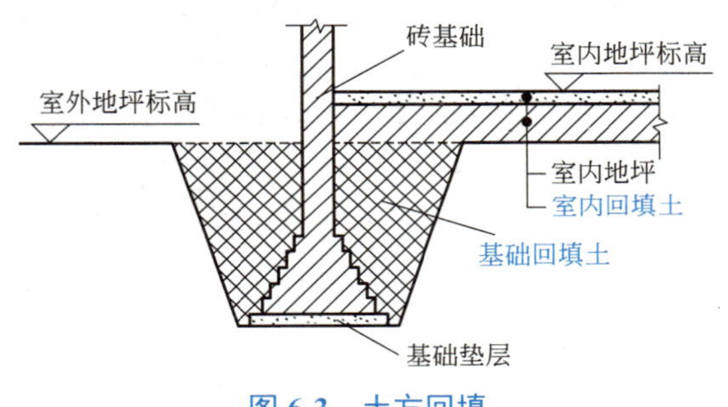

图 6-3　土方回填

场地回填体积按回填面积乘以平均回填厚度计算；室内回填体积按主墙间净面积乘以回填厚度计算；基础回填体积按挖方体积减去自然地坪以下埋设的基础体积（包括基础垫层及其他构筑物）计算。本项目场地标高等于室外标高，无须进行场地回填，所以土方回填主要包括基础回填和室内回填。

(9) 余方弃置 010103002

余方弃置按挖方清单项目工程量减利用回填方体积（正数）计算。工作内容为余方点装料运输至弃置点。项目特征为废弃料品种和运距。

(10) 缺方内运 010103003

缺方内运按挖方清单项目工程量减利用回填方体积（负数）计算。工作内容为取料点装料运输至缺方点。项目特征为填方材料品种和运距。

6.1.2　工程量清单编制

根据以上清单项目的工程量计算规则计算各项目的清单工程量。

6.1.2.1　平整场地

首层建筑面积：(36.6+0.24) × (7.5+0.24) =285.14 (m^2)

平整场地清单工程量：285.14m^2

6.1.2.2　挖沟槽土方

本项目土方属于挖沟槽土方。挖沟槽土方清单工程量 = 垫层长度 × 垫层底宽 × 挖土深度。其中垫层长度外墙按中心线、内墙按净长线计算。

挖土深度：1.70−0.15+0.10=1.65 (m)

垫层宽度：1.40+0.20=1.60 (m)

外墙基槽长 = (36.6+7.5)×2=88.2 (m)

内墙基槽长 =（7.5−1.6）×8+（3.6−1.6）=49.2（m）

挖沟槽清单工程量 =（88.2+49.2）×1.60×1.65=362.74（m^3）

6.1.2.3　土方回填

（1）基础回填土工程量

土方工程量：362.74m^3

扣垫层工程量：21.98m^3

扣混凝土条基工程量：98.70m^3

扣室外设计标高以下砖基础、构造柱工程量：31.10m^3

扣地圈梁工程量：5.21m^3

基础回填土工程量：362.74−21.98−98.70−31.10−5.21=205.75（m^3）

（2）项目室内回填土工程量

回填土厚度 = 室内外高差 − 室内地面构造厚度 =0.15−0.08=0.07（m）

主墙间净面积 =（4.2−0.24）×（7.5−0.24）×7+（3.6−0.24）×（7.5−0.24）+

（3.6−0.24）×（7.5−2×0.24）=249.23（m^2）

室内回填土体积 =249.23×0.07=17.45（m^3）

（3）土方回填工程量

土方回填工程量 = 基础回填土工程量 + 室内回填土工程量 =205.75+17.45=223.20（m^3）

（4）余方外运

余方外运工程量 = 挖土工程 − 回填土工程 =362.74−223.20=139.54（m^3）

根据以上工程量计算结果和“计算规范”中土方工程清单设置的规定，编制土方工程工程量清单，详见表 6-1。

表 6-1　分部分项工程量清单与计价表

工程名称：某办公楼土方工程　　　　标段：　　　　第　页　共　页

序号	项目编码	项目名称	项目特征描述	计量单位	工程量	金额 / 元		
						综合单价	合价	其中暂估价
1	010101001001	平整场地	Ⅲ类土，土方就地挖填找平	m^2	285.14			
2	010101003001	挖沟槽土方	Ⅲ类土，条形基础，垫层底宽 1600mm，挖土深度 1.65m	m^3	362.74			
3	010103001001	土方回填	砂土或黏性土夯填，密实度不小于 95%	m^3	223.20			
4	010103002001	余方外运	自卸汽车，外运至 2km 外的弃土场	m^3	139.54			

6.2　土方工程清单计价

6.2.1　土方工程定额计量

（1）定额工程量计算规则

① 资料准备。计算土石方工程量前，应准备并确定下列各项资料：

a. 土壤及岩石类别。按土壤的名称、天然湿度下平均容重、极限压碎强度、开挖方法及紧固系数等，将土壤分为一类土、二类土、三类土和四类土，将岩石分为极软岩、软质岩（软岩和较软岩）、硬质岩（较硬岩和坚硬岩）。

b. 地下水位标高。一般由地质勘探报告提供，用于区分干土、湿土。

c. 土方、沟槽、基坑挖（填）起止标高、施工方法及运距。

d. 岩石开凿、爆破方法、石渣清运方法及运距。

② 一般规则

a. 土方体积，以挖凿前的天然密实体积（m^3）为准。若虚方（未经碾压、堆积时间不长于 1 年的土壤）计算，按表 6-2 进行折算。

表 6-2　土方体积折算表　　单位：m^3

虚方体积	天然密实度体积	夯实后体积	松填体积
1.00	0.77	0.67	0.83
1.20	0.92	0.80	1.00
1.30	1.00	0.87	1.08
1.50	1.15	1.00	1.25

b. 挖土以设计室外地坪标高为起点，深度按图示尺寸计算。

c. 按不同的土壤类别、挖土深度、干湿土分别计算工程量。

d. 在同一槽、坑内或沟内有干、湿土时，应分别计算，但使用定额时，按槽、坑或沟的全深计算。

e. 桩间挖土不扣除桩的体积。

③ 平整场地工程量计算规则。平整场地工程量按建筑物外墙外边线每边各加 2m，以平方米计算。

④ 沟槽、基坑土石方工程量计算规则

a. 底宽≤ 7m 且底长＞ 3 倍底宽的为沟槽，如图 6-4 所示。

沟槽工程量按沟槽长度乘以沟槽截面积计算，即：

$$沟槽挖土工程量 = 槽长 \times 沟槽截面积 \quad (6\text{-}1)$$

沟槽长度外墙按图示基础中心线长度计算，内墙按图示基础底宽加工作面宽度之间净长度（槽底净长）计算，如图 6-5 所示。

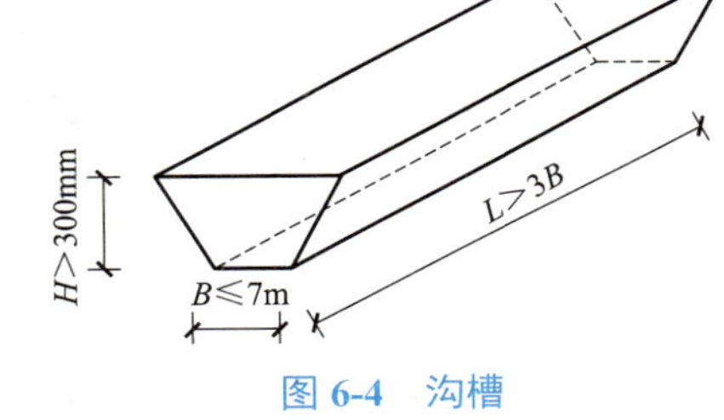

H>300mm
L>3B
B≤7m

图 6-4　沟槽

外墙按中心线长度计算
内墙按净
长线计算

图 6-5　沟槽长度计算示意

S底≤150m2
L≤3B
H>300mm
B

图 6-6　基坑

槽底宽按垫层设计宽度加基础施工所需工作面宽度计算。槽口宽 = 垫层宽度 + 工作面宽

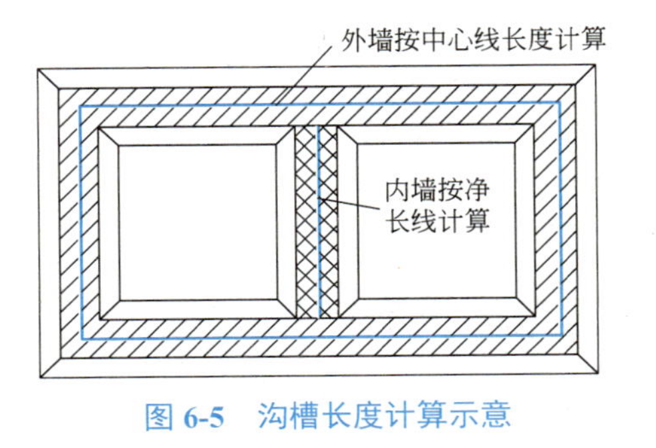

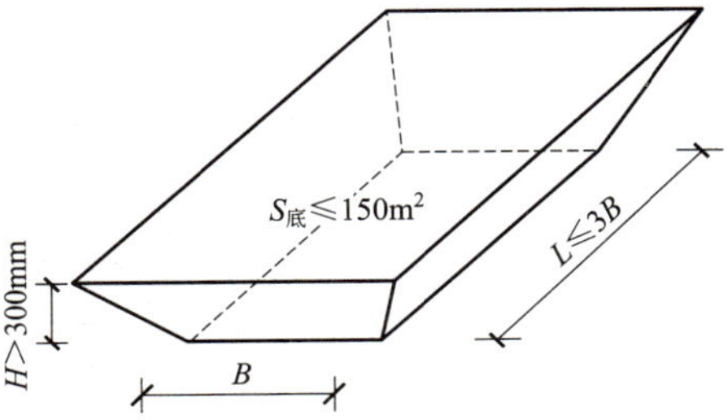

度 + 放坡尺寸。槽深按设计室外标高以下计算。突出墙面的附墙烟囱、垛等体积并入沟槽土方工程量内。

b. 底长≤ 3 倍底宽且底面积≤ 150m² 的为基坑，如图 6-6 所示。

基坑工程量按基坑（四棱台）体积计算。基坑坑底尺寸按垫层设计尺寸加基础施工所需工作面宽度计算，基坑上口尺寸按基坑放坡后的尺寸计算。

c. 沟槽底宽在 7m 以上，基坑底面积在 150m² 以上，平整场地挖填方厚度在 ±300mm 以上的按挖一般土方计算，如图 6-7 所示。

挖一般土方工程量计算方法同基坑，按图示尺寸以体积计算。

⑤ 基坑放坡。挖沟槽、基坑、一般土方需放坡时，以施工组织设计规定计算。放坡坡度为 $k=H/B$，如图 6-8 所示。施工组织设计没有明确规定时，放坡高度、比例可按表 6-3 计算。

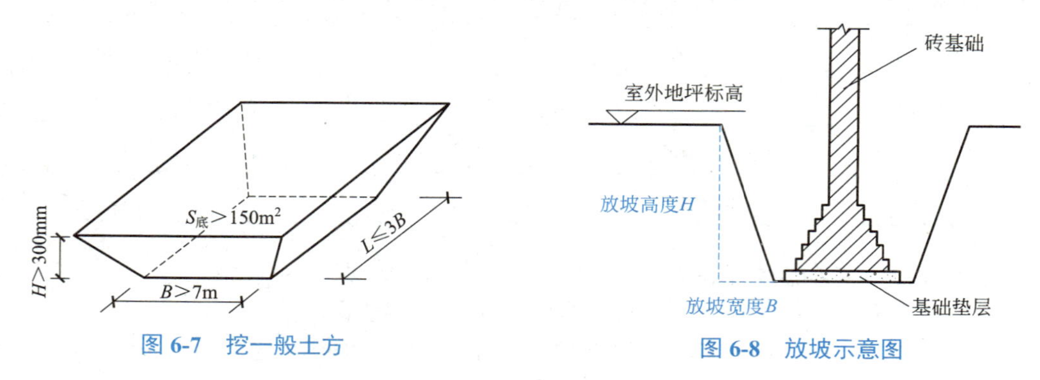

图 6-7　挖一般土方

图 6-8　放坡示意图

表 6-3　放坡高度、比例确定表

土壤类别	放坡起点/m	高与宽之比			
		人工挖土	机械挖土		
			坑内作业	坑上作业	顺沟槽在坑上作业
一、二类土	超过 1.20	1 ∶ 0.5	1 ∶ 0.33	1 ∶ 0.75	1 ∶ 0.5
三类土	超过 1.50	1 ∶ 0.33	1 ∶ 0.25	1 ∶ 0.67	1 ∶ 0.33
四类土	超过 2.00	1 ∶ 0.25	1 ∶ 0.10	1 ∶ 0.33	1 ∶ 0.25

注：1. 沟槽、基坑中土壤类别不同时，分别按其土壤类别、放坡比例以不同土类别厚度分别计算。

2. 计算放坡工程量时交接处的重复工程量不扣除，符合放坡深度规定时才能放坡。当垫层支模板时，放坡高度应自垫层下表面至设计室外地坪标高计算；当垫层不支模板，利用原坑槽做垫层时，放坡高度自垫层上表面至设计室外地坪标高计算。两槽交接处因放坡产生的重复计算工程量，不予扣除，如图 6-9 所示。

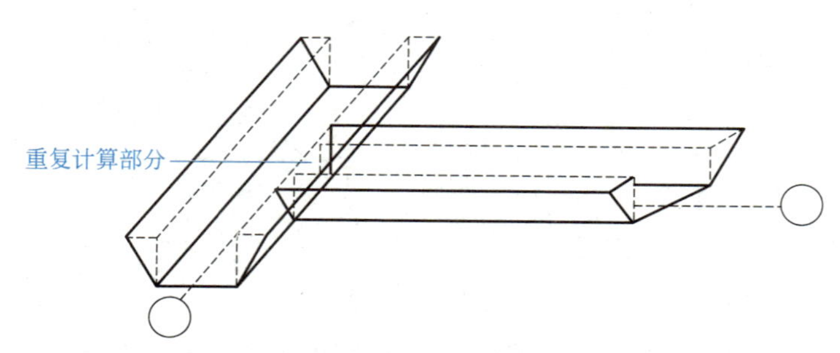

图 6-9　两槽交接重复计算部分示意

⑥ 基础施工工作面。基础施工所需工作面宽度按表 6-4 中的规定计算。

表 6-4　基础施工工作面宽度表

基础材料	每边各增加工作面宽度 /mm	基础材料	每边各增加工作面宽度 /mm
砖基础	200	混凝土基础支模板	300
浆砌毛石、条石基础	150	基础垂直面做防水层	1000（防水层面）
混凝土基础垫层支模板	300		

⑦ 沟槽、基坑需挡土板时，挡土板面积按槽、坑边实际支挡板面积计算。

挡土板工程量 = 挡板的最长边 × 挡板的最宽边　　（6-2）

⑧ 管道沟槽的土方工程量按立方米计算。即：

管道沟槽土方工程量 = 管道沟槽长度 × 管道沟槽截面面积　　（6-3）

管道沟槽长度按图示管道中心线长度计算，不扣除各类井的长度，井的土方并入；沟底宽度设计有规定的按设计规定，设计未规定的可按管道结构宽加工作面宽度计算。管沟施工每侧所需工作面见表 6-5。

表 6-5　管沟施工每侧所需工作面宽度计算表

管沟材料	管道结构宽 /mm			
	≤ 500	≤ 1000	≤ 2500	> 2500
混凝土及钢筋混凝土管道 /mm	400	500	600	700
其他材质管道 /mm	300	400	500	600

注：1. 管道结构宽——有管座的按基础外缘，无管座的按管道外径。

2. 在按表 6-5 确定计算管道地沟底宽来计算工程量时，各种井类及管道接口等处需加宽增加的土方量，不另行计算，但是对于底面积大于 $20m^2$ 的井类，其增加的土方量应计算并入管沟土方内。

⑨ 管道地沟、地槽、基坑深度，按图示槽、坑、垫层底面至室外地坪深度计算。

⑩ 建筑物场地厚度在 ±300mm 以外的竖向布置挖土或山坡切土，均按挖一般土方计算。

⑪ 回填土区分夯填、松填以体积计算。

a. 基槽、坑回填土工程量 = 挖土体积 − 设计室外地坪以下埋设构件的体积

（包括基础垫层、柱、墙基础及柱等）　　（6-4）

b. 室内回填土体积 = 主墙间净面积 × 填土厚度计算（不扣除附垛及附墙烟囱等体积）　　（6-5）

c. 管道沟槽回填工程量 = 挖方体积 − 管外径所占体积　　（6-6）

当管外径小于或等于 500mm 时，不扣除管道所占体积，当管径超过 500mm 时，按表 6-6 中的规定扣除。

表 6-6　管道体积扣除表　　单位：m^3/m 管长

管道名称	管道直径 /mm				
	≥ 600	≥ 800	≥ 1000	≥ 1200	≥ 1400
钢管	0.21	0.44	0.71		
铸铁管、石棉水泥管	0.24	0.49	0.77		
混凝土、钢筋混凝土、预应力混凝土管	0.33	0.60	0.92	1.15	1.35

⑫ 余土外运、缺土内运工程量按下式计算：

运土工程量 = 挖土工程量 – 回填土工程量（正值为余土外运，负值为缺土内运） (6-7)

(2) 定额工程量计算

根据以上所述工程量计算规则，项目土方工程的定额工程量计算如下：

① 平整场地。平整场地工程量 =（36.6+0.24+2.00×2）×（7.5+0.24+2.00×2）=479.46（m^2）

② 挖基槽。挖土深度 =1.7–0.15+0.1=1.65（m），项目无地下水，按干土计算。

混凝土基础垫层不支模板，计算槽底宽度时，工作面从基础边到地槽边为 300mm，放坡系数为 1 ： 0.33。

槽底宽度 =1.6+0.2×2=2.00（m）

槽口宽度 =2+1.65×0.33×2=3.09（m）

基槽截面面积：S=1/2×（2+3.09）×1.65=4.2（m^2）

基槽长度：外墙长 =（36.6+7.5）×2=88.2（m）；内墙长 =（7.5–2）×8+3.6–2=45.6（m）

挖基槽土方工程量 =4.2×（88.2+45.6）=561.96（m^3）

(3) 回填土

基础回填土工程量 = 土方工程量 – 室外设计标高以下结构构件所占体积

= 土方工程量 – 垫层体积 – 混凝土条基体积 – 砖基础体积

=561.96–21.98–98.70–31.10–5.21=404.97（m^3）

室内回填土工程量：同清单室内回填土工程量 17.45m^3

回填土总量 =404.97+17.45=422.42（m^3）

(4) 堆土开挖

回填土按夯实后的体积计量，即回填土工程量 422.42m^3 为夯实后的体积。按计价定额规定，挖掘堆积期在一年以内的堆积土或运余松土，按增开挖一类松软土计算，同时工程量按天然密实体积计算。

堆土开挖（回填土运输）工程量 =422.42×1.15=485.78（m^3）

(5) 土方运输

土方运输工程量 = 挖土工程 – 回填土工程量 =561.96–485.78=76.18（m^3）＞ 0，为余土外运。

6.2.2 土方工程定额计价

沟槽套用定额计价时，应根据底宽的不同，分别按底宽 3 ～ 7m、3m 以内，套用对应的定额子目；基坑套用定额子目计价时，应根据底面积的不同，分别按底面积 20 ～ 150m^2 之间、20m^2 以内，套用对应的定额子目。

根据以上计算出的定额工程量，套用“计价定额”中的土方工程相应定额子目，进行项目的定额计价。计价时要注意定额子目的套用条件、计量单位，结合项目的特征描述，正确地套用和换算定额子目。计算详见表 6-7。

表 6-7 土方分部分项工程定额计价计算表

序号	定额编号	定额名称	计量单位	工程量	金额 / 元	
					综合单价	合价
1	1-98	平整场地	10m^2	47.95	60.57	2904.33

续表

序号	定额编号	定额名称	计量单位	工程量	金额/元	
					综合单价	合价
2	1-28	人工挖地槽三类干土深3m内	m^3	561.96	54.19	30452.61
3	1-92+（1-95）×2	堆土运输，单（双）轮车运输运距在150m	m^3	561.96	28.69	16122.63
4	1-1	堆土开挖，人工挖一类土方	m^3	485.78	10.62	5158.98
5	1-92+（1-95）×2	回填土运输，单（双）轮车运输运距在150m	m^3	485.78	28.69	13937.03
6	1-104	回填土基（槽）坑夯填	m^3	422.42	31.21	13183.73
7	1-102	回填土地面夯填	m^3	17.45	28.50	497.33
8	1-200换	挖掘机挖土（斗容量0.5m^3以内）	1000m^3	0.07618	3942.39	300.33
9	1-263换	自卸汽车运土运距（3km内）	1000m^3	0.07618	16590.64	1263.87
合　　计						83820.84

表中综合单价的换算：

（1）挖土运输

定额子目1-92，单（双）轮车运土运距在50m以内，综合单价20.19元/m^3

定额子目1-95，单（双）轮车运输运距在500m以内每增加50m综合单价4.25元/m^3

本工程土方运距150m，换算后的综合单价为：20.19+4.25×2=28.69（元/m^3）

（2）回填土运输

堆土开挖后，用双轮车运输150m至回填土区域，综合单价换算同挖土运输。

（3）余土外运

① 余土开挖。计价定额中机械挖土方子目均按三类土编制，如果在实际工程中土壤类别为一类、二类或四类时，应调整机械台班的数量即乘以调整系数，详见表6-8。同时机械挖土定额均以天然湿度土壤为准，当土壤含水率达到或超过25%时，子目中的人工、机械乘以系数1.15；当含水率超过40%时，另行计算。

表6-8　土壤类别机械台班调整系数

项　目	三类土	一类、二类土	四类土
推土机推土方	1.00	0.84	1.18
铲运机铲运土方	1.00	0.84	1.26
自行式铲运机铲运土方	1.00	0.86	1.09
挖掘机挖土方	1.00	0.84	1.14

机械挖土、石方单位工程量小于2000m^3或在桩间进行挖土、石方时，相应定额应乘以系数1.10。

本工程采用反铲挖掘机开挖余土，同样按开挖一类松软土考虑，并用自卸汽车装载。

定额子目 1-200，挖掘机挖土（斗容量 $0.6m^3$ 以内），综合单价 =2426.81（元 /$1000m^3$）。

换算原因：开挖一类干土，机械台班乘以调整系数 0.84；机械土方工程量 $76.12m^3$ < $2000m^3$，需乘以系数 1.10。

1-200 换：人工费为 231.00 元

材料费为 0.00 元

机械费为 2816.78×0.84=2366.10（元）

管理费为（231.00+2366.10）×26%=675.24（元）

利润为（231.00+2366.10）×12%=311.65（元）

挖掘机挖土（斗容量 $0.6m^3$ 以内）综合单价：

1.10×（231.00+0+2366.10+675.24+311.65）=1.10×3583.99=3942.39（元 /$1000m^3$）

② 余土外运。计价定额中，自卸汽车运土按正铲挖掘机挖土考虑，如系反铲挖掘机装车，则自卸汽车运土台班量乘以系数 1.10。拉铲挖掘机装车，自卸汽车运土台班量乘以系数 1.20。主要考虑挖掘机类型的不同和施工方案的因素，导致自卸汽车的装车效率的差异。

本工程余土开挖后采用自卸汽车，外运至 2km 外的弃土场。

定额子目 1-263，自卸汽车运土运距（3km 内），综合单价 =15113.52（元 /$1000m^3$）

定额换算：反铲挖掘机开挖并装车，自卸汽车台班乘以调整系数 1.10。

人工费：0.00 元

材料费：39.30 元

机械费：13.37×1.10×800.57+0.43×511.01=11993.72（元）

管理费：11993.72×26%=3118.37（元）

利　润：11993.72×12%=1439.25（元）

自卸汽车运土运距（3km 内）综合单价：

1-263 换 =39.3+11993.72+3118.37+1439.25=16590.64（元 /$1000m^3$）

6.2.3 土方工程分部分项工程费

6.2.3.1 清单综合单价

一个清单项目往往对应一个或若干个定额子目，在进行项目的清单综合单价分析时，只有弄清一个清单项目的工作内容及其计价范围，与其对应的一个或若干个定额子目综合单价的计价内容及其范围，才能准确分析和计算清单综合单价。

（1）平整场地

平整场地清单综合单价 = 平整场地定额合价 / 平整场地清单工程量

=（60.57×47.95）/285.14

=10.19（元）

（2）挖沟槽土方

挖沟槽土方清单综合单价 = 挖沟槽土方定额合价 / 挖沟槽土方清单工程量

=（54.19×561.96+28.69×561.96）/362.74=128.40（元）

（3）土方回填

土方回填清单综合单价 = 土方回填定额合价 / 土方回填清单工程量

=（10.62×485.78+28.69×485.78+31.21×422.42+28.50×17.45）/223.20

=32777.07/223.20

=146.85（元）

(4) 余方外运

余方外运清单综合单价 = 余方外运定额合价 / 余方外运清单工程量

$= (3942.39\times0.07618+16590.64\times0.07618) /139.54$

$=11.21$（元）

6.2.3.2 清单计价

将计算得出的清单综合单价填入分部分项工程清单与计价表中，进行土方分部分项工程清单计价，详见表 6-9。

表 6-9 分部分项工程量清单与计价表

工程名称：某办公楼土方工程　　　标段：　　　第　页　共　页

序号	项目编码	项目名称	项目特征描述	计量单位	工程量	金额 / 元		
						综合单价	合价	其中暂估价
1	010101001001	平整场地	Ⅲ类土，土方就地挖填找平	m^2	285.14	10.19	2905.58	
2	010101003001	挖沟槽土方	Ⅲ类土，条形基础，垫层底宽 1600mm，挖土深度 1.65m	m^3	362.74	128.40	46575.82	
3	010103001001	土方回填	砂土或黏性土夯填，密实度不小于 95%	m^3	223.20	146.85	32776.92	
4	010103002001	余方外运	自卸汽车，外运至 2km 外的弃土场	m^3	139.54	11.21	1564.24	
合计							83822.56	

案例分析

【6-1】 背景资料：某三类工程办公楼，其地下室平面图、剖面图如图 6-10 所示。设计室外地坪标高为 -0.30m，地下室的室内地坪标高为 -1.50m。已知该工程采用满堂基础，垫层底标高为 -1.90m。满堂基础混凝土的体积为 $33.53m^3$，垫层混凝土体积为 $11.61m^3$，垫层施工前原土打夯。地下室墙外壁做防水层。施工组织设计确定用人工平整场地，反铲挖掘机（斗容量 $1m^3$）挖土，深度超过 1.5m 起放坡，放坡系数为 1 ∶ 0.33，土壤为四类干土，机械挖土坑上作业，不装车，人工修边坡按总挖方量的 10% 计算。

问题：(1) 计算该办公楼土方分部分项工程的清单工程量

(2) 计算该办公楼土方分部分项工程的定额工程量

解析：(1) 计算清单工程量

根据“计算规范”附录 A 土方工程的工程量计算规则，计算清单工程量。

① 平整场地清单工程量 = 垫层面积

$= (0.6\times2+3.6\times2+4.5) \times (0.6\times2+5.4+2.4) =12.9\times9=116.1\ (m^2)$

② 挖土清单工程量 = 垫层面积 × 挖土深度

$= (0.6\times2+3.6\times2+4.5) \times (0.6\times2+5.4+2.4) \times (1.9-0.3)$

$=12.9\times9\times1.6=185.76m^3$

③ 回填土清单工程量 = 挖土清单工程量 − 室外设计标高以下结构构件所占体积

= 挖土清单工程量 − 垫层体积 − 基础混凝土体积 − 地下室所占体积

地下室所占体积 =（3.6×2+4.5+0.4）×（5.4+2.4+0.4）（算至基础外墙外边线）×（1.5−0.3）（地下室至室外地坪高度）=12.1×8.2×1.2=119.06（m^3）

回填土清单工程量 =185.76−11.61−33.53−119.06=21.56（m^3）

④ 余方外运工程量 = 挖土清单工程量 − 回填土清单工程量 =185.76−21.56=164.20（m^3）

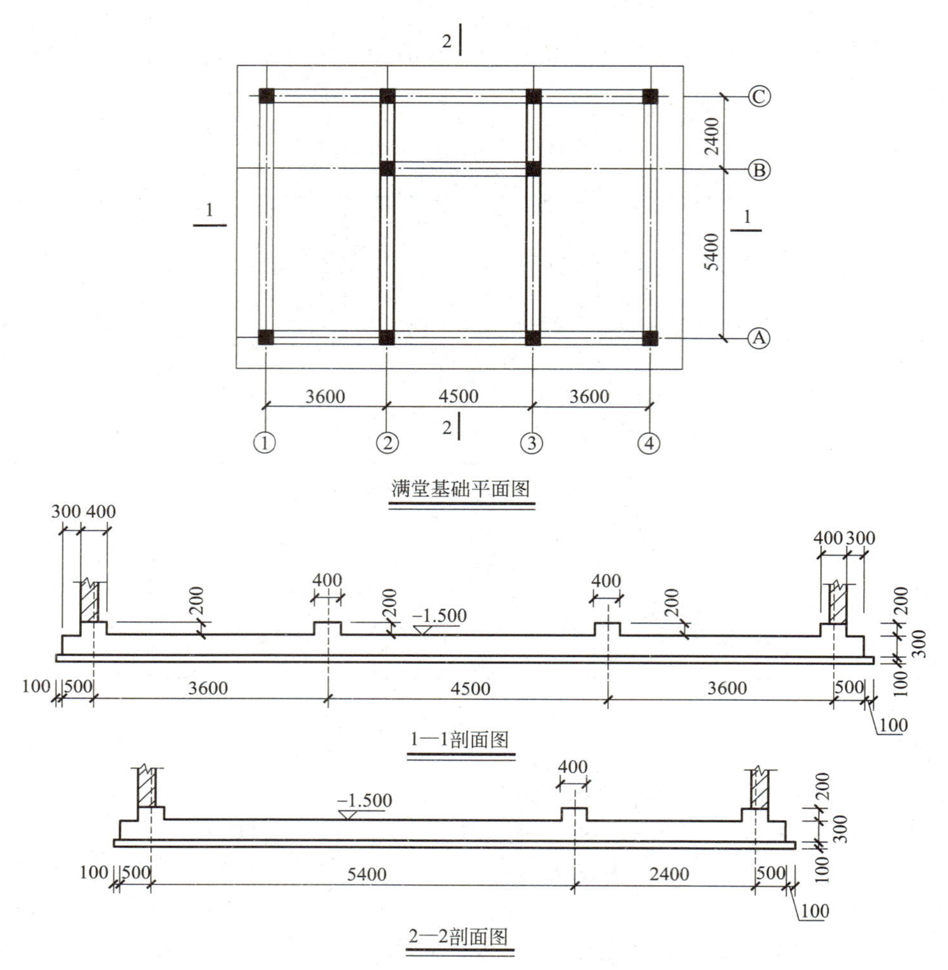

图 6-10　办公楼地下室平面图、剖面图

（2）计算定额工程量

根据“计价定额”中土方工程的工程量计算规则，计算定额工程量。

① 平整场地定额工程量

=（0.6×2+3.6×2+4.5+4）×（0.6×2+5.4+2.4+4）=16.9×13=219.7（m^2）

② 挖土定额工程量。根据施工组织设计，土方工程放坡系数为 0.33。

查表 6-4，土方开挖工作面宽为地下室墙体外每边各加 1m。

挖土深度：1.9−0.3=1.6（m）。

基坑下口：a=3.6+4.5+3.6+0.4（算至基础梁外边线）+1.0×2=14.1（m）

b=5.4+2.4+0.4+1.0×2=10.2（m）

基坑上口：A=14.1+1.5×0.33×2=15.09（m）（放坡从基础垫层上开始）

B=10.2+1.5×0.33×2=11.19（m）

挖土体积 =14.1×10.2×0.1+1/6×1.5×［14.1×10.2+15.09×11.19+29.19×21.39］

=248.64（m^3）

根据题意，其中机械挖土工程量：248.64×0.90=223.78（m^3）

人工修边坡：248.64×0.10=24.86（m^3）。

③ 回填土定额工程量 = 挖土定额工程量 − 室外设计标高以下结构构件所占体积

=248.64−11.61−33.53−119.06=84.44（m^3）

④ 余方外运工程量 =248.64−84.44×1.15=151.53（m^3）

⑤ 基坑原土打底夯：14.1×10.2=143.82（m^2）（基坑坑底面积）。

【6-2】 背景资料：某三类钢筋混凝土水池项目，平面图、剖面图如图 6-11 所示。设计室外地坪 -0.45，池顶标高 ±0.000，地下常水位 -1.450m，施工方案拟采用人工开挖、回填土方，土壤为三类土。地下部分混凝土施工所发生的排水费包干。混凝土地池底侧模采用标准半砖水泥砂浆砌筑，池壁模板采用组合钢模板施工。

问题：编制该项目工程量清单，并进行清单计价。

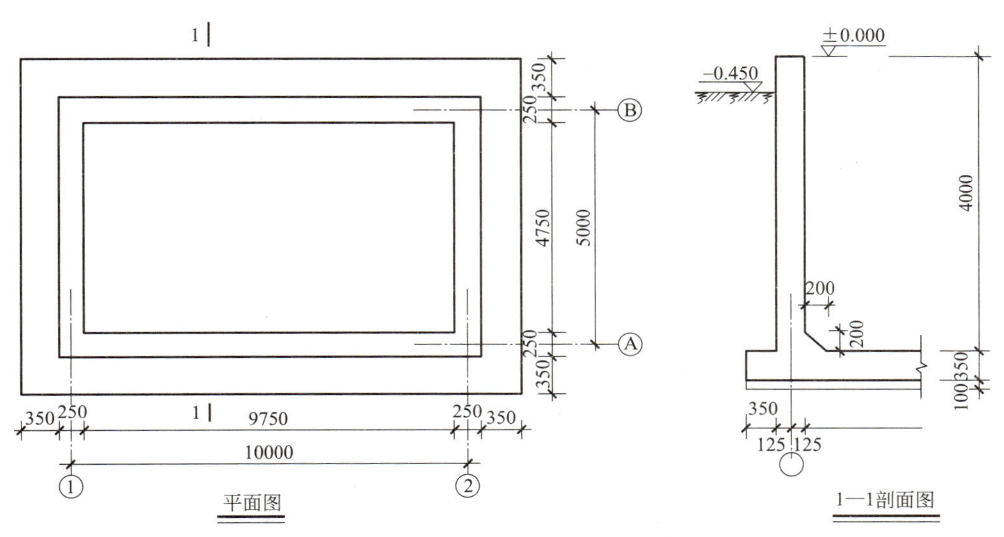

图 6-11　钢筋混凝土水池平面图、剖面图

解析：（1）编制工程量清单

① 计算清单工程量。挖土土方工程量按基坑图示尺寸以体积计算。

挖土土方工程量 =10.95×5.95×4=260.61（m^3）

土方回填工程量 = 挖土工程量 − 室外设计标高以下结构构件所占体积

垫层体积 =10.95×5.95×0.1=6.52（m^3）

池底底板体积 =10.95×5.95×0.35=22.80（m^3）

室外设计标高以下池体侧壁所围体积 =10.25×5.25×（4−0.45）=191.03（m^3）

砖侧模体积 =0.126×0.45×（10.25+5.25+0.065×2）×2=1.77（m^3）

室外设计标高以下结构构件所占体积 =6.52+22.80+191.03+1.77=222.12（m^3）

土方回填工程量 =260.61−222.12=38.49（m^3）

② 编制工程量清单。根据计算的清单工程量及“计算规范”中关于土方工程清单编制

的规定，编制工程量清单，详见表 6-10。

表 6-10 分部分项工程量清单与计价表

工程名称：某钢筋混凝土水池工程　　　　　　　　　　标段：　　　　　　　　　　第 1 页　共 1 页

序号	项目编码	项目名称	项目特征描述	计量单位	工程量	金额 / 元		
						综合单价	合价	其中暂估价
1	010101003001	挖基坑土方	Ⅲ类土，整板基础，垫层尺寸 10.95m×5.95m，挖土深度 4.0m	m^3	260.61			
2	010103001001	土方回填	砂土或黏性土夯填，密实度不小于 95%	m^3	38.49			

（2）清单计价

① 计算定额工程量。因地下常水位标高 -1.450m、基坑坑底标高 -4.450m，室外设计标高 -0.450m，应分别计算基坑干土、湿土的土方定额工程量。挖湿土深度 3.0m，挖干土深度 1.0m。

a. 湿土土方工程量：人工挖三类土，挖土深度 3.0m，放坡比例为 1∶0.33；土方开挖工作面宽为混凝土基础垫层（底板）外，各加 300mm。

基础垫层尺寸：长度 =10+0.35×2+0.25=10.95（m）

宽度 =5+0.35×2+0.25=5.95（m）

基坑坑底尺寸：长度 =10.95+0.3×2=11.55（m）

宽度 =5.95+0.3×2=6.55（m）

基坑坑底面积 =11.55×6.55=75.65（m^2）＜ 150（m^2）

干、湿土分界处（地下常水位标高处）基坑尺寸：长度 =11.55+3×0.33×2=13.53（m）；宽度 =6.55+3×0.33×2=8.53（m）

挖湿土土方工程量，按基坑尺寸以体积（四棱台）计算。

V=3/6×［11.55×6.55+13.53×8.53+（11.55+13.53）×（6.55+8.53）］=284.64（m^3）

b. 干土土方工程量：

地下常水位标高 -1.450m 以上为干土，挖土深度 =1.450-0.45=1.00（m）

基坑上口尺寸：长度 =11.55+4×0.33×2=14.19（m）；宽度 =6.55+4×0.33×2=9.19（m）

挖干土土方工程量，按基坑尺寸以体积（四棱台）计算。

V=1/6×［13.53×8.53+14.19×9.19+（14.19+13.53）×（9.19+8.53）］=122.84（m^3）

c. 计算回填土定额工程量：

土方回填工程量 = 挖土工程量 - 室外设计标高以下结构构件所占体积

= 挖湿土工程量 + 挖干土工程量 - 垫层体积 - 池底底板体积 - 池体侧壁所围体积 - 砖侧模

=284.64+122.84-222.12=185.36（m^3）

② 定额计价。套用计价定额相关定额子目，计算土方工程的定额分部分项工程费。详见表 6-11。

表 6-11 土方工程定额计价计算表

序号	定额编号	定额名称	计量单位	工程数量	金额 / 元	
					综合单价	合价
1	1-7	人工挖三类土，干土，深度 1.5m 以内	m^3	122.84	32.94	4046.35
2	1-11	人工挖三类土，湿土，深度 1.5m 以内	m^3	284.64	39.32	11192.04
3	1-15	挖土深度超过 1.5m 增加费，深 4m 以内	m^3	407.48	14.87	6059.23
4	1-104	基坑回填土（夯填）	m^3	185.36	31.21	5785.09
合计						27082.71

③ 清单综合单价。

基坑土方清单综合单价 = 基坑土方定额合价 / 基坑土方清单工程量

= （32.94×122.84+39.32×284.64+14.77×407.48）/260.61

=81.72（元）

土方回填清单综合单价 = 土方回填定额合价 / 土方回填清单工程量

=31.21×185.36/38.49=150.30（元）

将以上清单综合单价，填入表 6-10，计算钢筋混凝土水池土方分部分项工程清单费用。见表 6-12。

表 6-12 分部分项工程清单与计价表

工程名称：某钢筋混凝土水池工程　　标段：　　第 1 页　共 1 页

序号	项目编码	项目名称	项目特征描述	计量单位	工程量	金额 / 元		
						综合单价	合价	其中暂估价
1	010101003001	挖基坑土方	Ⅲ类土，整板基础，垫层尺寸 10.95m×5.95m，挖土深度 4.0m	m^3	260.61	81.72	21297.05	
2	010103001001	土方回填	砂土或黏性土夯填，密实度不小于 95%	m^3	38.49	150.30	5785.05	
合计							27082.10	

技能训练

一、选择题

（一）单项选择题

1. 平整场地是指建筑场地挖、填土方在（　　）。

A. ±15cm 以内　B. ±20cm 以内　C. ±25cm 以内　D. ±30cm 以内

2. 人工挖土方中土方体积，以（　　）。

A. 天然密实体积为准　B. 夯实后体积为准

C. 松填体积为准　D. 松散体积为准

3. 开挖底宽≤ 7m 且底长＞ 3 倍底宽的土方应按（　　）。

A. 挖土方计算　　B. 挖沟槽计算

C. 挖基坑计算　　D. 山坡切土计算

4. 某建筑物砂土场地，设计开挖面积为 20m×7m，自然地面标高为 -0.2m，设计室外地坪高为 -0.3m，设计开挖底面标高为 -1.2m。根据《房屋建筑与装饰工程工程量计算规范》（GB 50854—2013），土方工程清单工程量计算应（　　）。【造价师职业资格考试真题】

A. 执行挖一般土方项目，工程量为 $140m^3$

B. 执行挖一般土方项目，工程量为 $126m^3$

C. 执行挖基坑土方项目，工程量为 $140m^3$

D. 执行挖基坑土方项目，工程量为 $126m^3$

5. 根据《房屋建筑与装饰工程工程量计算规范》（GB/T 50854—2013），某建筑物场地土方工程，设计基础长为 27m，宽为 8m，周边开挖深度均为 2m，实际开挖后场地内堆土量为 $570m^3$，则土方工程量为（　　）。【造价师职业资格考试真题】

A. 平整场地 $216m^3$　　B. 沟槽土方 $655m^3$

C. 基坑土方 $528m^3$　　D. 一般土方 $438m^3$

（二）多项选择题

1. 根据《房屋建筑与装饰工程工程量计算规范》（GB 50854—2013），土方工程量计算正确的为（　　）。【造价师职业资格考试真题】

A. 建筑场地厚度≤ ±300mm 的挖、填、运、找平，均按平整场地计算

B. 设计底宽≤ 7m，底长＞ 3 倍底宽的土方开挖，按挖沟槽土方计算

C. 设计底宽＞ 7m，底长＞ 3 倍底宽的土方开挖，按一般土方计算

D. 设计底宽＞ 7m，底长＜ 3 倍底宽的土方开挖，按挖基坑土方计算

E. 土方工程量均按设计尺寸以体积计算

2. 下列关于土石方工程工程量计算说法正确的是（　　）。

A. 平整场地按设计图示尺寸以首层建筑面积计算

B. 挖基坑土方按设计图示尺寸以基础垫层底面积乘以挖土深度计算

C. 冻土开挖按设计图示尺寸开挖面积乘以厚度以体积计算

D. 管沟土方按平方米计算

E. 场地回填按主墙间净面积乘以平均回填厚度计算

二、分析计算题

1. 建筑物首层平面如图 6-12 所示。

要求：分别按“计算规范”和“计价定额”工程量计算规则，计算平整场地工程量。

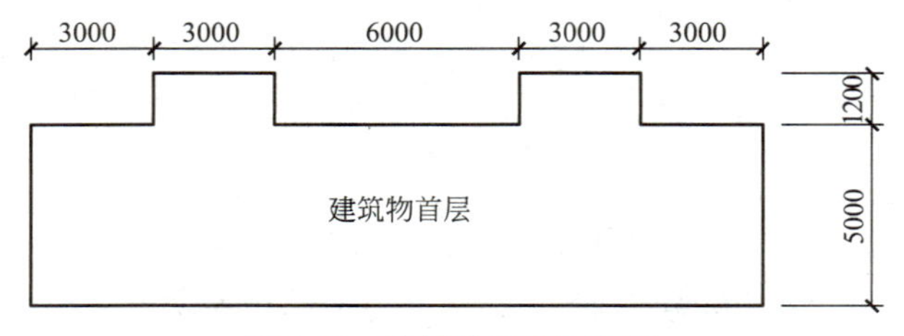

图 6-12　建筑物首层平面图

2. 某工程基础平面图及基础详图如图 6-13 所示，土壤为三类干土。

要求：(1) 编制基础土方工程量清单。

(2) 计算基于"计价定额"的该基础土方分部分项工程清单费用。

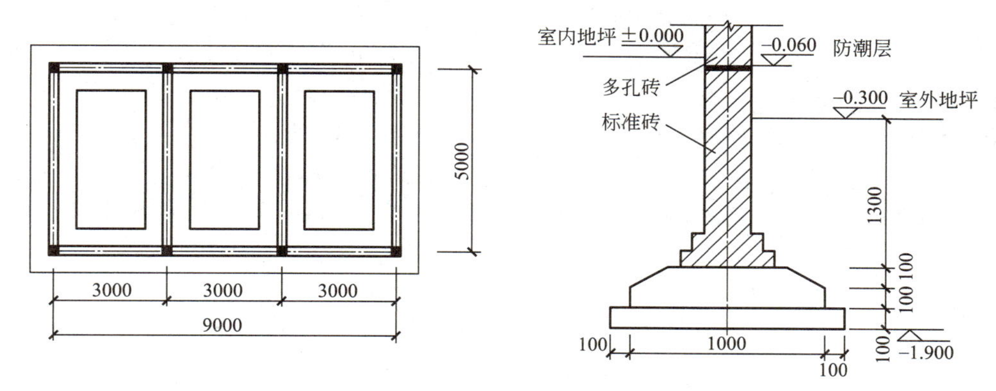

图 6-13　基础平面图及基础详图

3. 某基础土方工程的底面尺寸，开挖截面如图 6-14 所示，土方类别为三类土，地下水位标高 −2.300，人工降低地下水位，放坡挖土作业，放坡比例按计价表要求。

要求：分别按采用人工开挖和采用斗容量 $0.5m^3$ 反铲挖掘机坑内作业并装车的两种施工方法，计算土方定额工程量，并计算定额分部分项工程费。

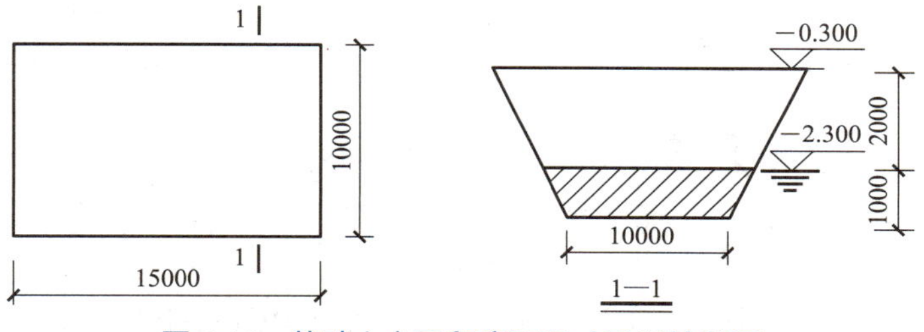

图 6-14　基础土方工程底面尺寸及开挖截面

项目 7 >>>

桩基工程计量与计价

学习目标

- 知识目标：了解《房屋建筑与装饰工程工程量计算规范》中桩基工程清单项目的设置，掌握桩基工程清单工程量计算规则，熟悉桩基工程定额计价要点及应用。
- 能力目标：能够编制桩基工程的工程量清单，能够计算桩基工程分部分项工程费。

素质目标

- 严格遵循有关标准、规范、规程、管理规定和合同，规范计量，强调“规范”意识和“标准”意识。
- 区分不同桩型的工程量计算规则，体会不同的施工工艺和施工方法引起的量与价的差别，强调“技术与经济相结合”，优化设计方案，节约造价成本。

导入项目

某打桩工程，设计桩型为 T-PHC-AB700-650（110）-13、13a，管桩数量 300 根，断面及示意如图 7-1 所示，桩外径 700mm，壁厚 110mm，自然地面标高 -0.300m，桩顶标高 -3.600m，螺栓加焊接接桩，管桩接桩接点周边设计用钢板，该型号管桩成品价（除税价）为 2000 元 /m^3，a 型空心桩尖市场价（除税价）200 元 / 个。采用静力压桩施工方法。本工程人工单价、除成品桩外其他材料单价、机械台班单价、管理费、利润费率标准等按计价定额执行不调整。

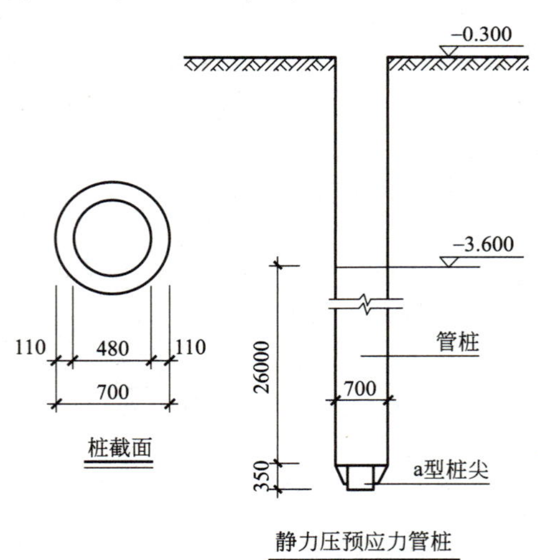

图 7-1 某打桩工程断面及示意图

问题：请根据上述条件按《房屋建筑与装饰工程工程量计算规范》列出工程量清单（桩计量单位按“根”），并根据工程量清单按“计价定额”和“费用定额”的规定计算该打桩工程分部分项工程费（π 取值 3.14，按“计价定额”规则计算送桩工程量时，须扣除管桩空心体积；成品桩、桩尖单独列项）。

7.1 桩基工程清单计量

7.1.1 清单项目设置及其工程量计算规则

二维码 7.1

桩基工程按桩的种类分为打桩和灌注桩，分别进行清单列项。

① 预制钢筋混凝土方桩 010301001，以米按图示桩长计量，或以根按图示数量计算。包括预制混凝土方桩的沉桩、接桩、送桩。项目特征描述内容：地层情况、送桩深度和桩长、桩截面、桩倾斜度、混凝土强度等级。

② 预制钢筋混凝土管桩 010301002，以米按图示桩长计量，或以根按图示数量计算。包括混凝土管桩的沉桩、接桩、送桩、填充材料和刷防护材料。项目特征描述内容：地层情况、送桩深度和桩长、桩外径和壁厚、桩倾斜度、混凝土强度等级、填充材料和防护材料种类。

③ 钢管桩 010301003，以吨按图示质量计算，或以根按图示数量计算。包括钢管桩的沉桩、接桩、送桩、切割钢管、填充材料和刷防护材料。项目特征描述内容：地层情况、送桩深度和桩长、材质、管径和壁厚、桩倾斜度、填充材料和防护材料种类。

④ 截（凿）桩头 010301004，按设计桩截面面积乘以桩头长度以体积计算。项目特征描述内容：桩头截面面积、高度，混凝土强度等级，有无钢筋。

⑤ 灌注桩 010302001 ～ 010302007，适用于各种方法成孔，在孔内灌注混凝土、水泥浆的桩，如沉管灌注桩、人工挖孔灌注桩、钻孔压浆桩等。按设计图示尺寸以桩长（包括桩尖）或根数计算。

“计算规范”中，预制钢筋混凝土管桩的工程量清单项目设置、项目特征描述的内容、计量单位及工程量计算规则，应按表 7-1 的规定执行。

表 7-1 清单项目设置

项目编码	项目名称	项目特征	计量单位	工程量计算规则
010301002	预制钢筋混凝土管桩	1. 地层情况 2. 送桩深度、桩长 3. 桩外径、壁厚 4. 沉桩方法	1.m 2.m^3 3. 根	1. 以米计量，按设计图示尺寸以桩长（包括桩尖）计算 2. 以立方米计量，按设计图示截面积乘以桩长（包括桩尖）以实体积计算 3. 以根计量，按设计图示数量计算

7.1.2 工程量清单编制

（1）工程量计算

预制钢筋混凝土管桩：300 根。

（2）编制桩基工程工程量清单

根据上述分析和已知条件，本桩基工程的分部分项工程项目清单详见表 7-2。

表 7-2 分部分项工程项目清单与计价表

工程名称：预应力管桩工程　　标段：　　第 1 页　共 1 页

序号	项目编码	项目名称	项目特征描述	计量单位	工程量	金额 / 元		
						综合单价	合价	其中暂估价
1	010301002001	预制钢筋混凝土管桩	1. 桩长：26.35m 2. 桩外径 700mm，壁厚 110mm 3. 静力压桩	根	300			

7.2 桩基工程清单计价

7.2.1 桩基工程定额计量

二维码 7.2

7.2.1.1 定额工程量计算规则

（1）预制桩

计算预制桩工程的工程量时，应分别计算打桩、送桩和接桩工程量。

① 打预制桩。工程量计算规则：打预制钢筋混凝土桩工程量 = 设计桩长 × 桩截面面积。其中：设计桩长包括桩尖，工程量中不扣除桩尖虚体积。预制管桩的空心体积应扣除，空心部分设计要求灌注混凝土或其他填充材料另行计算，见图 7-2。

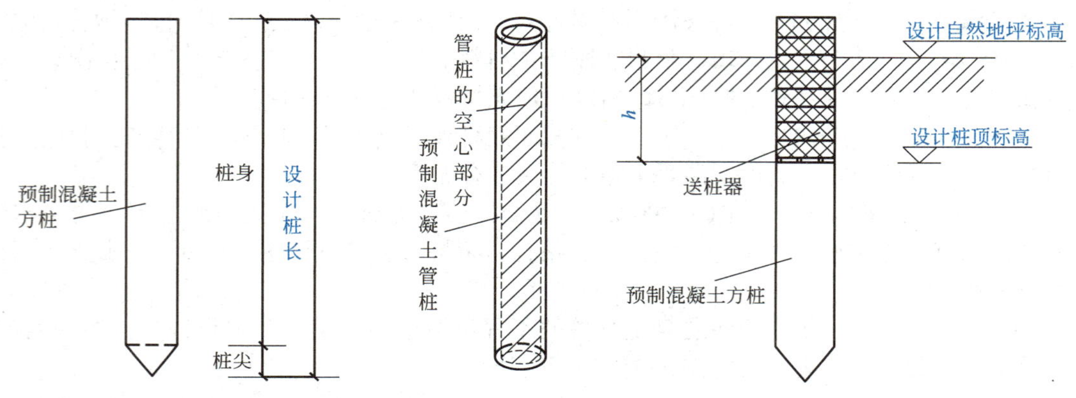

图 7-2 打预制钢筋混凝土桩工程量

图 7-3 送桩工程量

② 送桩。工程量计算规则：送桩工程量 = 送桩长度 × 桩截面面积。其中：送桩长度为自设计桩顶标高至设计自然地坪标高另加 500mm，见图 7-3。即：送桩长度 =h+500mm。

③ 接桩。工程量计算规则：预制桩接桩均按接头个数进行计算。

（2）灌注桩

泥浆护壁钻孔灌注桩由钻孔、灌混凝土、泥浆运输三部分组成。

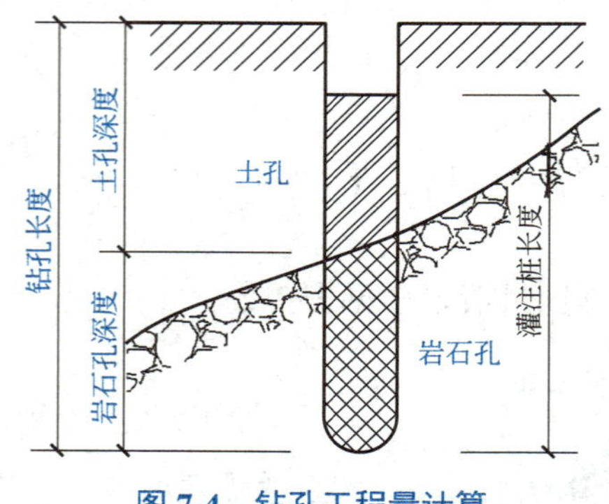

图 7-4 钻孔工程量计算

① 钻孔工程量应按《地层分类表》区分钻土孔与岩石孔，分别计算工程量，见图 7-4。钻土孔自自然地面至岩石表面之深度乘以设计桩截面积以立方米计算；钻岩石孔以入岩深度乘以桩截面面积以立方米计算。

② 混凝土灌入量以设计桩长加上一个加灌长度后乘以桩截面面积以立方米计算。设计桩长是指从桩顶标高至桩底标高的长度，包含桩尖长度。加灌长度设计有规定时，按设计要求；若设计无规定，则另加一个桩的直径。

③ 以泥浆外运的体积等于钻孔的体积以立方米计算。

7.2.1.2 定额工程量计算

根据以上所述工程量计算规则，项目桩基工程的定额工程量计算如下：

① 压桩工程量。静力压管桩应按设计桩长乘以桩截面积以立方米计算，空心部分体积

应扣除。桩管外径 700mm，内径 $700-110\times2=480$（mm）。

压桩工程量 $=3.14\times(0.35^2-0.24^2)\times26.35$（设计桩长含桩尖长度）$\times300$（共 300 根）

$=1610.93$（m^3）。

② 送桩工程量。桩顶标高距设计室外地坪 $=3.6-0.3=3.3$（m），另加 0.5m，扣除管桩空心部分体积。

送桩工程量 $=3.14\times(0.35^2-0.24^2)\times(3.3+0.5)\times300=232.32$（$m^3$）

③ 接桩工程量。每根桩有一个接头，共 300 根，接桩工程量为 300 个。

④ 成品管桩工程量。成品管桩工程量 = 按设计桩长 × 桩截面积，以立方米计算，扣除空心部分体积。

成品管桩工程量 $=3.14\times(0.35^2-0.24^2)\times26\times300=1589.53$（$m^3$）

⑤ a 型桩尖：300 个。

7.2.2 桩基工程定额计价

（1）打桩工程的定额计价要点

① 预制钢筋混凝土桩的制作费，另按相关章节规定计算。打桩如设计有接桩，另按接桩定额执行。

② 计价定额中土壤级别已综合考虑，执行中不换算。子目中的桩长度是指包括桩尖及接桩后的总长度。

③ 电焊接桩钢材用量，设计与定额不同时，按设计用量乘以系数 1.05 调整，人工、材料、机械消耗量不变。

④ 每个单位工程的打（灌注）桩工程量小于表 7-3 规定数量时，其人工、机械（包括送桩）按相应定额项目乘以系数 1.25。

表 7-3　单位打桩工程工程量表

项　　目	工程量 /m^3	项　　目	工程量 /m^3
预制钢筋混凝土方桩	150	打孔灌注砂桩、碎石桩、砂石桩	100
预制钢筋混凝土离心管桩（空心方桩）	50	钻孔灌注混凝土桩	60
打孔灌注混凝土桩	60		

⑤ 计价定额中已包括 300m 内的场内运输，实际超过 300m 时，应按相应构件运输定额执行，并扣除定额内的场内运输费。

（2）灌注桩的定额计价要点

① 各种灌注桩中的材料用量预算暂按表 7-4 内的充盈系数和操作损耗计算，结算时充盈系数按打桩记录灌入量进行调整，操作损耗不变。

表 7-4　灌注桩充盈系数及操作损耗率表

项目名称	充盈系数	操作损耗率 /%	项目名称	充盈系数	操作损耗率 /%
打孔沉管灌注混凝土桩	1.20	1.50	钻孔灌注混凝土桩（土孔）	1.20	1.50
打孔沉管灌注砂（碎石）桩	1.20	2.00	钻孔灌注混凝土桩（岩石孔）	1.10	1.50
打孔沉管灌注砂石桩	1.20	2.00	打孔沉管夯扩灌注混凝土桩	1.15	2.00

② 钻孔灌注混凝土桩的钻孔深度是按 50m 内综合编制的，超过 50m 的桩，钻孔人工、机械乘以系数 1.10。人工挖孔灌注混凝土桩的挖孔深度是按 15m 内综合编制的，超过 15m 的桩，挖孔人工、机械乘以系数 1.20。

钻孔灌注桩钻土孔含极软岩，钻入岩石以软岩为准，如钻入较软岩时，人工、机械乘以系数 1.15；如钻入较硬岩以上时，应另行调整人工、机械用量。

根据计算得出的定额工程量，套用“计价定额”中的桩基工程相应定额子目，进行项目的定额计价。计价时要注意定额子目的套用条件、计量单位，结合项目的特征描述，正确地套用和换算定额子目。计算详见表 7-5。

将定额计量得出的工程量填入计价表中，并对相应的定额子目进行换算，计算桩基工程分部分项工程定额费用。详见表 7-5。

表 7-5 桩基工程定额计价计算表

序号	定额编号	定额名称	计量单位	工程量	综合单价 / 元	合价 / 元
1	3-22 换	压桩	m^3	1610.93	349.79	563487.20
2	3-27 换	接桩	个	300	57.29	17187.00
3	3-24	送桩	m^3	232.32	405.74	94261.52
4		成品桩	m^3	1589.53	2000	3179060.00
5		a 型桩尖	个	300	200	60000.00
合　计						3913995.72

表中综合单价的换算：

① 定额子目 3-22，根据题意调整管桩差价。

3-22 换综合单价 =340.94+（2000−1114.81）×0.01=349.79（元 /m^3）

② 定额子目 3-27。静力压方桩 12m 内的接桩按定额子目 3-27 执行；12m 以上的接桩其人工费和打桩机械已包含在相应的打桩项目内，但接桩材料和电焊机按本定额执行。本项目桩长 26.35m，须按规定进行换算。

3-27 换综合单价 =47.95+8.34×（1+7%+5%）=57.29（元 / 个）

7.2.3 桩基工程分部分项工程费

根据公式：清单综合单价 = 定额合价之和 / 清单工程量，该桩基工程清单综合单价 =3913995.72/300=13046.65（元 / 根）。

将计算得出的清单综合单价填入分部分项工程清单与计价表中，进行桩基分部分项工程清单计价，详见表 7-6。

表 7-6 分部分项工程项目清单与计价表

工程名称：预应力管桩工程　　标段：　　第 1 页　共 1 页

序号	项目编码	项目名称	项目特征描述	计量单位	工程量	金额 / 元		
						综合单价	合 价	其中暂估价
1	010301002001	预制钢筋混凝土管桩	1. 桩长：26.35m 2. 桩外径 700mm，壁厚 110mm 3. 静力压桩	根	300	13046.65	3913995.00	

案例分析

【7-1】 背景资料：某桩基工程如图 7-5 所示，其中独立承台静力压 C30 混凝土预制方桩，桩制作采用现场搅拌机浇筑，桩场内运输距离为 250m，桩截面面积 300mm×300mm，每根桩分为两段，采用∟76×6 角钢接桩（每个桩接头型钢设计用量 9.4kg），设计桩长 18.3m（含桩尖长度），共计 200 根桩。平均自然地面以下送桩深度 2m。

问题：根据上述已知条件，按江苏省“计价定额”的规定，计算该桩基工程分部分项工程清单费用。

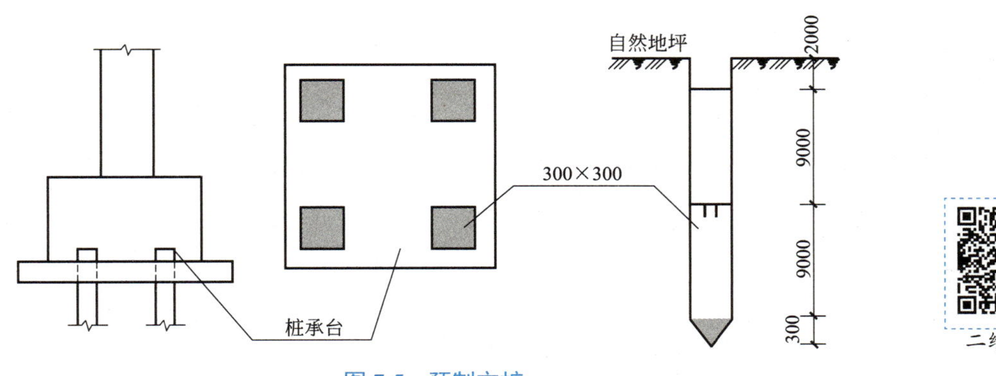

二维码 7.3

图 7-5 预制方桩

解析：（1）编制清单

根据《房屋建筑与装饰工程工程量计算规范》对预制钢筋混凝土方桩的工程量清单项目设置、项目特征、计量单位及工程量计算规则的规定，该桩基分部分项工程清单，详见表 7-7。

表 7-7 分部分项工程项目清单与计价表

工程名称：某桩基工程　　　　标段：　　　　第 1 页　共 1 页

序号	项目编码	项目名称	项目特征描述	计量单位	工程量	金额 / 元		
						综合单价	合价	其中暂估价
1	010301001001	预制钢筋混凝土方桩	1. 送桩深度：2m，桩长 18.3m 2. 桩截面积：300mm×300mm 3. C30 预制混凝土方桩	根	200			

（2）清单计价

① 计算定额工程量。

静力压方桩工程量 = 设计桩长 × 桩截面面积 =18.3×0.3×0.3×200=329.40（m^3）

送桩工程量 =（送桩长度 +0.5m）× 桩截面面积 =（2.0+0.5）×0.3×0.3×200=45（m^3）

电焊接桩型钢：200 个

② 定额计价。本打桩工程方桩现场预制，属制作兼打桩三类工程，其管理费率和利润率分别为 12%、7%。需进行定额子目的换算。

a. C30 预制方桩制作，定额编号 6-60：

人工费：101.68 元
材料费：254.31 元
机械费：22.34 元
管理费：(101.68+22.34)×12%=14.88（元）
利润：(101.68+22.34)×7%=8.68（元）
6-60 换综合单价 =101.68+254.31+22.34+14.88+8.68=401.89（元 /m^3）
b. 静力压预制方桩，桩长 18.3m，30m 以内，定额编号 3-15：
人工费：24.02 元
材料费：26.55 元
机械费：140.66 元
管理费：(24.02+140.66）×12%=19.76（元）
利润：(24.02+140.66）×7%=11.53（元）
3-15 换综合单价 =24.02+26.55+140.66+19.76+11.53=222.52（元 /m^3）
c. 方桩送桩，桩长 30m 以内，定额编号 3-19：
人工费：20.02 元
材料费：16.79 元
机械费：113.48 元
管理费：(20.02+113.48)×12%=16.02（元）
利润：(20.02+113.48)×7%=9.35（元）
3-19 换综合单价 =20.02+16.79+113.48+16.02+9.35=175.66（元 /m^3）
d. 电焊角钢接桩，定额编号 3-25：
• 静力压桩 12m 以内的接桩按本定额子目执行；12m 以上的接桩其人工、打桩机械已包含在相应的打桩项目内，但接桩材料和电焊机按本定额执行。
• 电焊接桩钢材用量，设计与定额不同时，按设计用量乘以系数 1.05，人工、材料、机械消耗量不变。
人工费：0 元
材料费：176.19+（0.0094×1.05×3498.8−153.95）（型钢设计用量换算）=56.88（元）
机械费：19.04 元（电焊机机械使用费）
管理费：19.04×12%=2.28（元）
利润：19.04×7%=1.33（元）
3-25 换综合单价 =56.88+19.04+2.28+1.33=79.53（元 / 个）
将定额工程量和相应的换算后的综合单价填入计价表中，计算打桩工程的分部分项工程费用。详见表 7-8。

表 7-8　桩基工程定额计价计算表

序号	定额编号	定额名称	计量单位	工程量	综合单价 / 元	合价 / 元
1	6-60 换	C30 现场预制方桩	m^3	329.40	401.89	132382.57
2	3-15 换	静力压方桩	m^3	329.40	222.52	73298.09
3	3-19 换	送桩	m^3	45	175.66	7904.70
4	3-25 换	角钢电焊接桩	个	200	79.53	15906.00
			总计			229491.36

③ 清单计价。根据公式：清单综合单价 = 定额合价之和 / 清单工程量，该桩基工程清单综合单价 =229491.36/200=1147.46（元 / 根）。

将清单综合单价填入表 7-7 中，计算得出本案例桩基分部分项工程的清单费用为 229492 元。详见表 7-9。

表 7-9　分部分项工程项目清单与计价表

工程名称：某桩基工程　　　　标段：　　　　第 1 页　共 1 页

序号	项目编码	项目名称	项目特征描述	计量单位	工程量	金额 / 元		
						综合单价	合价	其中暂估价
1	010301001001	预制钢筋混凝土方桩	1. 送桩深度：2m，桩长 18.3m 2. 桩截面积：300mm×300mm 3. C30 预制混凝土方桩	根	200	1147.46	229492	

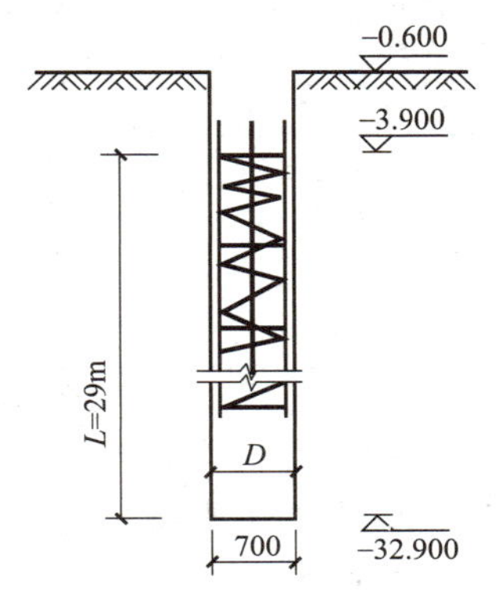

图 7-6　钻孔灌注桩

【7-2】 混凝土钻孔灌注桩基础工程，工程类别三类。设计钻孔灌注桩 300 根，桩径 ϕ700mm，设计桩长 29m，入岩 2.0m。自然地面标高 −0.6m，桩顶标高 −3.9m。C30 混凝土，现场自拌，如图 7-6 所示。以自身的黏土及灌入的自来水进行护壁，砌泥浆池暂不考虑，泥浆外运按 5km。根据上述已知条件、“计价规范”、“计价定额” 的规定，计算该桩基分部分项工程的费用（包括清单编制、清单计价）。

解析：（1）编制清单

根据《房屋建筑与装饰工程工程量计算规范》和已知条件，该桩基分部分项工程清单详见表 7-10。

表 7-10　分部分项工程项目清单与计价表

工程名称：混凝土钻孔灌注桩基础工程　　　　标段：　　　　第 1 页　共 1 页

序号	项目编码	项目名称	项目特征描述	计量单位	工程量	金额 / 元		
						综合单价	合价	其中暂估价
1	010302001001	泥浆护壁成孔灌注桩	1. 地层情况：入岩 2.0m 2. 桩径 700mm，桩长 29m 3. 混凝土类别、强度等级：C30 混凝土，现场自拌	根	300			

（2）清单计价

① 计算定额工程量

a. 钻孔工程量：

钻土孔工程量 = 桩截面积 × 自然地面至岩石表面之深度 × 桩的数量

$=3.14\times0.35^2\times(32.9-0.6-2)\times300=3496.47\ (m^3)$

钻岩孔工程量 = 桩截面积 × 入岩深度 × 桩的数量

$=3.14\times0.35^2\times2\times300=230.79\ (m^3)$

b. 混凝土灌入量：

土孔混凝土工程量＝桩截面积×（设计桩长＋桩的直径）×桩的数量

$=3.14\times0.35^2\times$（29−2+0.7）×300=3196.44（m^3）

岩孔混凝土工程量＝桩截面积×入岩深度×桩的数量

$=3.14\times0.35^2\times2\times300=230.79$（$m^3$）

c. 泥浆外运工程量：泥浆外运的体积等于钻孔的体积以立方米计算。

泥浆外运工程量 =3496.47+230.79=3727.26（m^3）

② 定额计价。将定额计量得出的工程量填入计价计算表中，并对相应的定额子目进行换算，计算桩基工程分部分项工程定额费用。详见表 7-11。

表 7-11　桩基工程定额计价计算表

序号	定额编号	定额名称	计量单位	工程量	综合单价 / 元	合价 / 元
1	3-28 换	钻土孔，直径 ϕ700mm 以内	m^3	3496.47	276.03	965130.61
2	3-31 换	钻岩石孔，直径 ϕ700mm 以内	m^3	230.79	1192.20	275147.84
3	3-39 换	土孔混凝土	m^3	3196.44	422.65	1350975.37
4	3-40 换	岩孔混凝土	m^3	230.79	388.02	89551.14
5	3-41 换	泥浆外运 5km 以内	m^3	3727.26	100.80	375707.81
合　计						3056512.77

本项目为制作兼打桩三类工程，其企业管理费率为 12%，利润率为 7%，应对各定额子目进行换算。计算如下：

a. 定额子目 3-28：

人工费：77.00 元

材料费：30.4 元

机械费：129.41 元

管理费：（77.00+129.41）×12%=24.77（元）

利润：（77.00+129.41）×7%=14.45（元）

3-28 换综合单价 =77.00+30.4+129.41+24.77+14.45=276.03（元 /m^3）

b. 定额子目 3-31：

人工费：362.67 元

材料费：37.73 元

机械费：607.47 元

管理费：（362.67+607.47）×12%=116.42（元）

利润：（362.67+607.47）×7%=67.91（元）

3-31 换综合单价 =362.67+37.73+607.47+116.42+67.91=1192.2（元 /m^3）

c. 定额子目 3-39：

人工费：64.78 元

材料费：318.89 元

机械费：22.42 元

管理费：（64.78+22.42）×12%=10.46（元）

利润：（64.78+22.42）×7%=6.10（元）

3-39 换综合单价 =64.78+318.89+22.42+10.46+6.10=422.65（元 /m^3）

d. 定额子目 3-40：

人工费：59.86 元

材料费：292.45 元

机械费：20.45 元

管理费：（59.86+20.45）×12%=9.64（元）

利润：（59.86+20.45）×7%=5.62（元）

3-40 换综合单价 =59.86+292.45+20.45+9.64+5.62=388.02（元 /m^3）

e. 定额子目 3-41：

人工费：22.14 元

材料费：1.37 元

机械费：61.41 元

管理费：（22.14+61.41）×12%=10.03（元）

利润：（22.14+61.41）×7%=5.85（元）

3-41 换综合单价 =22.14+1.37+61.41+10.03+5.85=100.8（元 /m^3）

③ 清单计价。根据公式：清单综合单价 = 定额合价之和 / 清单工程量，该桩基工程清单综合单价 =3056512.77/300=10188.38（元 / 根），报价详见表 7-12。

表 7-12　分部分项工程项目清单与计价表

工程名称：混凝土钻孔灌注桩基础工程　　标段：　　第 1 页　共 1 页

序号	项目编码	项目名称	项目特征描述	计量单位	工程量	金额 / 元		
						综合单价	合价	其中暂估价
1	010302001001	泥浆护壁成孔灌注桩	1. 地层情况：入岩 2.0m 2. 桩径 700mm，桩长 29m 3. 混凝土类别、强度等级：C30 混凝土，现场自拌	根	300	10188.38	3056514.00	

技能训练

一、单项选择题

1. 根据《房屋建筑与装饰工程工程量计算规范》(GB 50854—2013)，打桩项目工作内容应包括（　　）。【造价师职业资格考试真题】

A. 送桩　　B. 承载力检测　　C. 桩身完整性检测　D. 截（凿）桩头

2. 根据《房屋建筑与装饰工程工程量计算规范》(GB 50854—2013)，打预制钢筋混凝土柱清单工程量计算正确的是（　　）。【造价师职业资格考试真题】

A. 打桩按打入实体长度（不包括桩尖）计算，以“m”计量

B. 截桩头按设计桩截面乘以桩头长度以体积计算，以“m^3”计量

C. 接桩按接头数量计算，以“个”计量

D. 送桩按送入长度计算，以“m”计量

3. 根据《房屋建筑与装饰工程工程量计算规范》(GB 50854—2013)，打桩工程量计算正确的是(　　)。【造价师职业资格考试真题】

A. 打预制钢筋混凝土方桩，按设计图示尺寸以“米”计算，送桩工程量另计

B. 打预制钢筋混凝土管桩，按设计图示数量以“根”计算，截桩头工程量另计

C. 钢管桩按设计图示截面积乘以长度，以实际体积计算

D. 钢板桩按不同板幅以设计长度计算

二、分析计算题

1. 某单独桩基工程详图如图 7-7 所示。设计为预制方桩 400mm×400mm，桩长 12m (6m+6m)，共 250 根。送桩桩顶标高为 -1.400m，桩顶设计标高 -1.600m，室外地面设计标高为 -0.300m，轨道式柴油打桩机(2.5t)施工，电焊钢板接桩。按计价定额计算该桩基分部分项工程费。

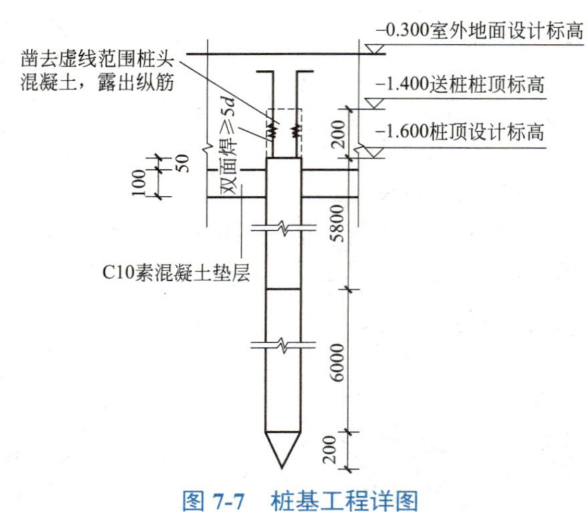

图 7-7　桩基工程详图

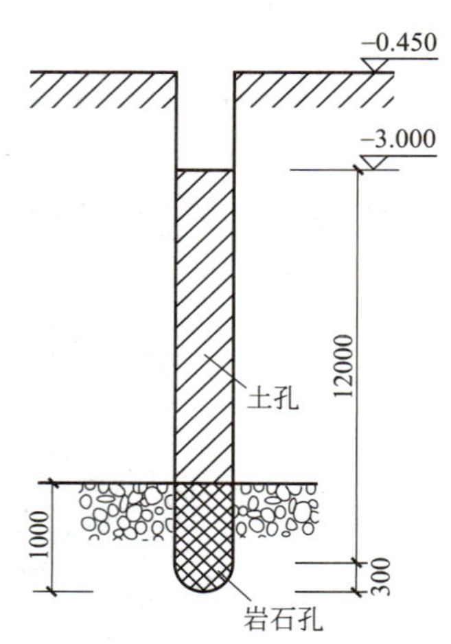

图 7-8　钻孔混凝土灌注桩

2. 某工程桩基础为钻孔混凝土灌注桩如图 7-8 所示。C25 混凝土现场搅拌，自然地面标高 -0.450m，桩顶标高 -3.000m，设计桩长 12.30m，桩进入岩层 1m，桩直径 500mm，240 根，泥浆外运 5km。按计价定额计算该桩基分部分项工程费用。

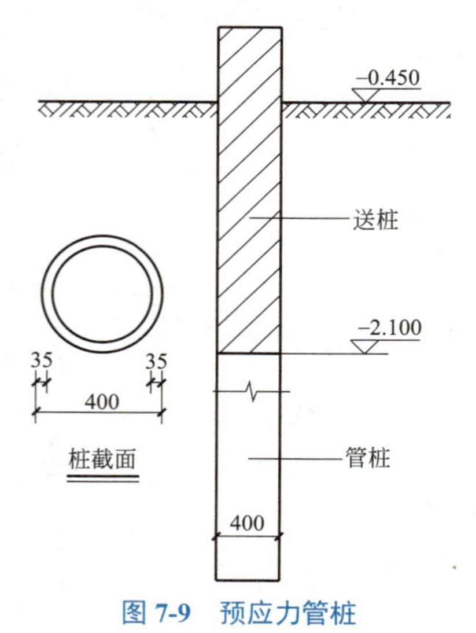

图 7-9　预应力管桩

3. 某单独招标打桩工程，断面及示意如图 7-9 所示，设计静力压预应力圆形管桩 150 根，设计桩长 18m (9m+9m)，桩外径 400mm，壁厚 35mm，自然地面标高 -0.450m，桩顶标高 -2.100m，螺栓加焊接桩，管桩接桩接点周边设计用钢板。根据当地地质条件不需要使用桩尖，成品管桩市场信息价为 2200 元 /m^3(除税价)。本工程人工单价、除成品管桩外其他材料单价、机械台班单价按计价定额执行不调整，请根据上述条件按“计价规范”列出工程量清单(桩计量单位按“根”)，按计价定额计算该桩基分部分项工程费用(π 取值 3.14，按计价定额规则计算送桩工程量时，需扣除管桩空心体积)。

项目 8

砌筑工程计量与计价

学习目标

● 知识目标：了解《房屋建筑与装饰工程工程量计算规范》中砌筑工程清单项目的设置，掌握砌筑工程清单工程量计算规则，熟悉砌筑工程定额计价要点及应用。

● 能力目标：能够编制砌筑工程的工程量清单，能够计算砌筑工程分部分项工程费。

素质目标

● 严格遵循有关标准、规范、规程、管理规定和合同，规范计量，强调“规范”意识和“标准”意识。

● 墙基与墙身的分界，不同材料、不同部位的墙身，计量规则和清单的综合单价都不尽相同。引导学生做任何事情不能“眉毛胡子一把抓”，实事求是，精准计量。

导入项目 编制某传达室 KP1 黏土多孔砖墙体分部分项工程量清单（内墙高度算至屋面板底），并计算清单的综合单价（管理费、利润费率等按计价定额执行不调整，其他未说明的，按计价表执行）。最后请按费用定额计价程序计算 KP1 黏土多孔砖墙体工程预算造价。

① 工程概况：某一层传达室为三类工程，平面图、剖面图如图 8-1 所示。墙体中 C20 构造柱体积为 $3.6m^3$（含马牙槎），墙体中 C20 圈梁断面为 240mm×300mm，体积为 $2.09m^3$，屋面板混凝土标号 C20，厚 100mm，门窗洞口上方设置混凝土过梁，体积为 $0.54m^3$，窗下设 C20 窗台板，体积为 $0.14m^3$，-0.060m 处设水泥砂浆防潮层，防潮层以上墙体为 KP1 黏土多孔砖，240mm×115mm×90mm，M10 混合砂浆砌筑，防潮层以下为标准砖，门窗为彩色铝合金材质，尺寸见门窗表。

② 已知本墙体工程中专业工程暂估价为业主拟单独发包的门窗，其中门按 320 元 $/m^2$（除税价），窗按 300 元 $/m^2$（除税价）暂列。发包方要求创省标准化文明工地（一星级），脚手架费按 600 元（除税价）计取，临时设施费费率 2%，税金费率 9%（采用增值税一般计税模式），社会保险费、住房公积金按费用定额相应费率执行（其他未列项目不计取）。

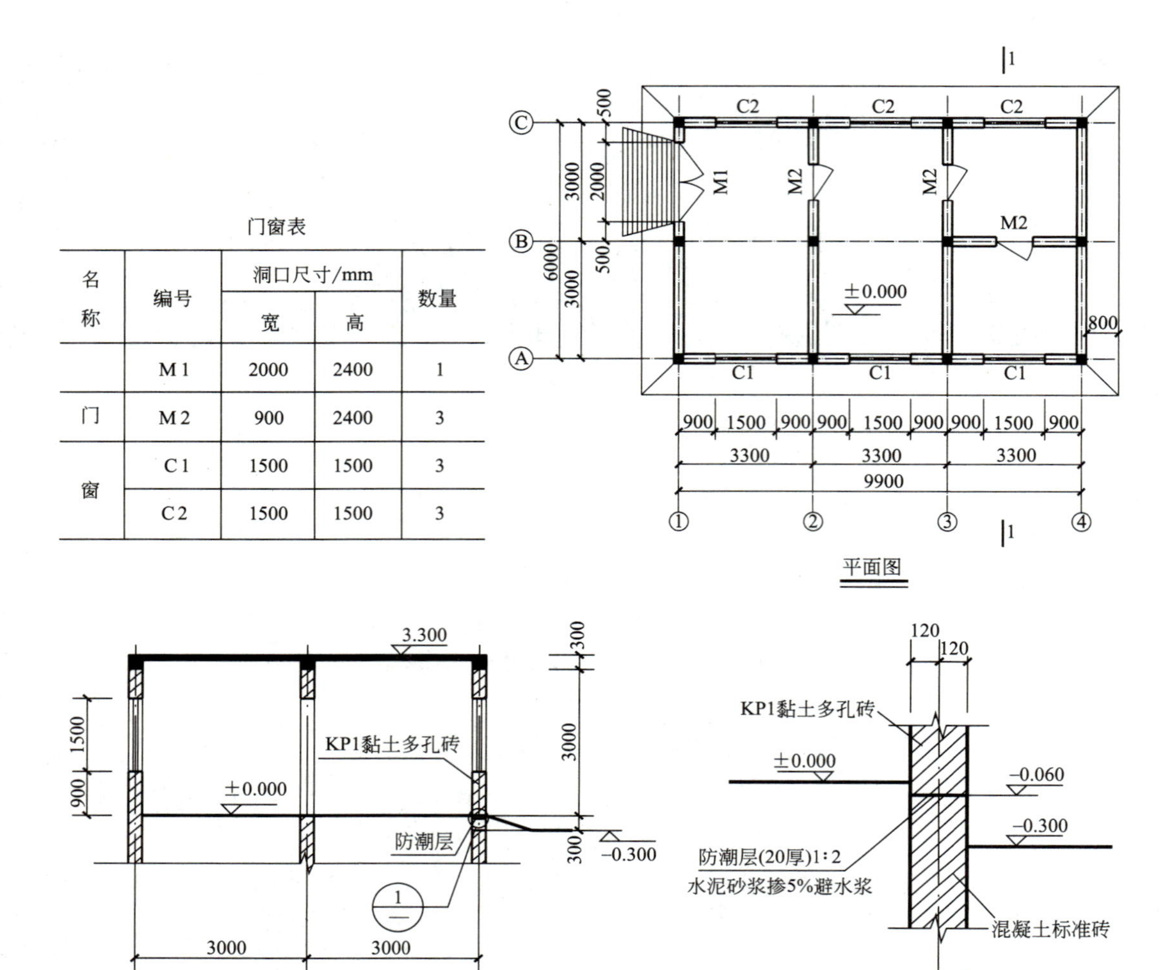

门窗表

名称	编号	洞口尺寸/mm		数量
		宽	高	
门	M 1	2000	2400	1
	M 2	900	2400	3
窗	C 1	1500	1500	3
	C 2	1500	1500	3

图 8-1　某传达室平面图、剖面图

8.1　砌筑工程清单计量

二维码 8.1

8.1.1　清单项目设置及其工程量计算规则

砌筑工程按材料分为砖砌体、砌块砌体和石砌体，其工程量清单项目设置、项目特征描述的内容、计量单位及工程量计算规则，分别按《房屋建筑与装饰工程工程量计算规范》（GB 50854—2013）附录 D.1 ～附录 D.3 的规定执行。

① 砖基础 010401001，适用于各种类型砖基础，包括砖柱基础、砖墙基础、砖烟囱基础、砖水塔基础、管道基础等。项目特征描述内容：砖品种、规格、强度等级；基础类型；砂浆

强度等级；防潮层材料种类。计量单位 m^3，工程量计算规则：按设计图示尺寸以体积计算。

② 实心砖墙 010401003、多孔砖墙 010401004、空心砖墙 010401005，分别适用于各种类型实心砖墙、多孔砖墙和空心砖墙，包括：外墙、内墙、女儿墙、围墙、框架间墙、直形墙、弧形墙等。项目特征描述内容：砖品种、规格、强度等级；墙体类型；砂浆强度等级、配合比。计量单位 m^3，工程量计算规则：按设计图示尺寸以体积计算。

③ 空斗墙 010401006，适用于各种砌法的空斗墙；空花墙 010401007，适用于各种类型的空花墙，使用混凝土花格砌筑的空花墙，实砌墙体与混凝土花格分别列项；填充墙 010401008，适用于各种夹心填充墙，而非框架填充墙。项目特征描述内容：砖品种、规格、强度等级；墙体类型；砂浆强度等级、配合比，计量单位 m^3。

④ 实心砖柱 010401009、多孔砖柱 010401010，适用于各种类型砖柱，包括矩形柱、异形柱、圆柱、包柱等。项目特征描述内容：砖品种、规格、强度等级；柱类型；砂浆强度等级、配合比，计量单位 m^3，按设计图示尺寸以体积计算工程量。

⑤ 台阶、台阶挡墙、梯带、锅台、炉灶、蹲台、池槽、池槽腿、花台、花池、楼梯栏板、阳台栏板、地垄墙、屋面隔热板下的砖墩、0.3m^2 以内孔洞填塞等，应按零星砌砖 010401013 项目编码列项。项目特征描述内容：零星砌砖名称、部位，砂浆强度等级、配合比，可按 m^3、m^2、m、个计量。

⑥ 砌块墙 010402001，适用于各种类型砌块砌筑的墙体；砌块柱 010402002，适用于各种类型砌块柱，包括矩形柱、方桩、异形柱、圆柱、包柱等。项目特征描述内容：砖品种、规格、强度等级；墙体类型；砂浆强度等级，计量单位 m^3，按设计图示尺寸以体积计算工程量。

⑦ 石砌体 010403001 ～ 010403010，石基础项目适用于各种规格（条石、块石等）、各种材质（砂石、青石等）和各种类型（柱基、墙基、直形、弧形等）基础。石勒脚、石墙、石挡土墙、石柱、石护坡、石坡道、石地沟、石明沟项目适用于各种规格、材质、类型的勒脚、墙体、石挡土墙、石柱、护坡、石坡道、石地沟、石明沟。

⑧ 墙体工程量计算规则。按设计图示尺寸以体积计算，即：砖墙清单工程量 = 墙高 × 墙长 × 墙厚。其中：

墙长：外墙长度按中心线，内墙长度按净长计算。

墙高按以下规定计算：

a. 外墙。斜（坡）屋面无檐口天棚者算至屋面板底；有屋架且室内外均有天棚者算至屋架下弦底另加 200mm；无天棚者算至屋架下弦另加 300mm，出檐宽度超过 600mm 时按实砌高度计算；平屋面算至钢筋混凝土板底。如图 8-2 所示。

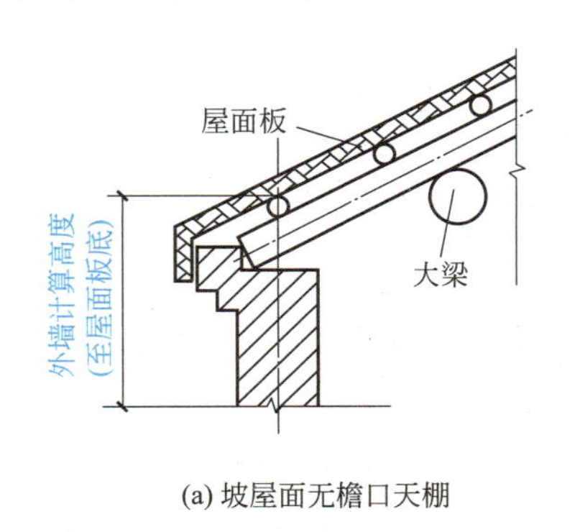

(a) 坡屋面无檐口天棚

(b) 坡屋面室内外均有天棚

图 8-2

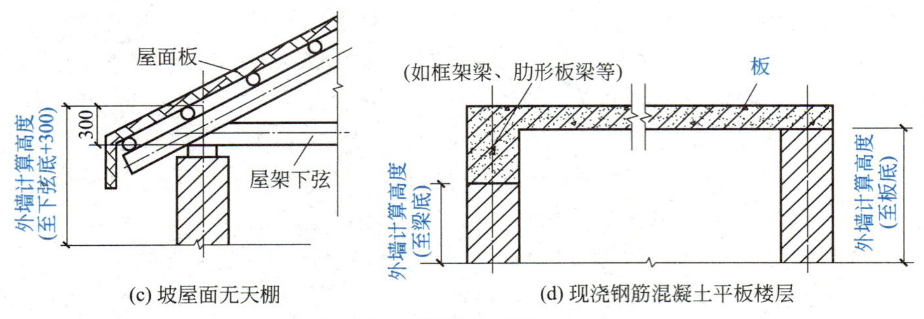

图 8-2　外墙墙高计算示意图

b. 内墙。位于屋架下弦者，算至屋架下弦底；无屋架者算至天棚底另加 100mm；有钢筋混凝土楼板隔层者算至楼板顶；有框架梁时算至梁底。如图 8-3 所示。

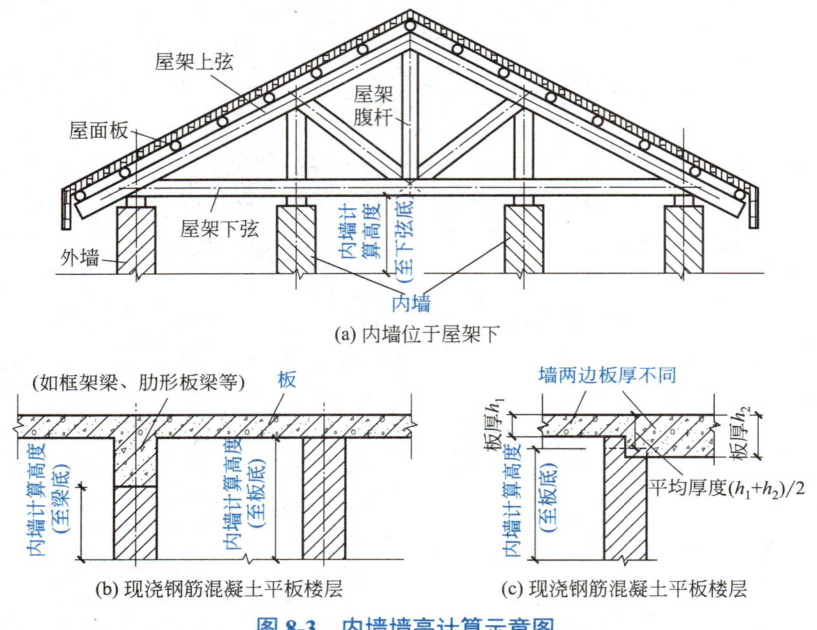

图 8-3　内墙墙高计算示意图

c. 女儿墙。从屋面板上表面算至女儿墙顶面，如有混凝土压顶时算至压顶下表面，如图 8-4 所示。

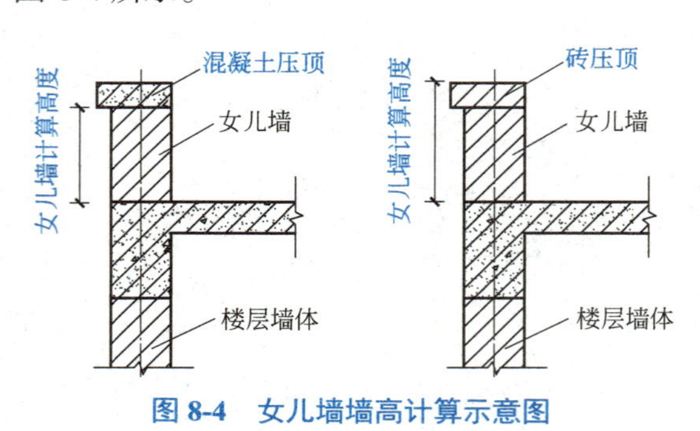

图 8-4　女儿墙墙高计算示意图

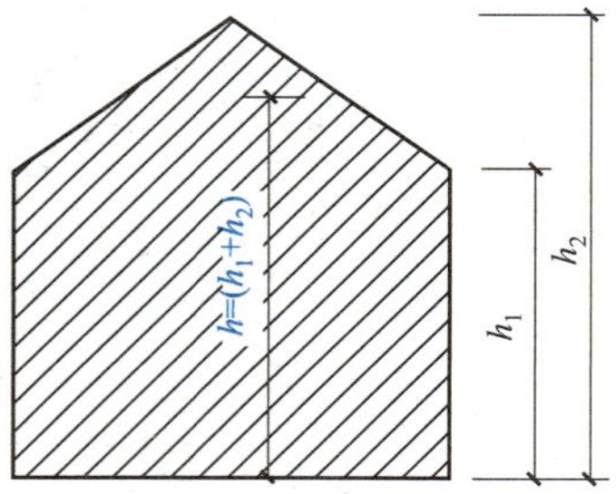

$h=(h_1+h_2)$
h_1
h_2

图 8-5　山墙墙高计算示意图

d. 内、外山墙。按砌体平均高度计算，如图 8-5 所示。

e. 围墙。高度算至压顶上表面（如有混凝土压顶时算至压顶下表面），围墙柱并入围墙体积内。

计算墙体工程量时，应扣除门窗洞口、过人洞、空圈、嵌入墙内的钢筋混凝土柱、梁、圈梁、挑梁、过梁及凹进墙内的壁龛、管槽、暖气槽、消火栓箱所占体积。不扣除梁头、板头、檩头、垫木、木楞头、沿缘木、木砖、门窗走头、砖墙内加固钢筋、木筋、铁件、钢管及单个面积 $0.3m^2$ 以内的孔洞所占体积。凸出墙面的腰线、挑檐、压顶、窗台线、虎头砖、门窗套不增加体积，凸出墙面的砖垛并入墙体体积内。

8.1.2 工程量清单编制

根据以上清单项目的工程量计算规则计算各项目的清单工程量。

① 为方便计算，计算墙体工程量时，可按以下公式：

$$V=（墙高 \times 墙长 - S_{应扣}）\times 墙厚 - V_{构件} \qquad (8\text{-}1)$$

式中，$S_{应扣}$为按规定墙体中应扣除的洞口面积；$V_{构件}$为墙体中结构构件所占体积。

a. 外墙：墙长 =（9.9+6）×2=31.8（m），墙高 =3.3−0.1+0.06=3.26（m）。

b. 内墙：墙长 =（6−0.24）×2+（3.3−0.24）=14.58（m），墙高 =3.3−0.1+0.06=3.26（m）。

c. 墙体门窗所占面积：门面积 =2×2.4+0.9×2.4×3=11.28（m^2）；窗面积 =1.5×1.5×6=13.5（m^2）。

d. 墙体体积 =［（31.8+14.58）×3.26−（11.28+13.5）］×0.24=126.42×0.24=30.34（m^3）。

e. 砖墙清单工程量 = 墙体体积 − 墙内构造柱、圈梁、过梁、窗台板的体积

=30.34−（3.6+2.09+0.54+0.14）=23.97（m^3）

② 根据清单设置规定和工程量计算结果，列出砌筑工程量清单，详见表 8-1。

表 8-1　砌筑工程分部分项工程量清单与计价表

工程名称：某传达室　　　　标段：　　　　第 1 页　共 1 页

序号	项目编码	项目名称	项目特征描述	计量单位	工程量	金额 / 元		
						综合单价	合价	其中暂估价
1	010401004001	多孔砖墙	1. 墙体类型：内外墙 2. 墙体厚度：240mm 3. 多孔砖品种、规格、强度等级：MU5KP1 黏土多孔砖、240mm×115mm×90mm 4. 砂浆强度等级、配合比：M10 混合砂浆	m^3	23.97			

8.2 砌筑工程清单计价

8.2.1 砌筑工程定额计量

二维码 8.2

8.2.1.1 定额工程量计算规则

（1）一般规则

计算墙体工程量时，应扣除门窗、洞口、嵌入墙内的钢筋混凝土柱、梁、圈梁、挑梁、

过梁及凹进墙内的壁龛、管槽、暖气槽、消火栓箱所占体积。不扣除梁头、板头、檩头、垫木、木楞头、沿椽木、木砖、门窗走头，砖墙内加固钢筋、木筋、铁件、钢管及单个面积在 $0.3m^2$ 以下的孔洞等所占的体积。凸出墙面的腰线、挑檐、压顶、窗台线、虎头砖、门窗套的体积亦不增加。凸出墙面的砖垛并入墙体体积内计算。

（2）墙体厚度

砌块墙均按砖或砌块的实际厚度计算，标准砖墙计算厚度见表 8-2。

表 8-2　标准砖墙厚度计算表

标准砖	1/4	1/2	3/4	1	3/2	2
砖墙计算厚度 /mm	53	115	178	240	365	490

（3）墙身长度

外墙按中心线长度、内墙按墙净长计算。弧形墙按中心线处长度计算。

（4）墙身高度

① 外墙。斜（坡）屋面无檐口天棚者，算至屋面板底；有屋架且室内外均有天棚者，算至屋架下弦底另加 200mm；无天棚者，算至屋架下弦另加 300mm，出檐宽度超过 600mm 时按实砌高度计算；有现浇钢筋混凝土平板楼层者，算至平板底面。同清单的计量规则。

② 内墙。位于屋架下弦者，算至屋架下弦底；无屋架者，算至天棚底另加 100mm；有钢筋混凝土楼板隔层者，算至楼板底；有框架梁时算至梁底。同清单的计量规则。

③ 女儿墙。从屋面板上表面算至女儿墙顶面（如有混凝土压顶时算至压顶下表面）。同清单的计量规则。

（5）框架间墙

不分内外墙，按墙体净尺寸以体积计算。

（6）空斗墙、空花墙、围墙

空斗墙按设计图示尺寸以空斗墙外形体积计算。空花墙按设计图示尺寸以空花部分的外形体积计算，不扣除空洞部分体积。围墙按设计图示尺寸以体积计算，其围墙附垛、围墙柱及砖压顶应并入墙身体积内。

（7）填充墙

按设计图示尺寸以填充墙外形体积计算，其实砌部分及填充料已包括在定额内，不另计算。

8.2.1.2　定额工程量计算

根据以上所述工程量计算规则，项目砌筑工程的定额工程量同清单工程量，为 $23.97m^3$。

8.2.2　砌筑工程定额计价

砌筑砖墙套用定额计价时，应根据砌筑砖的种类不同，套用对应的定额子目。

根据以上计算出的定额工程量，套用“计价定额”中的砌筑工程相应定额子目，进行项目的定额计价。计价时要注意定额子目的套用条件、计量单位，结合项目的特征描述，正确地套用和换算定额子目。计算详见表 8-3。

表 8-3　砌筑工程定额计价计算表

序号	定额编号	定额名称	计量单位	工程数量	金额 / 元	
					综合单价	合价
1	4-28 换	KP1 多孔砖墙	m^2	23.97	306.72	7352.08
合　　计						7352.08

表中综合单价的换算如下。

KP1 多孔砖墙墙体：

KP1 多孔砖墙，1 砖墙的定额编号 4-28，定额砌筑砂浆为 M5 混合砂浆，需进行换算。

4-28 换：M10 混合砂浆，材料费 =165.05−33.52+34.38=165.91（元），其他不变。

4-28 换综合单价 =305.88−165.05+165.91=306.72（元 /m^3）

KP1 黏土多孔砖墙体分部分项工程费 = 定额综合单价 × 定额工程量

= 306.72×23.97=7352.08（元）

8.2.3 砌筑工程分部分项工程费

（1）清单综合单价分析

该项目中一个清单项目只对应一个定额子目，故填写综合单价分析表。详见表 8-4。

表 8-4 工程量清单综合单价分析表

工程名称：某土方工程　　　　标段：　　　　第 1 页　共 1 页

项目编码	010401004001		项目名称	多孔砖墙，KP1 砖，240mm×115mm×90mm，M10 混合砂浆				计量单位		m^3	工程量		23.97
清单综合单价组成明细													
定额编号	定额名称	定额单位	数量	单价 / 元					合价 / 元				
				人工费	材料费	机械费	管理费	利润	人工费	材料费	机械费	管理费	利润
4-28	KP1 多孔砖墙，240mm×115mm×90mm	m^3	1	97.58	165.91	4.46	26.53	12.24	97.58	165.91	4.46	26.53	12.24
综合人工工日		小计							97.58	165.91	4.46	26.53	12.24
1.19 工日		未计价材料费											
清单项目综合单价									306.72				

材料费明细	主要材料名称、规格、型号	单位	数量	单价 / 元	合价 / 元	暂估单价 / 元	暂估合价 / 元
	标准砖 240mm×115mm×90mm	百块	0.15	40.80	6.12		
	KP1 砖 240mm×115mm×90mm	百块	3.36	36.91	124.02		
	水	m^3	0.1725	4.57	0.79		
	水泥　32.5 级	kg	47.73	0.27	12.89		
	中砂	t	0.2979	67.39	20.08		
	石灰膏	m^3	0.0056	209.83	1.18		
	其他材料费			—	0.86	—	
	材料费小计			—	165.91	—	

注：其中，“计价定额”中编码为 80050106 混合砂浆 M10 的主要材料数量：

水 =0.3×0.185=0.0555（m^3）；

水泥 32.5 级 =258×0.185=47.73（kg）；

中砂 =1.61×0.185=0.29785（t）；

石灰膏 =0.03×0.185=0.0056（m^3）。

(2) 清单计价

将计算得出的清单综合单价填入分部分项工程清单与计价表中，进行砌筑工程项目的清单计价，详见表 8-5。

表 8-5　分部分项工程项目清单与计价表

工程名称：某传达室工程　　标段：　　第 1 页　共 1 页

序号	项目编码	项目名称	项目特征描述	计量单位	工程量	金额 / 元		
						综合单价	合价	其中暂估价
1	010401004001	多孔砖墙	1. 墙体类型：内外墙 2. 墙体厚度：240mm 3. 多孔砖品种、规格、强度等级：MU5KP1 黏土多孔砖、240mm×115mm×90mm 4. 砂浆强度等级、配合比：M10 混合砂浆	m^3	23.97	306.72	7352.08	

(3) 计算 KP1 黏土多孔砖墙体工程预算费用

按工程量清单计价程序，把项目已知条件中的相关费率填入表中，列表计算，详见表 8-6。

表 8-6　工程量清单法计算程序表

序号	费用名称	计算基础 / 元	费率	金额 / 元
一	分部分项工程费			7352.08
二	措施项目费			1085.86
1	脚手架费（除税价）			600.00
2	安全文明施工（含环境保护、文明施工、安全施工、临时设施）	2.1+2.2+2.3	100%	326.82
2.1	基本费	（分部分项工程费 + 单价措施项目费 - 工程设备费）=7352.08+600=7952.08	3.1%	246.51
2.2	省级标化增加费	7952.08	0.7%	55.66
2.3	扬尘污染防治增加费	7952.08	0.31%	24.65
3	临时设施费	7952.08	2.0%	159.04
三	其他项目费用	暂列金额 + 材料暂估价 + 专业工程暂估价		7659.60
1	暂列金额			
2	材料暂估价			
3	专业工程暂估价	3.1+3.2		7659.60
3.1	彩色铝合金门	11.28×320		3609.6
3.2	彩色铝合金窗	13.5×300		4050
四	规费	4.1+4.2		600.44
4.1	社会保险费	分部分项工程费 + 措施项目费 + 其他项目费用 - 工程设备费 =7352.08+1085.86+7659.60=16097.54	3.2%	515.12

续表

序号	费用名称	计算基础 / 元	费率	金额 / 元
4.2	公积金	16097.54	0.53%	85.32
五	税金	分部分项工程费 + 措施项目费 + 其他项目费用 + 规费 − 工程设备费 =16097.54+600.44=16697.98	9%	1502.82
六	工程造价	一 + 二 + 三 + 四 + 五 =7352.08+1085.86+7659.60+600.44+1502.82		18200.80

该 KP1 黏土多孔砖墙体工程预算造价为 18200.80 元。

案例分析

【8-1】 背景资料：图 8-6 所示为某单位接待室基础平面图和剖面图。该工程设计室外地坪标高为 −0.300m，室内地坪标高为 ±0.000m，防潮层标高 −0.060m，防潮层做法为 C20 抗渗混凝土 P10 以内，防潮层以下用 M7.5 水泥砂浆标准砖基础，防潮层以上为多孔砖墙身，C20 钢筋混条形基础，混凝土构造柱截面尺寸 240mm×240mm，从钢筋混凝土条形基础中伸出，其体积（包括马牙槎）为 $1.638m^3$。

问题：计算该接待室砖基础的清单工程量和定额工程量，并按计价定额计算砖基础分部分项工程费用。

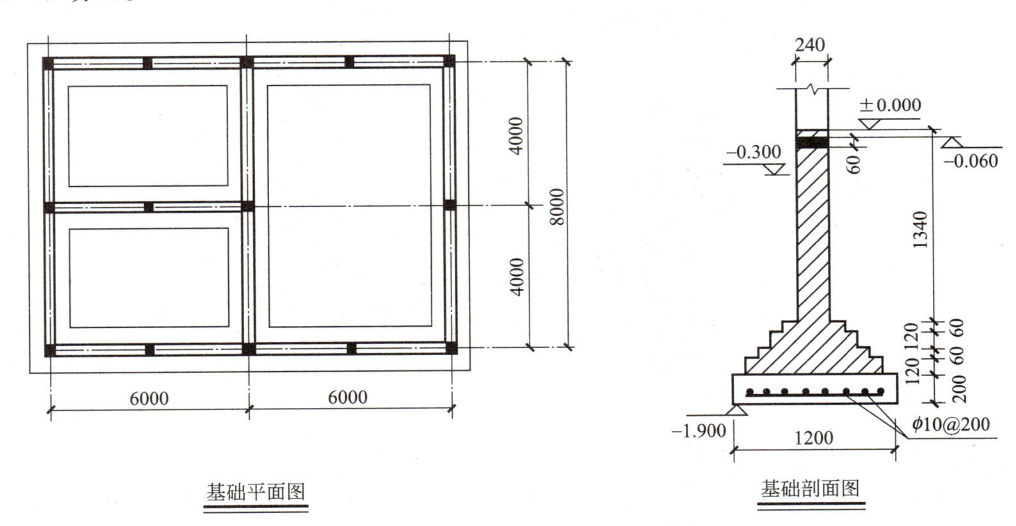

图 8-6 某单位接待室基础平面图和剖面图

二维码 8.3

解析：

（1）计算清单工程量

砖基础 010301001001，计量单位 m^3，清单工程量计算规则：按设计图示尺寸以体积计算。包括附墙垛基础宽出部分体积，扣除地梁（圈梁）、构造柱所占体积，不扣除基础大放脚 T 形接头处的重叠部分及嵌入基础内的钢筋、铁件、管道、基础砂浆防潮层和单个面积≤ $0.3m^2$ 的孔洞所占体积，靠墙暖气沟的挑檐不增加体积。可按下列公式计算：

砖基础工程量 =（设计砖基础高度 + 大放脚折加高度）× 基础长度 × 墙厚 − 应扣除的体积 （8-2）

① 基础高度。

a. 基础与墙身的划分。基础与墙身为同一种材料时，以设计室内地坪（有地下室者以地下室设计室内地坪）为界，以下为基础，以上为墙身；基础、墙身为不同材料时，不同材料分界面位于设计室内地坪 ±300mm 以内，以不同材料为分界线，超过 ±300mm，以设计室内地坪分界。如图 8-7 所示。

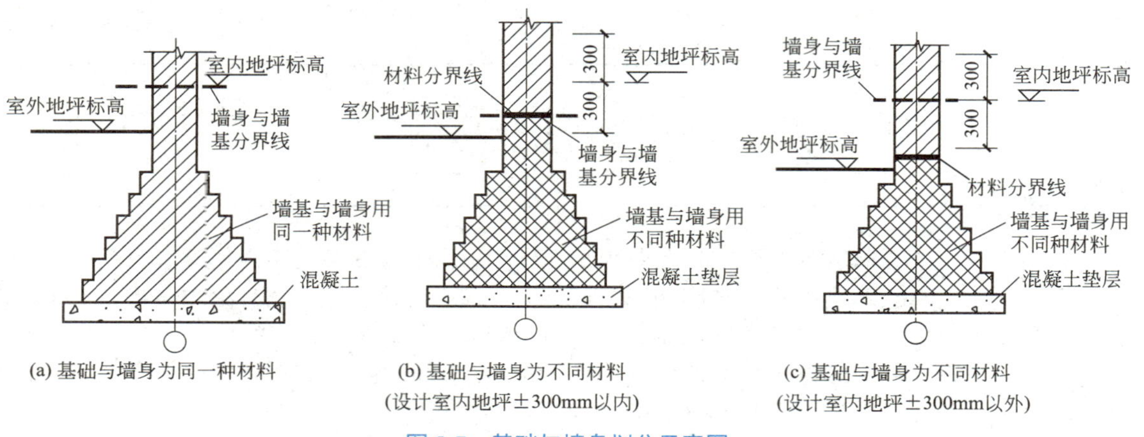

图 8-7　基础与墙身划分示意图

b. 大放脚折加高度。大放脚是指砖基础根据砖的规格尺寸和刚性角的要求，砌成特定的台阶形断面。大放脚的形式有两种：等高式和间隔式，如图 8-8 所示。

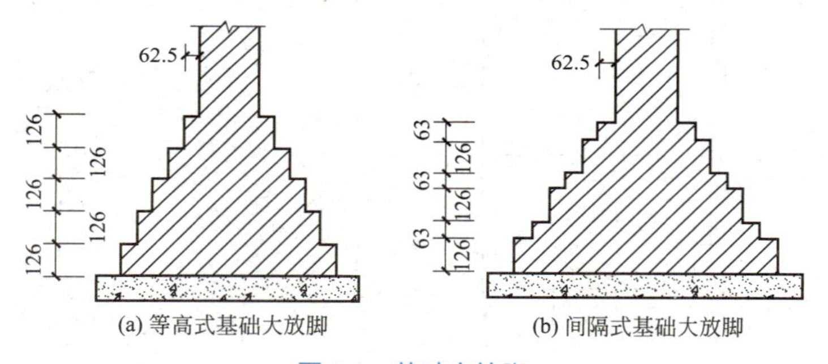

图 8-8　基础大放脚

在等高式和间隔式中，每步大放脚宽始终等于 1/4 砖长，即（砖长 240+ 灰缝 10）× 1/4=62.5（mm）。一种大放脚高等于 2 皮砖加 2 皮灰缝，即 53×2+10×2=126（mm）；另一种大放脚高度等于 1 皮砖加 1 皮灰缝，即 53+10=63（mm）。等高式大放脚高都等于 126mm，间隔式大放脚高为 126mm 与 63mm 相间隔。

为计算方便，可将大放脚面积折算成等面积的基础墙，此段基础墙的高度称作折加高度。大放脚折加高度 = 大放脚两边截面面积 / 墙厚。计算时可查阅“计价定额”附录九：砖砌大放脚折加高度表。

② 砖基础长度。外墙墙基按外墙中心线长度计算，内墙墙基按内墙净长线计算。如图 8-9 所示。

③ 砖基础清单工程量。

a. 砖基础高度：1.7−0.06×2+0.525（大放脚折加高度）=2.105（m）

b. 砖基础长度：

外墙墙基长度：（12+8）×2=40.00（m）

内墙墙基长度：（8.00−0.24）+（6−0.24）=13.52（m）

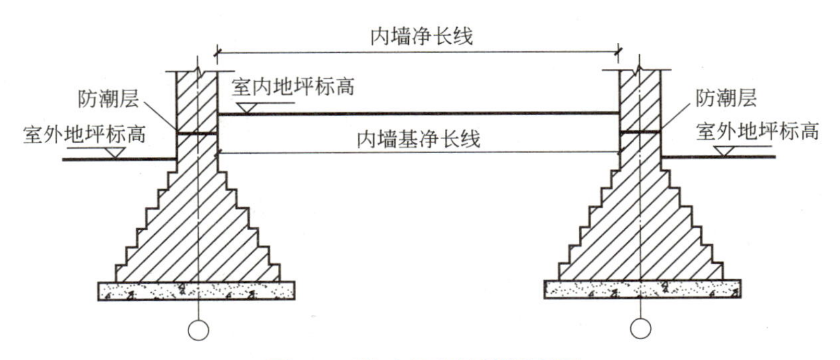

图 8-9　基础长度计算示意图

c. 砖基础清单工程：

砖基础工程量：2.105×（40.00+13.52）×0.24=27.038（m^3）

扣除基础中构造柱体积：1.638m^3

砖基础清单工程 =27.038−1.638=25.40（m^3）

（2）计算砖基础定额工程量

工程量计算规则：砖基础工程量 =（砖基础高度 + 大放脚折加高度）× 基础墙长 × 墙厚。其中，计算参数同清单工程量计算。故砖基础工程的定额工程量同清单工程量 25.40m^3。

（3）计算砖基础分部分项工程费用

套用定额子目 4-1，直形砖基础，M5 水泥砂浆砌筑，本案例桩基础砌筑砂浆为 M7.5 水泥砂浆。需对定额子目进行换算。

人工费：98.40 元

材料费：254.23−40.77+41.16=254.62（元）

机械费：5.79 元

管理费：27.09 元

利润：12.50 元

4-1 换综合单价 =98.40+254.62+5.79+27.09+12.50=398.40（元 /m^3）

砖基础分部分项工程定额费用 =398.40×25.40=10119.36（元）

将计算结果填入分部分项工程清单与计价表中，进行砖基础工程项目的清单计价，详见表 8-7。

表 8-7　分部分项工程项目清单与计价表

工程名称：接待室砖基础　　　标段：　　　第 1 页　共 1 页

序号	项目编码	项目名称	项目特征描述	计量单位	工程量	金额 / 元		
						综合单价	合价	其中暂估价
1	010401001001	砖基础	1. 砖品种、规格、强度等级：标准砖 2. 基础类型：直形砖基础 3. 砂浆强度等级：M7.5 水泥砂浆 4. 防潮层材料：C20 抗渗混凝土 P10	m^3	25.40	398.40	10119.36	

技能训练

一、单项选择题

1. 根据《房屋建筑与装饰工程工程量计算规范》(GB 50854—2013)，建筑基础与墙体均为砖砌体，且有地下室，则基础与墙体的划分界限为（　　）。【造价师职业资格考试真题】

A. 室内地坪设计标高　　B. 室外地面设计标高

C. 地下室地面设计标高　　D. 自然地面标高

2. 根据《房屋建筑与装饰工程工程量计算规范》(GB 50854—2013)，现浇混凝土过梁工程量计算正确的是（　　）。【造价师职业资格考试真题】

A. 伸入墙内的梁头计入梁体积　　B. 墙内部分的梁垫按其他构件项目列项

C. 梁内钢筋所占体积予以扣除　　D. 按设计图示中心线计算

3. 根据《房屋建筑与装饰工程工程量计算规范》(GB 50854—2013)，现浇混凝土雨篷工程量计算正确的为（　　）。【造价师职业资格考试真题】

A. 并入墙体工程量，不单独列项　　B. 按水平投影面积计算

C. 按设计图示尺寸以墙外部分体积计算　　D. 扣除伸出墙外的牛腿体积

4. 根据《房屋建筑与装饰工程工程量计算规范》(GB 50854—2013)，现浇混凝土构件工程量计算正确的是（　　）。【造价师职业资格考试真题】

A. 坡道按设计图示尺寸以“m^3”计算

B. 架空式台阶按现浇楼梯计算

C. 室外地坪按设计图示面积乘以厚度以“m^3”计算

D. 地沟按设计图示结构截面积乘以中心线长度以“m^3”计算

二、分析计算题

1. 计算如图 8-10 所示的砖基础墙清单工程量，并计算其清单分部分项工程费用。

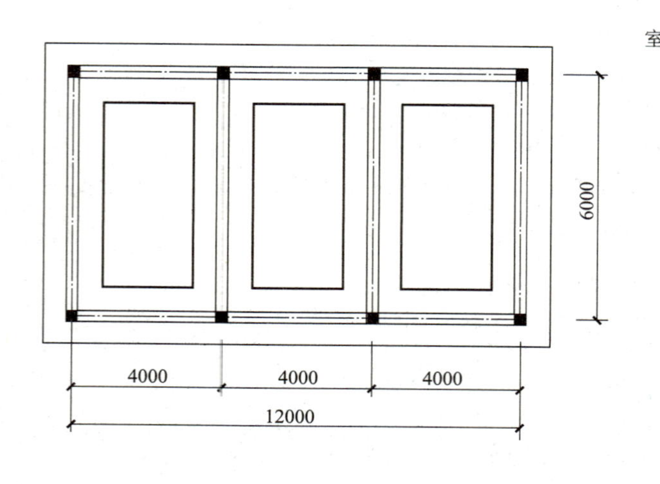

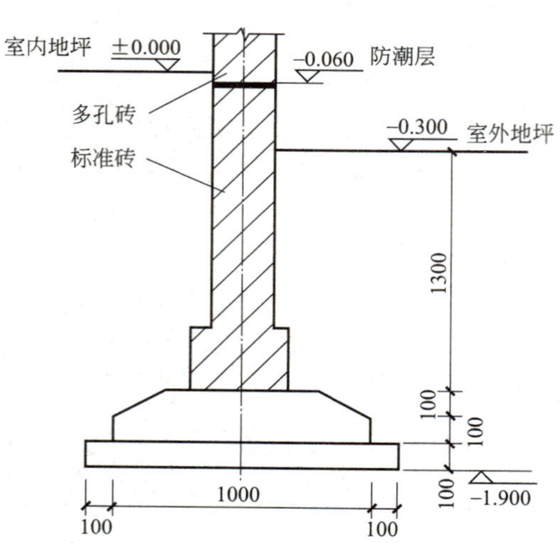

图 8-10　题 1 图

2. 某弧形墙按定额工程量为 2000m^3，墙体材料为标准砖，计算该弧形墙清单分部分项工程费用。

3. 某传达室平面图、剖面图、墙身大样图如图 8-11 所示。构造柱 240mm×240mm，有马牙槎与墙嵌接，其体积为 1.55m^3；圈梁 240mm×300mm，屋面板厚 100mm。窗台板厚 60mm，长度为窗洞口尺寸两边各加 60mm，其体积为 0.12m^3。砌体材料为 KP1 多孔砖，女儿墙为标准砖。

要求：(1) 编制传达室砌体工程工程量清单。

(2) 计算该砌体工程清单分部分项工程费用。

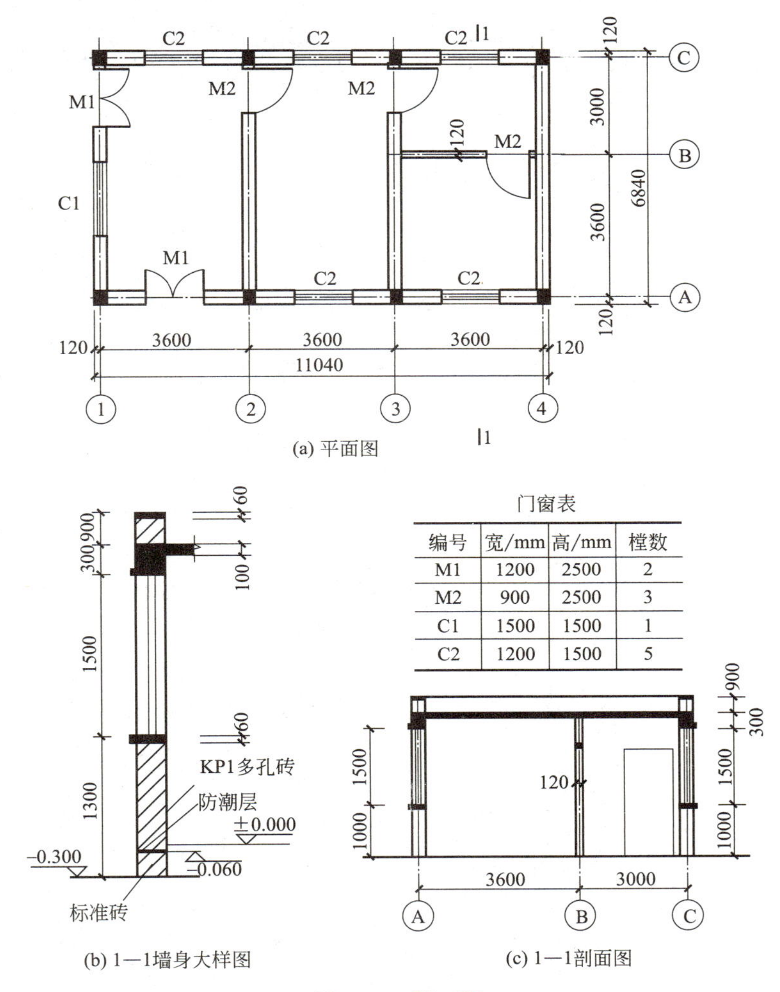

门窗表

编号	宽/mm	高/mm	樘数
M1	1200	2500	2
M2	900	2500	3
C1	1500	1500	1
C2	1200	1500	5

图 8-11　题 3 图

项目 9

钢筋工程计量与计价

学习目标

● 知识目标：了解《房屋建筑与装饰工程工程量计算规范》中钢筋工程清单项目的设置，掌握钢筋工程清单工程量计算规则。

● 能力目标：能够编制钢筋工程的工程量清单，能够计算钢筋分部分项工程费用。

素质目标

● 严格遵循有关标准、规范、规程、管理规定和合同，规范计量，强调“规范”意识和“标准”意识。

● 充分利用《混凝土结构施工图平面整体表示方法制图规则和构造详图》图集快速识图，正确计量，培养专业知识的综合应用能力，夯实“识图”基本功，练好人生每个阶段的内功。

导入项目

某全现浇框架结构工业建筑，二层楼面如图 9-1 所示。已知设计

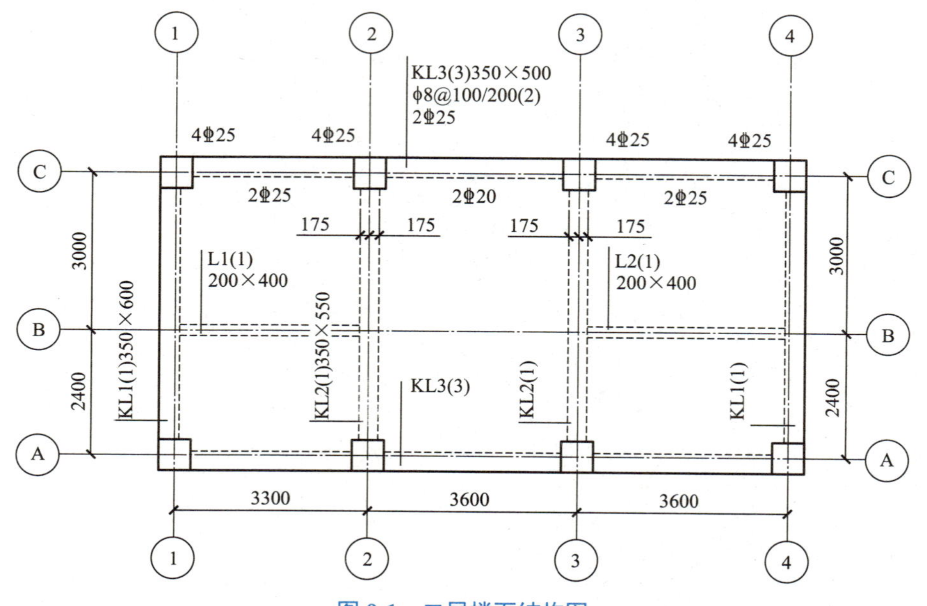

图 9-1　二层楼面结构图

抗震等级为三级抗震，柱的截面尺寸为600mm×600mm，Ⓐ、Ⓒ轴框架梁KL3的钢筋保护层为20mm（为最外层钢筋外边缘至混凝土表面的距离），钢筋定尺为9m，钢筋连接均采用绑扎连接。抗震受拉钢筋锚固长度L_{aE}=37d，上下部纵筋及支座负筋伸入边柱内为0.4L_{aE}另加弯折长度15d，下部非贯通纵筋伸入中间支座长度为L_{aE}。纵向抗震受拉钢筋绑扎搭接长度L_{aE}=51.8d，如图9-2所示。梁箍筋加密区长度为框架梁高的1.5倍，长度按下列公式计算：梁箍筋长度＝（梁高－2×保护层厚度＋梁宽－2×保护层厚度）×2+24×箍筋直径（钢筋理论重量Φ25为3.850kg/m，Φ20为2.466kg/m，ϕ8为0.395kg/m）。

要求：（1）计算图示框架梁KL3钢筋总用量。

（2）计算KL3钢筋工程费用。

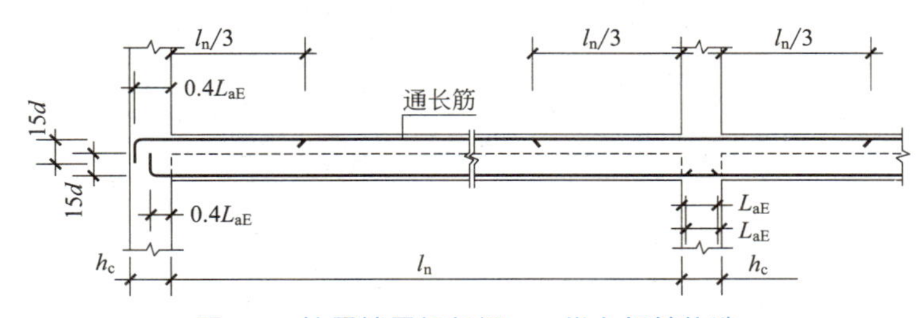

图9-2　抗震楼层框架梁KL纵向钢筋构造

9.1　钢筋工程清单计量

9.1.1　清单项目设置及其工程量计算规则

二维码9.1

“计算规范”中，钢筋工程清单项目分为现浇构件钢筋、预制构件钢筋、钢筋网片、钢筋笼、先张法预应力钢筋、后张法预应力钢筋、预应力钢丝、预应力钢绞线、支撑钢筋、声测管等。

本项目为现浇构件钢筋，项目编码010515001，按设计图示钢筋（网）长度（面积）乘单位理论质量计算，计量单位为吨。包括钢筋制作、运输，钢筋安装，焊接。项目特征有钢筋种类、规格。钢筋工程清单项目见表9-1。

表9-1　钢筋工程清单项目设置

项目编码	项目名称	项目特征	计量单位	工程量计算规则
010515001001	现浇混凝土钢筋	钢筋的种类为Ⅲ级钢，钢筋直径为12mm以内	t	按设计图示钢筋（网）长度（面积）乘单位理论质量计算
010515001002	现浇混凝土钢筋	钢筋的种类为Ⅲ级钢，钢筋直径为25mm以内		

（1）计算钢筋长度

根据项目提供的已知条件，计算梁中各钢筋长度。

①梁上部纵筋。2Φ25：

长度＝总净长＋两端锚固长度＋搭接长度（考虑一个绑扎搭接接头）

＝（3.3+3.6+3.6−0.6）＋（0.4×37×0.025×2+15×0.025×2）＋（51.8×0.025）=12.69（m）

② 梁支座负筋。

支座①，2Φ25：

长度＝支座间净跨＋端支座锚固长度

＝（3.3−0.6）/3+0.4×37×0.025+15×0.025=1.65（m）

支座②，2Φ25：

长度＝支座间净跨＋柱宽度 =2×（3.6−0.6）/3+0.6=2.60（m）

支座③，2Φ25：

长度＝支座间净跨＋柱宽度 =2×（3.6−0.6）/3+0.6=2.60（m）

支座④，2Φ25：

长度＝支座间净跨＋端支座锚固长度

＝（3.6−0.6）/3+0.4×37×0.025+15×0.025=1.75（m）

③ 梁下部纵筋。

第一跨，2Φ25：

长度＝支座间净跨＋端支座锚固长度＋中间支座锚固长度

＝（3.3−0.6）+0.4×37×0.025+15×0.025+37×0.025=4.37（m）

第二跨，2Φ20：

长度＝支座间净跨＋中间支座锚固长度＝（3.6−0.6）+37×0.020×2=4.48（m）

第三跨，2Φ25：

长度＝支座间净跨＋端支座锚固长度＋中间支座锚固长度

＝（3.6−0.6）+0.4×37×0.025+15×0.025+37×0.025=4.67（m）

④ 箍筋。Φ8：

单根梁箍筋长度＝（梁高 −2× 保护层厚度＋梁宽 −2× 保护层厚度）×2+24× 箍筋直径

＝（0.5−0.02×2+0.35−0.02×2）×2+24×0.008=1.73（m）

箍筋根数：

箍筋加密区长度为框架梁梁高的 1.5 倍，即 1.50×0.5=0.75（m），共 6 个加密区。

箍筋加密区根数＝［（加密区长度 −50）/ 加密间距 +1］×6

＝［（0.75−0.05）/0.1+1］×6=48（根）

箍筋非加密区根数＝（非加密区长度）/ 非加密区间距 −1

＝（净长 − 左加密区长度 − 右加密区长度）/ 非加密区间距 −1

第一跨：（3.3−0.6−0.75×2）/0.2−1=5（根）；

第二跨：（3.6−0.6−0.75×2）/0.2−1=7（根）；

第三跨：（3.6−0.6−0.75×2）/0.2−1=7（根）。

箍筋总根数＝加密区根数＋非加密区根数 =48+5+7+7=67（根）

将以上计算结果汇总列入表 9-2 中。

表 9-2　钢筋工程量汇总表

序号	简图	规格 /mm	根数	单根长度 /m	总数量 /m
梁上部纵筋					
1		*d*=25	2	12.69	25.38

续表

序号	简图	规格 /mm	根数	单根长度 /m	总数量 /m
梁支座负筋					
2		d=25	2	支座①：1.65	3.30
3		d=25	2	支座②：2.6	5.20
4		d=25	2	支座③：2.6	5.20
5		d=25	2	支座④：1.75	3.50
梁下部纵筋					
6		d=25	2	第一跨：4.37	8.74
7		d=20	2	第二跨：4.48	8.96
8		d=25	2	第三跨：4.67	9.34
箍筋					
9		d=8	67	单根长度：1.73	115.91

（2）计算钢筋重量

钢筋重量 = 单位长度理论重量（kg/m）× 钢筋长度，计算详见表 9-3。

表 9-3　钢筋重量计算表

序号	直径 /mm	总长度 /m	理论重量 /（kg/m）	总重量 /kg
1	8	115.91	0.395	45.78
2	20	8.96	2.466	22.10
3	25	60.66	3.850	233.54
合计	301.42kg			

9.1.2　工程量清单编制

根据清单设置规定和工程量计算结果，列出钢筋工程量清单，详见表 9-4。

表 9-4　分部分项工程项目清单与计价表

工程名称：某工业建筑工程　　　　标段：　　　　第 1 页　共 1 页

序号	项目编码	项目名称	项目特征描述	计量单位	工程量	金额 / 元		
						综合单价	合价	其中暂估价
1	010515001001	现浇混凝土钢筋	钢筋的种类为Ⅲ级钢；钢筋直径为 12mm 以内	t	0.0458			
2	010515001002	现浇混凝土钢筋	钢筋的种类为Ⅲ级钢，钢筋直径为 25mm 以内	t	0.2556			

9.2 钢筋工程清单计价

二维码 9.2

9.2.1 钢筋工程定额计量

钢筋工程的定额工程量计算规则同清单工程量，因此各规格钢筋工程量同清单工程量。

直径 25 以内钢筋：233.54+22.10=255.64（kg）；直径 12 以内钢筋：45.78kg。

“计价定额”关于钢筋直（弯）、弯钩、圆柱、柱螺旋箍筋及其他长度的计算方法如下：

① 梁、板为简支，钢筋为 HRB335、HRB400 时，可按下列规定计算：

a. 直钢筋净长 $=L-2c$，见图 9-3。

b. 弯起钢筋净长 $=L-2c+2\times0.414H'$（θ=45°），见图 9-4。

当 θ 为 30° 时，公式内 0.414 改为 0.268；当 θ 为 60° 时，公式内 0.414 改为 0.577。

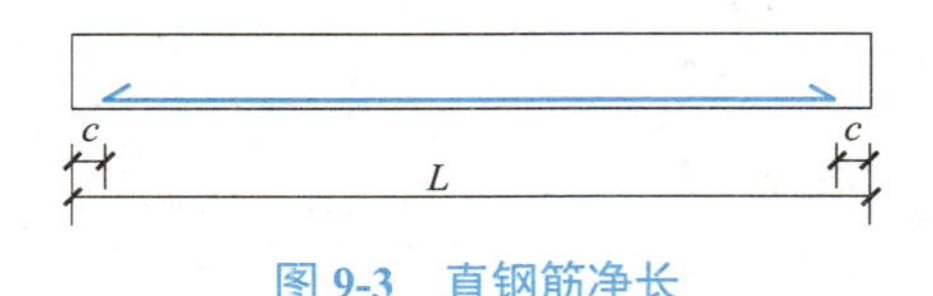

图 9-3　直钢筋净长

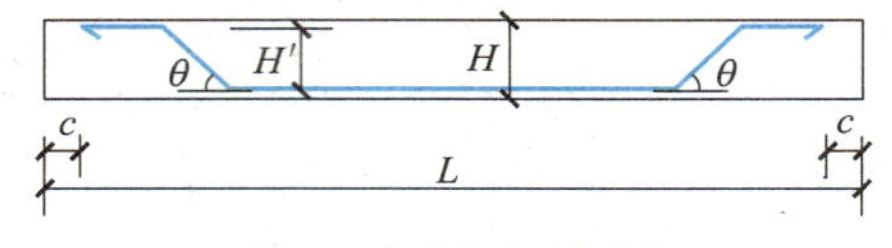

图 9-4　弯起钢筋净长

c. 弯起钢筋两端带直钩净长 $=L-2c+2H''+2\times0.414H'$（$\theta$=45°），见图 9-5。

当 θ 为 30° 时，公式内 0.414 改为 0.268；当 θ 为 60° 时，公式内 0.414 改为 0.577。

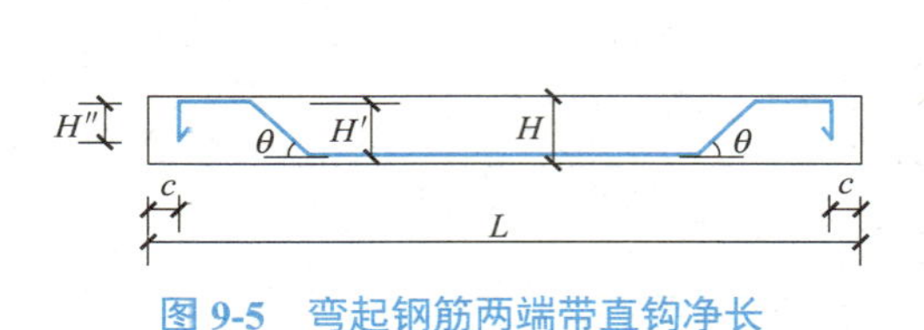

图 9-5　弯起钢筋两端带直钩净长

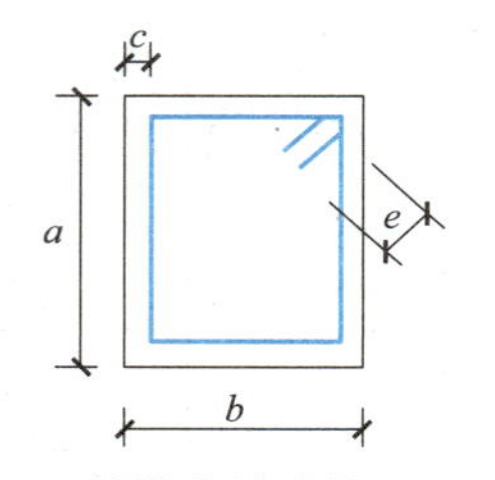

图 9-6　箍筋末端应作 135° 弯钩

d. 末端需作 90°、135° 弯折时，其弯起部分长度按设计尺寸计算。

当采用 HPB300 钢筋时，除按上述计算长度外，在钢筋末端应设弯钩，每只弯钩增加 $6.25d$。

② 箍筋末端应作 135° 弯钩，弯钩平直部分的长度 e，一般不应小于箍筋的 5 倍；对有抗震要求的结构不应小于箍筋的 10 倍，见图 9-6。

当平直部分为 $5d$ 时，箍筋长度 $L=(a-2c+2d)\times2+(b-2c+2d)\times2+14d$；

当平直部分为 $10d$ 时，箍筋长度 $L=(a-2c+2d)\times2+(b-2c+2d)\times2+24d$。

表 9-5　弯起钢筋斜长系数表

弯起角度	θ=30°	θ=45°	θ=60°
斜边长度 s	$2h$	$1.414h$	$1.155h$
底边长度 l	$1.732h$	h	$0.577h$
斜边长度比底边长度增加	$0.268h$	$0.414h$	$0.577h$

③ 弯起钢筋终弯点外应留有锚固长度，在受拉区不应小于 $20d$；在受压区不应小于 $10d$。弯起钢筋斜长按表 9-5 中系数计算。

④ 箍筋、板筋排列根数 $=\dfrac{L-100\text{mm}}{\text{设计间距}}+1$ ，但在加密区的根数按设计另增。

式中，L 为柱、梁、板净长。柱、梁净长计算方法同混凝土，其中柱不扣板厚。板净长指主（次）梁与主（次）梁之间的净长。计算中有小数时，向上舍入（如：4.1 取 5）。

⑤ 圆桩、柱螺旋箍筋长度计算：

$$L=\sqrt{[(D-2C+2d)\pi]^2+h^2}\times n \tag{9-1}$$

式中，D 为圆桩、柱直径；C 为主筋保护层厚度；d 为箍筋直径；h 为箍筋间距；n 为箍筋道数，n= 柱、桩中箍筋配置长度 /h+1。

9.2.2 钢筋工程定额计价

“计价定额”钢筋工程以钢筋的不同规格、不分品种（冷轧带肋钢筋和成型冷轧扭钢筋已另列子目）按现浇构件钢筋、现场预制构件钢筋、加工厂预制构件钢筋、预应力构件钢筋、点焊网片分别套用定额子目计价。

根据计价要点，套用计价定额相应子目，进行钢筋工程的定额计价。详见表 9-6。

表 9-6 钢筋工程定额计价

工程名称：某工业建筑工程

序号	定额编号	定额名称	计量单位	工程数量	金额 / 元	
					综合单价	合价
1	5-1	现浇混凝土构件直径 12mm 以内	t	0.0458	4881.32	223.56
2	5-2	现浇混凝土构件直径 25mm 以内	t	0.2556	4398.50	1124.26
合　计						1347.82

9.2.3 钢筋工程分部分项工程费

将计算结果填入分部分项工程清单与计价表中，得钢筋工程项目的清单计价，详见表 9-7。

表 9-7 分部分项工程项目清单与计价表

工程名称：某工业建筑工程　　　　标段：　　　　第 1 页　共 1 页

序号	项目编码	项目名称	项目特征描述	计量单位	工程量	金额 / 元	
						综合单价	合价
1	010515001001	现浇混凝土钢筋	钢筋的种类为Ⅲ级钢，钢筋直径为 12mm 以内	t	0.0458	4881.32	223.56
2	010515001002	现浇混凝土钢筋	钢筋的种类为Ⅲ级钢，钢筋直径为 25mm 以内	t	0.2556	4398.50	1124.26

案例分析

【9-1】 背景资料：某非抗震结构三类工程项目，现场预制 C30 钢筋混凝土梁 YL-1，共计 20 根。其配筋图如图 9-7 所示。

问题：按计价定额的规定计算设计钢筋用量（除②钢筋和箍筋为Ⅰ级钢筋外其余均为Ⅱ级钢筋，主筋保护层厚度为 25mm），并套用定额综合单价计算合价。

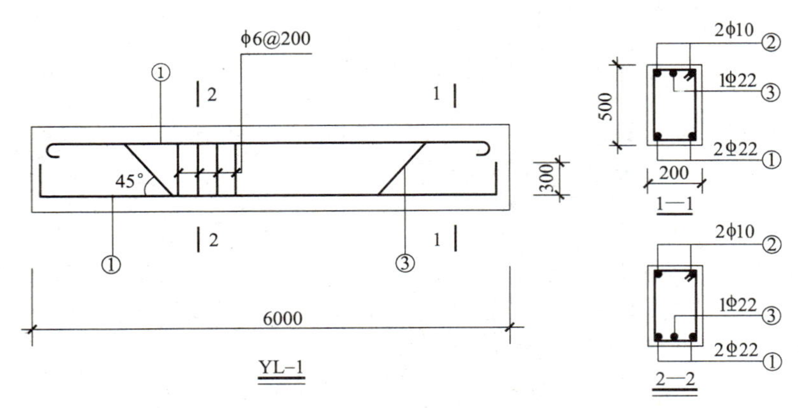

图 9-7 钢筋混凝土梁 YL-1 配筋图

解析：（1）计算钢筋长度

计算各不同直径钢筋的单根长度和根数，并计算其总长度。详见表 9-8。

表 9-8 钢筋长度计算表

编号	直径 /mm	单根长度计算式 /m	根数	总长度 /m
①	Φ22	6−0.025×2+0.3×2=6.55	40	262
②	ϕ10	6−0.025×2+2×6.25×0.01=6.075	40	243
③	Φ22	6−0.025×2+0.414×（0.5−0.025×2）×2=6.32	20	126.45
④	ϕ6	（0.5-2×0.025+2×0.006）×2+（0.2−2×0.025+2×0.006）×2+14×0.006=1.332	620	825.84

（2）计算钢筋重量

钢筋重量 = 单位长度理论重量（kg/m）× 钢筋长度，计算详见表 9-9。

表 9-9 钢筋重量计算表

序号	直径 /mm	总长度 /m	理论重量 /（kg/m）	总重量 /kg
①	Φ22	262	2.98	781.81
②	ϕ10	243	0.617	149.93
③	Φ22	126.45	2.98	377.33
④	ϕ6	825.84	0.222	183.34
合计	直径 20 以内	149.93+183.34=333.27		
	直径 20 以外	781.81+377.33=1159.14		

（3）套用定额综合单价计算合价

将工程量和相应的综合单价填入计价计算表中，计算钢筋工程的分部分项工程费用。详见表 9-10。

表 9-10　钢筋工程定额计价计算表

序号	定额编号	定额名称	计量单位	工程量	综合单价/元	合价/元
1	5-9	现场预制混凝土构件钢筋直径 20mm 以内	t	0.333	4999.02	1664.67
2	5-10	现场预制混凝土构件钢筋直径 20mm 以外	t	1.159	4251.80	4927.84
合　计						6592.51

技能训练

分析计算题

1. 某三类建筑工程独立基础如图 9-8 所示，人工挖基础土方，C15 混凝土垫层，尺寸（每边比基础宽 100mm），挖土深度 2.0m，三类干土。独立基础 C30 混凝土，Ⅱ级钢筋直径 12mm，共 100 个基础。计算：

（1）土方工程清单工程量和清单分部分项工程费。

（2）钢筋工程清单工程量和清单分部分项工程费。

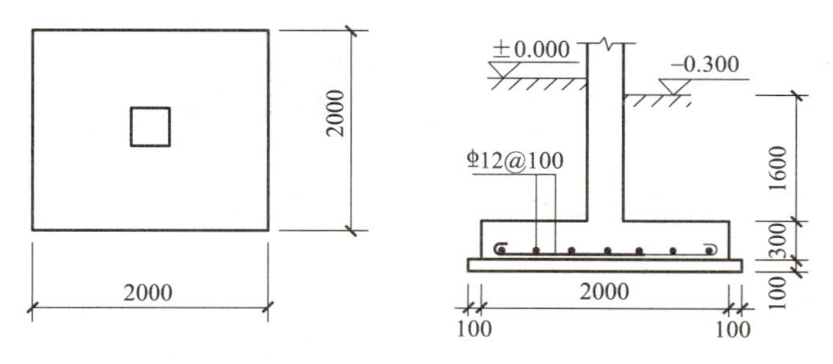

图 9-8　题 1 图

2. 某钢筋工程共有 50 根现场预制单梁，配筋如图 9-9 所示。梁主筋保护层厚度为 20mm，考虑抗震。编制该钢筋工程的工程量清单，并计算钢筋清单分部分项工程费。

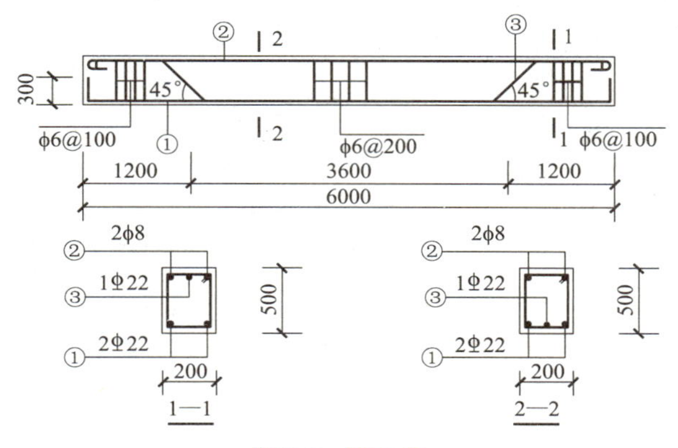

图 9-9　题 2 图

项目10

混凝土工程计量与计价

学习目标

● 知识目标：了解《房屋建筑与装饰工程工程量计算规范》中混凝土工程清单项目的设置，了解《江苏省装配式混凝土建筑工程定额》（试行）中装配式混凝土工程清单项目的设置，掌握混凝土工程清单工程量计算规则，熟悉混凝土工程定额计价要点及应用。

● 能力目标：能够编制混凝土工程的工程量清单，能够计算混凝土工程分部分项工程费。

素质目标

● 严格遵循有关标准、规范、规程、管理规定和合同，规范计量，强调“规范”意识和“标准”意识。

● 装配式混凝土结构能有效地节约资源、降低成本，帮助学生了解我国现代建筑产业政策，增强“环保”意识，倡导绿色建造。

● 适应社会和建筑行业工程技术发展的需求，具有自主学习和终身学习的意识，不断学习和适应社会发展和专业技术更新。

10.1 现浇混凝土工程清单计量

导入项目1 某工业厂房 -2.500 ～ 3.27m 结构图如图 10-1 ～图 10-3 所示，柱、剪力墙、梁、板、楼梯混凝土强度等级均为 C30，柱和剪力墙底标高 -2.500m（基础顶面标高），室外地面设计标高 -0.300m，板厚均为 120mm。

（1）编制该工业厂房混凝土工程（梁、柱、板、墙、楼梯）的工程量清单；

（2）计算该工业厂房混凝土工程（梁、柱、板、墙、楼梯）清单分部分项工程费。

（π 取值 3.14；柱、剪力墙混凝土工程量从基础顶面标高起算；施工时柱分两次浇筑；混凝土采用商品混凝土泵送；小数点后保留两位小数。）

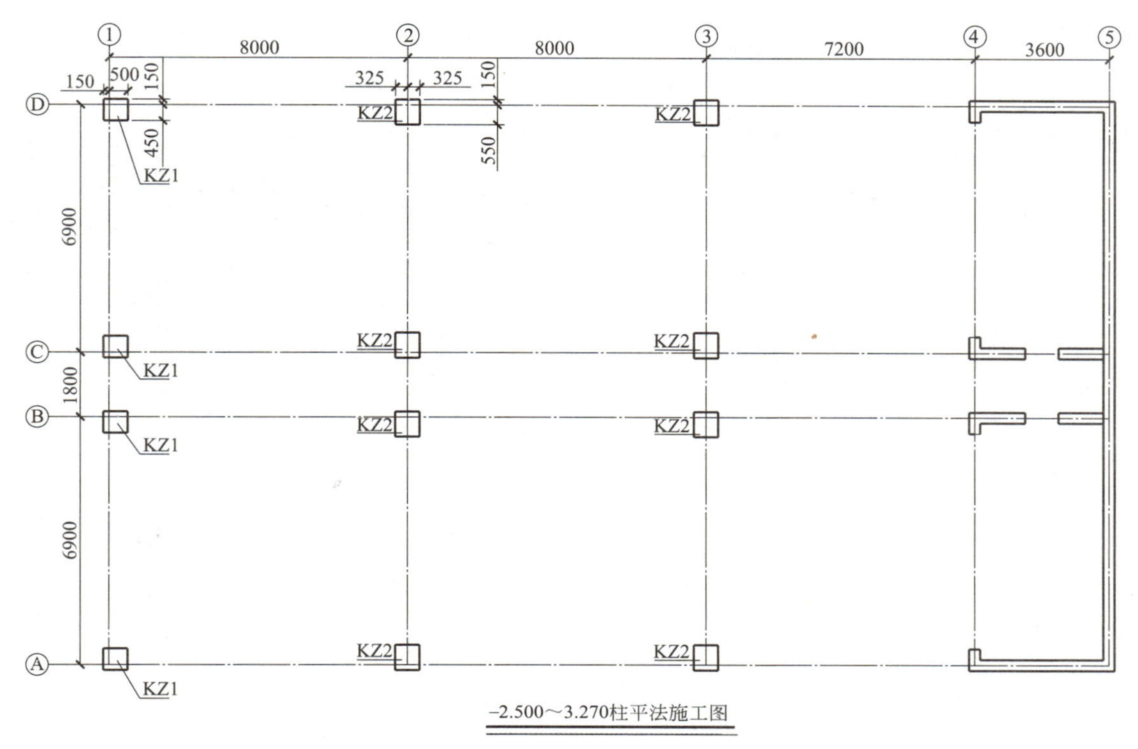

图 10-1　结构层柱平法施工图

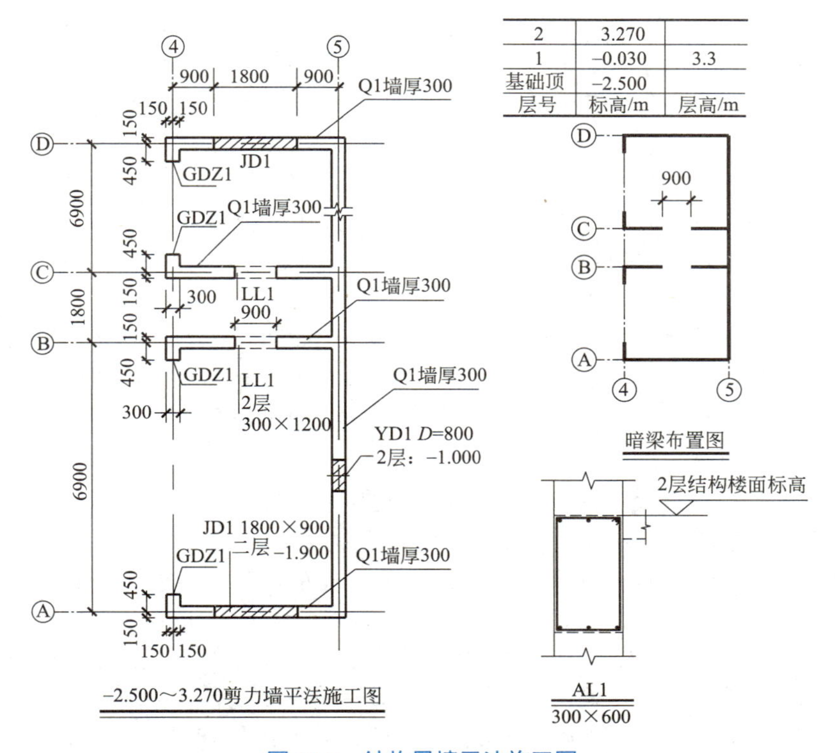

图 10-2　结构层墙平法施工图

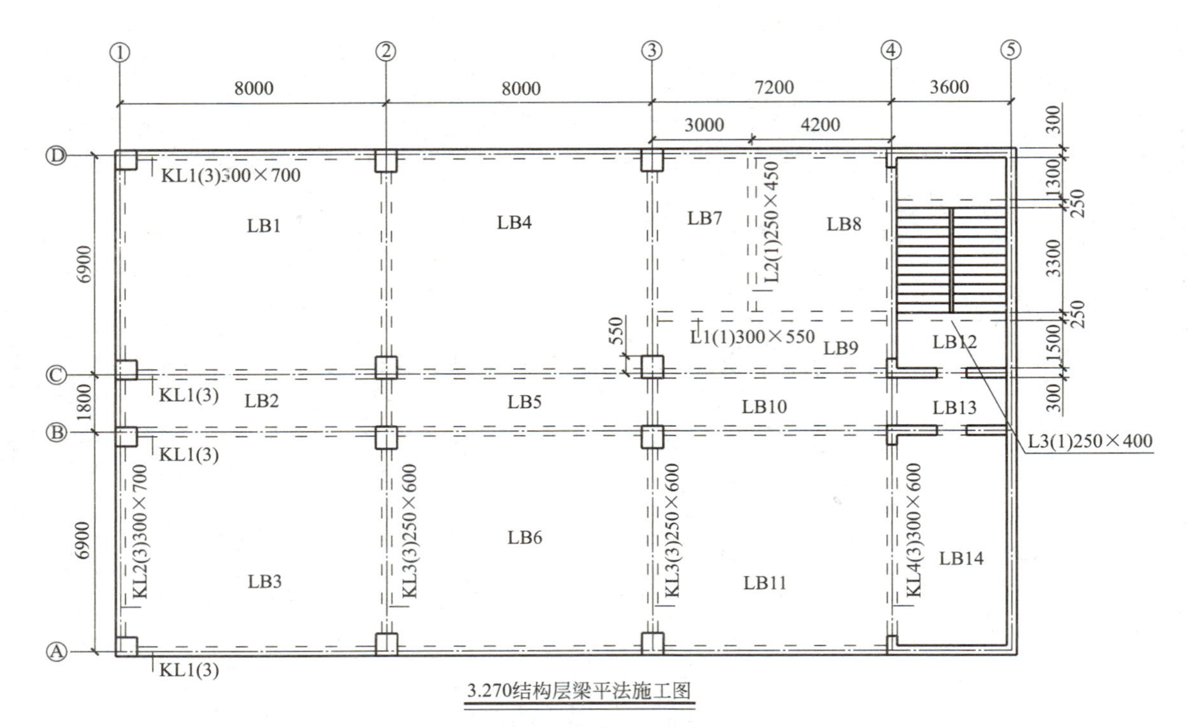

图 10-3　结构层梁平法施工图

10.1.1　清单项目设置及其工程量计算规则

根据《房屋建筑与装饰工程工程量计算规范》（GB 50854—2013）附录 E 的规定，混凝土及钢筋混凝土工程分为现浇混凝土基础、现浇混凝土柱、现浇混凝土梁、现浇混凝土墙、现浇混凝土板、现浇混凝土楼梯、现浇混凝土其他构件、后浇带、预制混凝土柱、预制混凝土梁、预制混凝土屋架、预制混凝土板、预制混凝土楼梯、其他预制构件等 14 节 67 个项目。

二维码 10.1

本项目为现浇混凝土结构，按附录 E 对工程量清单项目设置、项目特征描述的内容、计量单位及工程量计算规则的规定执行。

（1）现浇混凝土柱

现浇混凝土柱包括矩形柱 010502001、构造柱 010502002、异形柱 010502003。异形柱是指非矩形截面的各种现浇混凝土柱，如圆形、L 形、“+”形等柱。

工程量计算规则：按设计图示尺寸以体积计算，不扣除构件内钢筋、预埋铁件所占体积。

计算公式：　　混凝土柱工程量 = 截面面积 × 柱高计算　　（10-1）

柱高的确定如图 10-4 所示。

① 有梁板的柱高，应自柱基上表面（或楼板上表面）至上一层楼板上表面之间的高度计算。

② 无梁板的柱高，应自柱基上表面（或楼板上表面）至柱帽下表面之间的高度计算。

③ 框架柱的柱高，应自柱基上表面至柱顶高度计算。

④ 构造柱按全高计算，嵌接墙体部分（马牙槎）并入柱身体积。如图 10-5 所示。

⑤ 依附柱上的牛腿和升板的柱帽，并入柱身体积计算。如图 10-6 所示。

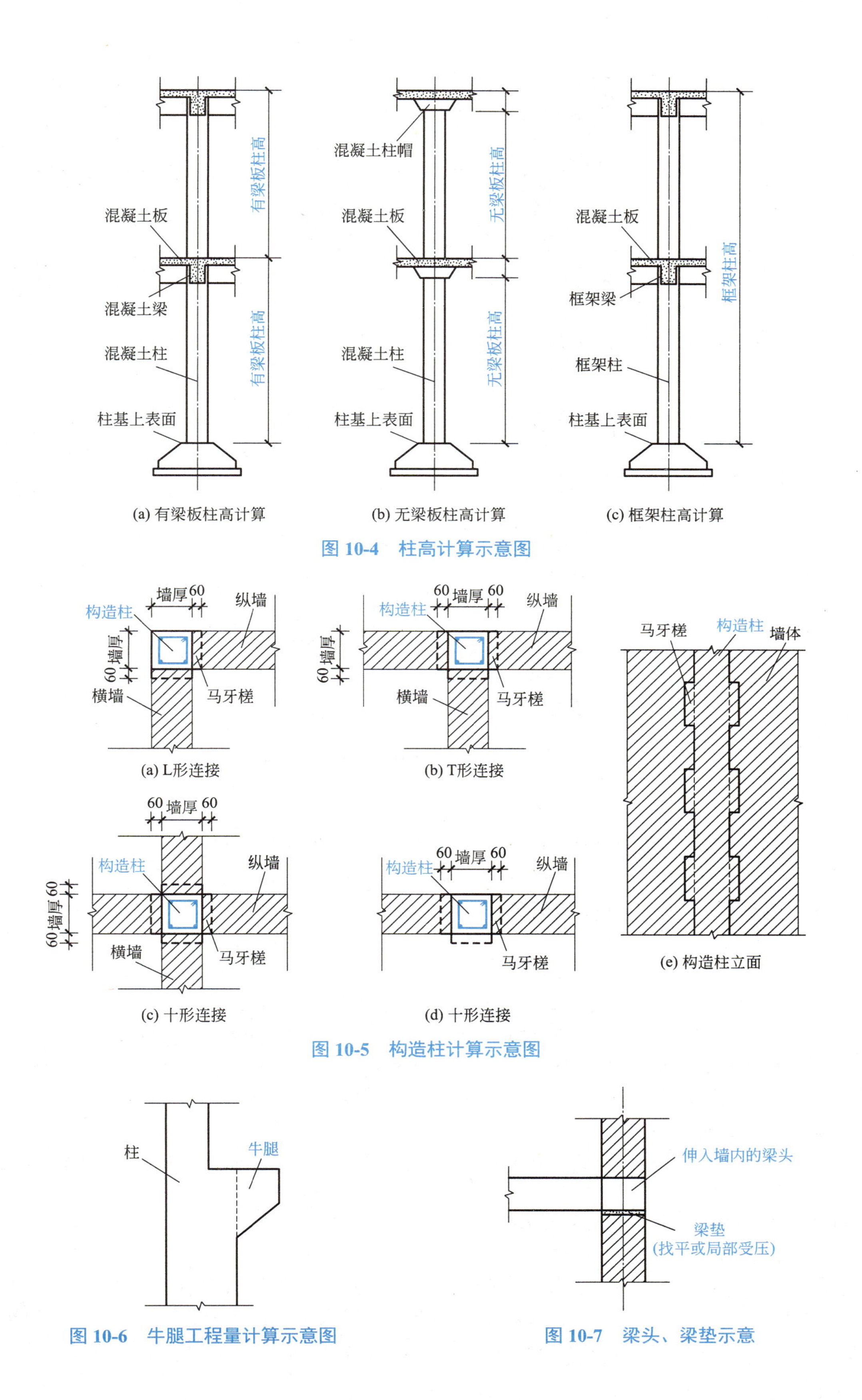

图 10-4　柱高计算示意图

图 10-5　构造柱计算示意图

图 10-6　牛腿工程量计算示意图

图 10-7　梁头、梁垫示意

(2) 现浇混凝土梁

现浇混凝土梁包括基础梁 010503001、矩形梁 010503002、异形梁 010503003、圈梁 010503004、过梁 010503005 等。

工程量计算规则：按设计图示尺寸以体积计算，不扣除构件内钢筋、预埋铁件所占体积，伸入墙内的梁头、梁垫并入梁体积内，如图 10-7 所示。

计算公式：

$$混凝土梁工程量 = 截面面积 \times 梁长 \tag{10-2}$$

梁的长度按以下规定确定：

① 梁与柱连接时，梁长算至柱侧面，如图 10-8 所示。

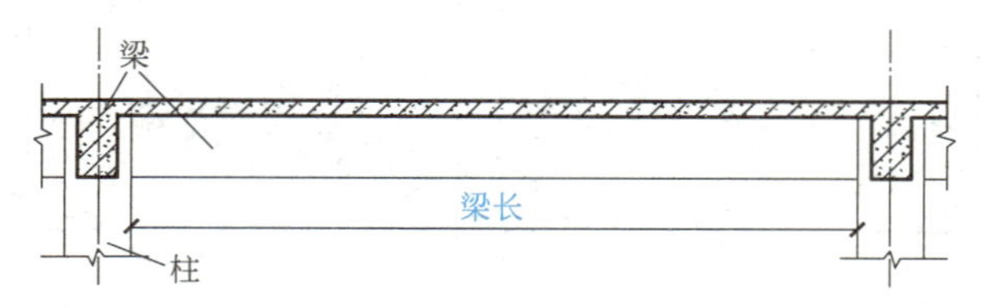

图 10-8　梁柱连接时梁长示意

② 主梁与次梁连接时，次梁长算至主梁侧面，如图 10-9 所示。

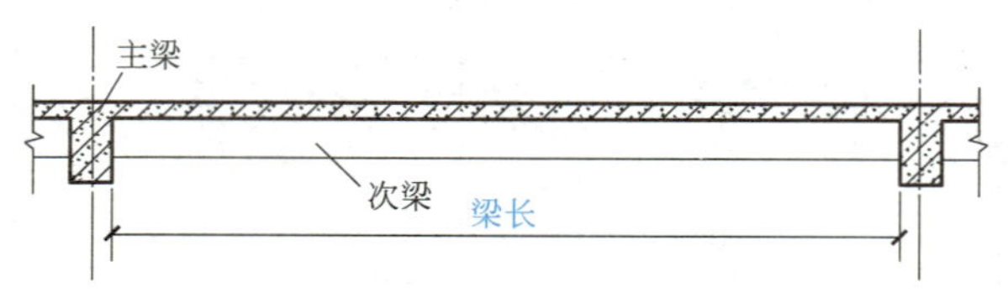

图 10-9　主次梁连接时梁长示意

(3) 现浇混凝土墙

现浇混凝土墙包括直形墙 010504001、弧形墙 010504002、短肢剪力墙 010504003、挡土墙 010504004。

工程量计算规则：按设计图示尺寸以体积计算，不扣除构件内钢筋、预埋铁件所占体积，扣除门窗洞口及单个面积＞ $0.3m^2$ 的孔洞所占体积。墙垛及凸出墙面部分并入墙体体积计算。

计算公式：

$$混凝土墙工程量 = 墙长 \times 墙高 \times 墙厚 \tag{10-3}$$

外墙墙长按图示中心线，内墙墙长按净长线计算，单面墙垛其突出部分并入墙体体积内计算，双面墙垛（包括墙）按柱计算。弧形墙按弧线长度乘墙高、墙厚以体积计算，地下室墙有后浇墙带时，后浇墙带应扣除。梯形断面墙按上口与下口的平均宽度计算。

墙高按下列规定确定：

① 墙与梁平行重叠，墙高算至梁顶面；当设计梁宽超过墙宽时，梁、墙分别按相应定额计算。如图 10-10 所示。

② 墙与板相交，墙高算至板底面。

(4) 现浇混凝土板

现浇混凝土板包括有梁板 010505001、无梁板 010505002、平板 010505003、拱板 010505004、薄壳板 010505005、栏板 010505006。有梁板又称肋形楼板，由一个或两个方向的梁连成一体的板构成，适用于肋形板、密肋板、井字梁板等，如图 10-11 所示。无梁板是指板底无突出梁肋，直接支撑在承重墙和柱上的混凝土板。通常为增加柱的支撑面积，在柱顶上设计柱帽和托板，如图 10-12 所示。平板是指直接搁置在墙或圈过梁上的板。拱板项目适用于板面不在同一平面上的混凝土板。薄壳板项目适用于薄壳形式的混凝土板。

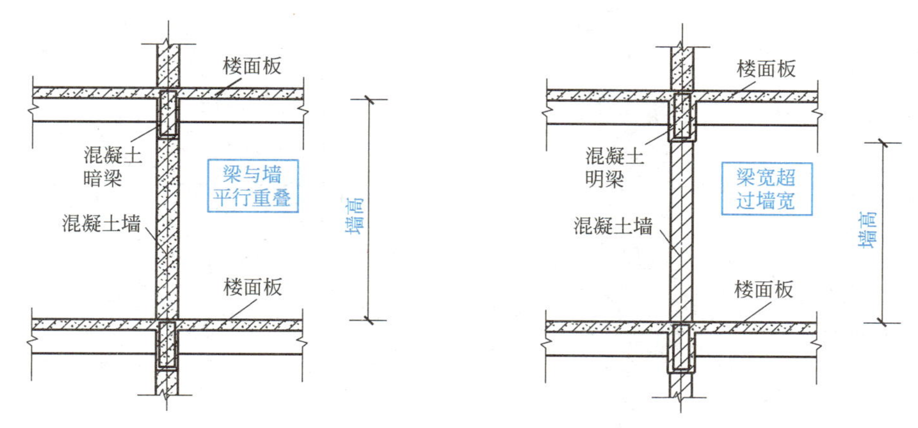

图 10-10　混凝土墙高计算示意图

工程量计算规则：按设计图示尺寸以体积计算，不扣除构件内钢筋、预埋铁件及单个面积≤ $0.3m^2$ 的孔洞所占体积。有梁板（包括主、次梁与板）按梁板体积之和计算，无梁板按板和柱帽之和计算，各类板伸入墙内的板头并入板体积内，如图 10-13 所示。薄壳板的肋、基梁并入薄壳体积内。

计算公式：　　　　混凝土板工程量 = 板面面积 × 板厚　　　　（10-4）

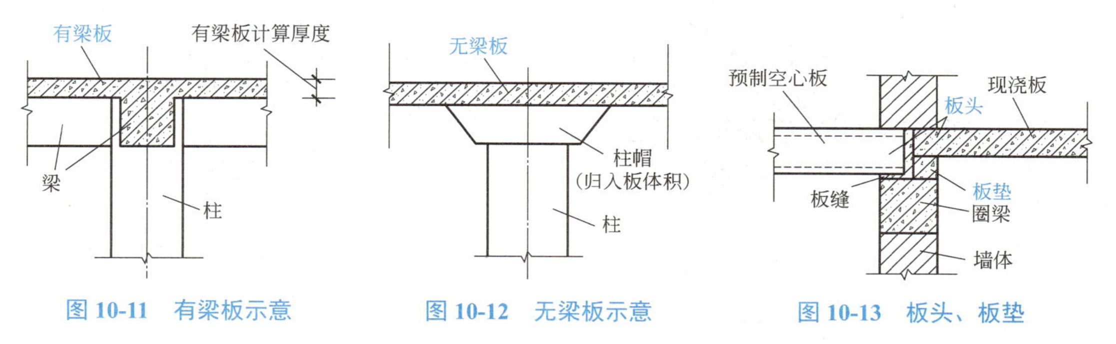

图 10-11　有梁板示意　　图 10-12　无梁板示意　　图 10-13　板头、板垫

（5）现浇混凝土楼梯

现浇混凝土楼梯包括直形楼梯 010506001、弧形楼梯 010506002。直形楼梯项目适用各种类型的直线形楼梯，弧形楼梯项目适用于各种非直线形楼梯。

工程量计算规则：按设计图示尺寸以水平投影面积计算，不扣除宽度小于等于 500mm 的楼梯井，伸入墙内部分不计算。整体楼梯又分板式楼梯和梁式楼梯，构造如图 10-14、图 10-15 所示，其水平投影面积包括休息平台、平台梁、斜梁及楼梯梁。整体楼梯与现浇楼板连接时，楼梯算至楼梯梁外侧面；与现浇楼板无梯梁连接时，以楼梯的最后一个踏步边缘加 300mm 为界。圆弧形楼梯包括圆弧形梯段、圆弧形边梁及与楼板连接的平台，按楼梯的水平投影面积计算。

① 当楼梯井宽度≤ 500mm 时，

楼梯的水平投影面积 = 计算长度 × 计算宽度　　　　（10-5）

② 当楼梯井宽度＞ 500mm 时，

楼梯的水平投影面积 = 计算长度 × 计算宽度 - 梯井长度 × 梯井宽度　　（10-6）

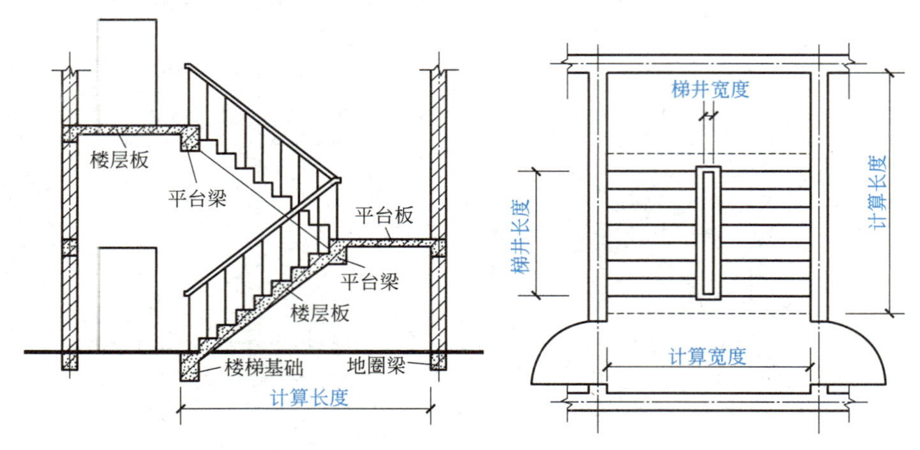

图 10-14　板式楼梯示意

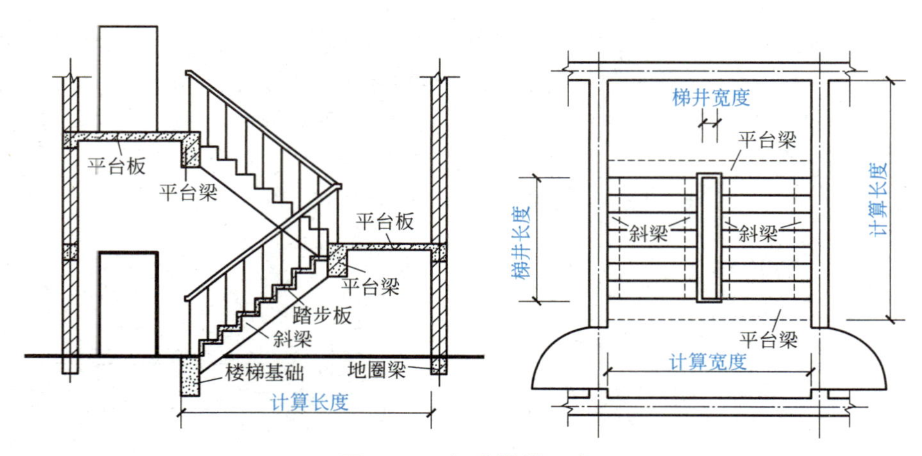

图 10-15　梁式楼梯示意

10.1.2　工程量清单编制

根据以上清单项目的工程量计算规则计算各项目的清单工程量。

① 现浇混凝土柱：

柱高：3.27+2.5=5.77（m）；柱截面尺寸：KZ1 为 0.65×0.6，KZ2 为 0.65×0.7

柱的体积 =0.65×0.6×（2.5+3.27）×4+0.65×0.7×（2.5+3.27）×8=30.00（m^3）

② 现浇混凝土梁：

KL1：梁截面尺寸 0.3×0.58，梁长 =8×2+7.2−0.5−0.65×2−0.15=21.25（m）

梁体积 =0.3× 0.58×21.25×4=14.79（m^3）

KL2：梁截面尺寸 0.3×0.58，梁长 =6.9×2+1.8−0.45×2−0.6×2=13.5（m）

梁体积 =0.3× 0.58×13.5=2.35（m^3）

KL3：梁截面尺寸 0.25×0.48，梁长 =6.9×2+1.8−0.55×2−0.7×2=13.1（m）

梁体积 =0.25× 0.48×13.1×2=3.14（m^3）

KL4：梁截面尺寸 0.3×0.48，梁长 =6.9×2+1.8−0.45×2−0.6×2=13.5（m）

梁体积 =0.3× 0.48×13.5=1.94（m^3）

L1：梁截面尺寸 0.3×0.43，梁长 =7.2−0.15−0.125=6.925（m）

梁体积 =0.3×0.43× 6.925=0.89（m^3）

L2：梁截面尺寸 0.25×0.33，梁长 =6.9−1.8−0.15×2=4.8（m）

梁体积 =0.25×0.33× 4.8=0.4（m^3）。

合计：14.79+2.35+3.14+1.94+0.89+0.4=23.51（m^3）

③ 混凝土板：板厚 0.12m。

LB1 ～ LB11：板面积 =（15.6+0.3）×（8×2+7.2+0.3）=373.65（m^2）

LB12 ～ LB14：板面积 =（6.9+1.8+1.5+0.3）×3.6=37.80（m^2）

扣除柱所占板的面积：0.65×0.6×4+0.65×0.7×8=5.2（m^2）

板体积 =（373.65+37.8−5.2）×0.12=48.75（m^3）

④ 混凝土墙：墙高 =2.5+3.27−0.12=5.65（m）

墙长：⑤轴，15.6m；Ⓐ、Ⓓ轴，3.6×2=7.2（m）；

Ⓑ、Ⓒ轴，3.45×2=6.90（m）；④轴，0.45×4=1.8（m）

墙长 =15.6+7.2+6.90+1.8=31.50（m）

墙身洞口面积：1.8×0.9×2+0.9×2.1×2+3.14×0.4^2=7.5224（m^2）

Ⓓ轴处和④轴处的梯段部分的墙体高度比其他墙体高 0.12m（板厚），其增加的体积 =（3.6+5.1）×0.3×0.12=0.3132（m^3）

墙体积 =（墙长 × 墙高 − 洞口面积）× 墙厚 + 增加体积

=（31.50×5.65−7.5224）×0.3+0.3132=51.45（m^3）

⑤ 现浇混凝土楼梯。计算长度 =1.3+0.25+3.3+0.25=5.1（m），计算宽度 =3.6−0.3=3.3（m）

楼梯的水平投影面积 =5.1×3.3=16.83（m^2）

根据清单设置规定和工程量计算结果，列出混凝土工程工程量清单，详见表 10-1。

表 10-1 混凝土工程分部分项工程量清单与计价表

工程名称：某工业厂房工程　　　　标段：　　　　第　页　共　页

序号	项目编码	项目名称	项目特征描述	计量单位	工程量	金额 / 元		
						综合单价	合价	其中暂估价
1	010502001001	矩形柱	混凝土类别：泵送预拌混凝土 混凝土强度等级：C30	m^3	30.00			
2	010503002001	矩形梁	混凝土类别：泵送预拌混凝土 混凝土强度等级：C30	m^3	23.51			
3	010504001001	直形墙	混凝土类别：泵送预拌混凝土 混凝土强度等级：C30	m^3	51.45			
4	010505001001	有梁板	混凝土类别：泵送预拌混凝土 混凝土强度等级：C30	m^3	48.75			
5	010506001001	直形楼梯	混凝土类别：泵送预拌混凝土 混凝土强度等级：C30	m^2	16.83			

10.2 现浇混凝土工程清单计价

10.2.1 现浇混凝土工程定额计量

10.2.1.1 定额工程量计算规则

(1) 柱

按图示断面尺寸乘以柱高以体积计算，应扣除构件内型钢体积。柱高按下列规定确定：

① 有梁板的柱高，自柱基上表面（或楼板上表面）算至上一层楼板上表面之间的高度计算，不扣除板厚。

② 无梁板的柱高，自柱基上表面（或楼板上表面）至柱帽下表面的高度计算。

③ 有预制板的框架柱柱高自柱基上表面至柱顶高度计算。

④ 构造柱按全高计算，与砖墙嵌接部分的混凝土体积并入柱身体积内计算。

⑤ 依附柱上的牛腿，并入相应柱身体积内计算。

(2) 梁

按图示断面尺寸乘梁长以体积计算。梁长按下列规定确定：

① 梁与柱连接时，梁长算至柱侧面。

② 主梁与次梁连接时，次梁长算至主梁侧面。伸入砖墙内的梁头、梁垫体积并入梁体积内计算。

③ 圈梁、过梁应分别计算，过梁长度按图示尺寸，图纸无明确表示时，按门窗洞口外围宽另加 500mm 计算。平板与砖墙上混凝土圈梁相交时，圈梁高应算至板底面。

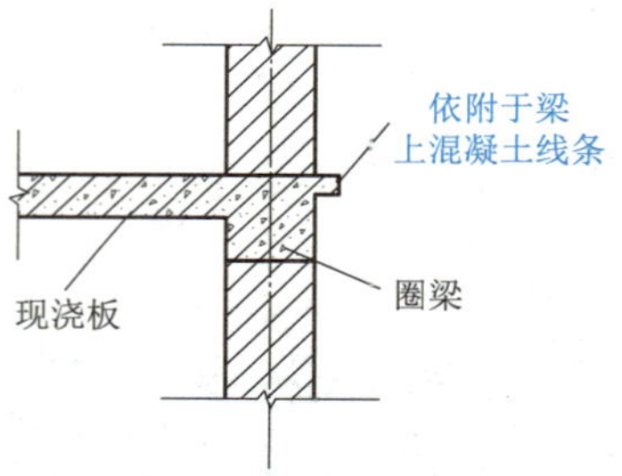

④ 依附于梁、板、墙（包括阳台梁、圈过梁、挑檐板、混凝土栏板、混凝土墙外侧）上的混凝土线条（包括弧形线条）按小型构件定额执行（梁、板、墙宽算至线条内侧）。如图 10-16 所示。

⑤ 现浇挑梁按挑梁计算，其压入墙身部分按圈梁计算；挑梁与单、框架梁连接时，其挑梁应并入相应梁内计算。如图 10-17 所示。

图 10-16 依附于梁上混凝土线条

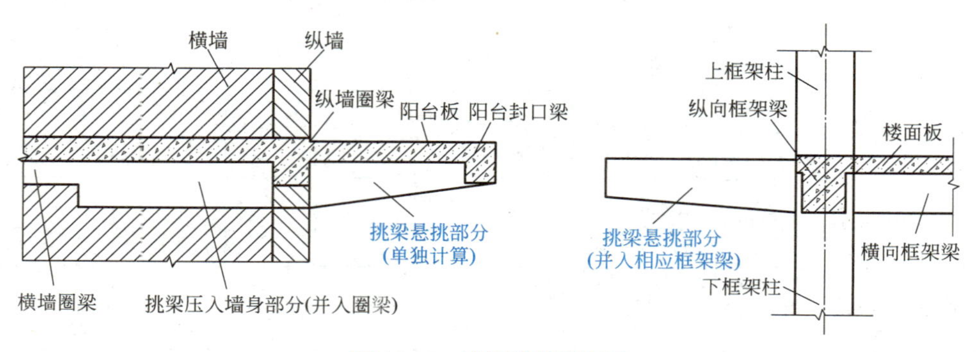

图 10-17 挑梁计算示意图

⑥ 花篮梁二次浇捣部分执行圈梁定额。

（3）板

按图示面积乘板厚以体积计算（梁板交接处不得重复计算），不扣除单个面积 $0.3m^2$ 以内的柱、垛以及孔洞所占体积。应扣除构件内压形钢板所占体积。其中：

① 有梁板按梁（包括主、次梁）、板体积之和计算，有后浇板带时，后浇板带（包括主、次梁）应扣除。厨房间、卫生间墙下设计有素混凝土防水坎时，工程量并入板内，执行有梁板定额。

② 无梁板按板和柱帽之和以体积计算。

③ 平板按体积计算。

④ 现浇挑檐、天沟与板（包括屋面板、楼板）连接时，以外墙面为分界线，与圈梁（包括其他梁）连接时，以梁外边线为分界线。外墙边线以外或梁外边线以外为挑檐、天沟。天沟底板与侧板工程量应分别计算，底板按板式雨篷以板底水平投影面积计算；侧板按天、檐沟竖向挑板以体积计算。如图 10-18 所示。

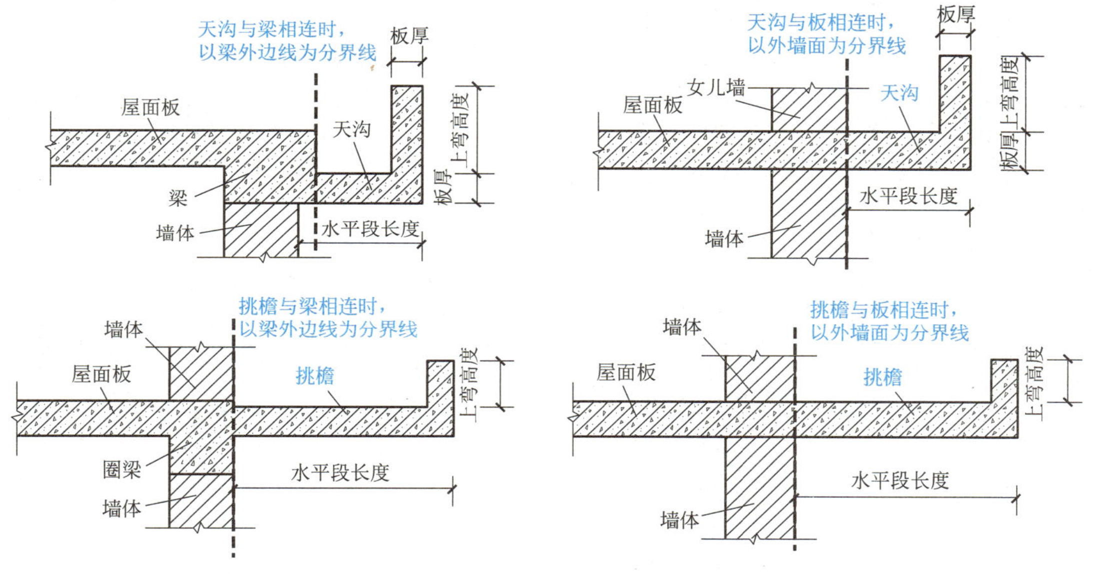

图 10-18　现浇挑檐、天沟与板连接示意

⑤ 飘窗上下挑板按板式雨篷以板底水平投影面积计算。

⑥ 各类板伸入墙内的板头并入板体积内计算。

⑦ 预制板缝宽度在 100mm 以上的现浇板缝按平板计算。如图 10-19 所示。

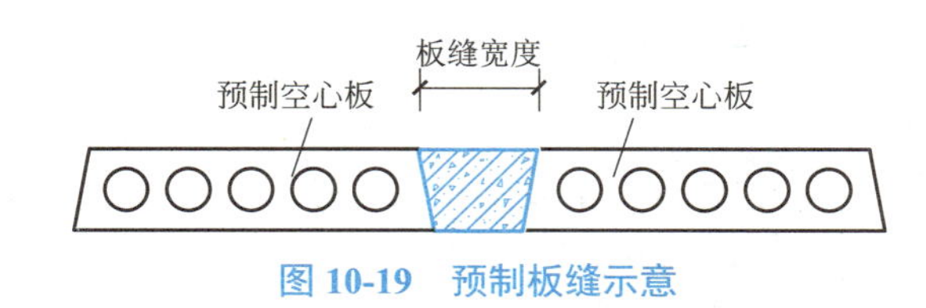

图 10-19　预制板缝示意

⑧ 后浇墙、板带（包括主、次梁）按设计图纸尺寸以体积计算。

（4）墙

“计价定额”对现浇混凝土墙的工程量计算的规定，同《房屋建筑与装饰工程工程量计算规范》（GB 50854—2013）中现浇混凝土墙的工程量计算规则。

（5）楼梯

整体楼梯包括休息平台、平台梁、斜梁及楼梯梁，按水平投影面积计算，不扣除宽度在500mm以内的楼梯井，伸入墙内部分不另增加。楼梯与楼板连接时，楼梯算至楼梯梁外侧面。当现浇楼板无楼梯梁连接时，以楼梯的最后一个踏步边缘加300mm为界。

10.2.1.2 定额工程量计算（导入项目实践）

根据以上所述工程量计算规则，项目混凝土工程的定额工程量计算如下：

① 柱。本项目现浇混凝土柱的定额工程量同清单工程量30.00m^3。

② 梁。本项目现浇混凝土梁的定额工程量同清单工程量23.51m^3。

③ 板。本项目现浇混凝土板的定额工程量同清单工程量48.75m^3。

框架梁、板合并计算，即有梁板的定额工程量=23.51m^3+48.75m^3=72.26m^3。

④ 墙。本项目现浇混凝土墙的定额工程量同清单工程量51.45m^3。

⑤ 楼梯。本项目现浇楼梯的定额工程量同清单工程量16.83m^2。

10.2.2 现浇混凝土工程定额计价

混凝土套用定额计价时，应根据混凝土制备形式不同，分为自拌混凝土构件、商品混凝土泵送构件、商品混凝土非泵送构件三部分，各部分又包括现浇构件、现场预制构件、加工厂预制构件、构筑物等分别套用对应的定额子目。

根据以上计算出的定额工程量，套用“计价定额”中的混凝土工程相应定额子目，进行项目的定额计价。计价时要注意定额子目的套用条件、计量单位，结合项目的特征描述，正确地套用和换算定额子目。计算详见表10-2。

表10-2 混凝土工程定额计价计算表

序号	定额编号	定额名称	计量单位	工程量	综合单价/元	合价/元
1	6-190	泵送预拌混凝土现浇矩形柱	m^3	30.00	474.93	14247.90
2	6-207	泵送预拌混凝土现浇有梁板	m^3	72.26	447.93	32367.42
3	6-202	泵送预拌混凝土直形墙，墙厚200mm外	m^3	51.45	460.34	23684.49
4	6-213换	泵送预拌混凝土直形楼梯，C30混凝土	10m^2	1.683	1006.72	1694.31
合计						71994.12

表10-2中综合单价的换算：

6-213换：综合单价=966.50−687.72+2.07×351.66=1006.72（元）（C30混凝土换C20混凝土材料费）。

10.2.3 现浇混凝土工程分部分项工程费

（1）清单综合单价确定

清单综合单价=定额合价÷清单工程量

① 矩形柱清单综合单价=14247.90÷30=474.93（元）。

② 矩形梁、有梁板清单综合单价=32367.42÷72.26=447.93（元）。

③ 直形墙清单综合单价=23684.49÷51.45=460.34（元）。

④ 直形楼梯清单综合单价=1694.31÷16.83=100.67（元）。

（2）清单计价

将计算得出的清单综合单价填入分部分项工程清单与计价表中，进行混凝土工程项目的清单计价，详见表 10-3。

表 10-3　分部分项工程项目清单与计价表

工程名称：某工业厂房工程　　　　　　　　　　　　　　标段：　　　　　　　　　　　　第 1 页　共 1 页

序号	项目编码	项目名称	项目特征描述	计量单位	工程量	金额 / 元		
						综合单价	合价	其中暂估价
1	010502001001	矩形柱	混凝土类别：泵送预拌混凝土 混凝土强度等级：C30	m^3	30.00	474.93	14247.90	
2	010503002001	矩形梁	混凝土类别：泵送预拌混凝土 混凝土强度等级：C30	m^3	23.51	447.93	10530.83	
3	010504001001	直形墙	混凝土类别：泵送预拌混凝土 混凝土强度等级：C30	m^3	51.45	460.34	23684.49	
4	010505001001	有梁板	混凝土类别：泵送预拌混凝土 混凝土强度等级：C30	m^3	48.75	447.93	21836.59	
5	010506001001	直形楼梯	混凝土类别：泵送预拌混凝土 混凝土强度等级：C30	m^2	16.83	100.67	1694.31	
合　计							71994.12	

导入项目混凝土分部分项工程项目清单费用为 71994.12 元。

案例分析

【10-1】　背景资料：图 10-20 所示为某单位接待室基础平面图和剖面图。C20 钢筋混凝土条形基础，采用现场自拌混凝土施工，构造柱截面尺寸 240mm×240mm，从钢筋混凝土条形基础中伸出。

问题：计算该接待室混凝土条形基础、构造柱的清单工程量和定额工程量，并按计价定额计算其分部分项工程费用。

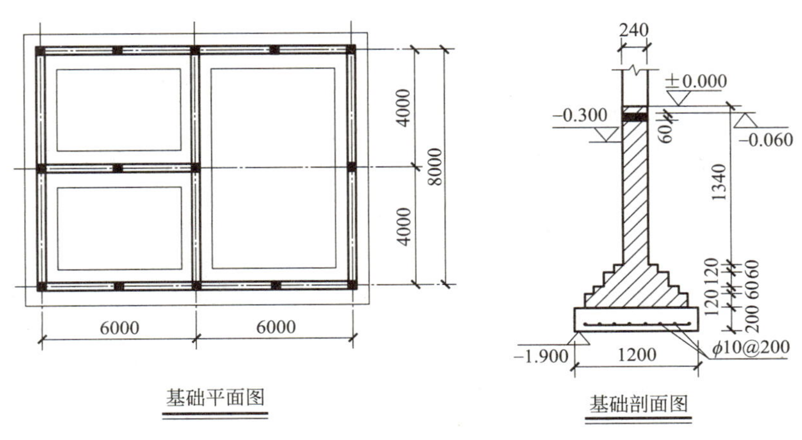

图 10-20　某单位接待室基础平面图和剖面图

解析：

1. 计算清单工程量

（1）现浇混凝土带形基础

项目编码010501002，适用于各种带形基础，包括墙下的板式基础和浇筑在一字排桩上面的带形基础。

带形基础中，有肋带形基础和无肋带形基础应分别编码（第五级编码）列项，并注明肋高。其中，有肋带形基础是指基础底板上有肋，且肋部配置纵向筋和箍筋。无肋带形基础是指基础底板上无肋的。

带形基础清单工程量计算规则：按设计图示尺寸以体积计算。不扣除构件内钢筋、预埋铁件和伸入承台基础的桩头所占体积。

计算公式：　混凝土带形基础清单工程量 = 带形基础截面面积 × 带形基础长度　（10-7）

其中：① 带形基础截面面积应按规则矩形和梯形截面分别计算。

② 带形基础长度按以下规定确定：外墙下带形基础按外墙中心线长度；内墙下带形基础垂直面部分按净长度，斜面按斜面部分斜面中心线长度计算。

本项目带形基础，项目编码010501002001。

带形基础截面面积 =1.2×0.2=0.24（m^2）。

带形基础长度：外墙长 =（12+8）×2=40（m），内墙长 =（8−1.2）+（6−1.2）=11.6（m）。

带形基础清单工程量 =0.24×（40+11.6）=12.384（m^3）。

（2）构造柱

项目编码010502002001，工程量计算公式：

$$构造柱体积 = 柱截面面积 × 柱高 + 马牙槎体积 \quad (10-8)$$

本项目基础平面图显示，共有14个构造柱，32面马牙槎。

构造柱高度 =1.9−0.2−0.06−0.06=1.58（m），构造柱截面尺寸：240mm×240mm。

构造柱清单工程量 =0.24^2×1.58×14+0.24×0.03×1.58×32=1.638（m^3）。

2. 计算定额工程量

计价定额中混凝土条形基础按有梁、无梁分别计量套价。有梁带形基础的梁高（指基础扩大面以上的肋高）与梁宽之比在4∶1以内的，按有梁式带形基础计算。超过4∶1时，其基础底按无梁式带形基础计算，上部按墙计算。见图10-21。

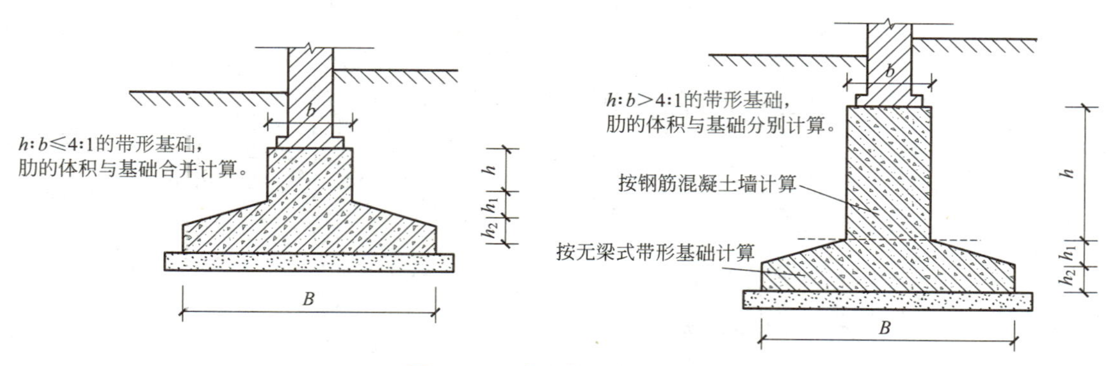

图10-21　有肋带形基础示意

本项目为无梁带形基础，工程量计算规则同清单工程量计算规则。

因此，带形基础定额工程量 =12.384m^3。

计价定额中构造柱工程量计算规则同清单工程量计算规则。

因此，构造柱定额工程量=1.638m³。

3. 计算定额费用

套用自拌混凝土构件相应的定额子目，详见表10-4。

表 10-4　分部分项工程定额计价表

序号	定额编号	定额名称	计量单位	工程量	综合单价 / 元	合价 / 元
1	6-3	自拌混凝土条形基础（无梁式）	m^3	12.384	354.08	4384.93
2	6-17	自拌混凝土构造柱	m^3	1.638	627.63	1028.06
合　计						5412.99

【10-2】　背景资料：某接待室三类工程项目，其基础平面图、剖面图如图10-22所示。基础为钢筋混凝土条形基础，C10素混凝土垫层，±0.000m以下墙身采用混凝土标准砖砌筑，设计室外地坪标高为-0.150m。DQL的截面尺寸为240mm×240mm，GZ的截面尺寸为240mm×240mm，混凝土采用C20泵送预拌混凝土（构造柱为非泵送预拌混凝土）。

二维码 10.2

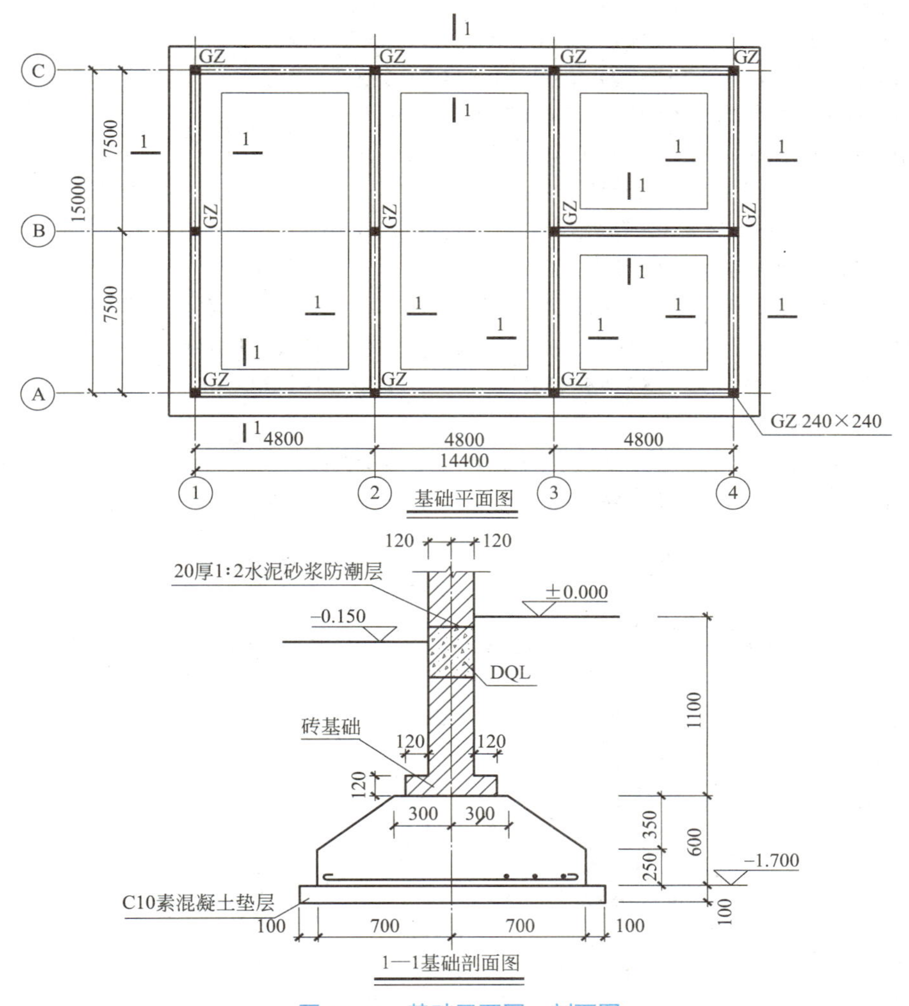

图 10-22　基础平面图、剖面图

问题：

（1）计算混凝土垫层、混凝土基础、DQL、±0.000 以下构造柱的清单工程量，并编制工程量清单。

（2）对混凝土垫层、混凝土基础、DQL、±0.000 以下构造柱进行清单计价

解析：

（1）计算清单工程量

① 垫层 010501001，适用于各种形式混凝土垫层。按设计图示尺寸以体积计算。

计算公式：　　垫层清单工程量＝垫层截面面积 × 垫层长度　　（10-9）

其中：外墙下基础垫层按外墙中心线长度计算，内墙下基础垫层长度按内墙基础垫层净长计算。

外墙中心线长度＝（14.4+15）×2=58.8（m）

内墙基础垫层净长＝（15−1.6）×2+4.8−1.6=30（m）

垫层清单工程量 =1.6×0.1×（58.8+30）=14.21（m^3）

② 混凝土带形基础 010501002

矩形部分：内墙条基净长＝（15−1.4）×2+4.8−1.4=30.6（m）

矩形部分体积 =1.4×0.25×（58.8+30.6）=31.29（m^3）

梯形部分：内墙条基净长＝（15−1.0）×2+4.8−1.0=31.8（m）

梯形部分体积 =1.0×0.35×（58.8+31.8）=31.71（m^3）

带形基础清单工程量 =31.29+31.71=63.00（m^3）

③ 010503004 圈梁，适用各种类型混凝土圈梁、地圈梁。

圈梁体积＝圈梁截面面积 × 圈梁长度

圈梁长度＝（4.8−0.24）×7+（7.5−0.24）×8=90.00（m）

圈梁清单工程量 =0.24×0.24×90.00=5.18（m^3）

④ 010502002 构造柱，构造柱体积＝柱截面面积 × 柱高＋马牙槎体积

平面图显示共有 12 个构造柱，30 面马牙槎，构造柱高度 =1.10m

构造柱清单工程量 =0.24^2×1.1×12+0.24×0.03×1.1×30=1.00（m^3）

（2）编制工程量清单

根据“计算规范”对垫层、带形基础、圈梁、构造柱的工程量清单项目设置、项目特征描述的内容、计量单位及工程量计算规则的规定，编制其分部分项工程清单，详见表 10-5。

表 10-5　分部分项工程项目清单与计价表

工程名称：某接待室　　标段：　　第 1 页　共 1 页

序号	项目编码	项目名称	项目特征描述	计量单位	工程量	金额 / 元		
						综合单价	合价	其中暂估价
1	010501001001	垫层	混凝土类别：泵送预拌混凝土 混凝土强度等级：C10	m^3	14.21			
2	010501002001	带形基础	混凝土类别：泵送预拌混凝土 混凝土强度等级：C20	m^3	63			
3	010503004001	地圈梁	混凝土类别：泵送预拌混凝土 混凝土强度等级：C20	m^3	5.18			
4	010502002001	构造柱	混凝土类别：非泵送预拌混凝土 混凝土强度等级：C20	m^3	1.00			

（3）定额计价

垫层、带形基础、圈梁、构造柱的定额工程量的计算规则同清单工程量的计算规则，故定额工程量＝清单工程量。套用相应的定额子目，定额计价详见表 10-6。

表 10-6　分部分项工程定额计价表

序号	定额编号	定额名称	计量单位	工程量	综合单价 / 元	合价 / 元
1	6-178	泵送预拌混凝土垫层	m^3	14.21	398.26	5659.27
2	6-180	泵送预拌混凝土条形基础（无梁式）	m^3	63	395.94	24944.22
3	6-196	泵送预拌混凝土圈梁	m^3	5.18	460.64	2386.12
4	6-316	非泵送预拌混凝土构造柱	m^3	1.00	561.47	561.47
合　计						33551.08

（4）清单计价

因本项目清单工程量＝计价定额工程量，故清单综合单价＝定额综合单价。清单计价详见表 10-7。

表 10-7　分部分项工程项目清单与计价表

工程名称：某接待室　　标段：　　第 1 页　共 1 页

序号	项目编码	项目名称	项目特征描述	计量单位	工程量	金额 / 元		
						综合单价	合价	其中暂估价
1	010501001001	垫层	混凝土类别：泵送预拌混凝土 混凝土强度等级：C10	m^3	12.29	398.26	5659.27	
2	010501002001	带形基础	混凝土类别：泵送预拌混凝土 混凝土强度等级：C20	m^3	54.6	395.94	24944.22	
3	010503004001	地圈梁	混凝土类别：泵送预拌混凝土 混凝土强度等级：C20	m^3	4.49	460.64	2386.12	
4	010502002001	构造柱	混凝土类别：泵送预拌混凝土 混凝土强度等级：C20	m^3	1.00	561.47	561.47	
合　计							33551.08	

【10-3】 背景资料：某三类工程办公楼地下室如图 10-23 所示。设计室外地坪标高为 −0.300m，地下室的室内地坪标高为 −1.500m。采用满堂基础，C30 钢筋混凝土，垫层为 C10 素混凝土，垫层底标高为 −1.900m。垫层施工前原土打夯，所有混凝土均采用泵送预拌混凝土。地下室墙外壁做防水层。挖掘机（斗容量 $1m^3$）挖土，深度超过 1.5m 起放坡，放坡系数为 1∶0.33。

问题：计算该满堂基础混凝土和垫层混凝土部分的分部分项工程量清单综合单价。

解析：

（1）计算基础垫层和满堂基础的清单工程量

① 基础垫层 010501001：

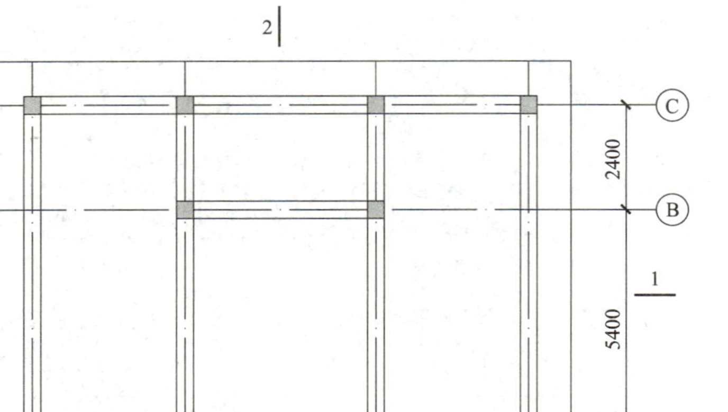

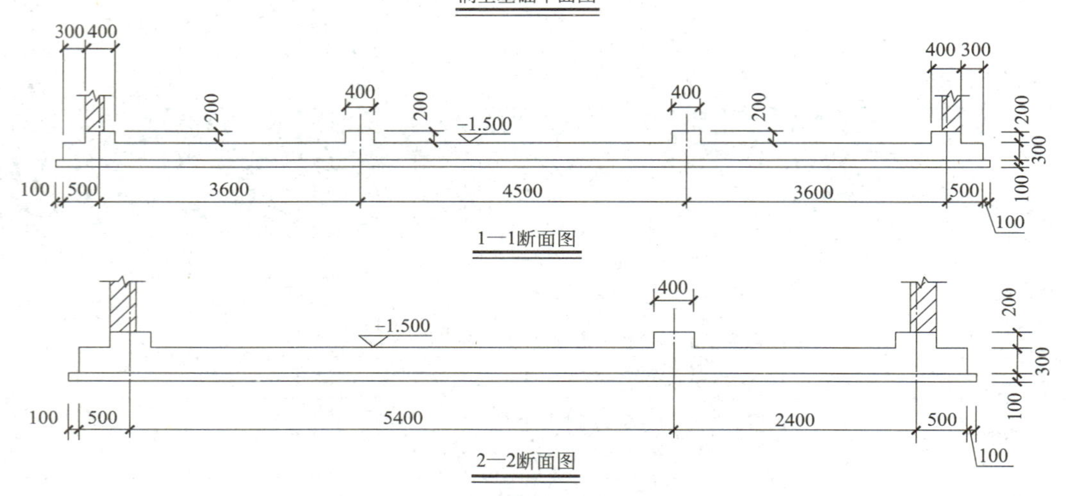

图 10-23　办公楼地下室平面图、断面图

垫层长 =3.6×2+4.5+0.5×2+0.1×2=12.9（m）

垫层宽 =5.4+2.4+0.5×2+0.1×2=9.00（m）

基础垫层清单工程量 =12.9×9.00×0.1=11.61（m^3）

② 满堂基础 010501004，按设计图示尺寸以体积计算，不扣除构件内钢筋、预埋铁件和伸入承台基础的桩头所占体积。满堂基础有梁式（包括反梁）、无梁式应分别计算，仅带有边肋者，按无梁式满堂基础套用定额。

$$有梁式满堂基础体积 = 基础底板面积 \times 板厚 + 梁截面面积 \times 梁长 \tag{10-10}$$

梁和柱的分界：柱高应从柱基上表面计算，即从梁的上表面计算。

$$无梁式满堂基础体积 = 底板面积 \times 板厚 + 柱帽总体积 \tag{10-11}$$

本项目为有梁式满堂基础体积。

底板长 =3.6×2+4.5+0.5×2=12.7（m），底板宽 =5.4+2.4+0.5×2=8.8（m）

底板清单工程量 =12.7×8.8×0.3=33.528（m^3）
反梁：梁截面尺寸 =0.4m×0.2m。
梁长 =（3.6×2+4.5）×2 +（5.4+2.4）×2 +（7.8−0.4）×2+4.5−0.4=57.90（m）
反梁清单工程量 =0.4×0.2×57.90=4.632（m^3）
满堂基础清单工程量 =33.528+4.632=38.16（m^3）
（2）计算基础垫层和满堂基础的定额工程量
① 基础垫层定额工程量同清单工程量，为 16.10m^3。
② 满堂基础的定额工程量同清单工程量，为 38.16m^3。
③ 基坑原土打底夯定额工程量 = 基坑坑底面积。
地下室墙外壁做防水层，挖土时每边各增加工作面 1000mm，基坑坑底尺寸为：
坑底长 =3.6×2+4.5+0.4+1.0×2=14.1（m），坑底宽 =5.4+2.4+0.4+1.0×2=10.2（m）
基坑原土打底夯定额工程量 =14.1×10.2=143.82（m^2）
（3）计算清单综合单价
根据计价定额的相关规定，套用相关定额，列表计算，详见表 10-8。

表 10-8 分部分项工程量清单综合单价计算表

项目编码		项目名称	计量单位	工程数量	综合单价 / 元	合价 / 元
010501001001		满堂基础垫层	m^3	11.61	416.74	4838.38
清单综合单价组成	定额号	子目名称	单位	数量	综合单价 / 元	合价 / 元
	6-178	C10 泵送预拌混凝土无筋垫层	m^3	11.61	398.26	4623.80
	1-100	基坑原土打底夯	10m^2	14.382	14.92	214.58
010501004001		满堂基础	m^3	38.16	412.84	15753.97
清单综合单价组成	定额号	子目名称	单位	数量	单价	合价
	6-184 换	C30 泵送预拌混凝土有梁式满堂基础	m^3	38.16	412.84	15753.97

表中：清单综合单价 =∑（定额综合单价 × 定额工程量）÷ 清单工程量
满堂基础垫层的清单综合单价 =（4623.80+214.58）÷11.61=416.74（元）
6-184 换：定额综合单价 =393.02−338.87+1.02×351.66=412.84（元）（C30 混凝土材料费换 C20 混凝土的材料费）。

【10-4】 背景资料：某加油库三类工程见图 10-24。全现浇框架结构，轴线尺寸为柱和梁中心线尺寸。柱、梁、板混凝土均为现场自拌，C25 混凝土。各构件尺寸如图所示，柱截面积：500mm×500mm，L1 梁：300mm×550mm，L2 梁：300mm×500mm；现浇板厚：100mm。

问题：（1）按清单“计量规范”编制柱、梁、板的混凝土分部分项工程量清单
（2）按清单“计量规范”和“计价定额”计算柱、梁、板的混凝土清单综合单价
（3）按“费用定额”计价程序计算工程预算造价。已知专业工程暂估价中材料暂估价合计为 6000 元，安全文明施工措施费率按省级文明标化工地（一星级）计取，社会保险费率、住房公积金费率执行营改增现行费率，增值税率 9%（其他未列项目不计取）

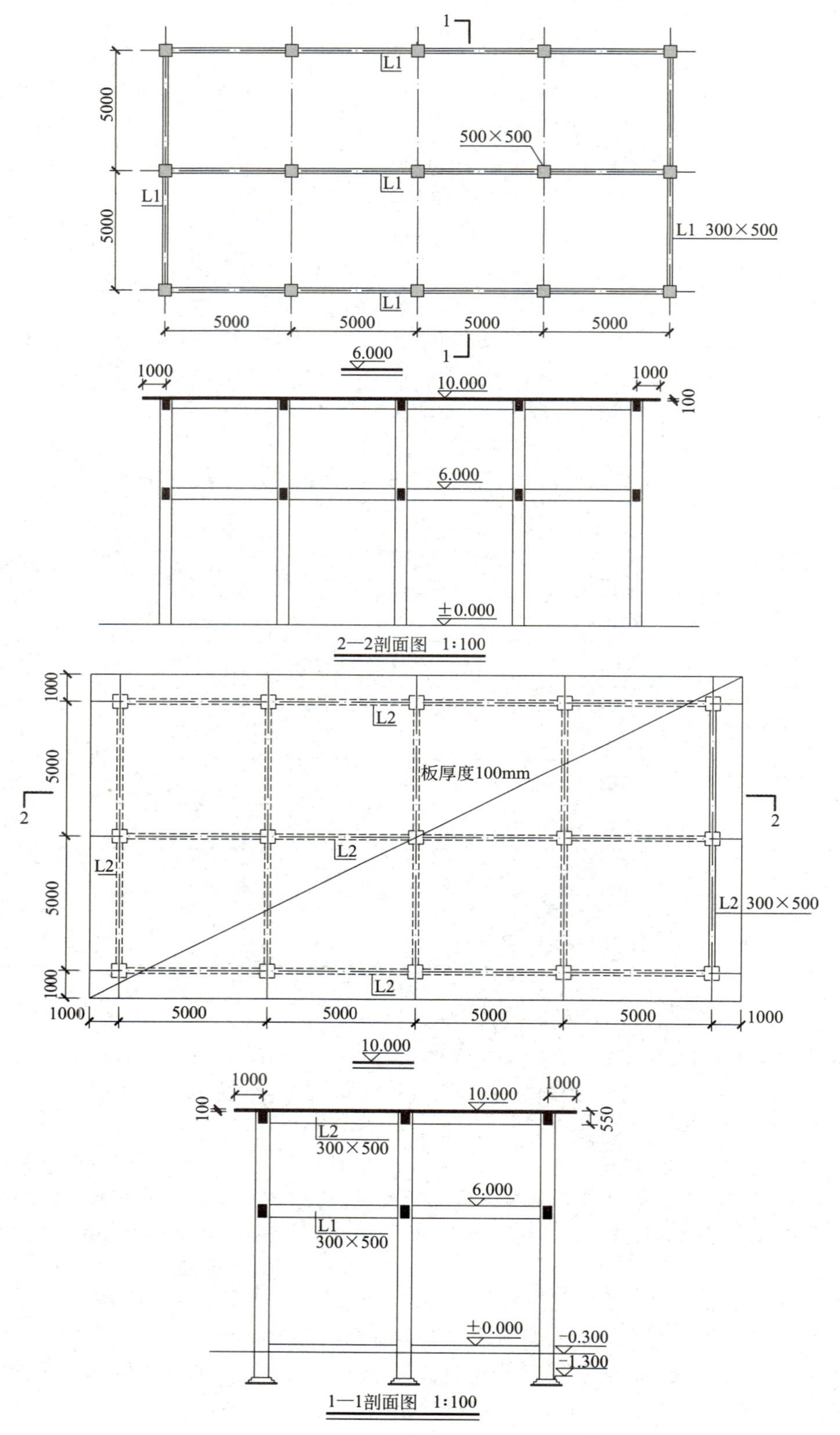
1
L1
5000
500×500
L1
L1
5000
L1 300×500
L1
5000
5000
5000
5000
1
6.000
1000
10.000
1000
100
6.000
±0.000
2—2剖面图 1:100
1000
L2
5000
板厚度100mm
2
2
L2
L2
5000
L2 300×500
1000
L2
1000
5000
5000
5000
5000
1000
10.000
1000
10.000
1000
100
550
L2
300×500
6.000
L1
300×500
±0.000
-0.300
-1.300
1—1剖面图 1:100

图 10-24 加油库工程

解析：

（1）编制柱、梁板的混凝土分部分项工程量清单

1）计算清单工程量

① 框架柱（矩形柱）：

柱截面尺寸 500mm×500mm，柱高 =10.00+1.30=11.3（m）（从基础顶面算至屋面板顶），数量 =15 根；

矩形柱清单工程量 =0.5×0.5×11.3×15=42.375（m^3）

② 矩形梁（标高 6.00 处）：

L1 梁截面尺寸 300mm×550mm，梁长 =5−0.5=4.5（m），数量 =16 根；

矩形梁 L1 清单工程量 =0.3×0.55×4.5×16=11.88（m^3）

③ 有梁板（标高 10.00 处）：

L2 梁截面尺寸 300mm×500mm，梁长 =5−0.5=4.5（m），数量 =22 根；

L2 清单工程量 =0.3×（0.5−0.1）×4.5×22=11.88（m^3）；

屋面板板厚 100mm，板平面尺寸（20+1.0×2）×（10+1.0×2）=22×12（m^2）；

每个柱所占板的体积 =0.5×0.5×0.1×15=0.375（m^3）；

屋面板的体积 =22×12×0.1−0.375=26.025（m^3）；

有梁板清单工程量 =11.88+26.025=37.905（m^3）

2）编制工程量清单

根据“计量规范”对现浇钢筋混凝土柱、梁、板的工程量清单项目设置、项目特征描述的内容、计量单位的规定及计算得出的工程量，编制其分部分项工程量清单，详见表 10-9。

表 10-9　分部分项工程项目清单与计价表

工程名称：某加油库　　　　标段：　　　　第 1 页　共 1 页

序号	项目编码	项目名称	项目特征描述	计量单位	工程量	金额 / 元		
						综合单价	合价	其中暂估价
1	010502001001	矩形柱	混凝土类别：自拌混凝土；混凝土强度等级：C25	m^3	42.375			
2	010503002001	矩形梁	混凝土类别：自拌混凝土；混凝土强度等级：C25	m^3	11.88			
3	010505001001	有梁板	混凝土类别：自拌混凝土；混凝土强度等级：C25	m^3	37.905			

（2）计算柱、梁、板的清单综合单价

先计算计价定额工程量。

“计价定额”中，柱、梁、板的工程量计算规则与《房屋建筑与装饰工程工程量计算规范》（GB 50854—2013）中的柱、梁、板的工程量计算规则一致，计算结果也相同。即：

矩形柱计价定额工程量 =42.375m^3；矩形梁计价定额工程量 =11.88m^3

有梁板计价定额工程量 =37.905m^3

然后，根据“计价定额”的相关规定，套用柱、梁、板的相关定额，列表计算，详见表 10-10。

表 10-10　分部分项工程量清单综合单价计算表

项目编码		项目名称	计量单位	工程数量	综合单价 / 元	合价 / 元
010502001001		矩形柱	m^3	42.375	518.02	21951.10
清单综合单价组成	定额号	子目名称	单位	数量	单价	合价
	6-14 换	矩形柱	m^3	42.375	518.02	21951.10
010503002001		矩形梁	m^3	11.88	420.77	4998.75
清单综合单价组成	定额号	子目名称	单位	数量	单价	合价
	6-19 换	框架梁	m^3	11.88	420.77	4998.75
010505001001		有梁板	m^3	37.905	423.17	16040.26
清单综合单价组成	定额号	子目名称	单位	数量	单价	合价
	6-32 换	有梁板	m^3	37.905	423.17	16040.26

表中的综合单价换算说明：

① 矩形柱、矩形梁、有梁板 C30 混凝土材料费换出，C25 混凝土材料费换入。

② 根据“计价规范”的规定，室内净高超过 8m 的现浇柱、梁、墙、板（各种板）的人工工日分别乘以下系数：净高在 12m 以内 1.18；净高在 18m 以内 1.25。矩形柱、有梁板的人工工日乘以系数 1.18，并增加相应的管理费和利润。

换算计算如下：

6-14 换：综合单价 =484.18−239.17+233.91+157.44×0.18×（1+26%+12%）=518.02（元）

6-19 换：综合单价 =426.20−246.45+241.03=420.77（元）

6-32 换：综合单价 =406.41−253.08+247.02+91.84×0.18×（1+26%+12%）=423.17（元）

（3）计算工程预算造价

按费用定额计价程序列表计算，详见表 10-11。

表 10-11　工程量清单法计算程序表

序号	费月名称	计算基础 / 元	费率	金额 / 元
1	分部分项工程费	21951.10+4998.75+16040.26		42990.11
2	措施项目费			1766.89
2.1	安全文明施工	分部分项工程费 + 单价措施项目费 − 工程设备费		1766.89
	基本费	42990.11	3.1%	1332.69
	省级标化增加费	42990.11	0.7%	300.93
	扬尘污染防治增加费	42990.11	0.31%	133.27
3	其他项目费用	6000		6000
3.1	暂列金额			
3.2	材料暂估价			
3.3	专业工程暂估价	6000		6000

续表

序号	费用名称	计算基础 / 元	费率	金额 / 元
3.4	计日工			
3.5	总承包服务费			
4	规费	分部分项工程费 + 措施项目费 + 其他项目费用 - 工程设备费		1993.24
4.1	社会保险费	42990.11+1766.89+6000=50757	3.2%	1624.22
4.2	公积金	50757	0.53%	269.01
5	税金	分部分项工程费 + 措施项目费 + 其他项目费用 + 规费 - 工程设备费 =42990.11+1766.89+6000+1993.24=52750.24	9%	4747.52
6	工程造价	42990.11+1766.89+6000+1993.24+4747.52		57497.76

【10-5】 背景资料：某全现浇框架结构工业建筑，柱、梁、板均采用非泵送预拌 C30 混凝土，二层楼面如图 10-25 所示。已知柱截面尺寸为 600mm×600mm；一层楼面结构标高为 -0.030m，二层楼面结构标高为 4.470m，现浇楼板厚 120mm；轴线尺寸为柱中心线尺寸。

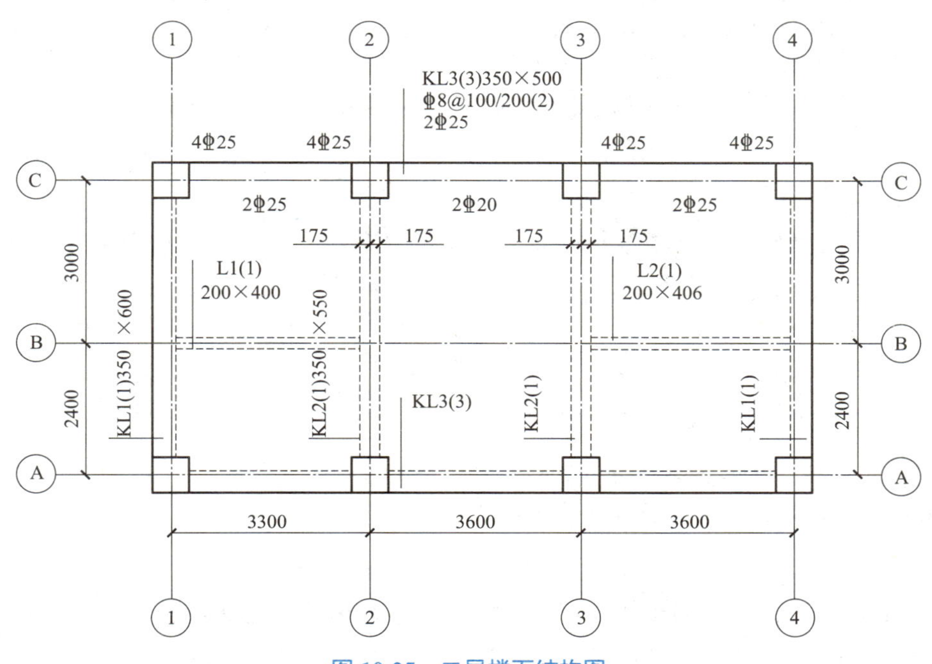

图 10-25　二层楼面结构图

要求：（1）分别计算一层柱及二层楼面梁、板的混凝土清单工程量和定额工程量

（2）编制一层柱及二层楼面梁、板的混凝土分部分项工程量清单

（3）计算一层柱及二层楼面梁、板的清单综合单价

解析：

（1）计算一层柱及二层楼面梁、板的混凝土清单工程量

① 柱。截面尺寸 =0.6m×0.6m，柱高 =4.47+0.03=4.5（m）

柱混凝土清单工程量 =0.6×0.6×4.5×8=12.96（m^3）

② 梁。列表计算各梁的清单工程量，详见表 10-12。

表 10-12　梁工程量计算表

序号	编号	截面积 /mm×mm	长度 /m	计算公式	计量单位	工程量
1	KL1	0.35×0.6	2.4+3−0.6=4.8	0.35×（0.6−0.12）×4.8×2	m^3	1.61
2	KL2	0.35×0.55	2.4+3−0.6=4.8	0.35×（0.55−0.12）×4.8×2	m^3	1.44
3	KL3	0.35×0.5	3.3+3.6×2−0.6×3=8.7	0.35×（0.5−0.12）×8.7×2	m^3	2.31
4	L1	0.2×0.4	3.3−0.05−0.175=3.075	0.2×（0.4−0.12）×3.075	m^3	0.17
5	L2	0.2×0.4	3.6−0.05−0.175=3.375	0.2×（0.4−0.12）×3.375	m^3	0.19
	合　计					5.72

③ 板。板的长度 =3.3+3.6×2+0.6=11.10（m）；板的宽度 =2.4+3+0.6=6.00（m）

柱所占板的体积 =0.6×0.6×0.12×8=0.35（m^3）

板混凝土清单工程量 =11.10×6.00×0.12−0.35=7.99−0.35=7.64（m^3）

④ 有梁板。有梁板的清单工程量 = 梁、板清单工程量之和 =5.72+7.64=13.36（m^3）

一层柱及二层楼面梁、板的混凝土的定额工程量同清单工程量。

（2）编制一层柱及二层楼面梁、板的混凝土分部分项工程量清单

根据“计算规范”中清单编制的要求和计算出的工程量，编制工程量清单，详见表 10-13。

表 10-13　分部分项工程量清单

序号	项目编码	项目名称	项目特征描述	计量单位	工程量
1	010502001001	矩形柱	1. 非泵送混凝土 2. 混凝土强度：C30	m^3	12.96
2	010505001001	有梁板	1. 非泵送混凝土 2. 混凝土强度：C30	m^3	13.36

（3）计算一层柱及二层楼面梁、板的清单综合单价

根据定额子目对应的清单项目计算，详见表 10-14。

表 10-14　工程量清单综合单价计算表

项目编码		项目名称	计量单位	工程量	综合单价 / 元	合计 / 元
010502001001		矩形柱	m^3	12.96	488.03	6324.87
清单综合单价组成	定额编号	子目名称	单位	数量	单价	合价
	6-313	矩形柱	m^3	12.96	488.03	6324.87
010505001001		有梁板	m^3	13.36	441.52	5898.71
清单综合单价组成	定额编号	子目名称	单位	数量	单价	合价
	6-331	有梁板	m^3	13.36	441.52	5898.71

除导入项目 1 和以上案例外，混凝土分部分项工程的计量与计价还涉及其他现浇构件和预制构件的计算。

（1）现浇混凝土基础

包括独立基础 010501003、桩承台基础 010501005、设备基础 010501006。独立基础多用于建筑物上部结构采用框架结构承重的情况，有阶梯形基础、截头方锥形基础、杯形基础等常见形式。桩承台基础适用于浇注在群桩、单桩上的墙基、柱基等。设备基础适用于设备的块体基础，框架设备基础等。工程量均按设计图示尺寸以体积计算，并算至基础扩大顶面。

如图 10-26 所示的锥形独立基础（以下简称独基），由底部长方体和上部棱台体两部分组成，其体积计算公式为：

$$V_{独基}=底部长方体\ V_1+上部棱台体\ V_2=ABh_1+\frac{1}{3}h_2(AB+\sqrt{ABab}+ab)$$

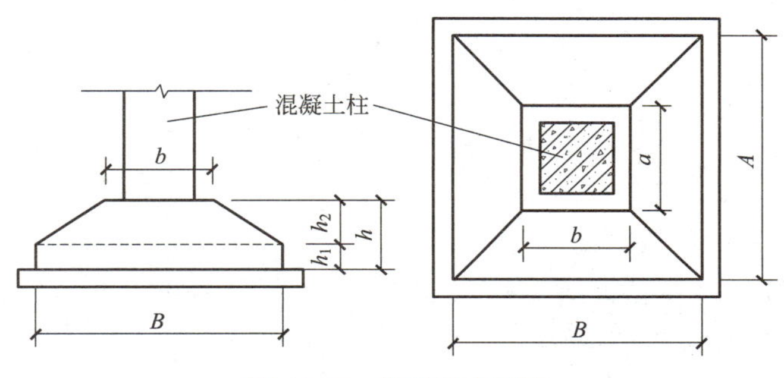

图 10-26　锥形独立基础

计算杯形基础工程量时，将底部长方体、中部棱台体、上部长方体三个体积相加，再减去杯口内的虚空体积，如图 10-27 所示。

$$V_{杯基}=底部长方体\ V_1+中部棱台体\ V_2+上部长方体\ V_3-杯口虚空体积\ V_4$$

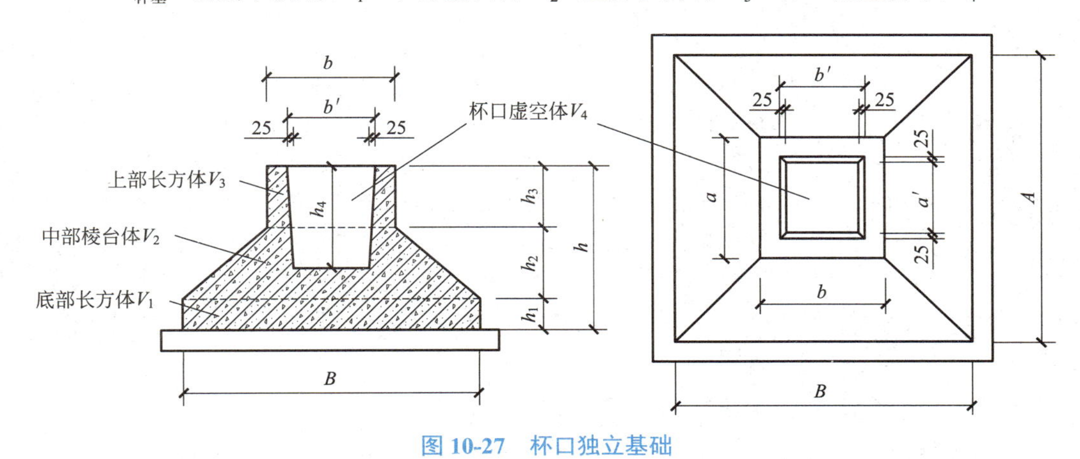

图 10-27　杯口独立基础

（2）现浇雨篷、悬挑板、阳台板 010505008

雨篷包括板式和复式雨篷，阳台包括挑阳台和凹阳台。计价定额中规定，阳台、雨篷按伸出墙外的板底水平投影面积计算，伸出墙外的牛腿不另计算。

（3）现浇混凝土其他构件

包括散水、坡道 010507001，电缆沟、地沟 010507003，台阶 010507004，扶手、压顶 010507005 等。散水、坡道以平方米计量，按设计图示尺寸以面积计算。电缆沟、地沟以米计量，按设计图示以中心线长计算。台阶以平方米计量，按设计图示尺寸水平投影面积计算，平台与台阶的分界线以最上层台阶的外口增 300mm 宽度为准，台阶宽以外部分并入地面工程量计算，如图 10-28 所示。

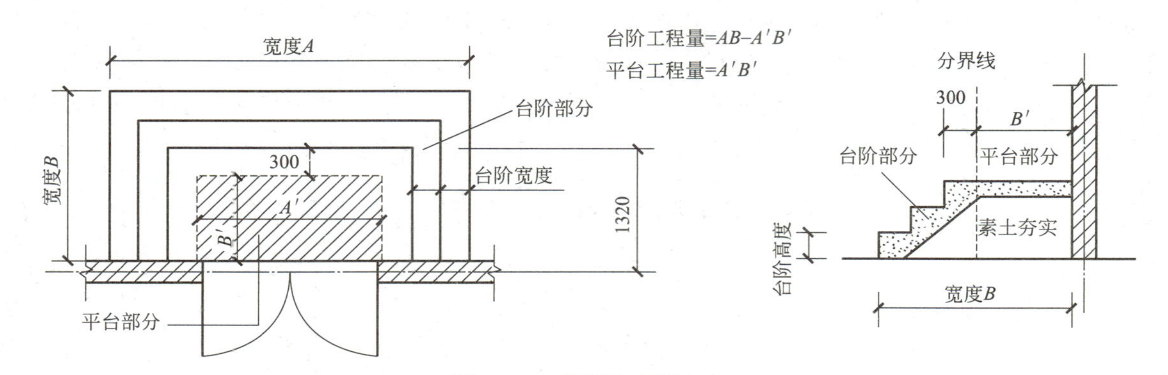

图 10-28　混凝土台阶示意

10.3　预制装配式混凝土工程清单计量

导入项目2　某住宅建筑为装配整体式剪力墙结构，地下 1 层，地上 18 层，檐口总高度 53.75m，从标高 6.16m 到 53.45m 楼层部分采用预制剪力墙，从二层到十八层采用预制叠合板和预制楼梯，该工程是典型的“三板”（预制墙板、预制楼梯板、预制楼板）预制建筑。（成套图纸请扫描二维码 10.3、10.4 获取）

二维码 10.3

（1）编制该住宅装配式混凝土工程的工程量清单；

（2）计算该住宅装配式混凝土工程清单分部分项工程费。

（π 取值 3.14；柱、剪力墙混凝土工程量从基础顶面标高起算；施工时柱分两次浇筑；混凝土采用商品混凝土泵送；小数点后保留两位小数。）

二维码 10.4

近年来，预制装配式建筑因其安装速度快、节水、节地、降低噪音、节材等诸多优点而被广泛应用。自 2015 年以来，国家密集出台了很多关于预制装配式建筑的相关政策，住建部出台的《建筑产业现代化发展纲要》计划到 2025 年装配式建筑占新建建筑的比例达 50% 以上。

10.3.1　清单项目设置及其工程量计算规则

根据江苏省住房和城乡建设厅印发的《江苏省装配式混凝土建筑工程定额》（试行）（以下简称“2017 装配式定额”），装配式混凝土建筑工程补充分部分项工程量清单的规定，装配式混凝土建筑工程补充清单分为垂直后浇混凝土、水平后浇混凝土、装配式混凝土板等 17 个项目，如表 10-15 所示。

导入项目 2 为装配整体式剪力墙结构，按表 10-15 分部分项工程量补充清单对工程量清单项目设置、项目特征描述的内容、计量单位及工程量计算规则的规定执行。

表 10-15 装配式混凝土建筑工程常用分部分项工程量补充清单

项目编码	项目名称	项目特征	计量单位	工程量计算规则	工程内容
010508901	垂直后浇混凝土	后浇部位； 混凝土强度等级	m^3	按设计图示后浇部位体积计算，不扣除构件内钢筋、预埋铁件所占体积	模板与支撑安装、拆除； 钢筋制作、安装； 混凝土浇筑
010508902	水平后浇混凝土				
010512901	装配式混凝土板	板类型（非预应力或预应力板）； 混凝土强度等级	m^3	按设计图示尺寸以体积计算，扣除空心板空心部分，不扣除构件内钢筋、预埋铁件所占体积	构件购入与运输； 构件吊装、固定； 钢筋调直与焊接； 支撑安拆
010512902	装配式混凝土叠合板	板类型（非预应力或预应力板）； 混凝土强度等级			
010512903	装配式混凝土剪力墙	墙类型（内墙或外墙）； 混凝土强度等级； 门窗情况	m^3	按设计图示尺寸以体积计算，不扣除构件内钢筋、预埋铁件、配管、线盒及单个面积≤300mm×300mm孔洞所占体积，依附于构件制作的保温层、饰面板体积并入工程量内计算	构件购入与运输； 构件吊装、固定； 支撑安拆； 注浆
010512904	装配式混凝土保温外墙板	保温层（饰面板）材质、厚度； 混凝土强度等级； 门窗情况			
010513901	装配式混凝土楼梯	混凝土强度等级	m^3	按设计图示尺寸以体积计算，不扣除构件内钢筋、预埋铁件所占体积。	构件购入与运输； 构件吊装、固定； 支撑安拆
010514901	装配式混凝土阳台	混凝土强度等级			

注：后浇混凝土清单中包含后浇混凝土对应的模板，不再单列措施项目清单。

（1）装配式混凝土剪力墙

装配式混凝土剪力墙清单项目编码为 010512903，预制剪力墙水平接缝位于楼面标高处，水平接缝处钢筋可采用套筒灌浆连接、浆锚搭接连接或在底部预留后浇区搭接连接的形式。

工程量计算规则：见表 10-15 中装配式混凝土剪力墙对应的计算规则。计算公式：装配式混凝土剪力墙工程量 =（墙长 × 墙高 $-S_{应扣}$）× 墙厚。预制混凝土剪力墙具体尺寸需要根据 PC（混凝土预制件）构件深化设计图纸确定。

（2）装配式混凝土叠合板

装配式混凝土叠合板清单项目编码为 010512902，装配式叠合板的底板在工厂按照统一的标准预制，作为浇筑上层混凝土的永久性模板，然后上下两层混凝土成为整体来承受荷载。

工程量计算规则：见表 10-15 中装配式混凝土叠合板对应的计算规则。

（3）水平后浇混凝土

水平后浇混凝土清单项目编码为 010508902。根据“2017 装配式定额”，梁板之间及板和板之间的混凝土浇筑按“水平后浇混凝土”清单列项。

工程量计算规则：见表 10-15 中水平后浇混凝土对应的计算规则。导入项目 2 中水平后浇混凝土包括两部分，叠合板和板之间以及叠合板上部。计算公式：水平后浇混凝土工程量 = 板缝长 × 板缝宽 × 板厚。

（4）平板

平板清单项目编码为 010505003。根据“2017 装配式定额”，叠合板、梁上部的后浇混凝土部分按“平板”清单列项。

工程量计算规则：按设计图示尺寸以体积计算，不扣除构件内钢筋、预埋铁件及单个面积≤ $0.3m^2$ 的柱、垛以及孔洞所占体积。压形钢板混凝土楼板扣除构件内压形钢板所占体积。计算公式：平板工程量 = 板长 × 板高 × 板厚。

（5）装配式混凝土楼梯

装配式混凝土楼梯清单项目编码为 010513901。装配式混凝土楼梯分为简支和固支两种。

工程量计算规则：见表 10-15 中装配式混凝土楼梯对应的计算规则。计算公式：装配式混凝土楼梯工程量 = 楼梯截面面积 × 梯段宽度。

（6）装配式混凝土阳台

装配式混凝土阳台清单项目编码为 010514901。

工程量计算规则：见表 10-15 中装配式混凝土阳台对应的计算规则。计算公式：阳台板工程量 = 板长 × 板高 × 板厚。

10.3.2 工程量清单编制

根据以上清单项目的工程量计算规则计算导入项目 2 中各项目的清单工程量。

（1）装配式混凝土剪力墙

以标高 6.160m 楼层预制剪力墙为例，标高 6.160m 预制剪力墙布置图如图 10-29 所示，从剪力墙布置图上可以看出有剪力墙外墙：JWQ1、JWQ2、JWQ3、JWQ4，左右对称，共 8 块剪力墙外墙。剪力墙内墙：JNQ1、JNQ2、JNQ3、JNQ4（正中），左右对称，共 7 块剪力墙内墙。

剪力墙外墙 JWQ1 深化设计详图如图 10-30 所示，其余深化设计详图请扫二维码 10.5 ～二维码 10.7 获取。

二维码 10.5

二维码 10.6

二维码 10.7

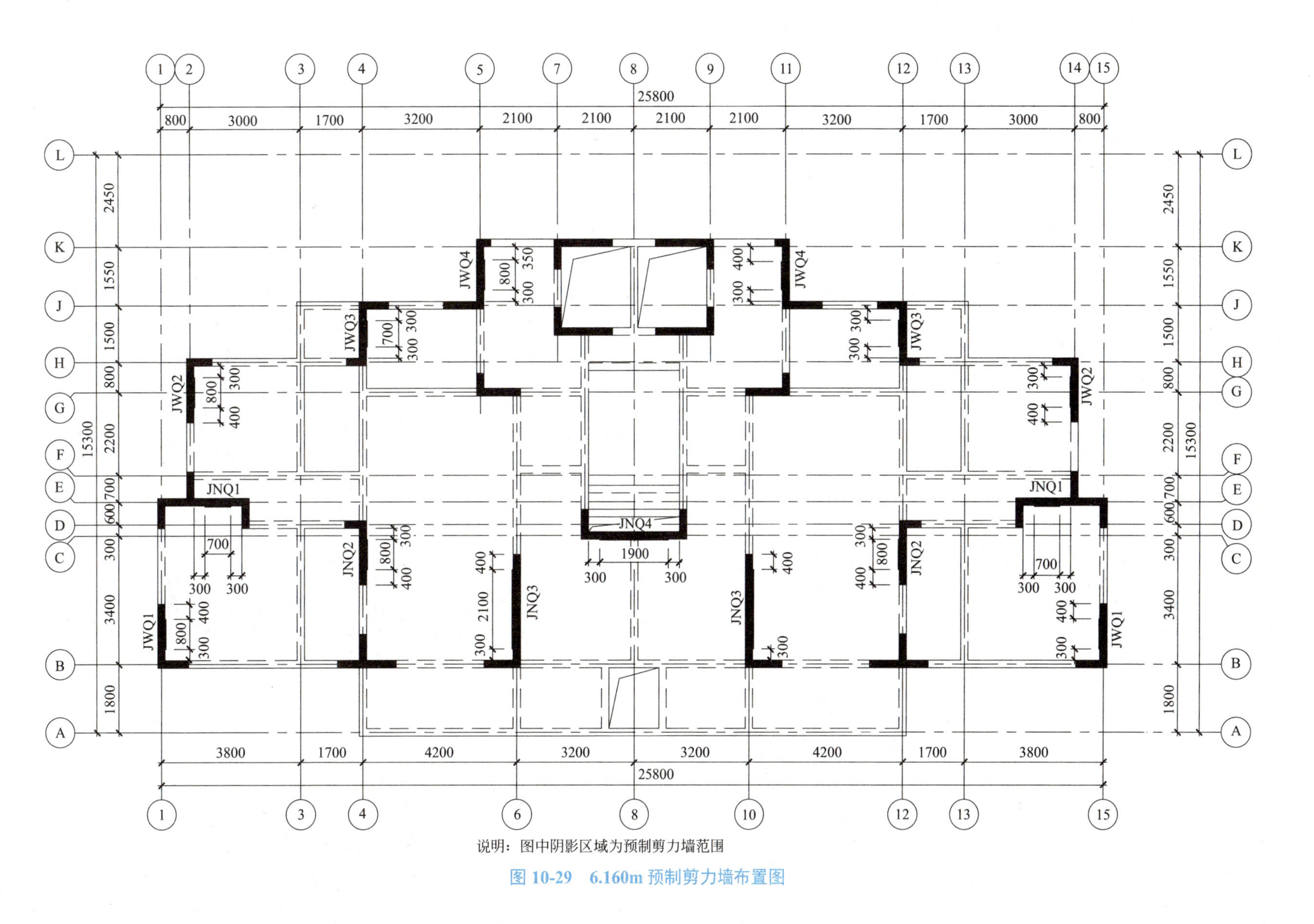

说明：图中阴影区域为预制剪力墙范围

图 10-29　6.160m 预制剪力墙布置图

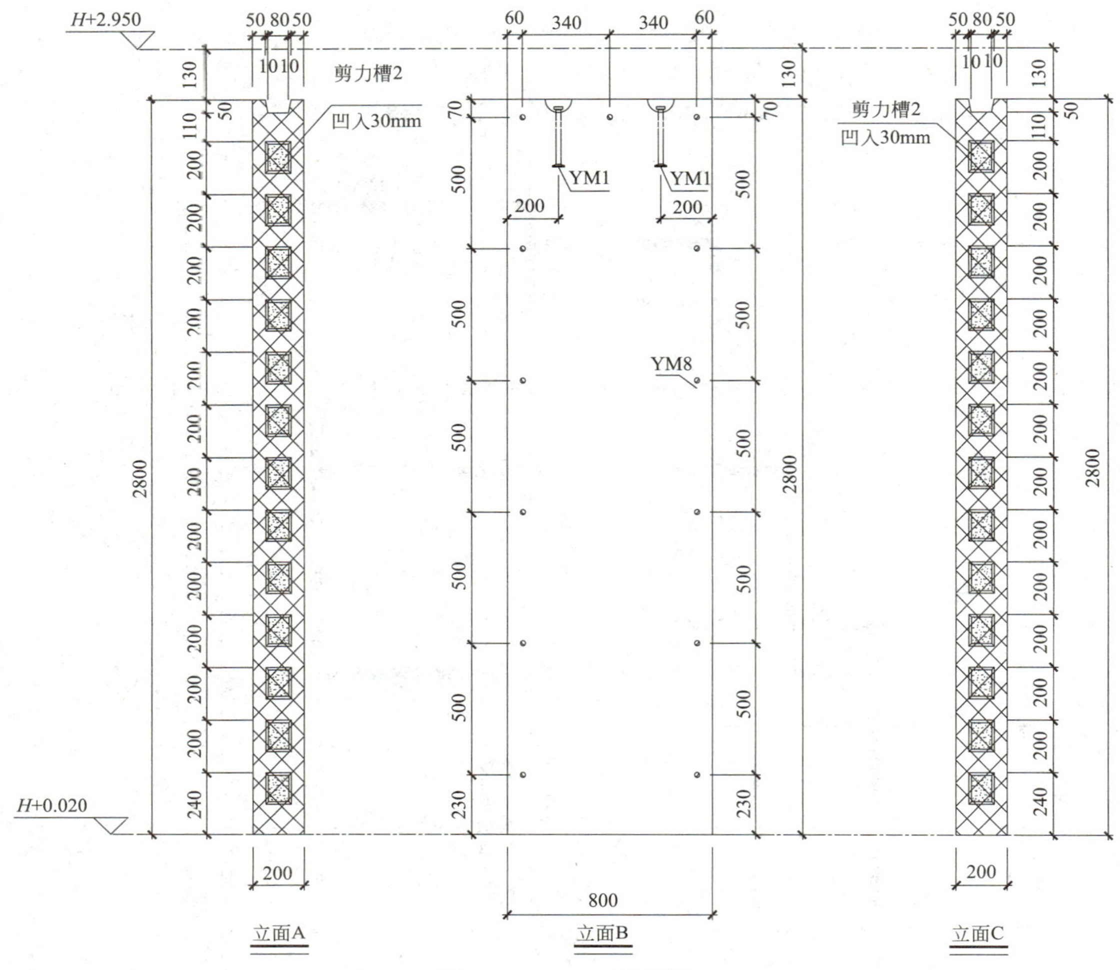

图 10-30　JWQ1 立面图

JWQ1：墙宽 × 墙高 × 墙厚 =0.8m×2.8m×0.2m×2=0.896m^3

JWQ2：墙宽 × 墙高 × 墙厚 =0.8m×2.8m×0.2m×2=0.896m^3

JWQ3：墙宽 × 墙高 × 墙厚 =0.7m×2.77m×0.2m×2=0.7756m^3

JWQ4：墙宽 × 墙高 × 墙厚 =0.8m×2.79m×0.2m×2=0.8928m^3

剪力墙外墙工程量 =JWQ1+JWQ2+JWQ3+JWQ4=0.896+0.896+0.7756+0.8928=3.46（m^3）（保留两位小数）

JNQ1：墙宽 × 墙高 × 墙厚 =0.7m×2.8m×0.2m×2=0.784m^3

JNQ2：墙宽 × 墙高 × 墙厚 =0.8m×2.57m×0.2m×2=0.8224m^3

JNQ3：墙宽 × 墙高 × 墙厚 =2.1m×2.78m×0.2m×2=2.3352m^3

JNQ4：墙宽 × 墙高 × 墙厚 =1.9m×2.8m×0.2m=1.064m^3

剪力墙内墙工程量 =JNQ1+JNQ2+JNQ3+JNQ4=0.784+0.8224+2.3352+1.064=5.01m^3（保留两位小数）

（2）装配式混凝土叠合板

以标高 6.160m 楼层④～⑥轴、Ⓑ～Ⓖ轴之间预制叠合楼板为例，布置图如图 10-31 所示。PCB6-a、b、c 详图如图 10-32 ～图 10-34 所示。

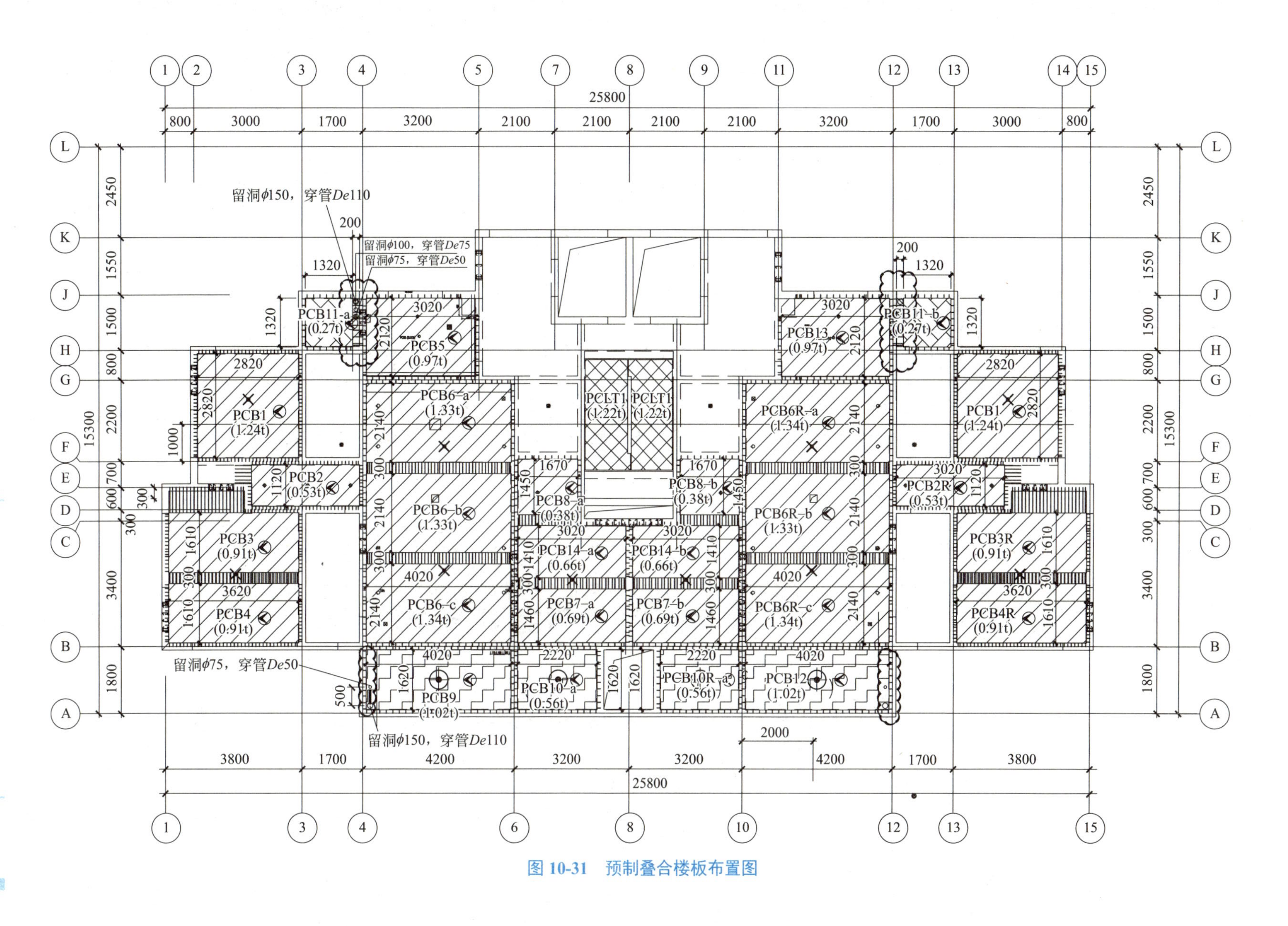

图 10-31 预制叠合楼板布置图

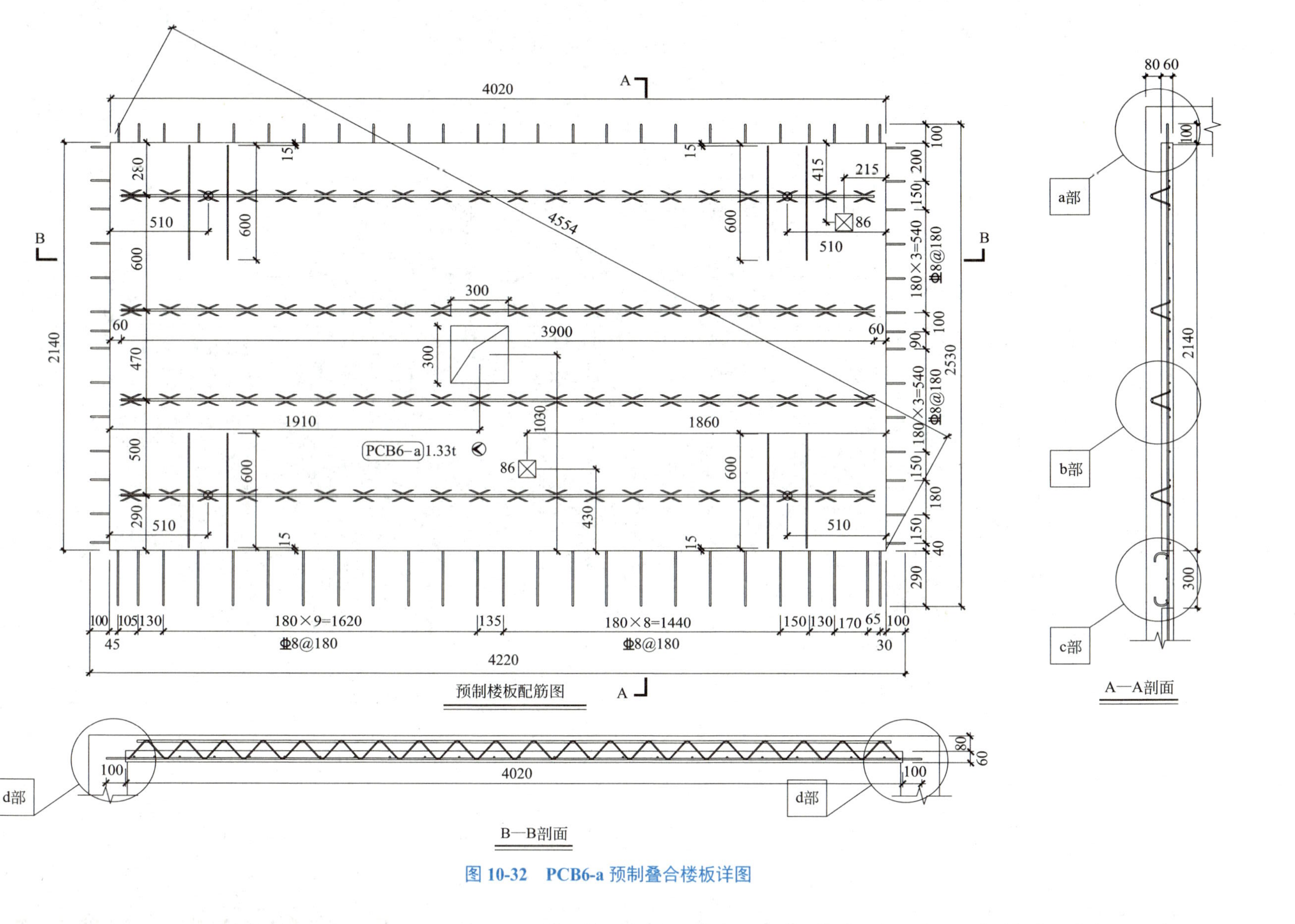

图 10-32 PCB6-a 预制叠合楼板详图

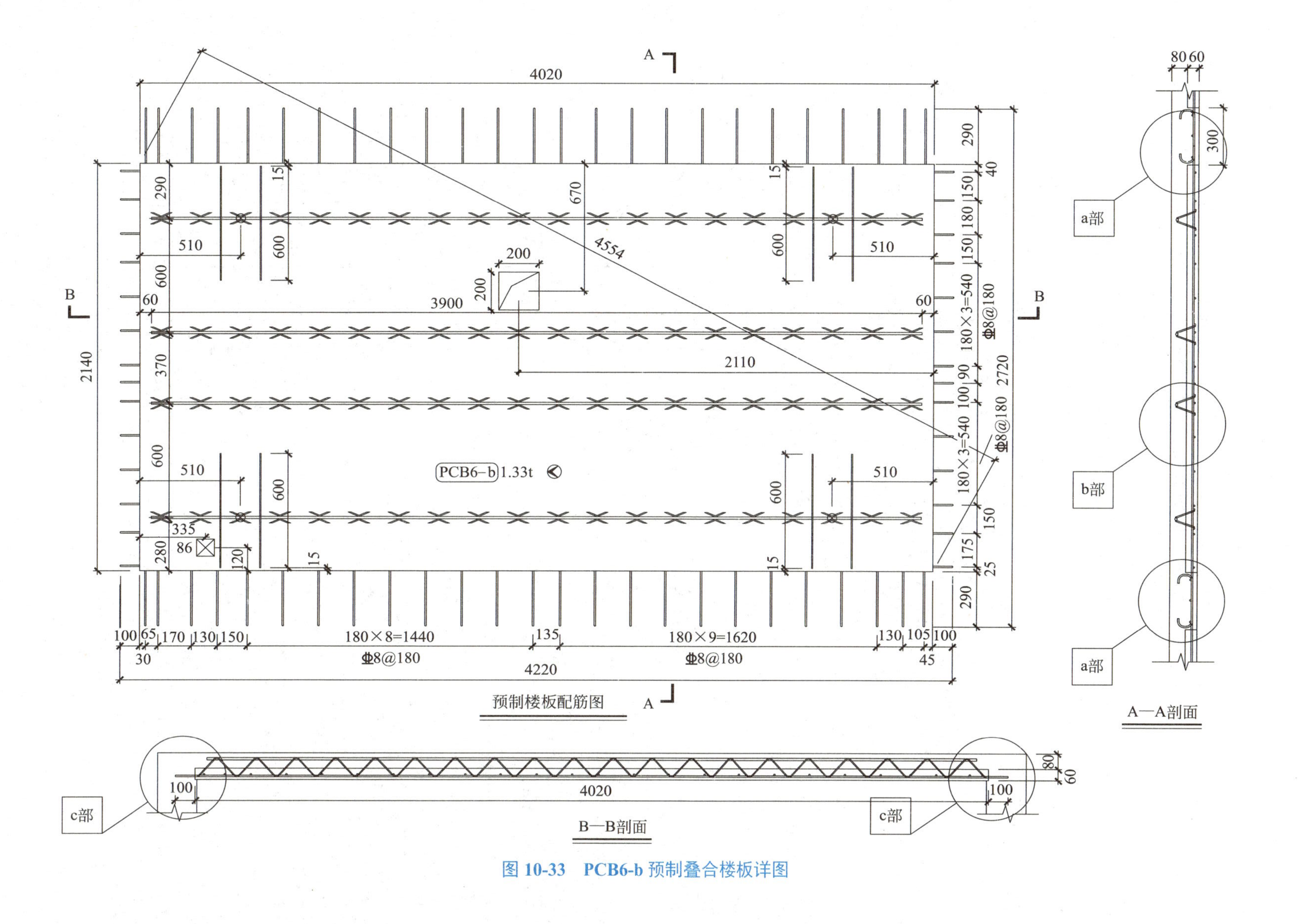

图 10-33 PCB6-b 预制叠合楼板详图

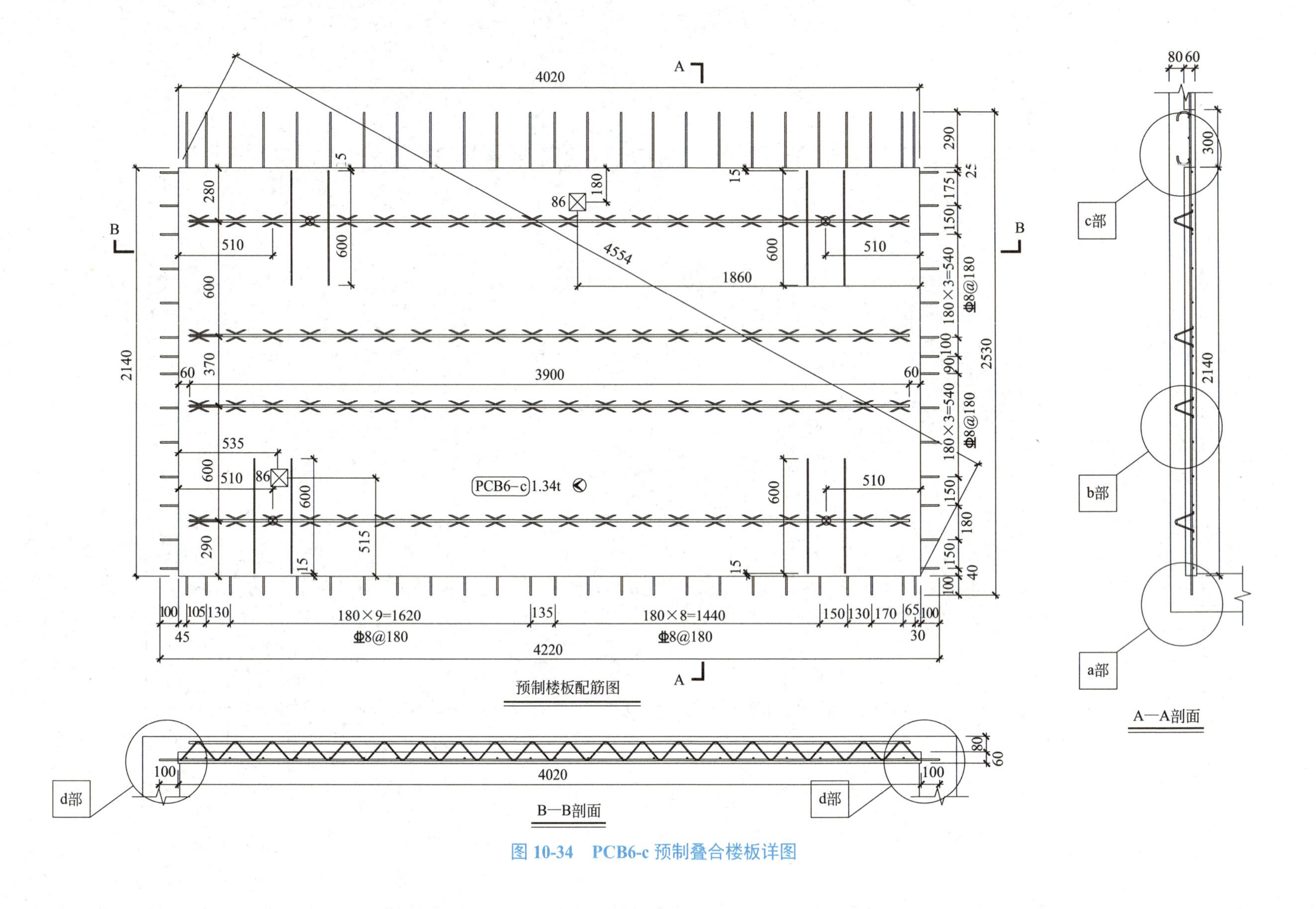

图 10-34 PCB6-c 预制叠合楼板详图

PCB6-a、b、c：板长 × 板宽 × 板厚 =4.02m×2.14m×0.06m×3=0.5162×3m³=1.55m³（保留两位小数）

（3）水平后浇混凝土（叠合底板与叠合底板之间的板缝）

以标高 6.160m 楼层④～⑥轴、Ⓑ～Ⓖ轴之间预制叠合楼板之间水平后浇混凝土为例，布置图如图 10-31 所示。水平后浇部分混凝土厚度与叠合板同厚为 60mm，长度与叠合板相同，为 4.02m，板缝宽度为 0.3m，在此跨度范围内有两条板缝。

水平后浇混凝土工程量 $=4.02\times0.3\times0.06\times2=0.1447\approx0.14$（$m^3$）

（4）平板（叠合底板上部）

以标高 6.160m 楼层④～⑥轴、Ⓑ～Ⓖ轴之间预制叠合楼板上部平板混凝土为例，布置图如图 10-31 所示。从叠合楼板布置图和叠合楼板详图中可以看出，总厚度是 140mm，现浇部分厚度是 80mm。在清单计算规则中，现浇剪力墙算到板底，板算到墙的外边缘。由于该跨板为非边跨板，计算时以中心线为边界。

平板混凝土工程量 =140mm 全厚板体积 − 预制叠合楼板体积 − 水平后浇混凝土体积

$=4.2\times(3.4+0.3+0.6+0.7+2.2)\times0.14-1.55-0.14=2.54$（$m^3$）

（5）装配式混凝土楼梯

以导入项目 2 中 5# 楼预制装配式楼梯为例，标高 3.250m ～标高 50.450m（即二到十七层）为预制装配式楼梯，每层两个梯段 PCLT1a、PCLT1b，共 16 层。预制楼梯平面布置图、详图如图 10-35 所示。

从平面图上可以看出：通过 CAD 软件查找面积功能，查出每一个梯段的截面面积，$S=0.647m^2$，每一个梯段的宽度为 1.2m。

每一个梯段工程量：截面面积 × 梯段宽度 $=0.647\times1.2\times2\times16\approx24.84$（$m^3$）

（6）装配式混凝土阳台

以标高 6.160m 楼层为例，阳台布置图如图 10-36 所示，阳台板位于Ⓐ～Ⓑ轴、④～⑫轴之间，PCB9 与 PCB12 对称、PCB10-a 与 PCB10R-a 对称，PCB9 详图见图 10-37，PCB10 详图见图 10-38。

PCB9：板长 × 板宽 × 板厚 =4.02m×1.62m×0.06m ≈0.39074m³

PCB10：板长 × 板宽 × 板厚 =2.22m×1.62m×0.06m ≈0.2158m³

预制阳台工程量 =2×PCB9+2×PCB10=0.7815+0.4316 ≈1.21（m³）

根据清单设置规定和工程量计算结果，列出混凝土工程工程量清单，详见表 10-16。

表 10-16　装配式混凝土工程分部分项工程量清单与计价表

工程名称：某住宅工程　　标段：　　第　页　共　页

序号	项目编码	项目名称	项目特征描述	计量单位	工程量	金额 / 元		
						综合单价	合价	其中暂估价
1	010512903001	装配式混凝土剪力墙	墙类型：外墙（含钢 100kg/m³）； 混凝土强度等级：C40； 门窗情况：无门窗	m³	3.46			
2	010512903002	装配式混凝土剪力墙	墙类型：内墙（含钢 95kg/m³）； 混凝土强度等级：C40； 门窗情况：无门窗	m³	5.01			
3	010512902001	装配式混凝土叠合板	板类型：非预应力板（含钢 100kg/m³）； 混凝土强度等级：C30	m³	1.55			
4	010508902001	水平后浇混凝土	后浇部位：叠合板之间和叠合板上部； 混凝土强度等级：C30	m³	0.14			
5	010505003001	平板	混凝土类别：商品混凝土； 混凝土强度等级：C30	m³	2.54			
6	010513901001	装配式混凝土楼梯	混凝土强度等级：C30（含钢 115kg/m³）	m³	24.84			
7	010514901001	装配式混凝土阳台	混凝土强度等级：C30（含钢 135kg/m³）	m³	1.21			

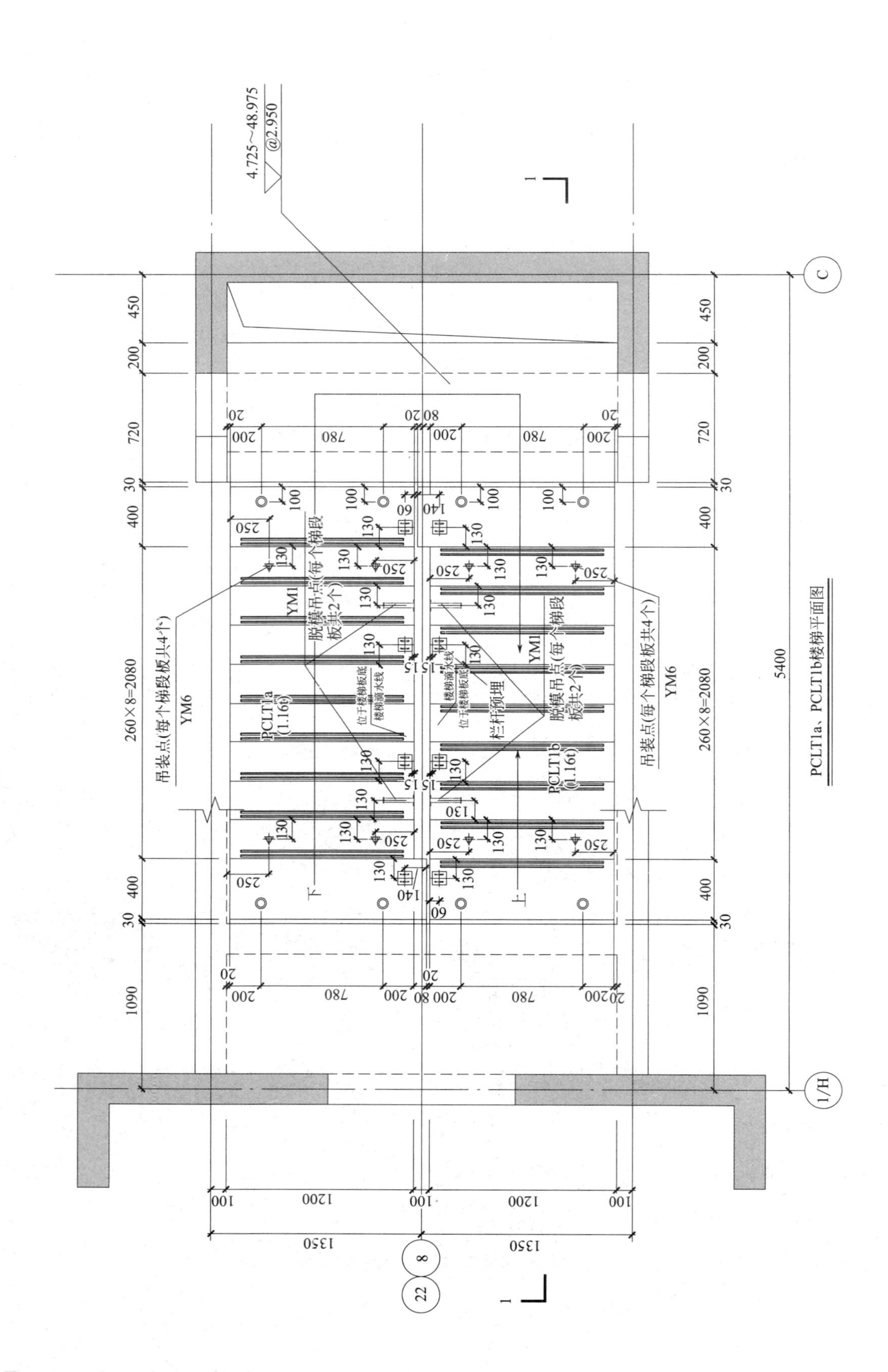

PCLT1a、PCLT1b楼梯平面图

预构件编号：PCLT1a					
栋号	楼层	单层数量	层数	合计	说明
5#	3.250～50.450	1	16	32	

预构件编号：PCLT1b					
栋号	楼层	单层数量	层数	合计	说明
5#	3.250～50.450	1	16	32	

PCLT1a配筋表					PCLT1b配筋表				
编号	数量	钢筋规格	钢筋形状	钢筋名称	编号	数量	钢筋规格	钢筋形状	钢筋名称
①	6	Φ10	2960 335	下部纵筋	①	6	Φ10	2960 335	下部纵筋
②	6	Φ8	3000	上部纵筋	②	6	Φ8	3000	上部纵筋
③	26	Φ8	100 1140 100	上、下分布筋	③	26	Φ8	100 1140 100	上、下分布筋
④	6	Φ12	1220	边缘纵筋1	④	6	Φ12	1220	边缘纵筋1
⑤	9	Φ8	360 140	边缘箍筋1	⑤	9	Φ8	360 140	边缘箍筋1
⑥	6	Φ12	1140	边缘纵筋2	⑥	6	Φ12	1140	边缘纵筋2
⑦	9	Φ8	335 140	边缘箍筋2	⑦	9	Φ8	335 140	边缘箍筋2
⑧	8	Φ10	100 280	加强筋	⑧	8	Φ10	100 280	加强筋
⑨	8	Φ8	85 415 265 85	吊点加强筋	⑨	8	Φ8	85 415 265 85	吊点加强筋
⑩	2	Φ8	1140	吊点加强筋	⑩	2	Φ8	1140	吊点加强筋

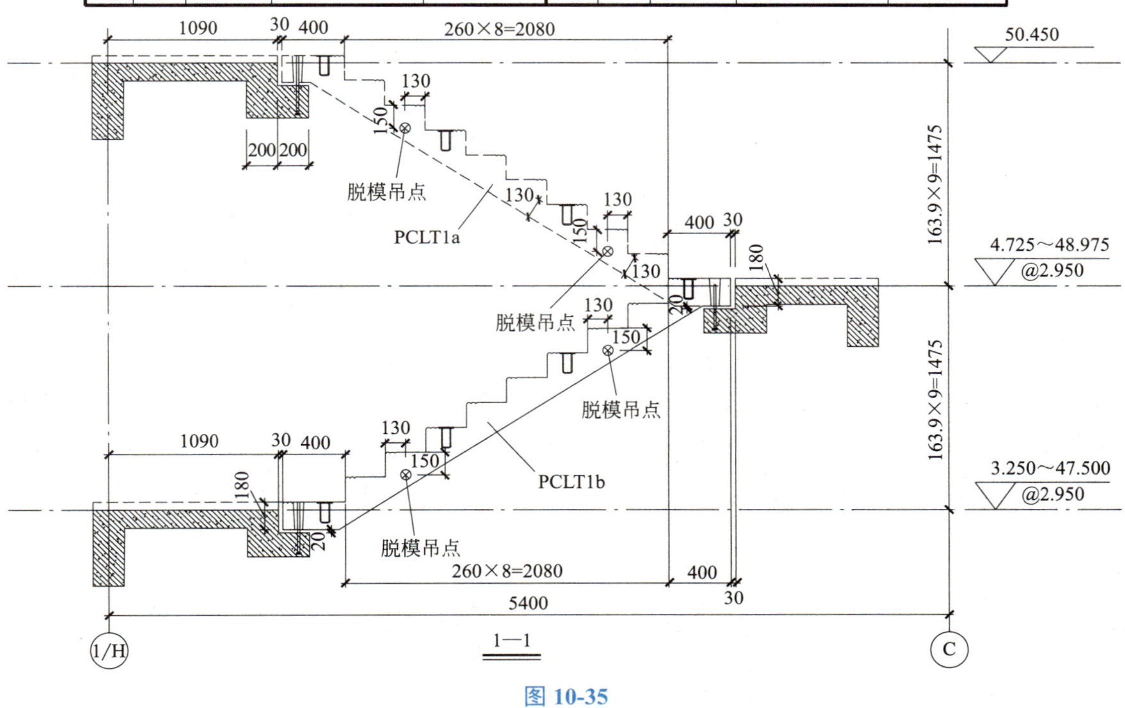

图 10-35

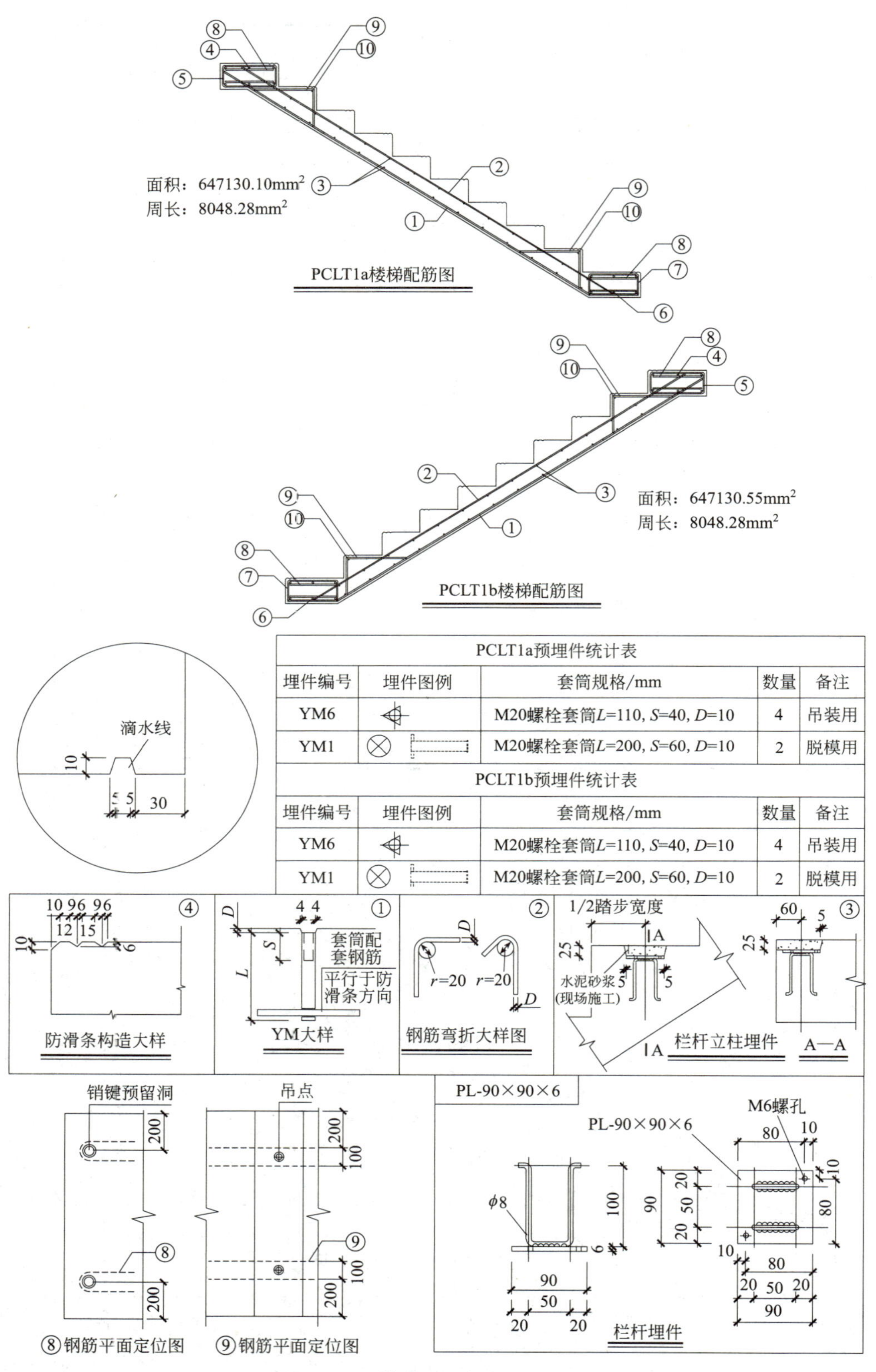

PCLT1a预埋件统计表				
埋件编号	埋件图例	套筒规格/mm	数量	备注
YM6		M20螺栓套筒L=110, S=40, D=10	4	吊装用
YM1		M20螺栓套筒L=200, S=60, D=10	2	脱模用

PCLT1b预埋件统计表				
埋件编号	埋件图例	套筒规格/mm	数量	备注
YM6		M20螺栓套筒L=110, S=40, D=10	4	吊装用
YM1		M20螺栓套筒L=200, S=60, D=10	2	脱模用

图 10-35 楼梯平面布置图、详图

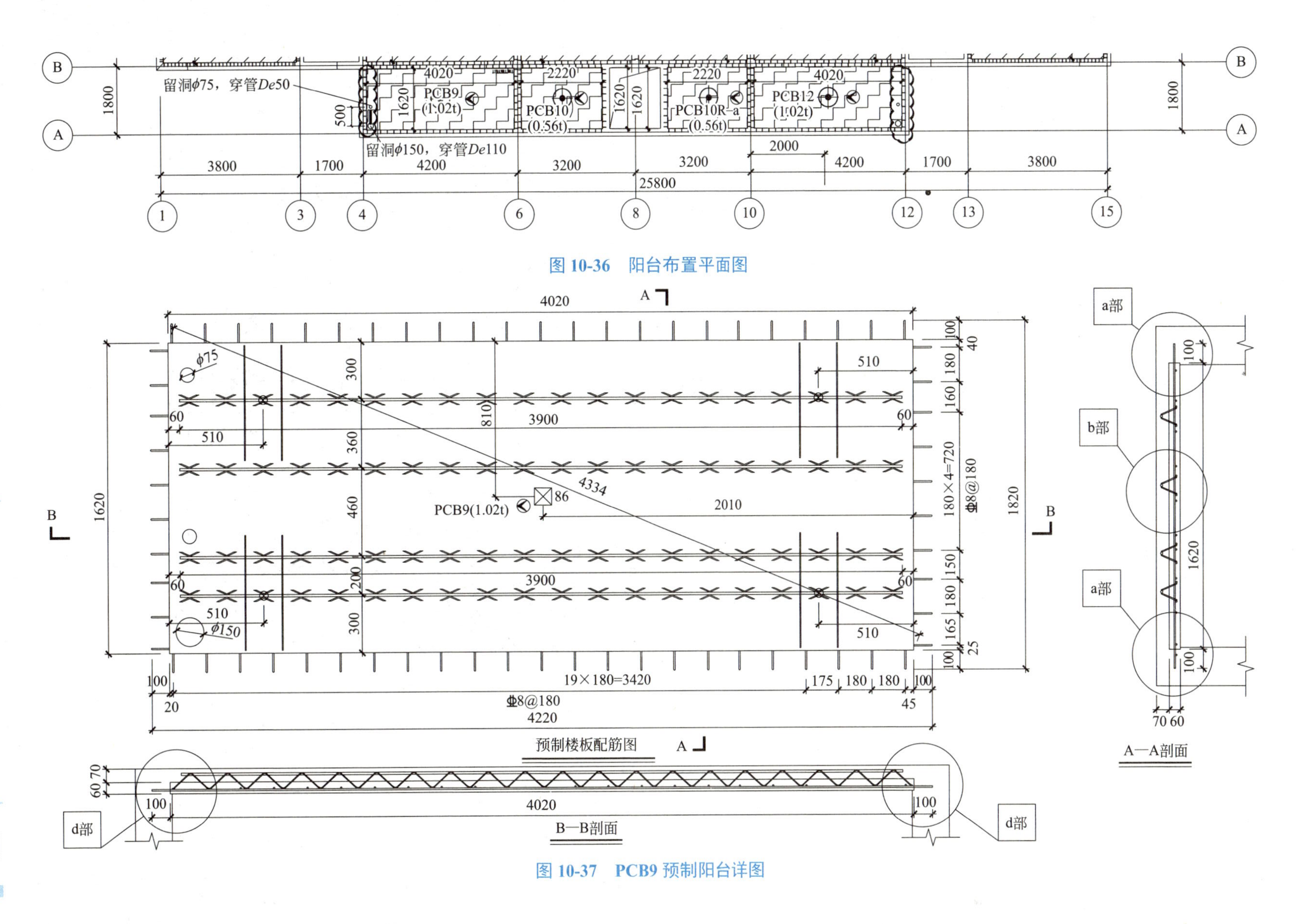

图 10-36　阳台布置平面图

图 10-37　PCB9 预制阳台详图

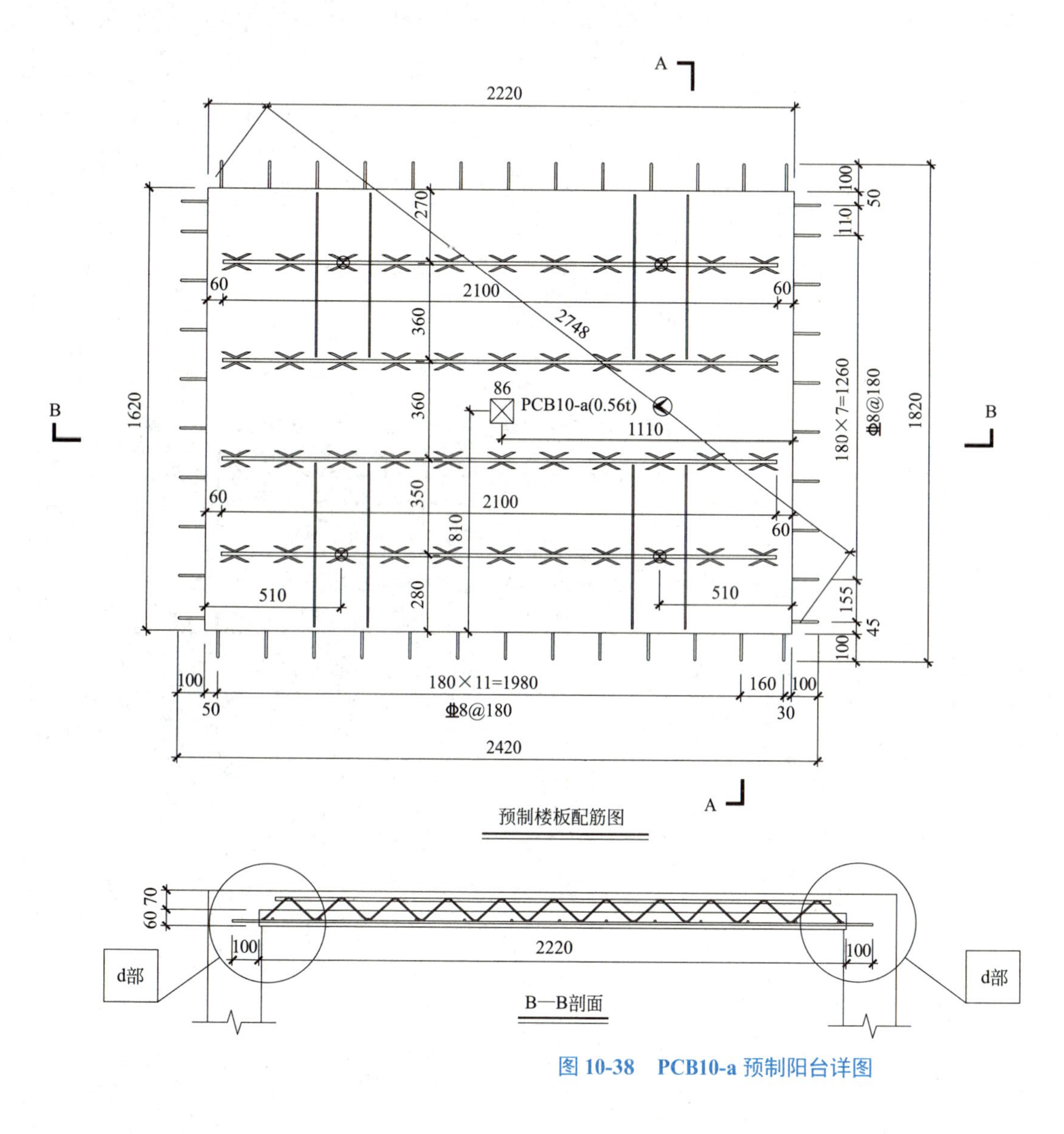

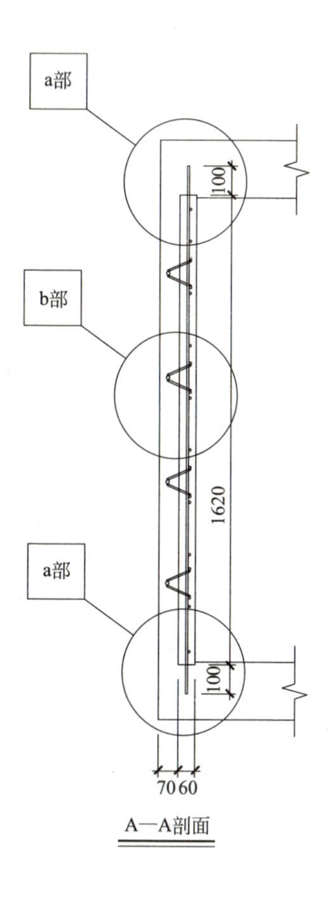

图 10-38　PCB10-a 预制阳台详图

10.4 预制装配式混凝土工程清单计价

10.4.1 预制装配式混凝土工程定额计量

预制装配式混凝土部分定额工程量同清单工程量。在预制剪力墙中还有灌浆套筒的个数，同样以导入项目 2 标高 6.160m 楼层为例，该案例采用的是直径 16mm 全灌浆套筒。

预制剪力墙外墙中套筒个数 =（JWQ1+JWQ2+JWQ3+JWQ4）×2=（4+4+3+3）×2=28（个）

预制剪力墙内墙中套筒个数 =（JNQ1+JNQ2+JNQ3）×2+JNQ4=（3+3+7）×2+9=35（个）

10.4.2 预制装配式混凝土工程定额计价

预制装配式混凝土建筑工程套用定额计价时，按《江苏省装配式建筑预制装配率计算细则（试行）》（苏建科 [2017]39 号）计算出的 Z1 值（Z1 值为整栋建筑主体结构和外围护结构预制混凝土构件体积之和，占整栋建筑对应混凝土总体积之和的百分比）不低于 30% 的装配式混凝土房屋建筑工程适用于“2017 装配式定额”。如 Z1 值小于 30%，则施工措施项目仍按《江苏省建筑与装饰工程计价定额》（2014 版）规定执行；同时取费仍按《江苏省建设工程费用定额》（2014 年）中建筑工程规定执行。

该导入项目 2 案例工程是多栋建筑物下有连通的地下室，并且地下室建筑面积≥ 10000m^2，且 Z1 值小于 30%，因此该案例工程按建筑工程一类工程取费，管理费 32%，利润率 12%。

根据以上计算出的定额工程量，套用“2017 装配式定额”中的预制装配式混凝土工程相应定额子目，进行项目的定额计价。其中预制构件的材料价格选用南通 ×××× 年 8 月份预制构件信息价，详见表 10-17。计价时要注意定额子目的套用条件、计量单位，结合项目的特征描述，正确地套用和换算定额子目。计算详见表 10-18。

表 10-17　×××× 年 8 月份预制构件信息价

序号	构件名称	规格	单位	含税价 / 元	含钢量 /（kg/m^3）
1	PC 预制外墙板	清水	m^3	4190.8	100.00
2	PC 预制内墙板	清水	m^3	3876.52	95.00
3	PC 预制阳台板	清水	m^3	4168.39	135.00
4	PC 预制叠合板	清水	m^3	3781.81	100.00
5	PC 预制楼梯	清水	m^3	3686.2	115.00

表 10-18　装配式混凝土工程定额计价计算表

序号	定额编号	定额名称	计量单位	工程量	综合单价 / 元	合价 / 元
1	17 装 1-6	混凝土构件安装　实心剪力墙外墙板墙厚≤ 200mm	m^3	3.46	4414.1	15272.79
2	17 装 1-19	混凝土构件安装　套筒注浆　钢筋直径≤ ϕ16mm	10 个	2.8	208.85	584.78
3	17 装 1-8	混凝土构件安装　实心剪力墙内墙板墙厚≤ 200mm	m^3	5.01	4057.54	20328.28

续表

序号	定额编号	定额名称	计量单位	工程量	综合单价 / 元	合价 / 元
4	17 装 1-19	混凝土构件安装　套筒注浆　钢筋直径≤ ϕ16mm	10 个	3.5	208.85	730.98
5	17 装 1-5	混凝土构件安装　叠合板	m^3	1.55	4231.02	6558.08
6	6-211	C30 现浇后浇板带（泵送商品混凝土）	m^3	0.14	476.42	66.70
7	6-209	C30 现浇平板（泵送商品混凝土）	m^3	2.54	484.81	1231.42
8	17 装 1-15	混凝土构件安装　直行楼梯　简支	m^3	24.84	3944.40	97978.90
9	17 装 1-17	混凝土构件安装　阳台、凸窗	m^3	1.21	4640.67	5615.21
合计						148367.14

表 10-18 中综合单价的换算：

17 装 1-6：综合单价 =85×1.66×（1+32%+12%）+20.12+4190.8=4414.1（元）

17 装 1-19：综合单价 =（85×0.44+10.14）×（1+32%+12%）+140.39=208.85（元）

17 装 1-8：综合单价 =85×1.33×（1+32%+12%）+18.23+3876.52=4057.54（元）

17 装 1-5：综合单价 =（85×2.859+4.94）×（1+32%+12%）+92.15+3781.81=4231.02（元）

定额 6-211　C30 现浇后浇板带（泵送商品混凝土）需要换算：当输送高度超过 50m 时，输送泵车台班（含 50m 以内）乘以系数 1.25（该案例建筑总高度 53.75m）；

6-211 换：综合单价 =（82×0.58+13.85×0.114+1600.51×0.011×1.25）×（1+32%+12%）+373.97=476.42（元）

定额 6-209　C30 现浇平板（泵送商品混凝土）需要换算：①当输送高度超过 50m 时，输送泵车台班（含 50m 以内）乘以系数 1.25（该案例建筑总高度 53.75m）；②预制构件叠合梁上部或叠合板上部之间连接形成整体的后浇混凝土部分，人工、混凝土振捣器乘以系数 1.3。

6-209 换：综合单价 =（82×0.5×1.3+13.85×0.114×1.3+1600.51×0.011×1.25）×（1+32%+12%）+373.41=484.81（元）

17 装 1-15：综合单价 =85×2.02×（1+32%+12%）+10.96+3686.2=3944.40（元）

17 装 1-17：综合单价 =（85×3.04+4.94）×（1+32%+12%）+93.07+4168.39=4640.67（元）

10.4.3　预制装配式混凝土工程分部分项工程费

（1）清单综合单价确定

清单综合单价 = 定额合价 ÷ 清单工程量

① 装配式混凝土剪力墙外墙清单综合单价 =（15272.79+584.78）÷3.46=4583.1（元）

② 装配式混凝土剪力墙内墙清单综合单价 =（20328.28+730.98）÷5.01=4203.45（元）

③ 装配式混凝土叠合板清单综合单价 =6558.08÷1.55=4231.02（元）

④ 水平后浇混凝土清单综合单价 =66.7÷0.14=476.4（元）

⑤ 平板清单综合单价 =1231.42÷2.54=484.8（元）

⑥ 装配式混凝土楼梯清单综合单价 =97978.90÷24.84=3944.4（元）

⑦ 装配式混凝土阳台清单综合单价 =5615.21÷1.21=4640.67（元）

（2）清单计价

将计算得出的清单综合单价填入分部分项工程项目清单与计价表中，进行混凝土工程项目的清单计价，详见表 10-19。

表 10-19　分部分项工程项目清单与计价表

工程名称：某住宅工程　　　　标段：　　　　第 1 页　共 1 页

序号	项目编码	项目名称	项目特征描述	计量单位	工程量	金额 / 元		
						综合单价	合价	其中暂估价
1	010512903001	装配式混凝土剪力墙	墙类型：外墙（含钢 100kg/m^3）； 混凝土强度等级：C40； 门窗情况：无门窗	m^3	3.46	4583.1	15857.53	
2	010512903002	装配式混凝土剪力墙	墙类型：内墙（含钢 95kg/m^3）； 混凝土强度等级：C40； 门窗情况：无门窗	m^3	5.01	4203.45	21059.28	
3	010512902001	装配式混凝土叠合板	板类型：非预应力板（含钢 100kg/m^3）； 混凝土强度等级：C30	m^3	1.55	4231.02	6558.08	
4	010508902001	水平后浇混凝土	后浇部位：叠合板之间和叠合板上部； 混凝土强度等级：C30	m^3	0.14	476.4	66.70	
5	010505003001	平板	混凝土类别：商品混凝土； 混凝土强度等级：C30	m^3	2.54	484.8	1231.39	
6	010513901001	装配式混凝土楼梯	混凝土强度等级：C30（含钢 115kg/m^3）	m^3	24.84	3944.4	97978.90	
7	010514901001	装配式混凝土阳台	混凝土强度等级：C30（含钢 135kg/m^3）	m^3	1.21	4640.67	5615.21	
合计							148367.09	

导入项目 2 案例工程装配式混凝土分部分项工程项目清单费用为 148367.09 元。

扫描以下二维码，可观看装配式混凝土工程微课视频。

二维码 10.8

二维码 10.9

二维码 10.10

二维码 10.11

二维码 10.12

技能训练

一、选择题

（一）单项选择题

1. 根据《房屋建筑与装饰工程工程量计算规范》（GB 50854—2013），现浇混凝土短肢剪力墙工程量计算正确的是（　　）。【造价师职业资格考试真题】

A. 短肢剪力墙按现浇混凝土异形墙列项

B. 各肢截面高度与厚度之比大于 5 时，按现浇混凝土矩形柱列项

C. 各肢截面高度与厚度之比小于 4 时，按现浇混凝土墙列项

D. 各肢截面高度与厚度之比为 4.5 时，按短肢剪力墙列项

2. 根据《房屋建筑与装饰工程工程量计算规范》（GB 50854—2013），现浇混凝构件清单工程量计算正确的是（　　）。【造价师职业资格考试真题】

A. 建筑物散水工程量并入地坪不单独计算

B. 室外台阶工程量并入室外楼梯工程量

C. 压顶工程量可按设计图示尺寸以体积计算，以“m^3”计量

D. 室外坡道工程量不单独计算

3. 根据《房屋建筑与装饰工程工程量计算规范》（GB 50854—2013），预制混凝土构件工程量计算正确的是（　　）。【造价师职业资格考试真题】

A. 过梁按设计图示尺寸以中心线长度计算

B. 平板按设计图示尺寸以水平投影面积计算

C. 楼梯按设计图示尺寸以体积计算

D. 井盖按设计图示尺寸以面积计算

4. 根据《房屋建筑与装饰工程工程量计算规范》（GB 50854—2013），混凝土框架柱工程量应（　　）。【造价师职业资格考试真题】

A. 按设计图示尺寸扣除板厚所占部分以体积计算

B. 区别不同截面以长度计算

C. 按设计图示尺寸不扣除梁所占部分以体积计算

D. 按柱基上表面至梁底面部分以体积计算

5. 根据《房屋建筑与装饰工程工程量计算规范》（GB 50854—2013），现浇混凝土墙工程量应（　　）。【造价师职业资格考试真题】

A. 扣除突出墙面部分体积

B. 不扣除面积为 $0.33m^2$ 孔洞所占体积

C. 将伸入墙内的梁头计入

D. 扣除预埋铁件体积

6. 根据《房屋建筑与装饰工程工程量计算规范》（GB 50854—2013），关于现浇混凝土梁工程量计算的说法，正确的是（　　）。【造价师职业资格考试真题】

A. 圈梁区分不同断面按设计中心线长度计算

B. 过梁工程不单独计算，并入墙体工程量计算

C. 异形梁按设计图示尺寸以体积计算

D. 拱形梁按设计拱形轴线长度计算

（二）多项选择题

1. 根据《房屋建筑与装饰工程工程量计算规范》（GB 50854—2013），现浇混凝土构件工程量计算正确的有（　　）。【造价师职业资格考试真题】

A. 构造柱按柱断面尺寸乘以全高以体积计算，嵌入墙体部分不计

B. 框架柱工程量按柱基上表面至柱顶以高度计算

C. 梁按设计图示尺寸以体积计算，主梁与次梁交接处按主梁体积计算

D. 混凝土弧形墙按垂直投影面积乘以墙厚以体积计算

E. 挑檐板按设计图示尺寸以体积计算

2. 根据《房屋建筑与装饰工程工程量计算规范》（GB 50854—2013），现浇混凝土板清单工程量计算正确的有（　　）。【造价师职业资格考试真题】

A. 压形钢板混凝土楼板扣除钢板所占体积

B. 空心板不扣除空心部分体积

C. 雨篷反挑檐的体积并入雨篷内计算

D. 悬挑板不包括伸出墙外的牛腿体积

E. 挑檐板按设计图示尺寸以体积计算

二、分析计算题

1. 现浇自拌混凝土条形基础长度为50m，截面如图10-39所示，按计价定额计算该混凝土基础工程量和分部分项工程费用。

2. 现浇混凝土独立基础如图10-40所示，共20个，按计价定额计算该混凝土基础工程量费用。

3. 框架结构如图10-41所示，计算混凝土板、柱清单工程量，并编制工程量清单。

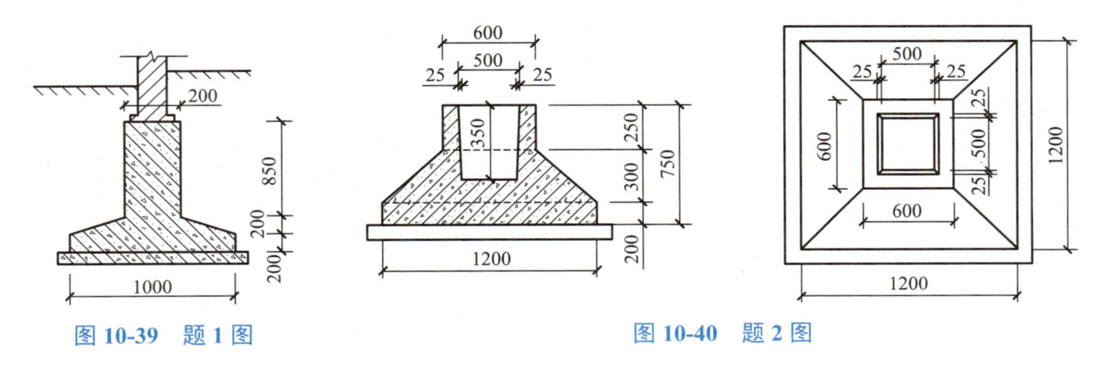

图10-39　题1图

图10-40　题2图

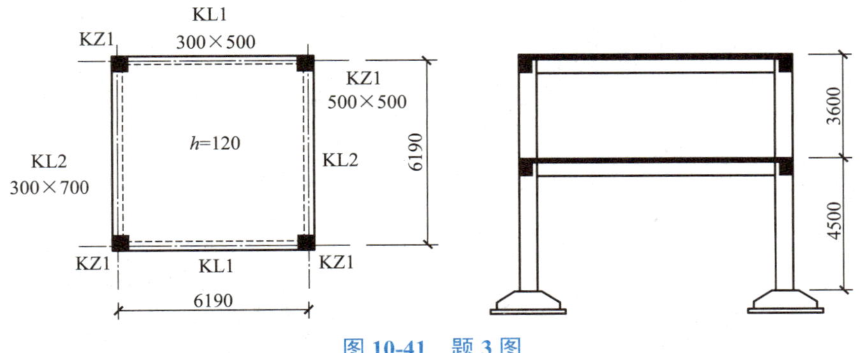

图10-41　题3图

4. 整体楼梯如图 10-42 所示，墙体厚度均为 240mm，计算该楼梯定额工程量。

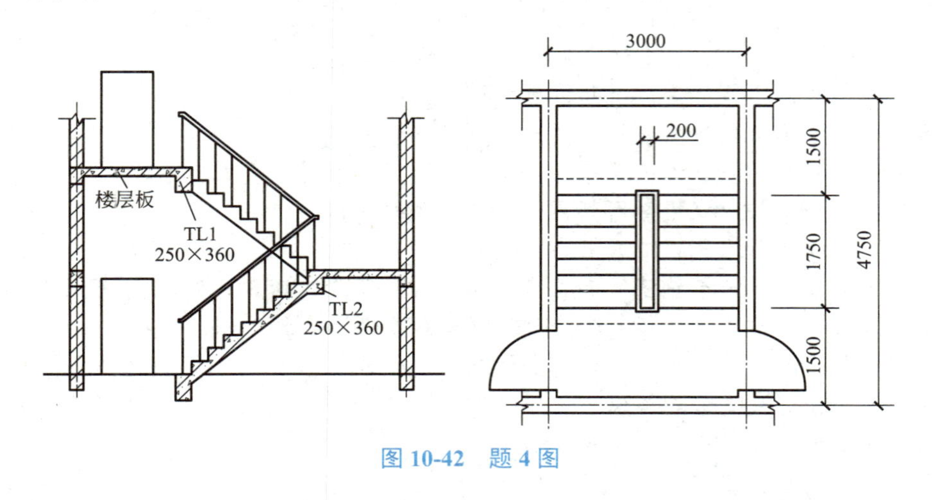

图 10-42　题 4 图

5. 混凝土台阶如图 10-43 所示，计算该台阶定额工程量。

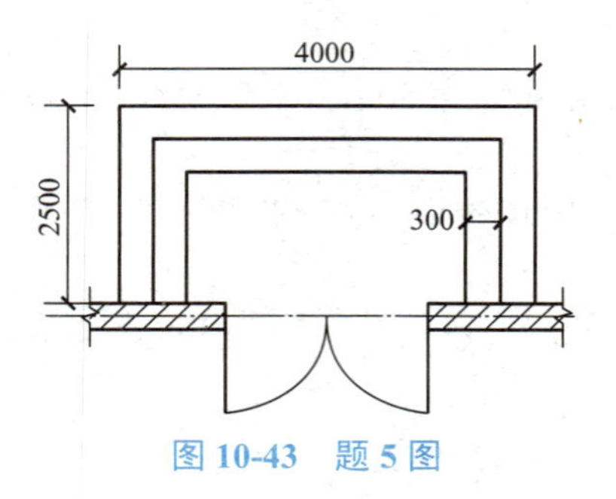

图 10-43　题 5 图

项目11 金属结构工程计量与计价

学习目标

● 知识目标：了解《房屋建筑与装饰工程工程量计算规范》中金属结构工程清单项目的设置，掌握金属结构工程清单工程量计算规则，熟悉金属结构工程定额计价要点及应用。

● 能力目标：能够编制金属结构工程的工程量清单，能够计算金属结构工程分部分项工程费。

素质目标

● 严格遵循有关标准、规范、规程、管理规定和合同，规范计量，强调“规范”意识和“标准”意识。

导入项目 某钢结构厂房内设置了4榀如图11-1所示的单式柱间垂直剪刀撑。钢材品种为Q235型钢，采用焊接连接，刷一遍防锈漆。该剪刀撑由施工单位加工厂制作并安装就位。

要求：(1) 编制该金属结构工程的工程量清单。

(2) 计算该金属结构工程的分部分项工程费。

二维码 11.1

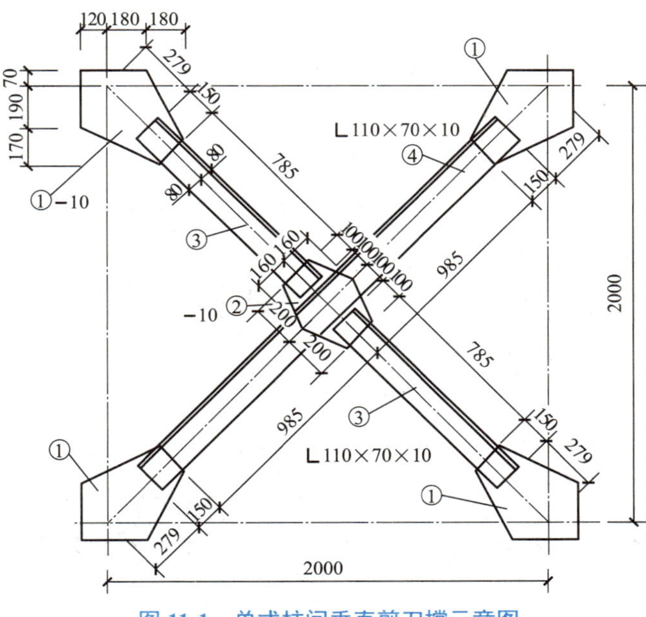

图 11-1 单式柱间垂直剪刀撑示意图

11.1 金属结构工程清单计量

11.1.1 清单项目设置及其工程量计算规则

《房屋建筑与装饰工程工程量计算规范》（GB 50854—2013）附录F金属结构工程的工程量清单项目的设置分为：钢网架、钢屋架、钢托架、钢桁架、钢桥架、钢柱、钢梁、钢板楼板、钢板墙板、钢构件和金属制品。其中钢构件包括钢支撑、钢檩条、钢天窗架、钢挡风架、钢墙架、钢平台、钢走道、钢梯、钢护栏、钢漏斗、钢支架等。根据“计算规范”和本导入项目背景资料，其金属结构工程清单项目的项目编码、项目名称、项目特征、计量单位、工程量计算规则见表11-1。

表11-1 金属结构工程工程量清单项目

序号	项目编码	项目名称	项目特征	计量单位	工程量计算规则
1	010606001001	钢支撑	钢材品种为Q235，形式为单式的垂直剪刀撑，油漆要求为刷一遍防锈漆，焊接，制作完成后安装就位	t	按设计图示尺寸以质量计算。不扣除孔眼、切边、切肢的质量，焊条、铆钉、螺栓等不另增加质量

11.1.2 工程量清单编制

根据以上清单项目的工程量计算规则计算本项目钢支撑分部分项工程的清单工程量。

（1）1号节点板（厚10mm，共4件）

$$[(0.12+0.18+0.18)\times(0.07+0.19+0.17)-0.5\times0.317\times0.18-0.5\times0.367\times0.17-0.5\times0.113\times0.113]\times4\times78.5=44.05\ (\text{kg})$$

（2）2号节点板（厚10mm，1件）

$$[(0.16+0.16)\times(0.20+0.20)-0.5\times0.2\times0.08\times4]\times78.5=7.54\ (\text{kg})$$

（3）3号构件（∟110×70×10，共2件）

$$(0.15+0.785+0.10)\times2\times13.476=27.90\ (\text{kg})$$

（4）4号构件（∟110×70×10，1件）

$$(0.985+0.985+0.15+0.15)\times13.476=30.59\ (\text{kg})$$

柱间钢支撑工程量 = $(44.05+7.54+27.90+30.59)\times4=440.32\ (\text{kg})=0.440\ (\text{t})$

根据以上计算结果，编制工程量清单，详见表11-2。

表11-2 分部分项工程量清单与计价表

工程名称：某厂房钢支撑　　　　标段：　　　　第1页　共1页

序号	项目编码	项目名称	项目特征描述	计量单位	工程量	金额/元		
						综合单价	合价	其中暂估价
1	010606001001	钢支撑	钢材品种为Q235，形式为单式的垂直剪刀撑，油漆要求为刷一遍防锈漆，制作完成后安装就位	t	0.440			

11.2 金属结构工程清单计价

11.2.1 金属结构工程定额计量

11.2.1.1 钢支撑制作

钢支撑制作的工程量按图示钢材尺寸以吨计算。其中：不扣除孔眼、切肢、切角、切边的重量，电焊条重量已包括在定额内，不另计算；在计算不规则或多边形钢板重量时均以其外接矩形面积乘厚度乘单位理论质量计算，见图 11-2。

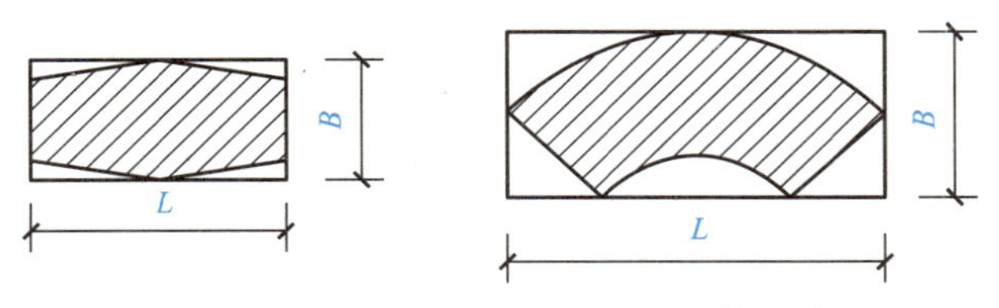

图 11-2　不规则或多边形钢板计算示意

钢梁、吊车梁腹板和翼板宽度应按图示尺寸每边增加 8mm 计算，主要考虑对重要受力构件保证其钢材材质稳定、焊件边缘平整而进行边缘加工时的刨削量，见图 11-3。

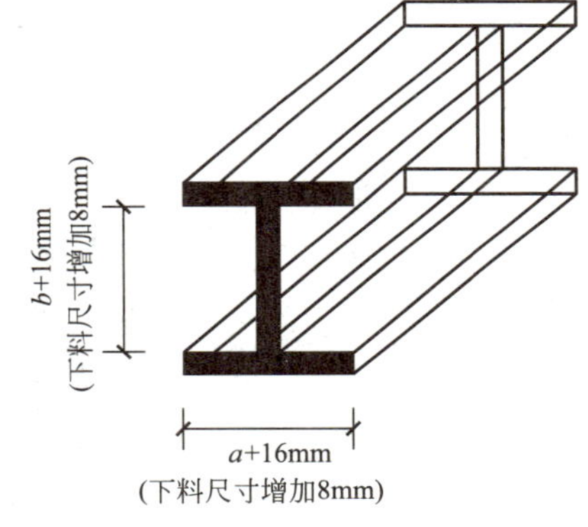

图 11-3　焊件边缘刨削量示意

项目钢支撑定额工程量：

（1）1 号节点板（厚 10mm，共 4 件）

（0.12+0.18+0.18）×（0.07+0.19+0.17）×4×78.5=64.84（kg）

（2）2 号节点板（厚 10mm，1 件）

（0.16+0.16）×（0.20+0.20）× 78.5=10.05（kg）

（3）3 号构件（∟110×70×10，共 2 件）

（0.15+0.785+0.10）×2×13.476=27.90（kg）

（4）4 号构件（∟110×70×10，1 件）

（0.985+0.985+0.15+0.15）×13.476=30.59（kg）

柱间钢支撑定额工程量 =（64.84+10.05+27.90+30.59）×4=533.52（kg）=0.534（t）

11.2.1.2 钢支撑安装

工程量计算规则：构件安装工程量计算方法与构件制作工程量计算方法相同（即：安装工程量 = 制作工程量）。项目钢支撑安装定额工程量同钢支撑制作工程量 0.534t。

11.2.2 金属结构工程定额计价

① 金属构件不论在专业加工厂、附属企业加工厂或现场制作，均按定额执行（现场制作需搭设操作平台，其平台摊销费按相应项目执行）。

② 定额中各种钢材数量除定额已注明为钢筋综合、不锈钢管、不锈钢网架球外，均以型钢表示。实际不论使用何种型材，钢材总数量和其他人工、材料、机械（除另有说明外）均不变。

③ 定额的制作均按焊接编制的，局部制作用螺栓或铆钉连接，亦按定额执行。轻钢檩条拉杆安装用的螺母、圆钢剪刀撑用的花篮螺栓，以及螺栓球网架的高强螺栓、紧定钉，已列入相应定额中，执行时按设计用量调整。

④ 定额除注明者外，均包括现场内（工厂内）的材料运输、下料、加工、组装及成品堆放等全部工序。加工点至安装点的构件运输，除购入构件外应另按构件运输定额相应项目计算。

⑤ 定额构件制作项目中的，均已包括刷一遍防锈漆。

⑥ 金属结构制作定额中钢材品种系以普通钢材为准，如用锰钢等低合金钢者，其制作人工乘以系数 1.1。

⑦ 劲性混凝土柱、梁、板内，用钢板、型钢焊接而成的 H 型和 T 型钢柱、梁等构件，按 H 型、T 型钢构件制作定额执行，截面由单根成品型钢构成的构件按成品型钢构件制作定额执行。

⑧ 定额各子目均未包括焊缝无损探伤（如：X 光透视、超声波探伤、磁粉探伤、着色探伤等），亦未包括探伤固定支架制作和被检工件的退磁。

⑨ 轻钢檩条拉杆按檩条钢拉杆定额执行，木屋架、钢筋混凝土组合屋架拉杆按屋架钢拉杆定额执行。

⑩ 钢屋架单榀质量在 0.5t 以下者，按轻型屋架定额执行。

⑪ 天窗挡风架、柱侧挡风板、挡雨板支架制作均按挡风架定额执行。

⑫ 钢漏斗、晒衣架、钢盖板等制作、安装一体的定额项目中已包括安装费在内，但未包括场外运输。角钢、圆钢焊制的入口截流沟篦盖制作、安装，按设计质量执行钢盖板制、安定额。

⑬ 零星钢构件制作是指质量 50kg 以内的其他零星铁件制作。

⑭ 薄壁方钢管、薄壁槽钢、成品 H 型钢檩条及车棚等小间距钢管、角钢槽钢等单根型钢檩条的制作，按 C、Z 型轻钢檩条制作执行。由双 C、双 [、双 L 型钢之间断续焊接或通过连接板焊接的檩条，由圆钢或角钢焊接成片形、三角形截面的檩条按型钢檩条制作定额执行。

⑮ 弧形构件（不包括螺旋式钢梯、圆形钢漏斗、钢管柱）的制作人工、机械乘以系数 1.2。

⑯ 网架中的焊接空心球、螺栓球、锥头等热加工已含在网架制作工作内容中，不锈钢球按成品半球焊接考虑。

⑰ 钢结构表面喷砂与抛丸除锈定额按照 Sa2 级考虑。如果设计要求 Sa2.5 级，定额乘以系数 1.2；设计要求 Sa3 级，定额乘以系数 1.4。

依据以上计价要点，套用计价定额相应子目，进行钢支撑分部分项工程的定额计价。详见表 11-3。

表 11-3 金属结构工程定额计价计算表

工程名称：某厂房钢支撑

序号	定额编号	定额名称	计量单位	工程数量	金额 / 元	
					综合单价	合价
1	7-28	柱间钢支撑制作	t	0.534	6307.59	3368.25
2	8-141	柱间钢支撑安装，每个构件重量在 0.3t 以内	t	0.534	1247.19	666.00
					合计	4034.25

11.2.3 金属结构工程分部分项工程费

钢支撑工程量清单综合单价 = 钢支撑定额合价 / 清单工程量 =4034.25/0.44=9168.75（元 /t）

将计算得出的综合单价填入表 11-2 中，得厂房钢支撑分部分项工程的清单费用。详见表 11-4。

表 11-4 分部分项工程量清单与计价表

工程名称：某厂房钢支撑　　　　标段：　　　　第 1 页　共　页

序号	项目编码	项目名称	项目特征描述	计量单位	工程量	金额 / 元	
						综合单价	合价
1	010606001001	钢支撑	钢材品种为 Q235，形式为单式的垂剪刀撑，油漆要求为刷一遍防锈，制作完成后安装就位	t	0.440	9168.75	4034.25

技能训练

分析计算题

1. 多边形连接钢板如图 11-4 所示，共 20 块，按计价定额计算其工程量。

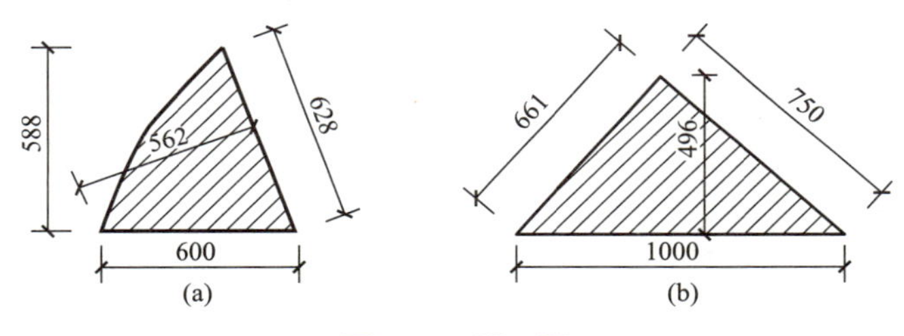

图 11-4 题 1 图

2. 焊接 H 型钢梁如图 11-5 所示，共 20 根，按计价表计算钢梁制作工程量并计价。

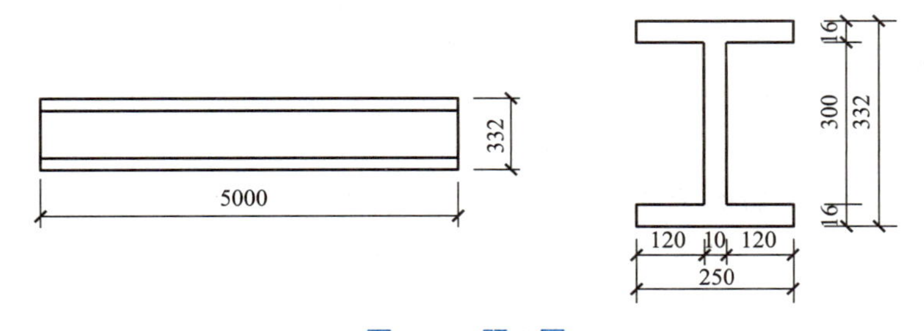

图 11-5 题 2 图

项目12

屋面及防水工程计量与计价

学习目标

● 知识目标：了解《房屋建筑与装饰工程工程量计算规范》中屋面及防水工程清单项目的设置，掌握屋面及防水工程清单工程量计算规则，熟悉屋面及防水工程定额计价要点及应用。

● 能力目标：能够编制屋面及防水工程的工程量清单，能够计算屋面及防水工程分部分项工程费。

素质目标

● 严格遵循有关标准、规范、规程、管理规定和合同，规范计量，强调“规范”意识和“标准”意识。

导入项目 某办公楼工程建筑施工图如图12-1～图12-9所示，屋面采用有保温层刚性防水屋面，做法：①50厚C20细石混凝土，内配ϕ4@150双向钢筋；②3厚1∶3石灰黄砂隔离层；③3厚SBS改性沥青防水卷材；④20厚1∶3水泥砂浆找平层；⑤25厚聚苯乙烯挤塑板保温层；⑥20厚1∶3水泥砂浆找平，现浇钢筋混凝土屋面。刚性屋面分隔缝间距5m，宽20mm，油膏嵌缝，卷材均采用单层热熔满铺法进行施工。有组织排水采用ϕ110PVC白色增强塑料管、ϕ110PVC白色水斗和ϕ100铸铁落水口。檐沟和雨篷上，粘贴SBS改性沥青防水卷材，檐口标高为6.200m，室内外高差0.45m。

要求：(1) 编制该屋面及防水工程的工程量清单。

(2) 计算该屋面及防水工程的分部分项工程费。

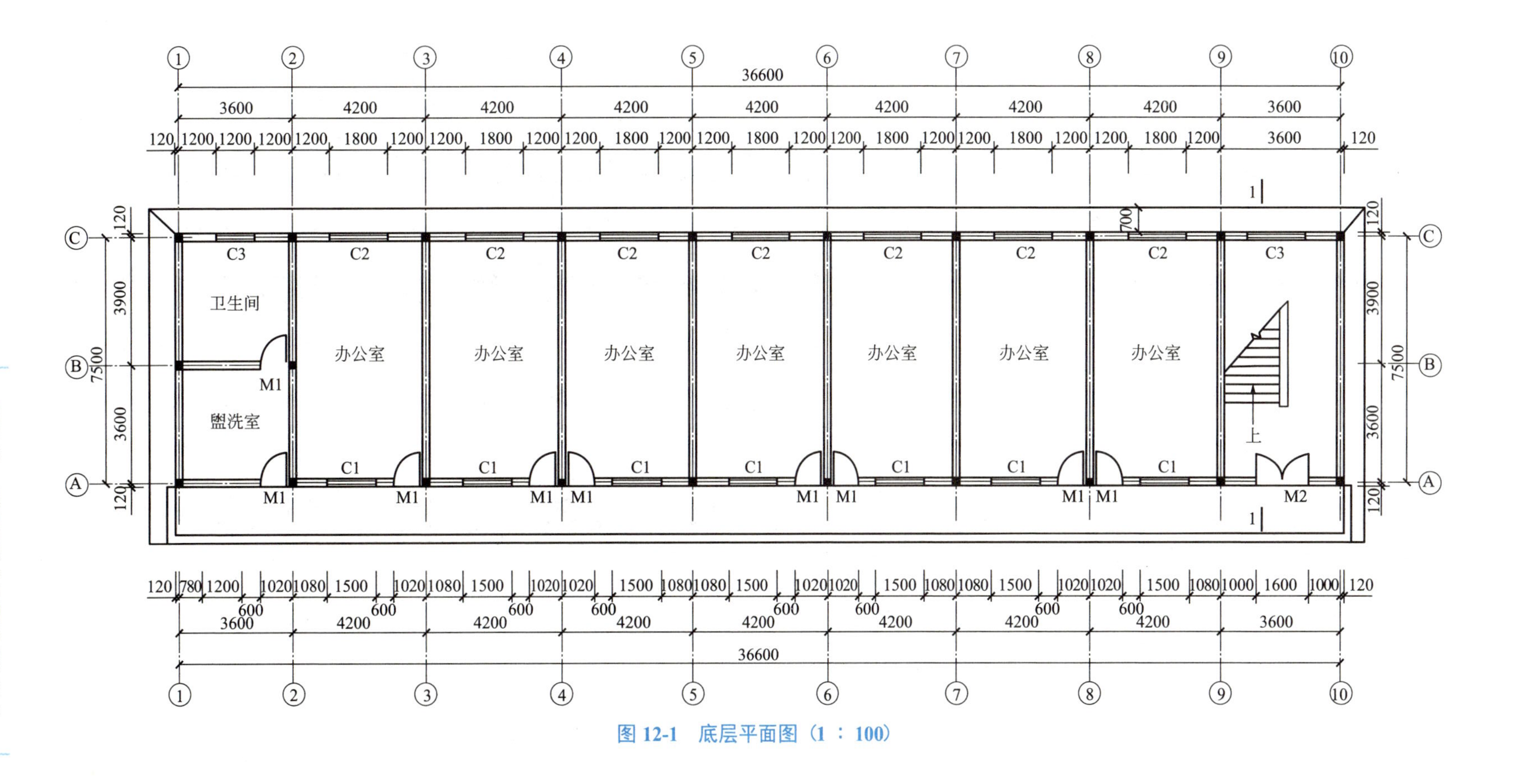

图 12-1　底层平面图（1：100）

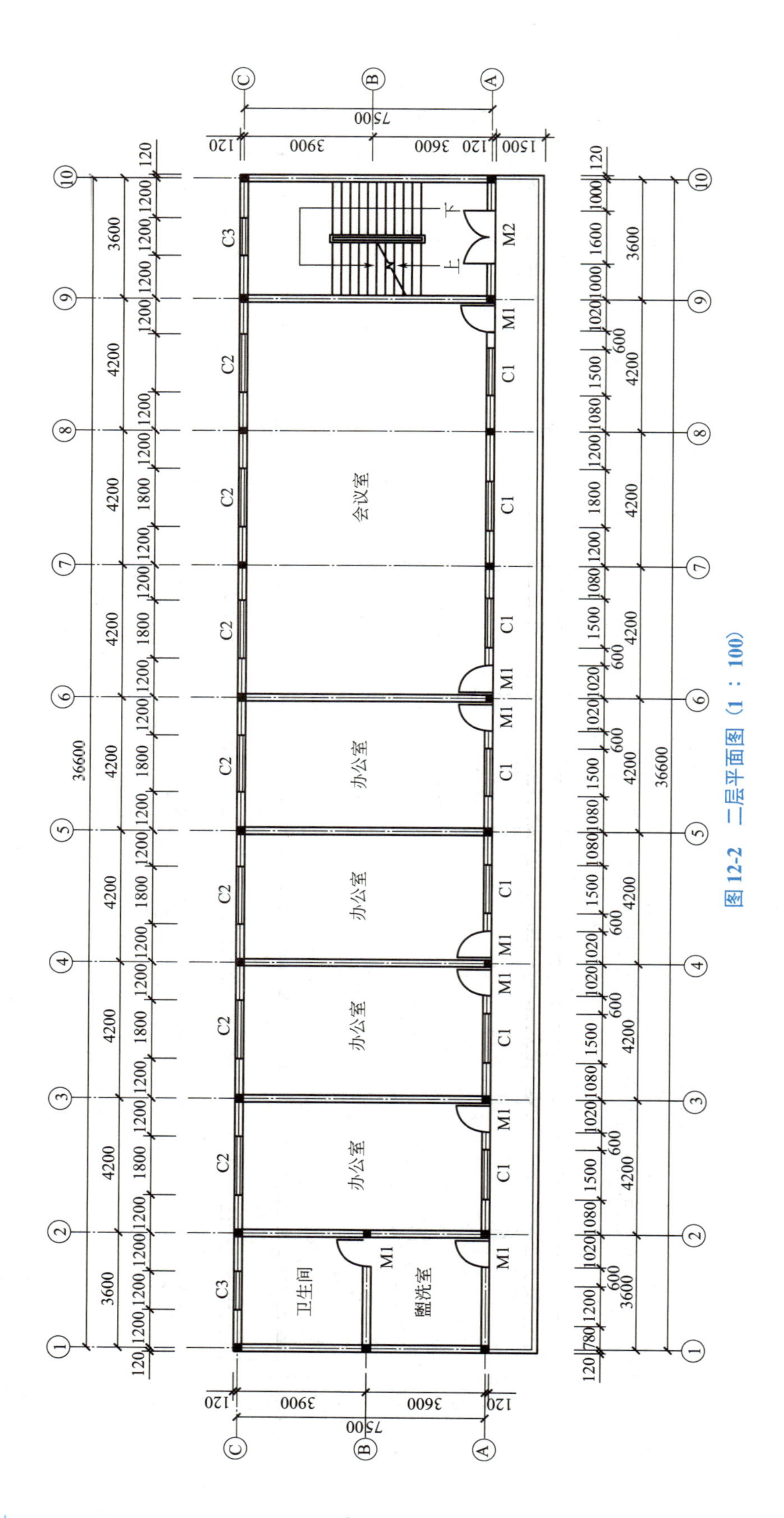

图 12-2 二层平面图（1：100）

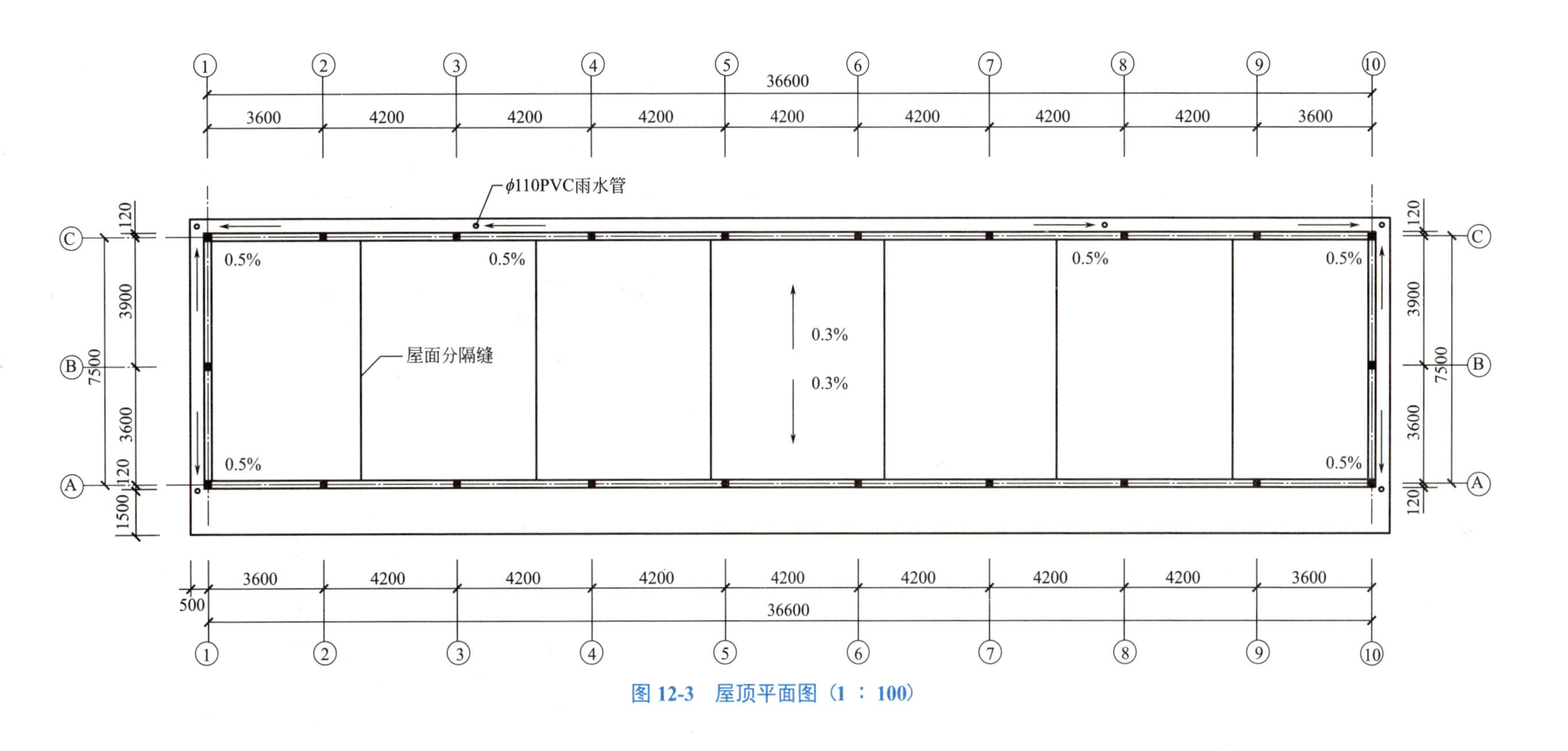

图 12-3 屋顶平面图（1：100）

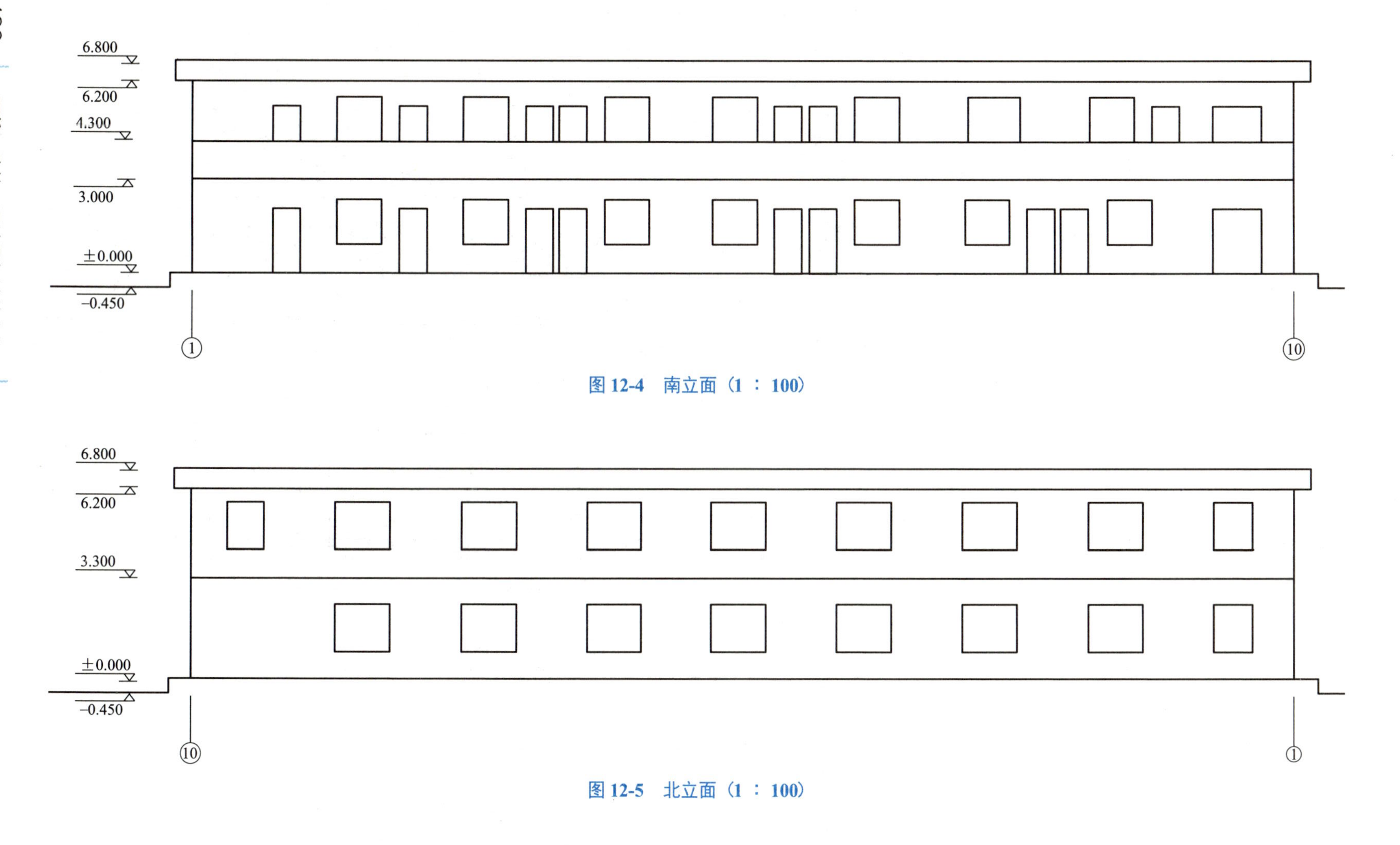

图12-4　南立面（1：100）

图12-5　北立面（1：100）

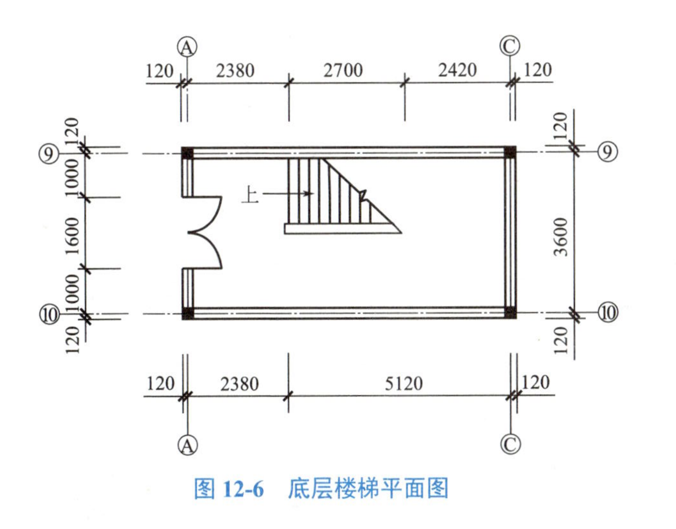

图 12-6　底层楼梯平面图

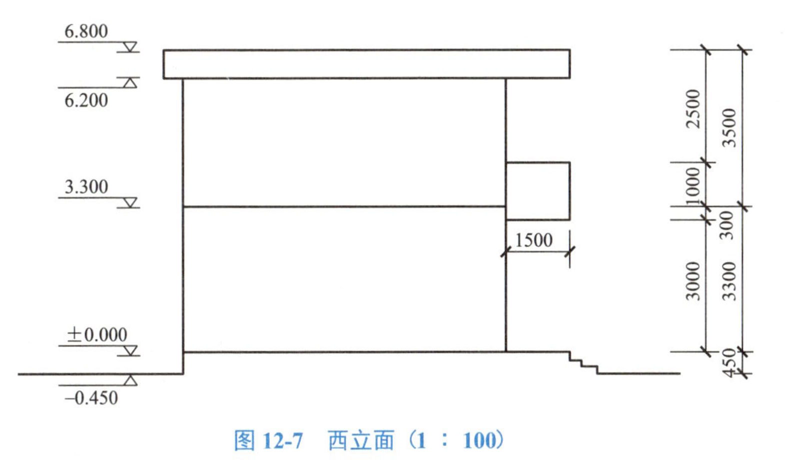

图 12-7　西立面（1：100）

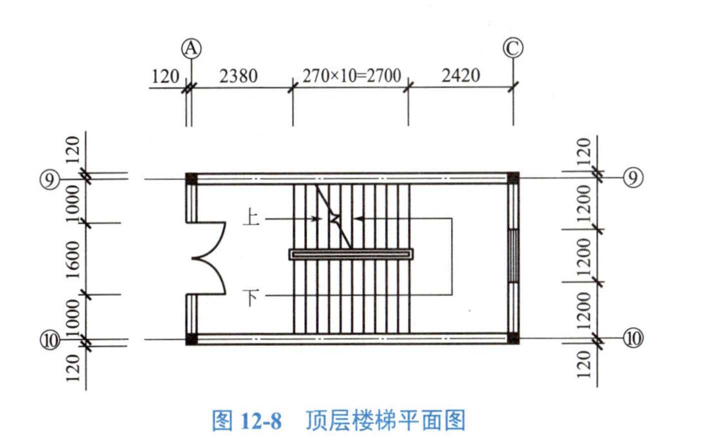

图 12-8　顶层楼梯平面图

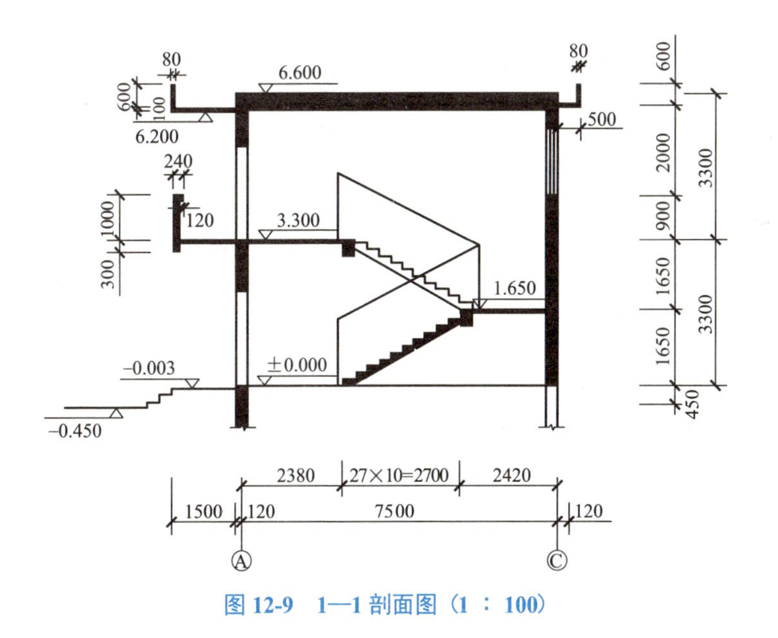

图 12-9　1—1 剖面图（1：100）

12.1 屋面及防水工程清单计量

《房屋建筑与装饰工程工程量计算规范》中附录 J 为屋面及防水工程。

12.1.1 清单项目设置及其工程量计算规则

（1）瓦、型材及其他屋面

瓦屋面（010901001）项目适用于小青瓦、平瓦、筒瓦、玻璃钢波形瓦等各种瓦屋面；型材屋面（010901002）、阳光板屋面（010901003）、玻璃钢屋面（010901004）项目适用于压型钢板、金属压型夹芯板、阳光板、玻璃钢等各种型材屋面。膜结构屋面（010901005）项目适用于各种膜布屋面。

（2）屋面防水及其他

① 屋面卷材防水 010902001，按设计图示尺寸以面积计算，适用于各种利用胶结材料粘贴卷材进行防水的屋面。工作内容包括：基层处理，刷底油，铺油毡卷材、接缝。项目特征描述内容：卷材品种、规格和厚度，防水层数，防水层做法。

② 屋面涂膜防水 010902002，按设计图示尺寸以面积计算，适用于厚质涂料、薄质涂料和有加增强材料或无加增强材料的涂膜防水屋面。工作内容包括：基层处理，刷基层处理剂，铺布、喷涂防水层。项目特征描述内容：防水膜品种，涂膜厚度、遍数，增强材料种类。

③ 屋面刚性层 010902003，按设计图示尺寸以面积计算，适用于细石混凝土、补偿收缩（微膨胀）混凝土、块体混凝土、预应力混凝土和钢纤维混凝土等刚性防水屋面。工作内容包括：基层处理，混凝土制作、运输、铺筑、养护，钢筋制作安装。项目特征描述内容：刚性层厚度，混凝土强度等级，嵌缝材料种类，钢筋规格、型号。

④ 屋面排水管 010902004，按设计图示尺寸以长度计算，适用于各种 PVC、玻璃钢、铸铁等排水管材。工作内容包括：排水管及配件安装、固定，雨水斗、山墙出水口、雨水箅子安装，接缝、嵌缝，刷漆。项目特征描述内容包括：排水管品种、规格，雨水斗、山墙出水口品种、规格，接缝、嵌缝材料种类，油漆品种、刷漆遍数。

⑤ 屋面排（透）气管 010902005，按设计图示尺寸以长度计算。工作内容包括：排（透）气管及配件安装、固定，铁件制作、安装，接缝、嵌缝，刷漆。项目特征描述内容包括：排（透）气管品种、规格，接缝、嵌缝材料种类，油漆品种、刷漆遍数。

⑥ 屋面（廊、阳台）吐水管 010902006，按设计图示数量计算。工作内容包括：吐水管及配件安装、固定，接缝、嵌缝，刷漆。项目特征描述内容包括：吐水管品种、规格，接缝、嵌缝材料种类，吐水管长度，油漆品种、刷漆遍数。

⑦ 屋面天沟、檐沟 010902007，按设计图示尺寸以展开面积计算，适用于水泥砂浆天沟、细石混凝土天沟、预制混凝土天沟板、卷材天沟、玻璃钢天沟、镀锌铁皮天沟、塑料沿沟、镀锌铁皮沿沟、玻璃钢沿沟等。工作内容包括：天沟材料铺设，天沟配件安装，接缝、嵌缝，刷防护材料。项目特征内容包括：材料品种、规格，接缝、嵌缝材料种类。

⑧ 屋面变形缝 010902008，按设计图示以长度计算。工作内容包括：清缝，填塞防水材料，止水带安装，盖缝制作、安装，刷防护材料。项目特征描述内容包括：嵌缝材料种类，止水带材料种类，盖缝材料，防护材料种类。

（3）墙面防水、防潮

① 墙面卷材防水 010903001、墙面涂膜防水 010903002，按设计图示尺寸以面积计算，

适用于各种使用卷材和涂膜防水的墙面或地面。

② 墙面砂浆防水（防潮）010903003，按设计图示尺寸以面积计算，适用于地下、基础、楼地面、墙面等部位的防水防潮。工作内容包括：基层处理，挂钢丝网片，设置分隔缝，砂浆制作、运输、摊铺、养护。项目特征描述内容包括：防水层做法，砂浆厚度、配合比，钢丝网规格。

③ 墙面变形缝 010903004，按设计图示以长度计算。工作内容包括：清缝，填塞防水材料，止水带安装，盖缝制作、安装，刷防护材料。项目特征描述内容包括：嵌缝材料种类，止水带材料种类，盖缝材料，防护材料种类。

根据以上规定和项目施工说明，导入项目屋面及防水、保温工程清单项目，详见表 12-1。

表 12-1　屋面及防水工程清单项目

序号	项目编码	项目名称	项目特征描述	计量单位	工程量计算规则
1	010902001001	屋面卷材防水	3 厚 SBS 改性沥青防水卷材；单层热熔满铺法进行施工；20 厚 1 ∶ 3 水泥砂浆找平	m^2	按设计图示尺寸以面积计算 1. 斜屋顶（不包括平屋顶找坡）按斜面积计算，平屋顶按水平投影面积计算 2. 不扣除房上烟囱、风帽底座、风道、屋面小气窗和斜沟所占面积 3. 屋面的女儿墙、伸缩缝和天窗等处的弯起部分，并入屋面工程量内
2	010902003001	屋面刚性层	50 厚 C20 细石混凝土，内配 ϕ4@150 双向钢筋；5m 间距分隔缝宽 20mm，油膏嵌缝		按设计图示尺寸以面积计算 不扣除房上烟囱、风帽底座、风道等所占面积
3	010902004001	屋面排水管	ϕ110PVC 白色增强塑料管；ϕ110PVC 白色水斗；ϕ100 铸铁落水口	m	按设计图示尺寸以长度计算 设计未标注尺寸，以檐口至设计室外散水上表面垂直距离计算
4	010902007001	屋面天沟、檐沟	粘贴 SBS 改性沥青防水卷材；天沟宽度为 500mm；单层热熔满铺法进行施工	m^2	按设计图示尺寸以展开面积计算

12.1.2　工程量清单编制

根据以上清单项目的工程量计算规则，计算办公楼工程的屋面及防水工程清单工程量。

① 屋面卷材防水 010902001001（m^2）

屋面平面卷材工程量 =（7.5+0.24）×（36.6+0.24）=285.14（m^2）

二维码 12.1

② 屋面刚性防水 010902003001（m^2）

屋面刚性防水工程量 =（7.5+0.24）×（36.6+0.24）=285.14（m^2）

③ 屋面排水管 010902004001（m）

屋面排水管工程量 =（6.2+0.45）×6=39.90（m）

④ 屋面天沟 010902007001（m^2），按设计图示尺寸以面积计算，卷材天沟按展开面积计算。

a. 雨篷处檐沟卷材工程量 =（0.5+1.42+0.3）×（36.6+0.24）=81.78（m^2）

b. 其他檐沟卷材工程量 =（0.5+0.42+0.3）× [（36.6+0.24）+（7.5+0.24+0.42+1.42）×2] =68.32（m^2）

屋面沿沟卷材工程量 =81.78+68.32=150.10（m^2）

根据以上清单工程量计算结果，列出屋面及防水工程工程量清单。详见表 12-2。

表 12-2 分部分项工程量清单与计价表

工程名称：某办公楼屋面及防水工程　　　　标段：　　　　第 1 页　共 1 页

序号	项目编码	项目名称	项目特征描述	计量单位	工程量	金额 / 元	
						综合单价	合价
1	010902001001	屋面卷材防水	3 厚 SBS 改性沥青防水卷材，单层热熔满铺法进行施工；20 厚 1 ： 3 水泥砂浆找平	m^2	285.14		
2	010902003001	屋面刚性层	40 厚 C20 细石混凝土，内配 ϕ4@150 双向钢筋；6m 间距分隔缝宽 20mm，油膏嵌缝	m^2	285.14		
3	010902004001	屋面排水管	ϕ110PVC 白色增强塑料管；ϕ110PVC 白色水斗；ϕ100 铸铁落水口	m	39.90		
4	010902007001	屋面天沟、檐沟	粘贴 SBS 改性沥青防水卷材；天沟宽度为 500mm；单层热熔满铺法进行施工	m^2	150.10		

12.2 屋面及防水工程清单计价

12.2.1 屋面及防水工程定额计量

12.2.1.1 定额工程量计算规则

（1）卷材屋面工程量

① 卷材屋面按图示尺寸的水平投影面积乘以规定的坡度系数以平方米计算。除油毡屋面外，其他卷材屋面已包括附加层在内，不另行计算。同时卷材防水的收头、接缝材料均已列入定额内，无须另列项目计算。不扣除房上烟囱、风帽底座、风道所占面积。女儿墙、伸缩缝、天窗等处的弯起高度按图示尺寸计算并入屋面工程量内；如图纸无规定时，伸缩缝、女儿墙的弯起高度按 250mm 计算，天窗弯起高度按 500mm 计算并入屋面工程量内。檐沟、天沟按展开面积并入屋面工程量内。

② 油毡屋面。工程量计算规则同卷材屋面，但不包括附加层在内，附加层按设计尺寸和层数另行计算。

③ 其他卷材屋面已包括附加层在内，不另行计算；收头、接缝材料已列入定额内。

（2）屋面刚性防水

按设计图示尺寸以面积计算，不扣除房上烟囱、风帽底座、风道等所占面积。

（3）屋面涂膜防水

屋面涂膜防水工程量计算规则同卷材屋面。

（4）瓦屋面

瓦屋面工程量按图示尺寸的水平投影面积乘以屋面坡度延长系数 C（表 12-3）计算，不扣除房上烟囱、风帽底座、风道、屋面小气窗、斜沟等所占面积，屋面小气窗的出檐部分也不增加。

（5）屋脊、蝴蝶瓦的檐口花边和滴水

瓦屋面的屋脊、蝴蝶瓦的檐口花边、滴水应单独列项按延长米计算。四坡屋面斜脊长度按图 12-10 中的“b”乘以隅延长系数 D（表 12-3）以延长米计算，山墙泛水长度 $=AC$，瓦穿铁丝、钉铁钉、水泥砂浆粉挂瓦条按每 $10m^2$ 斜面积计算。

表 12-3　屋面坡度延长米系数表

坡度比例 a/b	角度 θ	延长系数 C	隅延长系数 D
1 ∶ 1	45°	1.4142	1.7321
1 ∶ 1.5	33°40′	1.2015	1.5620
1 ∶ 2	26°34′	1.1180	1.5000
1 ∶ 2.5	21°48′	1.0770	1.4697
1 ∶ 3	18°26′	1.0541	1.4530

注：屋面坡度大于 45° 时，按设计斜面积计算。

（6）彩钢夹芯板、彩钢复合板屋面

彩钢夹芯板、彩钢复合板屋面工程量按实铺面积以平方米计算，子目中已包含支架、槽铝、角铝等，无须另列项目计算。彩板屋脊、天沟、泛水、包角、山头按设计长度以延长米计算，堵头已综合于子目内。

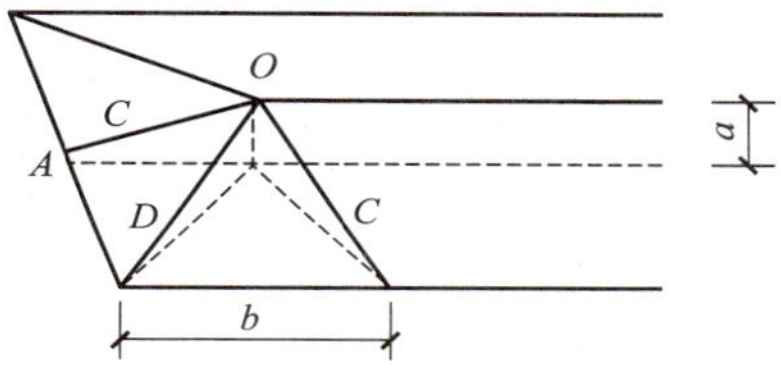

图 12-10　屋面参数示意图

（7）平面、立面防水

① 涂刷油类防水按设计涂刷面积计算。

② 防水砂浆防水按设计抹灰面积计算、扣除凸出地面的构筑物、设备基础及室内铁道所占的面积，不扣除附墙垛、柱、间壁墙、附墙烟囱及 $0.3m^2$ 以内孔洞所占面积。

③ 粘贴卷材、布类

a. 平面：建筑物地面、地下室防水层按主墙（承重墙）间净面积以平方米计算，扣除凸出地面的构筑物、柱、设备基础等所占面积，不扣除附墙垛、间壁墙、附墙烟囱及 $0.3m^2$ 以内孔洞所占面积。与墙之间连接处高度在 300mm 以内者，按展开面积计算并入平面工程量内，超过 300mm 时，按立面防水层计算。

b. 立面：墙身防水层按图示尺寸扣除立面孔洞所占面积（$0.3m^2$ 以内孔洞不扣）以 m^2 计算。

c. 构筑物防水层按实铺面积计算，不扣除 $0.3m^2$ 以内孔洞面积。

（8）伸缩缝、止水带

伸缩缝、盖缝、止水带按延长米计算，外墙伸缩缝在墙内、外双面填缝者，工程量应按双面计算。

（9）屋面排水

① 铁皮排水。水落管按檐口滴水处算至设计室外地坪的高度以延长米计算，檐口处伸长部分（即马腿弯伸长）、勒脚和泄水口的弯起均不增加，但水落管遇到外墙腰线（需弯起的）按每条腰线增加长度 25cm 计算。檐沟、天沟均以图示延长米计算。白铁斜沟、泛水长度可按水平长度乘以延长系数或隅延长系数计算。水斗以个计算。

② 玻璃钢、铸铁水落管、檐沟均按图示尺寸以延长米计算。水斗、女儿墙弯头、铸铁落水口（带罩）均按只计算。

③ 阳台 PVC 管通水落管按只计算。每只阳台出水口至水落管中心线斜长按 1m 计（内含两只 135° 弯头，1 只异径三通）。

12.2.1.2 定额工程量计算

根据以上屋面及防水工程定额工程量计算规则，计算办公楼工程的屋面及防水工程定额工程量。

（1）屋面卷材防水工程量

SBS 改性沥青防水卷材单层热熔满铺定额工程量 =（7.5+0.24）×（36.6+0.24）=285.14（m^2）

20 厚 1 ：3 水泥砂浆找平层定额工程量 =285.14m^2

（2）屋面刚性防水工程量

50mm 厚细石混凝土有分格缝定额工程量 =285.14m^2

ϕ4@150 双向钢筋网片：

钢筋质量 =0.099×285.14×（1000/150×2）=376.38（kg）=0.376（t）

油膏嵌缝工程量（40mm×20mm）按设计图示尺寸以长度计算：

油膏嵌缝工程量 =（7.50+0.24）×6=46.44（m）

3 厚 1 ：3 石灰黄砂隔离层定额工程量 =（7.5+0.24）×（36.6+0.24）=285.14（m^2）

（3）屋面排水管

ϕ110PVC 水落管按檐口滴水处算至设计室外地坪的高度以延长米计算。

水落管工程量 =（6.2+0.45）×6=39.90（m）

ϕ110PVC 水斗：6 只。

ϕ100 铸铁落水口：6 只。

（4）檐沟卷材工程量

檐沟卷材工程量同清单檐沟卷材工程量 150.10m^2。

12.2.2 屋面及防水工程定额计价

套用相应定额子目，进行办公楼工程的屋面及防水工程定额计价，详见表 12-4。

表 12-4 屋面及防水工程定额计价计算表

工程名称：某办公楼屋面工程

序号	定额编号	定额名称	计量单位	工程数量	金额 / 元	
					综合单价	合价
1	10-32	SBS 改性沥青防水卷材单层热熔满铺	10m^2	28.514	384.97	10977.03
2	13-16	20mm 厚水泥砂浆找平层（在填充材料上）	10m^2	28.514	159.50	4547.98
3	10-77+（10-79）×2	50mm 厚细石混凝土有分格缝	10m^2	28.514	454.71	12965.60
4	5-13	电焊钢筋网片（直径 8mm 以内）	t	0.376	6742.99	2535.36
5	10-170 换	建筑油膏（40mm×20mm）	10m	4.644	117.79	547.02
6	10-90	3 厚 1 ：3 石灰黄砂隔离层	10m^2	28.514	38.28	1091.52
7	10-202	ϕ110PVC 水落管	10m	3.990	320.41	1278.44
8	10-206	ϕ110PVC 水斗	10 只	0.6	368.32	220.99
9	10-214	ϕ100 铸铁落水口	10 只	0.6	423.63	254.18
10	10-32	SBS 改性沥青防水卷材单层热熔满铺	10m^2	15.01	384.97	5778.40
合 计						40196.52

其中：定额子目 10-77 细石混凝土 40mm 厚，子目 10-79 为每增（减）5mm 厚综合单价。本项目屋面细石混凝土 50mm 厚，定额子目叠加。

定额子目 10-77+ 定额子目（10-79）×2 综合单价 =399.55+27.58×2=454.71（元）

定额子目 10-170 按建筑油膏伸缩缝断面以 30mm×20mm 计算，本办公楼屋面工程建筑油膏：40mm×20mm，应将 30mm×20mm 断面换算为 40mm×20mm。材料按比例换算，人工费、机械费、管理费、利润不变。

材料费：45.47+3.00×［(40×20）/（30×20）－1］×10.08=55.55（元）

定额子目 10-170 换综合单价 =45.10+55.55+0+11.73+5.41=117.79（元 /10m）

12.2.3 屋面及防水工程分部分项工程费

（1）清单综合单价

清单综合单价 = 定额合价 / 清单工程量

① 屋面卷材防水清单综合单价

=（384.97×28.514+159.50×28.514）/285.14=54.45（元）

② 屋面刚性层清单综合单价

=（454.71×28.514+6742.99×0.376+117.79×4.644+38.28×28.514）/285.14

=60.11（元）

③ 屋面排水管清单综合单价

=（320.41×3.99+368.32×0.6+423.63×0.6）/39.90=43.95（元）

④ 屋面天沟、檐沟清单综合单价 =384.97×15.01/150.10=38.50（元）

（2）清单计价

将清单综合单价填入表 12-2 中，计算项目屋面及防水分部分项工程费，详见表 12-5。

表 12-5　分部分项工程量清单与计价表

工程名称：某办公楼屋面及防水工程　　　　标段：　　　　第 1 页　共 1 页

序号	项目编码	项目名称	项目特征描述	计量单位	工程量	金额 / 元	
						综合单价	合价
1	010902001001	屋面卷材防水	3 厚 SBS 改性沥青防水卷材，单层热熔满铺法进行施工；20 厚 1 ：3 水泥砂浆找平	m^2	285.14	54.45	15525.87
2	010902003001	屋面刚性层	40 厚 C20 细石混凝土，内配 ϕ4@150 双向钢筋；6m 间距分隔缝宽 20mm，油膏嵌缝	m^2	285.14	60.11	17139.77
3	010902004001	屋面排水管	ϕ110PVC 白色增强塑料管；ϕ110PVC 白色水斗；ϕ100 铸铁落水口	m	39.90	43.95	1753.61
4	010902007001	屋面天沟、檐沟	粘贴 SBS 改性沥青防水卷材；天沟宽度为 500mm；单层热熔满铺法进行施工	m^2	150.10	38.50	5778.85
合　计							40198.10

技能训练

一、选择题

（一）单项选择题

1. 根据《房屋建筑与装饰工程工程量计算规范》（GB 50854—2013），屋面防水工程量计算正确的是（　　）。【造价师职业资格考试真题】

A. 斜屋面按水平投影面积计算　　B. 女儿墙处弯起部分应单独列项计算

C. 防水卷材搭接用量不另行计算　　D. 屋面伸缩缝弯起部分单独列项计算

2. 根据《房屋建筑与装饰工程工程量计算规范》(GB 50854—2013)，屋面防水及其他工程量计算正确的是（　　）。【造价师职业资格考试真题】

A. 屋面卷材防水设计图示尺寸以面积计算，防水搭接及附加层用量按设计尺寸计算

B. 屋面排水管设计未标注尺寸，考虑弯折处的增加以长度计算

C. 屋面铁皮天沟设计图示尺寸以展开面积计算

D. 屋面变形设计尺寸以铺设面积计算

3. 根据《房屋建筑与装饰工程工程量计算规范》(GB 58054—2013)，斜屋面的卷材防水工程量应（　　）。【造价师职业资格考试真题】

A. 按设计图示尺寸以水平投影面积计算　　B. 按设计图示尺寸以斜面积计算

C. 扣除房上烟囱、风帽底座所占面积　　D. 扣除屋面小气窗、斜沟所占面积

（二）多项选择题

1. 根据《房屋建筑与装饰工程工程量计算规范》（GB 50854—2013），关于墙面变形缝、防水、防潮工程量计算正确的为（　　）。【造价师职业资格考试真题】

A. 墙面卷材防水按设计图示尺寸以面积计算

B. 墙面防水搭接及附加层用量应另行计算

C. 墙面砂浆防水项目中钢丝网不另行计算

D. 墙面变形缝按设计图示立面投影面积计算

E. 墙面变形缝若做双面，按设计图示长度尺寸乘以 2 计算

2. 根据《房屋建筑与装饰工程工程量计算规范》(GB 50854—2013)，屋面及防水清单工程量计算正确的有（　　）。【造价师职业资格考试真题】

A. 屋面排水管按檐口至设计室外散水上表面垂直距离计算

B. 斜屋面卷材防水按屋面水平投影面积计算

C. 屋面排气管按设计图示以数量计算

D. 屋面檐沟防水按设计图示尺寸以展开面积计算

E. 屋面变形缝按设计图示以长度计算

3. 根据《房屋建筑与装饰工程工程量计算规范》(GB 50854—2013)，墙面防水工程量计算正确的有（　　）。【造价师职业资格考试真题】

A. 墙面涂膜防水按设计图示尺寸以质量计算

B. 墙面砂浆防水按设计图示尺寸以体积计算

C. 墙面变形缝按设计图示尺寸以长度计算

D. 墙面卷材防水按设计图示尺寸以面积计算

E. 墙面防水搭接用量按设计图示尺寸以面积计算

二、分析计算题

某三类建筑工程的坡屋面及檐沟做法如图 12-11 所示。要求：①编制该瓦屋面、檐沟工程量清单；②计算基于计价定额的该瓦屋面、檐沟分部分项工程费。

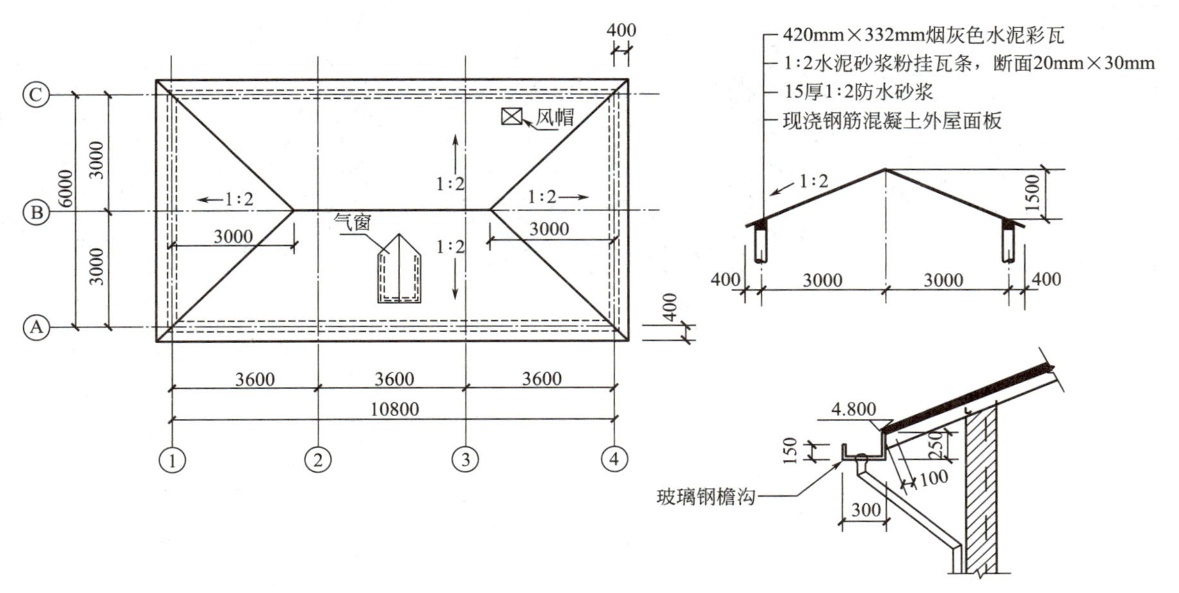

图 12-11 屋面图

项目13 >>>

保温、隔热、防腐工程计量与计价

学习目标

- 知识目标：了解《房屋建筑与装饰工程工程量计算规范》中保温、隔热、防腐工程清单项目的设置，掌握保温、隔热、防腐工程清单工程量计算规则，熟悉保温、隔热、防腐工程定额计价要点及应用。
- 能力目标：能够编制保温、隔热、防腐工程的工程量清单，能够计算保温、隔热、防腐工程分部分项工程费。

素质目标

- 严格遵循有关标准、规范、规程、管理规定和合同，规范计量，强调“规范”意识和“标准”意识。
- 结合屋面保温工程，引导学生树立绿色建造理念，贯彻落实新发展理念，增强“环保”意识。

导入项目　某办公楼工程建筑施工图如图12-1～图12-9所示（同项目12），屋面采用有保温层刚性防水屋面，做法：①50mm厚C20细石混凝土，内配$\phi 4@150$双向钢筋；②3mm厚1∶3石灰黄砂隔离层；③3mm厚SBS改性沥青防水卷材；④20mm厚1∶3水泥砂浆找平层；⑤25mm厚聚苯乙烯挤塑板保温层；⑥20mm厚1∶3水泥砂浆找平，现浇钢筋混凝土屋面。刚性屋面分隔缝间距5m，宽20mm，油膏嵌缝，卷材均采用单层热熔满铺法进行施工。

要求：（1）编制保温、隔热、防腐工程的工程量清单；

（2）计算保温、隔热、防腐工程的分部分项工程费。

13.1 保温、隔热、防腐工程清单计量

《房屋建筑与装饰工程工程量计算规范》（GB 50854—2013）中附录K为保温、隔热、

防腐工程。

13.1.1 清单项目设置及其工程量计算规则

（1）保温、隔热

① 保温隔热屋面 011001001，按设计图示尺寸以面积计算。工作内容包括基层清理、刷黏结材料、铺贴保温层、铺、刷（喷）防护材料。项目特征描述内容：保温隔热材料品种、规格、厚度，隔气层材料品种、厚度，黏结材料种类、做法，防护材料种类、做法。

② 保温隔热天棚 011001002，项目适用于各种材料的下贴式或吊顶上搁置式的保温隔热的天棚。工作内容及项目特征描述内容同保温隔热屋面。

③ 保温隔热墙面 011001003，项目适用于工业与民用建筑物外墙、内墙保温隔热工程。工作内容包括基层清理、刷界面剂、安装龙骨、填贴保温材料、保温板安装、粘贴面层、铺、刷（喷）防护材料等。项目特征描述内容：保温隔热部位、方式，隔热材料品种、规格、性能，黏结材料种类和做法，防护材料种类、做法等。按设计图示尺寸以面积计算，扣除门窗洞口所占面积；门窗洞口侧壁需作保温时，并入保温墙体工程量内。

④ 保温柱、梁 011001004，项目适用于各种材料的柱、梁。工作内容及项目特征描述内容同保温隔热墙面。按设计图示以保温层中心线展开长度乘保温层高度计算。

⑤ 保温隔热楼地面 011001005，项目适用于各种材料的楼地面保温隔热工程。工作内容包括基层清理、刷黏结材料、铺贴保温层、铺、刷（喷）防护材料。项目特征描述内容：保温隔热部位，保温隔热材料品种、规格、厚度，隔气层材料品种、厚度，黏结材料种类、做法，防护材料种类、做法等。按设计图示尺寸以面积计算，不扣除柱、垛所占面积。

⑥ 其他保温隔热 011001006，适用于池、槽等其他保温隔热工程。

（2）防腐面层

① 防腐混凝土面层 011002001。工作内容包括基层清理、基层刷稀胶泥、混凝土制作、运输、摊铺、养护。项目特征描述内容：防腐部位、面层厚度、混凝土种类、胶泥种类、配合比等。

② 防腐砂浆面层 011002002。工作内容包括基层清理、基层刷稀胶泥、砂浆制作、运输、摊铺、养护。项目特征描述内容：防腐部位、面层厚度、砂浆、胶泥种类、配合比。

③ 防腐胶泥面层 011002003。工作内容包括基层清理、胶泥调制、摊铺。项目特征描述内容：防腐部位、面层厚度、胶泥种类、配合比等。

防腐混凝土面层、防腐砂浆面层、防腐胶泥面层项目适用于平面或立面的水玻璃混凝土、水玻璃砂浆、水玻璃胶泥、沥青混凝土、沥青砂浆、沥青胶泥、树脂砂浆、树脂胶泥以及聚合物水泥砂浆等防腐工程。

④ 玻璃钢防腐面层 011002004。项目适用于树脂胶料与增强材料（如：玻璃纤维丝、布、玻璃纤维表面毡、玻璃纤维短切毡或涤纶布、涤纶毡、丙纶布、丙纶毡等）复合塑制而成的玻璃钢防腐。

⑤ 聚氯乙烯板面层 011002005。项目适用于地面、墙面的软、硬聚氯乙烯板防腐工程，按设计图示尺寸以面积计算。工作内容包括基层清理、配料、涂胶、聚氯乙烯板铺设。项目特征描述内容：防腐部位、面层材料种类、厚度、黏结材料种类等。

⑥ 块料防腐面层 011002006。工作内容包括基层清理、铺贴块料、胶泥调制、勾缝。项目特征描述内容：防腐部位、块料品种、规格、黏结材料种类、勾缝材料种类等。

防腐面层项目按设计图示尺寸以面积计算。

a. 平面防腐：扣除凸出地面的构筑物、设备基础等所占面积。

b. 立面防腐：砖垛等突出部分按展开面积并入墙面积内。对“聚氯乙烯板面层”“块料防腐面层”项目，计算工程量时对踢脚板防腐应扣除门洞所占面积并相应增加门洞侧壁面积。

⑦ 池、槽块料防腐面层 011002007，项目适用于地面、沟槽、基础的各类块料防腐工程。按设计图示尺寸以展开面积计算。

（3）其他防腐

① 隔离层 011003001，项目适用于楼地面的沥青类、树脂玻璃钢类防腐工程隔离层。按设计图示尺寸以面积计算。

② 砌筑沥青浸渍砖 011003002，项目适用于各种浸渍标准砖的防腐。按设计图示尺寸以体积计算。

③ 防腐涂料 011003003，项目适用于建筑物、构筑物以及钢结构的防腐。按设计图示尺寸以面积计算。

根据以上规定和项目施工说明，导入项目保温、隔热、防腐工程清单项目，详见表 13-1。

表 13-1　保温、隔热、防腐工程的工程清单项目

序号	项目编码	项目名称	项目特征描述
1	011001001001	保温隔热屋面	平屋面保温隔热方式为外保温，保温材料采用 25 厚聚苯乙烯挤塑板保温层

13.1.2　工程量清单编制

根据以上清单项目的工程量计算规则，计算办公楼工程的保温、隔热、防腐工程的清单工程量。

保温隔热屋面 011001001001（m^2），按设计图示尺寸以面积计算，扣除面积＞ $0.3m^2$ 孔洞及所占面积。

$$保温隔热屋面工程量 =（7.5+0.24）×（36.6+0.24）=285.14（m^2）$$

根据以上清单工程量计算结果，列出保温、隔热、防腐工程工程量清单。详见表 13-2。

表 13-2　分部分项工程量清单与计价表

工程名称：某办公楼屋面保温、隔热工程　　　　标段：　　　　第　页　共　页

序号	项目编码	项目名称	项目特征描述	计量单位	工程量	金额 / 元	
						综合单价	合价
1	011001001001	保温隔热屋面	平屋面保温隔热方式为外保温，保温材料采用 25 厚聚苯乙烯挤塑板保温层	m^2	285.14		

13.2　保温、隔热、防腐工程清单计价

13.2.1　保温、隔热、防腐工程定额计量

（1）保温隔热工程项目

① 保温隔热层按隔热材料净厚度（不包括胶结材料厚度）乘以设计图示面积按体积

计算。

② 地墙隔热层，按围护结构墙体内净面积计算，不扣除 $0.3m^2$ 以内孔洞所占的面积。

③ 软木、聚苯乙烯泡沫板铺贴平顶以图示长乘宽乘厚的体积以立方米计算。

④ 外墙聚苯乙烯挤塑板外保温、外墙聚苯颗粒保温砂浆、屋面架空隔热板、保温隔热砖、瓦、天棚保温（沥青贴软木除外）层，按设计图示尺寸以面积计算。

⑤ 墙体隔热。外墙按隔热层中心线，内墙按隔热层净长乘图示尺寸的高度（如图纸无注明高时，则下部由地坪隔热层起算，带阁楼时算至阁楼板顶面止；无阁楼时则算至檐口）及厚度以立方米计算，应扣除冷藏门洞口和管道穿墙洞口所占的体积。

⑥ 门口周围的隔热部分，按图示部位，分别套用墙体或地坪的相应子目以体积计算。

⑦ 软木、泡沫塑料板铺贴柱帽、梁面，以图示尺寸按立方米计算。

⑧ 梁头、管道周围及其他零星隔热工程，均按实际尺寸以立方米计算，套用柱帽、梁面定额。

⑨ 池槽隔热层。按图示池槽保温隔热层的长、宽及厚度以立方米计算，其中池壁按墙面计算，池底按地面计算。

⑩ 包柱隔热层按图示柱的隔热层中心线的展开长度乘以图示尺寸高度及厚度以体积计算。

（2）防腐工程

① 一般计算规则。防腐工程项目应区分不同防腐材料种类及厚度，按设计实铺面积以平方米计算，应扣除凸出地面的构筑物、设备基础所占的面积。砖垛等突出墙面部分，按展开面积计算并入墙面防腐工程量内。

② 踢脚板。按实铺长度乘以高度按平方米计算，应扣除门洞所占面积并相应增加侧壁展开面积。

③ 平面砌筑双层耐酸块料。平面砌筑双层耐酸块料工程量计算按单层面积乘系数 2.0 计算。

④ 接缝附加层收头。防腐卷材接缝附加层收头等工料，已计入定额子目中，不另行计算。

（3）定额工程量计算

根据以上保温、隔热、防腐工程定额工程量计算规则，计算办公楼工程的保温、隔热、防腐工程定额工程量。

① 保温隔热层工程量 = $(7.5+0.24)\times(36.6+0.24)\times0.025=7.13\ (m^3)$。

② 20 厚 1 ∶ 3 水泥砂浆找平，按设计图示尺寸以面积计算。

$$(7.5+0.24)\times(36.6+0.24)=285.14\ (m^2)$$

13.2.2 保温、隔热、防腐工程定额计价

① 整体面层、平面砌块料面层。整体面层和平面砌块料防腐面层，适用于楼地面、平台的防腐面层。整体面层厚度、砌块料面层的规格、结合层厚度、灰缝宽度、各种胶泥、砂浆、混凝土的配合比、设计与定额不同应换算，但人工、机械不变。

定额子目中块料贴面结合层厚度、灰缝宽度取定如下：

树脂胶泥、树脂砂浆结合层 6mm，灰缝宽度 3mm；

水玻璃胶泥、水玻璃砂浆结合层 6mm，灰缝宽度 4mm；

硫黄胶泥、硫黄砂浆结合层 6mm，灰缝宽度 5mm；

花岗岩及其他条石结合层 15mm，灰缝宽度 8mm。

② 块料面层以平面砌为准，立面砌时按平面砌的相应子目人工乘以系数 1.38，踢脚板人工乘以系数 1.55，块料乘以系数 1.01，其他不变。

③ 浇灌混凝土的项目需立模时，按混凝土垫层项目的含模量计算，按带形基础定额执行。

④ 凡保温、隔热工程用于地面时，增加电动夯实机 0.04 台班 /m^3。

套用相应定额子目，进行办公楼工程保温、隔热工程的定额计价，详见表 13-3。

表 13-3　保温、隔热工程定额计价计算表

工程名称：某办公楼保温、隔热工程

序号	定额编号	定额名称	计量单位	工程数量	金额 / 元	
					综合单价	合价
1	11-15	屋面保温隔热聚苯乙烯挤塑板	$10m^2$	28.514	264.44	7540.24
2	13-15	20mm 厚混凝土基层上水泥砂浆找平层	$10m^2$	28.514	127.21	3627.27
合　计						11167.51

13.2.3　保温、隔热、防腐工程分部分项工程费

（1）清单综合单价

屋面保温清单：

25 厚聚苯乙烯挤塑板保温层：264.44×28.514=7540.24（元）

20 厚 1 ∶ 3 水泥砂浆找平：127.21×28.514=3627.27（元）

屋面保温清单综合单价 =（7540.24+3627.27）/285.14=39.17（元）

（2）清单计价

将清单综合单价填入表 13-2 中，计算项目保温、隔热分部分项工程费，详见表 13-4。

表 13-4　分部分项工程量清单与计价表

工程名称：某办公楼保温、隔热工程　　　　标段：　　　　第　页　共　页

序号	项目编码	项目名称	项目特征描述	计量单位	工程量	金额 / 元	
						综合单价	合价
1	011001001001	保温隔热屋面	平屋面保温隔热方式为外保温，保温材料采用 25 厚聚苯乙烯挤塑板保温层	m^2	285.14	39.17	11168.93

技能训练

分析计算题

某具有耐酸要求的生产车间及仓库，如图 13-1 所示。其中，车间地面基层上贴 300mm× 200mm×20mm 铸石板，墙面粘贴 150mm×150mm×20mm 瓷板，结合层均为 6mm 厚钠水玻璃胶泥，灰缝宽度为 3mm。仓库地面基层上贴 300mm×200mm×20mm 铸石板，踢脚板高 200mm 为 300mm×200mm×20mm 铸石板，结合层均为 6mm 厚钠水玻璃胶泥，灰缝宽度为 3mm。墙面为 20mm 厚钠水玻璃砂浆面层。

要求：编制该项目防腐工程工程量清单，并计算防腐工程分部分项工程费。

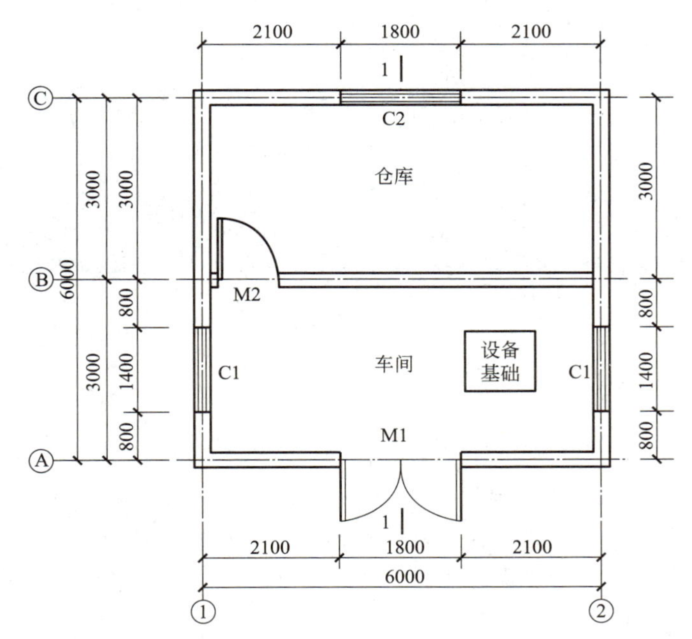

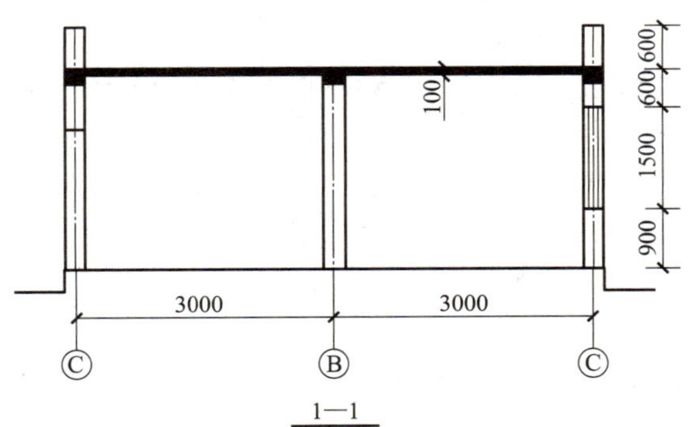

编号	宽/mm	高/mm	樘数
M1	1800	2100	1
M2	900	2100	1
C1	1400	1500	2
C2	1800	1500	1

图 13-1　生产车间及仓库示意图

项目 14

装饰工程计量与计价

学习目标

● 知识目标：了解《房屋建筑与装饰工程工程量计算规范》中装饰工程清单项目的设置，掌握装饰工程清单工程量计算规则，熟悉装饰工程定额计价要点及应用。

● 能力目标：能够编制装饰工程的工程量清单，能够计算装饰工程分部分项工程费。

素质目标

● 严格遵循有关标准、规范、规程、管理规定和合同，规范计量，强调“规范”意识和“标准”意识。

● 装饰的档次、标准的不同，带来工程造价的差异。装饰除了反映工程的功能和外表特征，还折射出时代发展变迁、科技进步和精神追求。引导学生中国已进入一个新时代，每个“建设者”都要有勇于担当社会责任的自觉，践行“请党放心，强国有我”。

导入项目 某办公楼工程建筑施工图见项目 12 图 12-1 ～图 12-9，项目门窗表见表 14-1。

表 14-1 门窗表

编号	洞口尺寸（宽 × 高）	数量	备注	编号	洞口尺寸（宽 × 高）	数量	备注
M1	900mm×2700mm	17	胶合板门（有腰单扇）	C1	1500mm×1800mm	13	塑钢推拉窗
M2	1600mm×2700mm	2	胶合板门（有腰双扇）	C2	1800mm×1800mm	15	塑钢推拉窗
				C3	1200mm×1800mm	3	塑钢推拉窗

办公楼工程的装饰分部分项工程做法如下：

（1）楼地面

① 水泥地面：20mm 厚 1 ：2 水泥砂浆压实抹光；60mm 厚 C15 混凝土；100mm 厚碎砖夯实；素土夯实。用于底层办公室地面、楼梯间地面。

② 地砖地面：8～10厚地面砖，干水泥擦缝；撒素水泥面（洒适量清水）；30厚1：2干硬性水泥砂浆粘接层；刷素水泥浆（或界面剂）一道；60厚C15混凝土；100厚碎砖夯实；素土夯实。用于底层卫生间地面。

③ 水泥砂浆楼面：20厚1：2水泥砂浆面层；20厚1：3水泥砂浆找平层；现浇钢筋混凝土楼面。用于办公室楼地面、楼梯间楼面。

④ 地砖楼面：8～10厚地面砖，干水泥擦缝；撒素水泥面（洒适量清水）；30厚1：2干硬性水泥砂浆结合层；刷素水泥浆一道；现浇钢筋混凝土楼面。用于卫生间楼地面。

⑤ 复合木地板楼面：复合地板；铺一层2或3厚配套软质衬垫（带防潮薄膜）；20厚1：3水泥砂浆找平层；现浇钢筋混凝土楼板。用于会议室楼地面。

⑥ 水泥踢脚：8厚1：2.5水泥砂浆，12厚1：3水泥砂浆打底。用于办公室地面、楼面和楼梯间地面、楼面。高150mm。

⑦ 地砖踢脚：8厚地砖素水泥擦缝；5厚1：1水泥细砂结合层；12厚1：3水泥砂浆打底。高150mm。

⑧ 硬木踢脚：油漆；18厚硬木踢脚；墙内预留木砖400mm中距，板背面与木砖满涂防腐剂。用于会议室楼面。高150mm。

（2）墙面

① 乳胶漆墙面：刷乳胶漆；5厚1：0.3：3水泥石灰膏砂浆粉面；12厚1：1：6水泥石灰膏砂浆打底；刷界面处理剂一道。用于除卫生间外的所有内墙面。

② 瓷砖墙面：5厚釉面砖白水泥浆擦缝；6厚1：0.1：2.5水泥石灰膏砂浆结合层；12厚1：3水泥砂浆打底。用于卫生间内墙面。高2.2m。

③ 涂料墙面：喷（刷）外墙涂料；6厚1：2.5水泥砂浆粉面，水刷带出小麻面；12厚1：3水泥砂浆打底。用于外墙墙面。

④ 保温隔热墙面：保温隔热部位为外墙面+冷桥部位；界面剂，20厚1：3水泥砂浆找平；黏结砂浆，纵向纤维岩棉条（A级）25厚；10厚聚合物砂浆。用于走廊墙面、外墙墙面。

（3）平顶

① 乳胶漆顶棚：刷乳胶漆；6厚1：0.3：3水泥石灰膏砂浆粉面；6厚1：0.3：3水泥石灰膏砂浆打底扫毛；刷素水泥浆一道（内掺建筑胶）；现浇钢筋混凝土板。用于除卫生间外的所有平顶。

② 铝塑板吊顶：6厚铝塑板天棚面层300mm×600mm；装配式U形（不上人）轻钢龙骨。用于卫生间平顶。

（4）油漆

① 调和漆：调和漆两度；底油一度；满刮腻子。用于胶合板门、楼梯木扶手、硬木踢脚线。

② 乳胶漆：乳胶漆两度；满刮腻子三道；刷稀释乳胶漆一度。用于除卫生间外的内墙和外墙。

（5）混凝土台阶

70厚C15混凝土（厚度不包括踏步三角部分），上撒1：1水泥砂子压实抹光，台阶面向外坡1%；200厚碎石或砖石，灌1：5水泥砂浆；素土夯实。

（6）混凝土散水

60厚C15混凝土，撒1：1水泥砂子，压实抹光；120厚碎砖垫层；素土夯实，向外坡4%。

要求：(1) 编制该办公楼装饰工程的工程量清单。

(2) 计算该办公楼装饰工程分部分项工程费。

14.1 装饰工程清单计量

14.1.1 清单项目设置及其工程量计算规则

《房屋建筑与装饰工程工程量计算规范》(GB 50854—2013) 附录将装饰工程分为：附录 K 楼地面装饰工程，附录 L 墙、柱面装饰与隔断、幕墙工程，附录 M 天棚工程，附录 N 油漆、涂料、裱糊工程，附录 O 其他装饰工程。

(1) 楼地面装饰工程

楼地面工程工程量清单项目的设置分为楼地面抹灰、楼地面镶贴、橡塑面层、其他材料面层、踢脚线、楼梯面层、台阶装饰、零星装饰项目等。根据“计算规范”和办公楼工程的施工说明，其楼地面工程清单项目的项目编码、项目名称、项目特征、计量单位、工程量计算规则见表 14-2。

表 14-2 楼地面装饰工程量清单项目

项目编码	项目名称	项目特征	计量单位	工程量计算规则
011101001001	水泥砂浆地面	素土夯实；100 厚碎石夯实；60 厚 C15 混凝土；20 厚 1 ∶ 2 水泥砂浆压实抹光	m^2	按设计图示尺寸以面积计算。扣除凸出地面构筑物、设备基础、室内管道、地沟等所占面积，不扣除间壁墙及≤ 0.3m^2 柱、垛、附墙烟囱及孔洞所占面积。门洞、空圈、暖气包槽、壁龛的开口部分不增加面积
011101001002	水泥砂浆楼面	20 厚 1 ∶ 3 水泥砂浆找平层；20 厚 1 ∶ 2 水泥砂浆面层		
011102003001	地砖地面	素土夯实；100 厚碎石夯实；60 厚 C15 混凝土；刷素水泥浆（或界面剂）一道；30 厚 1 ∶ 2 干硬性水泥砂浆粘接层；8 ～ 10 厚地面砖，干水泥擦缝；地面砖 300mm×600mm	m^2	按设计图示尺寸以面积计算。门洞、空圈、暖气包槽、壁龛的开口部分并入相应的工程量内
011102003002	地砖楼面	30 厚 1 ∶ 2 干硬性水泥砂浆结合层；8 ～ 10 厚地面砖，干水泥擦缝；地面砖 300mm×600mm		
011104002001	复合木地板楼面	20 厚 1 ∶ 3 水泥砂浆找平层；2 或 3 厚配套软质衬垫（带防潮薄膜）；复合地板	m^2	按设计图示尺寸以面积计算。门洞、空圈、暖气包槽、壁龛的开口部分并入相应的工程量内
011105001001	水泥砂浆踢脚线高 150mm	12 厚 1 ∶ 3 水泥砂浆打底；8 厚 1 ∶ 2.5 水泥砂浆	1. m^2 2. m	1. 按设计图示长度乘高度以面积计算 2. 按延长米计算
011105003001	地砖踢脚线高 150mm	12 厚 1 ∶ 3 水泥砂浆打底；5 厚 1 ∶ 1 水泥细砂结合层；8 厚地砖素水泥擦缝		
011105005001	硬木踢脚高 150mm	墙内预留木砖 400 中距，板背面与木砖满涂防腐剂；18 厚硬木踢脚		

续表

项目编码	项目名称	项目特征	计量单位	工程量计算规则
011106004001	水泥砂浆楼梯面	20厚1 ∶ 3水泥砂浆找平层；10厚1 ∶ 2水泥砂浆面层	m^2	按设计图示尺寸以楼梯（包括踏步、休息平台及≤ 500mm的楼梯井）水平投影面积计算。楼梯与楼地面相连时，算至梯口梁内侧边沿；无梯口梁者，算至最上一层踏步边沿加300mm
011107004001	水泥砂浆台阶面	素土夯实；200厚碎石灌1 ∶ 5水泥砂浆；70厚C15混凝土，上撒1 ∶ 1水泥砂子，压实抹光	m^2	按设计图示尺寸以台阶（包括最上层踏步边沿加300mm）水平投影面积计算

（2）墙、柱面装饰与隔断、幕墙工程

墙、柱面装饰与隔断、幕墙工程工程量清单项目的设置，分为墙面抹灰、柱（梁）面抹灰、零星抹灰、墙面块料面层、柱（梁）面镶贴块料、镶贴零星块料、墙饰面、柱（梁）饰面、幕墙工程、隔断等。根据“计算规范”和办公楼工程的施工说明，其墙柱面工程清单项目的项目编码、项目名称、项目特征、计量单位、工程量计算规则见表14-3。

表14-3 墙柱面工程量清单项目

项目编码	项目名称	项目特征	计量单位	工程量计算规则
011201001001	外墙一般抹灰	多孔砖墙，1砖墙，标准砖240mm×115mm×53mm；12厚1 ∶ 3水泥砂浆打底；6厚1 ∶ 2.5水泥砂浆粉面，水刷带出小麻面	m^2	按设计图示尺寸以面积计算。扣除墙裙、门窗洞口及单个＞ 0.3m^2的孔洞面积，不扣除踢脚线、挂镜线和墙与构件交接处的面积，门窗洞口和孔洞的侧壁及顶面不增加面积。附墙柱、梁、垛、烟囱侧壁并入相应的墙面面积内。 1. 外墙抹灰面积按外墙垂直投影面积计算 2. 外墙裙抹灰面积按其长度乘以高度计算 3. 内墙抹灰面积按主墙间的净长乘以高度计算 （1）无墙裙的，高度按室内楼地面至天棚底面计算；（2）有墙裙的，高度按墙裙顶至天棚底面计算 4. 内墙裙抹灰面按内墙净长乘以高度计算
011201001002	内墙一般抹灰	KP1多孔砖墙，1砖墙，KP1砖240mm×115mm×90mm；12厚1 ∶ 1 ∶ 6水泥石灰膏砂浆打底；5厚1 ∶ 0.3 ∶ 3水泥石灰膏砂浆粉面	m^2	
011203001001	阳台栏板一般抹灰	C20现浇混凝土栏板；12厚1 ∶ 3水泥砂浆打底；6厚1 ∶ 2.5水泥砂浆面层	m^2	按设计图示尺寸以面积计算
011203001002	挑檐一般抹灰	C20现浇混凝土挑檐；12厚1 ∶ 3水泥砂浆打底；6厚1 ∶ 2.5水泥砂浆面层		

续表

项目编码	项目名称	项目特征	计量单位	工程量计算规则
011204003001	卫生间内墙块料墙面	KP1 多孔砖墙，1 砖墙，KP1 砖 240mm× 115mm× 90mm；12 厚 1 ：3 水泥砂浆打底；6 厚 1 ：0.1 ：2.5 水泥石灰膏砂浆结合层；5 厚釉面砖白水泥浆擦缝	m^2	按镶贴表面积计算

（3）天棚工程

天棚工程工程量清单项目的设置分为天棚抹灰、天棚吊顶、采光天棚工程、天棚其他装饰。根据“计算规范”和办公楼工程的施工说明，其天棚工程清单项目的项目编码、项目名称、项目特征、计量单位、工程量计算规则见表 14-4。

表 14-4　天棚工程量清单项目

项目编码	项目名称	项目特征	计量单位	工程量计算规则
011301001001	天棚抹灰	现浇钢筋混凝土板 6 厚 1 ：0.3 ：3 水泥石灰膏砂浆打底扫毛；6 厚 1 ：0.3 ：3 水泥石灰膏砂浆粉面	m^2	按设计图示尺寸以水平投影面积计算。不扣除间壁墙、垛、柱、附墙烟囱、检查口和管道所占的面积，带梁天棚、梁两侧抹灰面积并入天棚面积内，板式楼梯底面抹灰按斜面积计算，锯齿形楼梯底板抹灰按展开面积计算
011302001001	吊顶天棚	现浇钢筋混凝土板 装配式 U 形（不上人）轻钢龙骨；6 厚铝塑板天棚面层 300mm× 600mm	m^2	按设计图示尺寸以水平投影面积计算。天棚面中的灯槽及跌级、锯齿形、吊挂式、藻井式天棚面积不展开计算。不扣除间壁墙、检查口、附墙烟囱、柱垛和管道所占面积，扣除单个＞ $0.3m^2$ 的孔洞、独立柱及与天棚相连的窗帘盒所占的面积

（4）油漆、涂料、裱糊工程

油漆、涂料、裱糊工程工程量清单项目的设置分为门油漆，窗油漆，木扶手及其他板条、线条油漆，木材面油漆，金属面油漆，抹灰面油漆，喷刷涂料，裱糊等。根据“计算规范”和办公楼工程的施工说明，其油漆、涂料、裱糊工程清单项目的项目编码、项目名称、项目特征、计量单位、工程量计算规则见表 14-5。

表 14-5　油漆、涂料、裱糊工程量清单项目

项目编码	项目名称	项目特征	计量单位	工程量计算规则
011401001001	门油漆	胶合板门； M1，洞口尺寸：900mm× 2100mm；底油一遍，刮腻子二遍；调和漆二遍	1. 樘 2. m^2	1. 以樘计量，按设计图示数量计算 2. 以平方米计量，按设计图示洞口尺寸以面积计算
011401001001	门油漆	胶合板门； M2，洞口尺寸：1600mm× 2100mm；底油一遍，刮腻子二遍；调和漆二遍		

续表

项目编码	项目名称	项目特征	计量单位	工程量计算规则
011403001001	木扶手油漆	底油一遍；刮腻子二遍；调和漆二遍	m	按设计图示尺寸以长度计算
011404003001	硬木踢脚油漆	底油一遍；刮腻子二遍；调和漆二遍	m^2	按设计图示尺寸以面积计算
011406002001	踢脚线抹灰面油漆	底油一遍；调和漆二遍	m^2	按设计图示尺寸以面积计算
011407001001	外墙面、零星抹灰面喷刷涂料	外墙弹性涂料二遍	m^2	按设计图示尺寸以面积计算
011407001002	内墙面喷刷涂料	乳胶漆二度；满刮腻子三道；刷稀释乳胶漆一度		
011407002001	天棚喷刷涂料	乳胶漆二度；满刮腻子三道；刷稀释乳胶漆一度		

（5）门窗工程

《房屋建筑与装饰工程工程量计算规范》（GB 50854—2013）附录H将门窗工程分为木门、金属门、金属卷帘门、其他门、木窗、金属窗、门窗套、窗帘盒、窗帘轨、窗台板等。根据“计算规范”和办公楼工程的门窗表，其门窗工程清单项目的项目编码、项目名称、项目特征、计量单位、工程量计算规则见表14-6。

表14-6 门窗工程量清单项目

项目编码	项目名称	项目特征描述	计量单位	工程量计算规则
010801001001	胶合板门	洞口尺寸：900mm×2700mm（有腰单扇），17樘；门框制作单裁口，立梃断面55cm²；门扇边梃断面22.8cm²，调和漆二遍	1. 樘 2. m^2	以樘计量，按设计图示数量计算或以平方米计量，按设计图示洞口尺寸以面积计算
010801001002	胶合板门	洞口尺寸：1600mm×2700mm（有腰双扇），2樘；门框制作单裁口，立梃断面55cm²；门扇边梃断面22.8cm²，调和漆二遍		
010807001001	塑钢窗	洞口尺寸：1500mm×1800mm，13樘；1800mm×1800mm，15樘；1200mm×1800mm，3樘		

（6）保温隔热墙面工程

《房屋建筑与装饰工程工程量计算规范》附录K中011001003为保温隔热墙面。根据“计算规范”和办公楼工程的施工说明，其墙面保温隔热工程清单项目的项目编码、项目名称、项目特征、计量单位、工程量计算规则见表14-7。

表 14-7　墙面保温隔热工程量清单项目

项目编码	项目名称	项目特征	计量单位	工程量计算规则
011001003001	保温隔热墙面	保温隔热部位：外墙面、走廊墙面＋冷桥部位；界面剂，20 厚 1 ∶ 3 水泥砂浆找平；黏结砂浆，纵向纤维岩棉条 25 厚；10 厚聚合物砂浆	m^2	按设计图示尺寸以面积计算。扣除门窗洞口以及面积＞ $0.3m^2$ 梁、孔洞等所占面积。门窗洞口侧壁及与墙相连的柱，并入保温墙体工程量内

14.1.2　工程量清单编制

二维码 14.1

根据以上清单项目的工程量计算规则计算各分部分项工程清单工程量。

（1）楼地面装饰工程

① 水泥砂浆地面：按设计图示尺寸以面积计算。

底层办公室：（4.2−0.24）×（7.5−0.24）×7=201.25（m^2）

底层楼梯间：（3.6−0.24）×（7.5−0.24）=24.39（m^2）

底层走廊：（36.84−0.3×2）×（1.5−0.3）=43.49（m^2）

水泥砂浆地面合计：201.25+24.39+43.49=269.13（m^2）

② 地砖地面：按镶贴面积计算。

（3.6−0.24）×（3.9−0.24）+（3.6−0.24）×（3.6−0.24）+0.9×0.24×2=24.02（m^2）

③ 水泥砂浆楼面：按设计图示尺寸以面积计算。

二层办公室：（4.2−0.24）×（7.5−0.24）×4=115.00（m^2）

二层楼梯间与楼层连接处：2.38×（3.6−0.24）=8.00（m^2）

二层走廊：36.6×1.5=54.90（m^2）

水泥砂浆楼面合计：115+8+54.9=177.9（m^2）

④ 复合木地板楼面：按设计图示尺寸以面积计算。

二层会议室：（4.2×3−0.24）×（7.5−0.24）+0.9×0.24×2=90.16（m^2）

⑤ 地砖楼面：按镶贴面积计算。

（3.6−0.24）×（3.9−0.24）+（3.6−0.24）×（3.6−0.24）+0.9×0.24×2=24.02（m^2）

⑥ 水泥砂浆踢脚线：按设计图示长度乘高度以面积计算。

办公室：［（3.96+7.26）×2−0.9+0.24×2］×11×0.15=36.33（m^2）

外走廊：（36.6−0.9×8−1.6）×0.15+（36.6−0.9×7−1.6）×0.15=8.48（m^2）

二层楼梯梯段踢脚线包括在水泥砂浆楼梯面内，不再计算。

底层楼梯间：［（3.36+7.26）×2−1.6+0.24×2］×0.15=3.02（m^2）

水泥砂浆踢脚线合计：36.33+8.48+3.02=47.83（m^2）

⑦ 地砖踢脚线（卫生间）：按设计图示长度乘高度以面积计算。

［（7.5−0.24×2）×2+3.36×4−0.9×3+0.24×4］×2×0.15=7.72（m^2）

⑧ 硬木踢脚（会议室）：按设计图示长度乘高度以面积计算。

［（4.2×3−0.24+7.26）×2−0.9×2+0.24×4］×0.15=38.4×0.15=5.76（m^2）

⑨ 水泥砂浆楼梯面：按水平投影面积以平方米计算。

3.36×（2.7+2.3）=16.80（m^2）

⑩ 水泥砂浆台阶面：以台阶（包括最上层踏步边沿加 300mm）水平投影面积计算。

$(36.84+0.3\times2\times2)\times(0.3\times3)+(1.5-0.3)\times(0.3\times3)\times2=36.40\ (m^2)$

(2)墙、柱面装饰工程

1)外墙一般抹灰:按设计图示尺寸以面积计算。

Ⓐ轴:$1.3\times36.84=47.89\ (m^2)$

Ⓒ轴:$(6.2+0.45)\times36.84-1.8\times1.8\times14-1.2\times1.8\times3=193.15\ (m^2)$

①、⑨轴:$[(6.2+0.45)\times(7.5+0.24)+1.3\times1.5]\times2=106.84\ (m^2)$

二维码 14.2

外墙一般抹灰合计:$47.89+193.15+106.84=347.88\ (m^2)$

2)内墙一般抹灰:按设计图示尺寸以面积计算。

办公室:$[(3.96+7.26)\times2\times(3.3-0.12)-1.8\times1.8-1.5\times1.8-0.9\times2.7]\times11=692.88\ (m^2)$

会议室:$(12.36+7.26)\times2\times(3.3-0.12)-0.9\times2.7\times2-1.5\times1.8\times2-1.8\times1.8\times4=101.56\ (m^2)$

楼梯间:$(3.36+7.26)\times2\times(3.3-0.12)\times2-1.2\times1.8-1.6\times2.7\times2=124.29\ (m^2)$

走廊:$[36.6\times(3.3-0.12)-1.5\times1.8\times7-0.9\times2.7\times8-1.6\times2.7-1.2\times1.8]+[36.6\times(3.3-0.12)-1.5\times1.8\times6-1.8\times1.8-0.9\times2.7\times7-1.6\times2.7-1.2\times1.8]=71.57+73.46=145.03\ (m^2)$

内墙一般抹灰合计:$692.88+101.56+124.29+145.03=1063.76\ (m^2)$

3)零星项目一般抹灰:按设计图示尺寸以面积计算。

阳台栏板:$36.6\times(1.0+0.12)+(1.5-0.12)\times(1.0+0.12)\times2=44.08\ (m^2)$

挑檐:

Ⓐ轴:$(1.5+0.6)\times(36.84+0.5\times2)=79.46\ (m^2)$

Ⓒ轴:$(0.5+0.6)\times(36.84+0.5\times2)=41.62\ (m^2)$

①、⑨轴:$(0.5+0.6)\times7.74\times2=17.03\ (m^2)$

挑檐合计:$79.46+41.62+17.03=138.11\ (m^2)$

4)内墙块料墙面(卫生间):按镶贴表面积计算。

$\{[3.36\times4+(7.5-0.24\times2)\times2]\times(3.3-0.12)-1.2\times1.8-0.9\times2.7\times3\}\times2=155.87\ (m^2)$

(3)天棚工程

① 天棚抹灰:按设计图示尺寸以水平投影面积计算。

办公室:$3.96\times7.26\times11=316.25\ (m^2)$

会议室:$(4.2\times3-0.24)\times7.26+(0.6-0.12)\times2\times7.26\times2=103.67\ (m^2)$

楼梯间:$3.36\times7.26+3.36\times2.3+3.36\times(2.38+0.12)+3.36\times(2.7^2+1.65^2)^{1/2}+3.36\times(0.3-0.10)\times6=55.18\ (m^2)$

走廊:$36.6\times(1.5+0.3-0.12)=61.49\ (m^2)$

天棚抹灰合计:$316.25+103.67+55.18+61.49=536.59\ (m^2)$

② 天棚吊顶:按设计图示尺寸以水平投影面积计算。

$$3.36\times(7.5-0.24\times2)\times2=47.17\ (m^2)$$

(4)油漆、涂料、裱糊工程

① 门油漆:按设计图示洞口尺寸以面积计算。

M1:$0.9\times2.7\times17=41.31\ (m^2)$

M2:$1.6\times2.7\times2=8.64\ (m^2)$

② 木扶手油漆:按设计图示尺寸以长度计算。

$(2.7^2+1.65^2)^{1/2}\times2+0.12+(1.65+0.12)=8.22$（m）

③ 硬木踢脚油漆（会议室）：按设计图示尺寸以面积计算。

$[(4.2\times3-0.24+7.26)\times2-0.9\times2+0.24\times4]\times0.15=38.4\times0.15=5.76$（$m^2$）

④ 抹灰面油漆（同水泥砂浆踢脚线）：

36.33+8.48+3.02=47.83（m^2）（水泥砂浆踢脚线，计算详见楼地面工程）

⑤ 外墙、零星抹灰面喷刷涂料：

47.89+193.15+106.84=347.88（m^2）（外墙，计算详见墙、柱面装饰工程）

44.08+138.11=182.19（m^2）（阳台栏板、挑檐，计算详见墙、柱面装饰工程）

合计：347.88+182.19=530.07（m^2）

⑥ 内墙喷刷涂料：

692.88+101.56+124.29+145.03=1063.76（m^2）（同内墙一般抹灰工程量，计算详见墙、柱面装饰工程）

⑦ 天棚喷刷涂料：

316.25+103.67+55.18+61.49=536.59（m^2）（同天棚抹灰，计算详见抹灰工程）

（5）门窗工程

M1：$0.9\times2.7\times17=41.31$（$m^2$）

M2：$1.6\times2.7\times2=8.64$（m^2）

C1：$1.5\times1.8\times13=35.10$（$m^2$）；C2：$1.8\times1.8\times15=48.60$（$m^2$）；C3：$1.2\times1.8\times3=6.48$（$m^2$）

窗工程量合计：35.1+48.6+6.48=90.18（m^2）

（6）墙面保温工程

墙面外保温：按设计图示尺寸以面积计算。扣除门窗洞口以及面积＞0.3m^2 梁、孔洞等所占面积。门窗洞口侧壁及与墙相连的柱，并入保温墙体工程量内。

Ⓐ轴：$[36.6\times(3.3-0.12)-1.5\times1.8\times7-0.9\times2.7\times8-1.6\times2.7]$

$+[36.6\times(3.3-0.12)-1.5\times1.8\times6-1.8\times1.8-0.9\times2.7\times7-1.6\times2.7]$

$=73.73+75.62=149.35$（m^2）

Ⓒ轴：$(6.2+0.45)\times36.84-1.8\times1.8\times14-1.2\times1.8\times3=193.15$（$m^2$）

①、⑨轴：$(6.2+0.45)\times(7.5+0.24)\times2=102.94$（$m^2$）

门窗洞口侧壁：$[(0.9+2.7\times2)\times17+(1.6+2.7\times2)\times2+(1.5+1.8)\times2\times13+$

$(1.8+1.8)\times2\times15+(1.2+1.8)\times2\times3]\times0.24=79.90$（$m^2$）

墙面外保温合计：149.35+193.15+102.94+79.9=525.34（m^2）

根据以上计算结果，编制工程量清单，详见表 14-8。

表 14-8　分部分项工程量清单与计价表

工程名称：某办公楼装饰工程　　　　标段：　　　　第 1 页　共 1 页

序号	项目编码	项目名称	项目特征描述	计量单位	工程量	金额／元		
						综合单价	合价	其中暂估价
一	楼地面装饰工程							
1	011101001001	水泥砂浆地面	素土夯实；100 厚碎石夯实；60 厚 C15 混凝土；20 厚 1 ∶ 2 水泥砂浆压实抹光	m^2	269.13			

续表

序号	项目编码	项目名称	项目特征描述	计量单位	工程量	金额/元		
						综合单价	合价	其中暂估价
2	011101001002	水泥砂浆楼面	20厚1∶3水泥砂浆找平层；20厚1∶2水泥砂浆面层	m^2	177.90			
3	011102003001	地砖地面	素土夯实；100厚碎石夯实；60厚C15混凝土；刷素水泥浆（或界面剂）一道；30厚1∶2干硬性水泥砂浆粘接层；8～10厚地面砖，干水泥擦缝；地面砖300mm×600mm	m^2	24.02			
4	011102003002	地砖楼面	30厚1∶2干硬性水泥砂浆结合层；8～10厚地面砖，干水泥擦缝；地面砖300mm×600mm	m^2	24.02			
5	011104002001	复合木地板楼面	20厚1∶2水泥砂浆找平层；2～3厚配套软质衬垫（带防潮薄膜）；复合地板	m^2	90.16			
6	011105001001	水泥砂浆踢脚线高150mm	12厚1∶3水泥砂浆打底；8厚1∶2.5水泥砂浆	m^2	47.83			
7	011105003001	地砖踢脚线高150mm	12厚1∶3水泥砂浆打底；5厚1∶1水泥细砂结合层；8厚地砖素水泥擦缝	m^2	7.72			
8	011105005001	硬木踢脚高150mm	墙内预留木砖400中距，板背面与木砖满涂防腐剂；18厚硬木踢脚	m^2	5.76			
9	011106004001	水泥砂浆楼梯面	20厚1∶3水泥砂浆找平层；10厚1∶2水泥砂浆面层	m^2	16.80			
10	011107004001	水泥砂浆台阶面	素土夯实；200厚碎石灌1∶5水泥砂浆；70厚C15混凝土，上撒1∶1水泥砂子，压实抹光	m^2	36.40			
二	墙、柱面装饰与隔断、幕墙工程							
1	011201001001	外墙一般抹灰	多孔砖墙，1砖墙，标准砖240mm×115mm×53mm；12厚1∶3水泥砂浆打底；6厚1∶2.5水泥砂浆粉面，水刷带出小麻面	m^2	347.88			
2	011201001002	内墙一般抹灰	KP1多孔砖墙，1砖墙，KP1砖240mm×115mm×90mm；12厚1∶1∶6水泥石灰膏砂浆打底；5厚1∶0.3∶3水泥石灰膏砂浆粉面	m^2	1063.76			
3	011203001001	阳台栏板一般抹灰	C20现浇混凝土栏板：12厚1∶3水泥砂浆打底；6厚1∶2.5水泥砂浆面层	m^2	44.08			
4	011203001002	挑檐一般抹灰	C20现浇混凝土挑檐：12厚1∶3水泥砂浆打底；6厚1∶2.5水泥砂浆面层	m^2	138.11			

续表

序号	项目编码	项目名称	项目特征描述	计量单位	工程量	金额/元		
						综合单价	合价	其中暂估价
5	011204003001	卫生间内墙块料墙面	KP1 多孔砖墙，1 砖墙，KP1 砖 240mm×115mm×90mm；12 厚 1 ∶ 3 水泥砂浆打底；6 厚 1 ∶ 0.1 ∶ 2.5 水泥石灰膏砂浆结合层；5 厚釉面砖白水泥浆擦缝	m^2	155.87			
三	天棚工程							
1	011301001001	天棚抹灰	现浇钢筋混凝土板；6 厚 1 ∶ 0.3 ∶ 3 水泥石灰膏砂浆打底扫毛；6 厚 1 ∶ 0.3 ∶ 3 水泥石灰膏砂浆粉面	m^2	536.59			
2	011302001001	吊顶天棚	现浇钢筋混凝土板；装配式 U 形（不上人）轻钢龙骨；6 厚铝塑板天棚面层 300mm×600mm	m^2	47.17			
四	油漆、涂料、裱糊工程							
1	011401001001	门油漆	胶合板门；M1，洞口尺寸：900mm×2100mm；底油一遍，刮腻子二遍；调和漆二遍	m^2	41.31			
2	011401001001	门油漆	胶合板门；M2，洞口尺寸：1600mm×2100mm；底油一遍，刮腻子二遍；调和漆二遍	m^2	8.64			
3	011403001001	木扶手油漆	底油一遍；刮腻子二遍；调和漆二遍	m	8.22			
4	011404003001	硬木踢脚油漆	底油一遍；刮腻子二遍；调和漆二遍	m^2	5.76			
5	011406002001	踢脚线抹灰面油漆	底油一遍；调和漆二遍	m^2	47.83			
6	011407001001	外墙面、零星抹灰面喷刷涂料	外墙弹性涂料二遍	m^2	530.07			
7	011407001002	内墙面喷刷涂料	混合腻子、乳胶漆各三遍	m^2	1063.76			
8	011407002001	天棚喷刷涂料	混合腻子、乳胶漆各三遍	m^2	536.59			
五	门窗工程							
1	010801001001	胶合板门	洞口尺寸：900mm×2700mm（有腰单扇），17 樘；门框制作单裁口，立梃断面 $55cm^2$；门扇边梃断面 $22.8cm^2$，调和漆二遍	m^2	41.31			

续表

序号	项目编码	项目名称	项目特征描述	计量单位	工程量	金额/元		
						综合单价	合价	其中暂估价
2	010801001002	胶合板门	洞口尺寸：1600mm×2700mm（有腰双扇），2樘；门框制作单裁口，立梃断面55cm²；门扇边梃断面22.8cm²，调和漆二遍	m²	8.64			
3	010807001001	塑钢窗	洞口尺寸：1500mm×1800mm，13樘；1800mm×1800mm，15樘；1200mm×1800mm，3樘	m²	90.18			
六	墙面保温工程							
1	011001003001	保温隔热墙面	保温隔热部位：外墙面、走廊墙面+冷桥部位；界面剂，20厚1∶3水泥砂浆找平；黏结砂浆，纵向纤维岩棉条25厚；10厚聚合物砂浆	m²	525.34			

14.2 装饰工程清单计价

14.2.1 装饰工程定额工程量计算规则

14.2.1.1 楼地面工程

① 地面垫层按室内主墙间净面积乘以设计厚度以立方米计算，应扣除凸出地面的构筑物、设备基础、室内铁道、地沟等所占体积，不扣除柱、垛、间壁墙、附墙烟囱及面积在0.3m²以内孔洞所占体积，但门洞、空圈、暖气包槽、壁龛的开口部分亦不增加。

② 整体面层、找平层均按主墙间净空面积以平方米计算，应扣除凸出地面建筑物、设备基础、地沟等所占面积，不扣除柱、垛、间壁墙、附墙烟囱及面积在0.3m²以内的孔洞所占面积，但门洞、空圈、暖气包槽、壁龛的开口部分亦不增加。看台台阶、阶梯教室地面整体面层按展开后的净面积计算。

③ 地板及块料面层，按图示尺寸实铺面积以平方米计算，应扣除凸出地面的构筑物、设备基础、柱、间壁墙等不做面层的部分，0.3m²以内的孔洞面积不扣除。门洞、空圈、暖气包槽、壁龛的开口部分的工程量另增并入相应的面层内计算。

④ 楼梯整体面层按楼梯的水平投影面积以平方米计算，包括踏步板、踢脚板、中间休息平台、踢脚线、梯板侧面及堵头。楼梯井宽在200mm以内者不扣除；超过200mm者，应扣除其面积，楼梯间与走廊连接的，应算至楼梯梁的外侧。

⑤ 楼梯块料面层按展开实铺面积以平方米计算，踏步板、踢脚板、休息平台、踢脚线、堵头工程量应合并计算。

⑥ 台阶（包括踏步及最上一步踏步口外延300mm）整体面层按水平投影面积以平方米计算；块料面层，按展开（包括两侧）实铺面积以平方米计算。

⑦ 水泥砂浆、水磨石踢脚线按延长米计算。其洞口、门口长度不予扣除，但洞口、门

口、垛、附墙烟囱等侧壁也不增加；块料面层踢脚线，按图示尺寸以实贴延长米计算，门洞扣除，侧壁另加。

⑧ 多色简单、复杂图案镶贴石材块料面板，按镶贴图案的矩形面积计算。成品拼花石材铺贴按设计图案的面积计算。计算简单、复杂图案之外的面积，扣除简单、复杂图案面积时，也按矩形面积扣除。

⑨ 楼地面铺设木地板、地毯以实铺面积计算。楼梯地毯压棍安装以套计算。

⑩ 栏杆、扶手、扶手下托板均按扶手的延长米计算，楼梯踏步部分的栏杆与扶手应按水平投影长度乘系数 1.18。

⑪ 斜坡、散水等均按水平投影面积以平方米计算，明沟与散水连在一起，明沟按 300mm 计算，其余为散水，散水、明沟应分开计算。散水、明沟应扣除踏步、斜坡、花台等的长度。

⑫ 明沟按图示尺寸以延长米计算。

⑬ 地面、石材面嵌金属和楼梯防滑条均按延长米计算。

14.2.1.2 墙、柱面装饰与隔断、幕墙工程

(1) 外墙抹灰

① 外墙面抹灰面积按外墙面的垂直投影面积计算，应扣除门窗洞口和空圈所占的面积，不扣除 $0.3m^2$ 以内的孔洞面积。但门窗洞口、空圈的侧壁、顶面及垛等抹灰，应按结构展开面积并入墙面抹灰中计算。外墙面不同品种砂浆抹灰，应分别计算按相应子目执行。

② 外墙窗间墙与窗下墙均抹灰，以展开面积计算。

③ 挑沿、天沟、腰线、扶手、单独门窗套、窗台线、压顶等，均以结构尺寸展开面积计算。窗台线与腰线连接时，并入腰线内计算。

④ 外窗台抹灰长度，如设计图纸无规定，可按窗洞口宽度两边共加 20cm 计算。窗台展开宽度一砖墙按 36cm 计算，每增加半砖宽则累增 12cm。

单独圈梁抹灰（包括门、窗洞口顶部）、附着在混凝土梁上的混凝土装饰线条抹灰均以展开面积以平方米计算。

⑤ 阳台、雨篷抹灰按水平投影面积计算。定额中已包括顶面、底面、侧面及牛腿的全部抹灰面积。阳台栏杆、栏板、垂直遮阳板抹灰另列项目计算。栏板以单面垂直投影面积乘以系数 2.1 计算。

⑥ 水平遮阳板顶面、侧面抹灰按其水平投影面积乘系数 1.5，板底面积并入天棚抹灰内计算。

⑦ 勾缝按墙面垂直投影面积计算，应扣除墙裙、腰线和挑沿的抹灰面积，不扣除门、窗套、零星抹灰和门、窗洞口等面积；但垛的侧面、门窗洞侧壁和顶面的面积亦不增加。

(2) 内墙面抹灰

① 内墙面抹灰面积应扣除门窗洞口和空圈所占的面积，不扣除踢脚线、挂镜线、$0.3m^2$ 以内的孔洞和墙与构件交接处的面积；但其洞口侧壁和顶面抹灰亦不增加。垛的侧面抹灰面积应并入内墙面工程量内计算。内墙面抹灰长度，以主墙间的图示净长计算，其高度按实际抹灰高度确定，不扣除间壁所占的面积。

② 石灰砂浆、混合砂浆粉刷中已包括水泥护角线，不另行计算。

③ 柱和单梁的抹灰按结构展开面积计算，柱与梁或梁与梁接头的面积不予扣除。砖墙中平墙面的混凝土柱、梁等的抹灰（包括侧壁）应并入墙面抹灰工程量内计算。凸出墙面的混凝土柱、梁面（包括侧壁）抹灰工程量应单独计算，按相应子目执行。

④ 厕所、浴室隔断抹灰工程量，按单面垂直投影面积乘以系数 2.3 计算。

（3）挂、贴块料面层

① 内、外墙面、柱梁面、零星项目镶贴块料面层均按块料面层的建筑尺寸（各块料面层 + 粘贴砂浆厚度 =25mm）面积计算。门窗洞口面积扣除，侧壁、附垛贴面应并入墙面工程量中。内墙面腰线花砖按延长米计算。

② 窗台、腰线、门窗套、天沟、挑檐、盥洗槽、池脚等块料面层镶贴，均以建筑尺寸的展开面积（包括砂浆及块料面层厚度）按零星项目计算。

③ 石材块料面板挂、贴均按面层的建筑尺寸（包括干挂空间、砂浆、板厚度）展开面积计算。

④ 石材圆柱面按石材面外围周长乘以柱高（应扣除柱墩、柱帽高度）以平方米计算。石材柱墩、柱帽按石材圆柱面外围周长乘其高度以平方米计算。圆柱腰线按石材面外围周长计算。

（4）内墙、柱木装饰及柱包不锈钢镜面

① 内墙、内墙裙、柱（梁）面。木装饰龙骨、衬板、面层及粘贴切片板按净面积计算，并扣除门、窗洞口及 $0.3m^2$ 以上的孔洞所占的面积，附墙垛及门、窗侧壁并入墙面工程量内计算。单独门、窗套按相应子目计算。柱、梁按展开宽度乘以净长计算。

② 不锈钢镜面、各种装饰板面均按展开面积计算。若地面天棚面有柱帽、柱脚，则高度应从柱脚上表面至柱帽下表面计算。柱帽、柱脚按面层的展开面积以平方米计算，套柱帽、柱脚子目。

③ 幕墙以框外围面积计算。幕墙与建筑顶端、两端的封边按图示尺寸以平方米计算，自然层的水平隔离与建筑物的连接按延长米计算（连接层包括上、下镀锌钢板在内）。幕墙上下设计有窗者，计算幕墙面积时，窗面积不扣除，但每 $10m^2$ 窗面积另增加人工 5 工日，增加的窗料及五金按实计算。

14.2.1.3 天棚工程

① 定额天棚饰面的面积按净面积计算，不扣除间壁墙、检修孔、附墙烟囱、柱垛和管道所占面积，但应扣除独立柱、$0.3m^2$ 以上的灯饰面积（石膏板、夹板天棚面层的灯饰面积不扣除）与天棚相连接的窗帘盒面积，整体金属板中间开孔的灯饰面积不扣除。

② 天棚中假梁、折线、叠线等圆弧形、拱形、特殊艺术形式的天棚饰面，均按展开面积计算。

③ 天棚龙骨的面积按主墙间的水平投影面积计算。天棚龙骨的吊筋按每 $10m^2$ 龙骨面积套相应子目计算；全丝杆的天棚吊筋按主墙间的水平投影面积计算。

④ 圆弧形、拱形的天棚龙骨应按其弧形或拱形部分的水平投影面积计算套用复杂型子目，龙骨用量按设计进行调整，人工和机械按复杂型天棚子目乘以系数 1.8。

⑤ 定额天棚每间以在同一平面上为准，设计有圆弧形、拱形时，按其圆弧形、拱形部分的面积：圆弧形面层人工按其相应定额乘以系数 1.15 计算；拱形面层的人工按相应定额子目乘以系数 1.5 计算。

⑥ 铝合金扣板雨篷、钢化夹胶玻璃雨篷均按水平投影面积计算。

⑦ 天棚面抹灰

a. 天棚面抹灰按主墙间天棚水平面积计算，不扣除间壁墙、垛、柱、附墙烟囱、检查洞、通风洞、管道等所占的面积。

b. 密肋梁、井字梁、带梁天棚抹灰面积，按展开面积计算，并入天棚抹灰工程量内。斜天棚抹灰按斜面积计算。

c. 天棚抹面如抹小圆角者，人工已包括在定额中，材料、机械按附注增加。如带装饰线者，其线分别按三道线以内或五道线以内，以延长米计算（线角的道数以每一个突出的阳角为一道线）。

d. 楼梯底面、水平遮阳板底面和沿口天棚，并入相应的天棚抹灰工程量内计算。混凝土楼梯、螺旋楼梯的底板为斜板时，按其水平投影面积（包括休息平台）乘以系数 1.18 计算；底板为锯齿形时（包括预制踏步板），按其水平投影面积乘以系数 1.5 计算。

14.2.1.4 油漆、涂料、裱糊工程

① 天棚、墙、柱、梁面的喷（刷）涂料和抹灰面乳胶漆，工程量按实喷（刷）面积计算，但不扣除 0.3m² 以内的孔洞面积。

② 木材面油漆。各种木材面的油漆工程量按构件的工程量乘以相应系数计算，具体系数详见计价定额。其中单层木门、木扶手系数为 1.00。

③ 抹灰面、构件面油漆、涂料、刷浆。

a. 抹灰面的油漆、涂料、刷浆工程量 = 抹灰工程量。

b. 混凝土板底、预制混凝土构件仅油漆、涂料、刷浆工程量按下列方法计算，套抹灰面定额相应子目，详见表 14-9。

表 14-9 套抹灰面定额工程量计算表

<table>
<tr><th colspan="2">项目名称</th><th>系数</th><th>工程量计算方法</th></tr>
<tr><td colspan="2">槽型板、混凝土折板底面</td><td>1.30</td><td rowspan="2">长 × 宽</td></tr>
<tr><td colspan="2">有梁板底（含梁底、侧面）</td><td>1.30</td></tr>
<tr><td colspan="2">混凝土板式楼梯底（斜板）</td><td>1.18</td><td rowspan="2">水平投影面积</td></tr>
<tr><td colspan="2">混凝土板式楼梯底（锯齿形）</td><td>1.50</td></tr>
<tr><td colspan="2">混凝土花格窗、栏杆</td><td>2.00</td><td>长 × 宽</td></tr>
<tr><td colspan="2">遮阳板、栏板</td><td>2.10</td><td>长 × 宽（高）</td></tr>
<tr><td rowspan="3">混凝土预制构件</td><td>屋架、天窗架</td><td>40m²</td><td rowspan="3">每 m³ 构件</td></tr>
<tr><td>柱、梁、支撑</td><td>12m²</td></tr>
<tr><td>其他</td><td>20m²</td></tr>
</table>

④ 金属面油漆。

a. 套用单层钢门窗的定额的项目工程量乘以相应系数，详见计价定额。

b. 其他金属面油漆，按构件油漆部分表面积计算。

c. 套用金属面定额的项目：原材料每米重量 5kg 以内为小型构件，防火涂料用量乘以系数 1.02；人工乘以系数 1.1；网架上刷防火涂料时，人工乘以系数 1.4。

⑤ 刷防火涂料计算规则如下：

a. 隔壁、护壁木龙骨按其面层正立面投影面积计算。

b. 柱木龙骨按其面层外围面积计算。

c. 天棚龙骨按其水平投影面积计算。

d. 木地板中龙骨及木龙骨带毛地板按地板面积计算。

e. 隔壁、护壁、柱、天棚面层及木地板刷防火涂料，执行其他木材面刷防火涂料相应子目。

14.2.1.5 门窗工程

① 购入成品的各种铝合金门窗安装，按门窗洞口面积以平方米计算；购入成品的木门扇安装，按购入门扇的净面积计算。

② 现场铝合金门窗扇制作、安装按门窗洞口面积以平方米计算。

③ 各种卷帘门按实际制作面积计算，卷帘门上有小门时，其卷帘门工程量应扣除小门面积。卷帘门上的小门按扇计算，卷帘门上电动提升装置以套计算，手动装置的材料、安装人工已包括在定额内，不另增加。

④ 无框玻璃门按其洞口面积计算。无框玻璃门中，部分为固定门扇、部分为开启门扇时，工程量应分开计算。无框门上带亮子时，其亮子与固定门扇合并计算。

⑤ 门窗框上包不锈钢板均按不锈钢板的展开面积以平方米计算，木门扇上包金属面或软包面均以门扇净面积计算。无框玻璃门上亮子与门扇之间的钢骨架横撑（外包不锈钢板），按横撑包不锈钢板的展开面积计算。

⑥ 门窗扇包镀锌铁皮，按门窗洞口面积以平方米计算；门窗框包镀锌铁皮、钉橡皮条、钉毛毡按图示门窗洞口尺寸以延长米计算。

⑦ 木门窗框、扇制作、安装工程量按以下规定计算：

a. 各类木门窗（包括纱门、纱窗）制作、安装工程量均按门窗洞口面积以平方米计算。

b. 连门窗的工程量应分别计算，套用相应门、窗定额，窗的宽度算至门框外侧。

c. 普通窗上部带有半圆窗的工程量应按普通窗和半圆窗分别计算，其分界线以普通窗和半圆窗之间的横框上边线为分界线。

d. 无框窗扇按扇的外围面积计算。

14.2.1.6 墙体隔热

外墙聚苯乙烯挤塑板外保温，按设计图示尺寸以面积计算。

14.2.2 装饰工程定额工程量计算

（1）楼地面工程

① 水泥砂浆地面：基层、垫层按体积计算，面层按面积计算。

100 厚碎石夯实：269.13（同清单工程量）×0.1=26.91（m^3）

60 厚 C15 混凝土：269.13×0.06=16.15（m^3）

20 厚 1 ：2 水泥砂浆压实抹光：269.13m^2

② 卫生间地砖地面：基层、垫层按体积计算，整体面层按面积计算。

100 厚碎石夯实：24.02（同清单工程量）×0.1=2.40（m^3）

60 厚 C15 混凝土：24.02×0.06=1.44（m^3）

30 厚 1 ：2 干硬性水泥砂浆粘接层：24.02m^2

8 ～ 10 厚地面砖、干水泥擦缝：24.02m^2

③ 水泥砂浆楼面：整体面层、找平层按面积计算。

20 厚 1 ：3 水泥砂浆找平层：177.90m^2（同清单工程量）

10 厚 1 ：2 水泥砂浆面层：177.90m^2

④ 地砖楼面：

30 厚 1 ：2 干硬性水泥砂浆结合层：24.02m^2（同清单工程量）

8 ～ 10 厚地面砖、干水泥擦缝：24.02m^2

⑤ 复合木地板楼面：

20 厚 1 ：2 水泥砂浆找平层：90.16m^2（同清单工程量）

复合地板：$90.16m^2$

⑥ 水泥砂浆踢脚线：按延长米计算。

办公室：（3.96+7.26）×2×11=246.84（m）

外走廊：36.6×2=73.20（m）

底层楼梯间：（3.36+7.26）×2=21.24（m）

二层楼梯间踢脚线包括在水泥砂浆楼梯面内，不再计算。

水泥砂浆踢脚线合计：246.84+73.2+21.24=341.28（m）

⑦ 地砖踢脚线（卫生间）：按延长米计算。

［（7.5−0.24×2）×2+3.36×4−0.9×3+0.24×4］×2=51.48（m）

⑧ 硬木踢脚（会议室）：按延长米计算。

（4.2×3−0.24+7.26）×2−0.9×2+0.24×4=38.4（m）

⑨ 水泥砂浆楼梯面：同清单工程量 $16.80m^2$。

⑩ 水泥砂浆台阶面：同清单工程量 $36.40m^2$。

（2）墙、柱面装饰工程

1）外墙一般抹灰。外墙面的垂直投影面积计算：

Ⓐ轴：1.3×36.84=47.89（m^2）

Ⓒ轴：（6.2+0.45）×36.84−1.8×1.8×14−1.2×1.8×3=193.15（m^2）

①、⑨轴：［（6.2+0.45）×（7.5+0.24）+1.3×1.5］×2=106.84（m^2）

Ⓒ轴外墙门窗洞口侧壁：［（1.8+1.8）×2×14+（1.2+1.8）×2×3］×0.12=14.26（m^2）

外墙一般抹灰定额工程量 =47.89+193.15+106.84+14.26=362.14（m^2）

2）内墙一般抹灰：同清单工程量 $1063.76m^2$。

3）零星项目一般抹灰。阳台栏板：以单面垂直投影面积乘以系数 2.1 计算。

［36.6×（1.0+0.12）+（1.5−0.12）×（1.0+0.12）×2］×2.1=44.08×2.1=92.57（m^2）

挑檐：同清单工程量 $138.11m^2$。

4）内墙块料墙面（卫生间）。按块料面层的建筑尺寸面积计算加门窗洞口侧壁面积。

块料面层的建筑尺寸面积：

｛［3.36×4+（7.5−0.24×2）×2］×（3.3−0.12）−1.2×1.8−0.9×2.7×3｝×2=155.87（m^2）

门窗洞口侧壁面积：

［（0.9+2.7×2）×0.24+（0.9+2.7×2）×0.12+（1.2+1.8）×0.12］×2=5.26（m^2）

内墙块料墙面定额工程量 =155.87+5.26=161.13（m^2）

（3）天棚工程

① 天棚抹灰：同清单工程量。

办公室：3.96×7.26×11=316.25（m^2）

会议室：（4.2×3−0.24）×7.26+（0.6−0.12）×2×7.26×2=103.67（m^2）

楼梯间斜板按水平投影面积（包括休息平台）乘以系数 1.18。

顶层：3.36×7.26=24.39（m^2）

梯段：3.36×（2.38+0.12）+3.36×（2.7+2.3）×1.18+3.36×（0.3−0.10）×6=32.26（m^2）

走廊：36.6×（1.5+0.3−0.12）=61.49（m^2）

天棚抹灰合计：316.25+103.67+24.39+32.26+61.49=538.06（m^2）

② 天棚吊顶：3.36×（7.5−0.24×2）×2=47.17（m^2）

（4）油漆、涂料、裱糊工程

① 门油漆：41.31+8.64=49.95（m^2）（同门清单工程量）。

② 木扶手油漆：8.22m（同清单工程量）。

③ 硬木踢脚油漆（会议室）：按延长米计算。

$$(4.2\times3-0.24+7.26)\times2-0.9\times2+0.24\times4=38.4\ (m)$$

④ 抹灰面油漆（水泥砂浆踢脚线）：47.83m^2（同抹灰面清单工程量）。

⑤ 外墙、零星抹灰面喷刷涂料：592.82m^2（同外墙、零星抹灰清单工程量）。

$$362.14+92.57+138.11=592.82\ (m^2)$$

⑥ 内墙喷刷涂料：1063.76m^2（同内墙抹灰工程量）。

⑦ 天棚喷刷涂料：538.06m^2（同天棚抹灰工程量）。

（5）门窗工程

① 胶合板门（有腰单扇）：41.31m^2（同清单工程量）。

② 胶合板门（有腰双扇）：8.64m^2（同清单工程量）。

③ 塑钢窗：90.18m^2（同清单工程量）。

（6）墙面保温工程

外墙聚苯乙烯挤塑板外保温，按设计图示尺寸以面积计算。

Ⓐ轴保温面积：149.35m^2（同清单工程量）。

Ⓒ轴保温面积：$(6.2+0.45)\times(36.84+0.025)-1.8\times1.8\times14-1.2\times1.8\times3$

$=193.31\ (m^2)$。

①、⑨轴保温面积：$(6.2+0.45)\times(7.5+0.24+0.025)\times2=103.27m^2$

门窗洞口侧壁保温面积：79.90m^2（同清单工程量）。

墙面外保温面积合计：149.35+193.31+103.27+79.9=525.83（m^2）。

14.2.3 装饰工程定额计价

14.2.3.1 楼地面工程

① 各种混凝土、砂浆强度等级、抹灰厚度，设计与定额规定不同时，可以换算。

② 整体面层子目中均包括基层与装饰面层。找平层砂浆设计厚度不同，按每增、减5mm找平层调整。黏结层砂浆厚度与定额不符时，按设计厚度调整。地面防潮层按相应子目执行。

③ 整体面层、块料面层中的楼地面项目，均不包括踢脚线工料；水泥砂浆、水磨石楼梯包括踏步板、踢脚板、踢脚线、平台、堵头，不包括楼梯底抹灰（楼梯底抹灰另按相应项目执行）。

④ 踢脚线高度按150mm编制，如设计高度不同，整体面层不调整，块料面层按比例调整，其他不变。

⑤ 水磨石面层定额项目已包括酸洗打蜡工料，设计不做酸洗打蜡，应扣除定额中的酸洗打蜡材料费及人工0.51工日/10m^2；其余项目均不包括酸洗打蜡，应另列项目计算。

⑥ 石材块料面板镶贴不分品种、拼色，均执行相应子目。包括镶贴一道墙四周的镶边线（阴、阳角处含45°角），设计有两条或两条以上镶边者，按相应定额子目人工乘以1.10（工程量按镶边的工程量计算），矩形分色镶贴的小方块仍按定额执行。

⑦ 石材块料面板局部切除并分色镶贴成折线图案者称“简单图案镶贴”，切除分色镶贴成弧线形图案者称“复杂图案镶贴”，该两种图案镶贴应分别套用定额。

⑧ 石材块料面板镶贴及切割费用已包括在定额内，但石材磨边未包括在内。设计磨边者，按相应子目执行。

⑨ 对石材块料面板地面或特殊地面要求需成品保护者，不论采用何种材料进行保护，均按相应项目执行，但必须是实际发生时才能计算。

⑩ 扶手、栏杆、栏板适用于楼梯、走廊及其他装饰性栏杆、栏板、扶手，栏杆定额项目中包括了弯头的制作、安装。设计栏杆、栏板的材料、规格、用量与定额不同，可以调整。定额中栏杆、栏板与楼梯踏步的连接按预埋件焊接考虑，设计用膨胀螺栓连接时，每10m长另增人工0.35工日，M10×100膨胀螺栓10只，铁件1.25kg，合金钢钻头0.13只，电锤0.13台班。

⑪ 楼梯、台阶不包括防滑条，设计用防滑条者，按相应子目执行。螺旋形、圆弧形楼梯贴块料面层按相应子目的人工乘以系数1.20，块料面层材料乘以系数1.10，其他不变。现场锯割石材块料面板粘贴在螺旋形、圆弧形楼梯面，按实际情况另行处理。

14.2.3.2 墙、柱面装饰与隔断、幕墙工程

（1）一般规定

① 定额按中级抹灰考虑，设计砂浆品种、饰面材料规格如与定额取定不同，应按设计调整，但人工数量不变。

② 外墙保温品种不同，可根据相应子目进行换算调整。地下室外墙粘贴保温板，可参照相应子目，材料可换算，其他不变。梁柱面粘贴复合保温板可参照墙面执行。

③ 定额均不包括抹灰脚手架费用，脚手架费用按相应子目执行。

（2）柱墙面装饰

① 墙、柱的抹灰及镶贴块料面层所取定的砂浆品种、厚度详见计价定额附录七。设计砂浆品种、厚度与定额不同均应调整。砂浆用量按比例调整。外墙面砖基层刮糙处理，如基层处理设计采用保温砂浆，此部分砂浆作相应换算，其他不变。

② 在圆弧形墙面、梁面抹灰或镶贴块料面层（包括挂贴、干挂石材块料面板），按相应子目人工乘以系数1.18（工程量按其弧形面积计算）。块料面层中带有弧边的石材损耗，应按实调整，每10m弧形部分，切贴人工增加0.6工日，合金钢切割片0.14片，石料切割机0.6台班。

③ 石材块料面板均不包括阳角处磨边，设计要求磨边或墙、柱面贴石材装饰线条者，按相应子目执行。设计线条重叠数次，套相应“装饰线条”数次。

④ 外墙面窗间墙、窗下墙同时抹灰，按外墙抹灰相应子目执行，单独圈梁抹灰（包括门、窗洞口顶部）按腰线子目执行，附着在混凝土梁上的混凝土线条抹灰按混凝土装饰线条抹灰子目执行。但窗间墙单独抹灰或镶贴块料面层，按相应人工乘1.15。

⑤ 门窗洞口侧边、附墙垛等小面粘贴块料面层时，门窗洞口侧边、附墙垛等小面排版规格小于块料原规格并需要裁剪的块料面层项目，可套用柱、梁、零星项目。

⑥ 内外墙贴面砖的规格与定额取定规格不符，数量应按下式确定：

$$实际数量=10m^2\times(1+相应损耗率)/(砖长+灰缝宽)\times(砖宽+灰缝厚) \quad (14\text{-}1)$$

⑦ 高在3.60m以内的围墙抹灰均按内墙面相应子目执行。

⑧ 石材块料面板上钻孔成槽由供应商完成的，扣除基价中人工的10%和其他机械费。斩假石已包括底、面抹灰。

⑨ 混凝土墙、柱、梁面的抹灰底层已包括刷一道素水泥浆在内，设计刷两道，每增一道按相应子目执行。设计采用专用粘贴剂时，可套用相应干粉型粘贴剂粘贴子目，换算干粉型粘贴剂材料为相应专用粘贴剂。设计采用聚合物砂浆粉刷的，可套用相应子目，材料换

算，其他不变。

⑩ 外墙内表面的抹灰按内墙面抹灰子目执行；砌块墙面的抹灰按混凝土墙面相应子目执行。

（3）内墙、柱面木装饰及柱面包钢板

① 设计木墙裙的龙骨与定额间距、规格不同时，应按比例换算木龙骨含量。定额仅编制了一般项目中常用的骨架与面层，骨架、衬板、基层、面层均应分开计算。

② 木饰面子目的木基层均未含防火材料，设计要求刷防火涂料，按相应子目执行。

③ 装饰面层中均未包括墙裙压顶线、压条、踢脚线、门窗贴脸等装饰线，设计有要求时，应按相应子目执行。

④ 幕墙材料品种、含量，设计要求与定额不同时应调整，但人工、机械不变。所以干挂石材、面砖、玻璃幕墙、金属板幕墙子目中不含钢骨架、预埋（后置）铁件的制作安装费，另按相应子目执行。

⑤ 不锈钢、铝单板等装饰板块折边加工费及成品铝单板折边面积应计入材料单价中，不另计算。

⑥ 网塑夹芯板之间设置加固方钢立柱、横梁应根据设计要求按相应子目执行。

⑦ 定额未包括玻璃、石材的车边、磨边费用。石材车边、磨边按相应子目执行；玻璃车边费用按市场加工费另行计算。

⑧ 成品装饰面板现场安装，需做龙骨、基层板时，套用墙面相应子目。

14.2.3.3 天棚工程

① 定额中的木龙骨、金属龙骨是按面层龙骨的方格尺寸取定的，其龙骨、断面的取定见表 14-10。

表 14-10 龙骨、断面取定表

序号	龙骨类型		大龙骨	中（主）龙骨	小（副）龙骨
1	木龙骨	断面搁在墙上	50mm×70mm	50mm×50mm	
		吊在混凝土板下	50mm×40mm	50mm×40mm	
2	U 形轻钢龙骨	上人型	60mm×27mm×1.5mm	50mm×20mm×0.5mm	25mm×20mm×0.5mm
		不上人型	50mm×15mm×1.2mm	50mm×20mm×0.5mm	25mm×20mm×0.5mm
3	T 形铝合金龙骨	上人型	60mm×27mm×1.5mm	20mm×35mm×0.8mm	20mm×22mm×0.6mm
		不上人型	45mm×15mm×1.2mm	20mm×35mm×0.8mm	20mm×22mm×0.6mm

设计与定额不符，应按设计的长度用量加下列损耗调整定额中的含量：木龙骨 6%；轻钢龙骨 6%；铝合金龙骨 7%。

② 天棚的骨架基层分为简单型、复杂型两种。简单型是指每间面层在同一标高的平面上。复杂型是指每间面层不在同一标高平面上，其高差在 100mm 以上（含 100mm），但必须满足不同标高的少数面积占该间面积的 15% 以上。

③ 天棚吊筋、龙骨与面层应分开计算，按设计套用相应定额。定额金属吊筋是按膨胀螺栓连接在楼板上考虑的，每副吊筋的规格、长度、配件及调整办法详见天棚吊筋子目，设计吊筋与楼板底面预埋铁件焊接时也执行本定额。吊筋子目适用于钢、木龙骨的天棚基层。

设计小房间（厨房、厕所）内不用吊筋时，不能计算吊筋项目，并扣除相应定额中人工含量 0.67 工日 /10m²。

④ 定额轻钢、铝合金龙骨是按双层编制的，设计为单层龙骨（大、中龙骨均在同一平面上）在套用定额时，应扣除定额中的小（副）龙骨及配件，人工乘以系数 0.87，其他不变，设计小（副）龙骨用中龙骨代替时，其单价应调整。

⑤ 胶合板面层在现场钻吸音孔时，按钻孔板部分的面积，每 10m² 增加人工 0.64 工日计算。

⑥ 木质骨架及面层的上表面，未包括刷防火漆，设计要求刷防火漆时，应按相应子目计算。

⑦ 上人型天棚吊顶检修道分为固定、活动两种，应按设计分别套用定额。

⑧ 天棚面层中回光槽按相应子目执行。

⑨ 天棚面的抹灰按中级抹灰考虑，所取定的砂浆品种、厚度详见计价定额附录七。设计砂浆品种（纸筋石灰浆除外）厚度与定额不同均应按比例调整，但人工数量不变。

14.2.3.4 油漆、涂料、裱糊工程

① 定额中涂料、油漆工程均采用手工操作，喷塑、喷涂、喷油采用机械喷枪操作，实际施工操作方法不同时，均按定额执行。

② 油漆项目中，已包括钉眼刷防锈漆的工、料并综合了各种油漆的颜色，设计油漆颜色与定额不符时，人工材料均不调整。

③ 定额已综合考虑分色及门窗内外分色的因素，如果需做美术图案者，可按实计算。

④ 定额中规定的喷、涂刷的遍数，如与设计不同，可按每增减一遍相应子目执行。石膏板面套用抹灰面定额。

⑤ 定额对硝基清漆磨退出亮定额子目未具体要求刷理遍数，但应达到漆膜面上的白雾光消除、磨退出亮。

⑥ 色聚氨酯漆已经综合考虑不同色彩的因素，均按定额执行。

⑦ 抹灰面乳胶漆、裱糊墙纸饰面是根据现行工艺，将墙面封油刮腻子、清油封底、乳胶漆涂刷及墙纸裱糊分列子目，乳胶漆、裱糊墙纸子目已包括再次找补腻子在内。

⑧ 涂料定额是按常规品种编制的，设计用的品种与定额不符，单价换算，可以根据不同的涂料调整定额含量，其余不变。

14.2.3.5 门窗工程

① 门窗工程分为购入构件成品安装，铝合金门窗制作安装，木门窗框、扇制作安装，装饰木门扇及门窗五金配件安装五部分。

② 购入构件成品安装门窗单价中，除地弹簧、门夹、管子、拉手等特殊五金外，玻璃及一般五金已包括在相应的成品单价中，一般五金的安装人工已包括在定额内，特殊五金和安装人工应按“门、窗配件安装”的相应子目执行。

③ 铝合金门窗制作、安装

a. 铝合金门窗制作、安装是按在构件厂制作，现场安装编制的，但构件厂至现场的运输费用应按当地交通部门的规定运费执行（运费不计入取费基价）。

b. 铝合金门窗制作型材分为普通铝合金型材和断桥隔热铝合金型材两种，应按设计分别套用相应子目。各种铝合金型材含量的取定定额仅为暂定。设计型材的含量与定额不符，应按设计用量加 6% 制作损耗调整。

c. 铝合金门窗的五金应按“门、窗五金配件安装”另列项目计算。

d. 门窗框与墙或柱的连接是按镀锌铁脚、尼龙膨胀螺钉连接考虑的，设计不同，定额中的铁脚、螺栓应扣除，其他连接件另外增加。

④ 木门、窗制作安装

a. 定额编制了一般木门窗制、安及成品木门框扇的安装，制作是按机械和手工操作综合编制的。

b. 定额均以一、二类木种为准，如采用三、四类木种，分别乘相应系数。木门、窗制作人工和机械费乘系数 1.30，木门、窗安装人工乘系数 1.15。

c. 木材规格是按已成型的两个切断面规格料编制的，两个切断面以前的锯缝损耗按总说明规定应另外计算。

d. 木材断面或厚度均以毛料为准，如设计图纸注明的断面或厚度为净料，应增加断面刨光损耗：一面刨光加 3mm，两面刨光加 5mm，圆木按直径增加 5mm。

e. 木材是以自然干燥条件下的木材编制的，需要烘干时，其烘干费用及损耗由各市确定。

f. 门、窗框扇断面除注明者外均是按《木窗图集》（苏 J73-2）常用项目的Ⅲ级断面编制的。

设计框、扇断面与定额不同时，应按比例换算。框料以边立框断面为准（框裁口处如为钉条者，应加贴条断面），扇料以立梃断面为准。换算公式如下：

设计断面积（净料加刨光损耗）/ 定额断面积 × 相应子目材积

或（设计断面积 − 定额断面积）× 相应子目框、扇每增减 10m^2 的材积

g. 胶合板门的基价是按四八尺（1.22m×2.44m）编制的，剩余的边角料残值已考虑回收，如建设单位供应胶合板，按两倍门扇数量张数供应，每张裁下的边角料全部退还给建设单位（但残值回收取消）。若使用三七尺（0.91m×2.13m）胶合板，定额基价应按括号内的含量换算，并相应扣除定额中的胶合板边角料残值回收值。

h. 门窗制作安装的五金、铁件配件按“门窗五金配件安装”相应子目执行，安装人工已包括在相应定额内。设计门、窗玻璃品种、厚度与定额不符，单价应调整，数量不变。

i. “门窗五金配件安装”的子目中，五金规格、品种与设计不符时应调整。

14.2.3.6 墙面保温工程

详见项目 13 中 13.2.2 的保温、隔热、防腐工程定额计价。

依据以上计价要点，套用计价定额相应子目，进行办公楼装饰工程的定额计价。详见表 14-11。

表 14-11 办公楼装饰工程定额计价计算表

序号	定额编号	定额名称	计量单位	工程量	综合单价 / 元	合价 / 元
一	楼地面装饰工程					
1	13-9	100 厚碎石夯实	m^3	26.91	168.58	4536.49
2	13-11	60 厚 C15 混凝土，不分格	m^3	16.15	380.54	6145.72
3	13-22	20 厚 1 ： 2 水泥砂浆压实抹光	10m^2	26.91	160.83	4327.94
4	13-9	100 厚碎石夯实	m^3	2.40	168.58	404.59
5	13-11	60 厚 C15 混凝土，不分格	m^3	1.44	380.54	547.98
6	13-81	地砖楼地面，单块 0.4m^2 以内，干硬性水泥砂浆粘接层（地砖 300mm×600mm）	10m^2	2.40	928.12	2227.49

续表

序号	定额编号	定额名称	计量单位	工程量	综合单价 / 元	合价 / 元
7	13-15	20 厚 1 ：3 水泥砂浆找平层	$10m^2$	17.79	127.21	2263.07
8	13-22	20 厚 1 ：2 水泥砂浆面层	$10m^2$	17.79	160.83	2861.17
9	13-81	地砖楼地面，单块 $0.4m^2$ 以内，干硬性水泥砂浆粘接层	$10m^2$	2.40	928.12	2227.49
10	13-15	20 厚 1 ：3 水泥砂浆找平层	$10m^2$	9.02	127.21	1147.43
11	13-120	复合地板，拼装	$10m^2$	9.02	1218.34	10989.43
12	13-27	水泥砂浆踢脚线，高度：150mm	10m	34.13	62.49	2132.78
13	13-95	地砖踢脚线，水泥砂浆。高度：150mm	10m	5.15	193.94	998.79
14	13-127	硬木踢脚线制作安装，高度：150mm	10m	3.84	143.74	551.96
15	13-24	水泥砂浆楼梯面	$10m^2$	1.68	823.73	1383.87
16	13-25	水泥砂浆台阶面	$10m^2$	3.64	401.26	1460.59
小计						44206.77
二	墙、柱面装饰工程					
1	14-8	砖墙外墙抹水泥砂浆	$10m^2$	36.21	250.72	9078.57
2	14-9	内墙砖墙混合砂浆抹灰	$10m^2$	106.38	222.72	23692.95
3	14-17	阳台栏板抹水泥砂浆	$10m^2$	9.26	390.63	3617.23
4	14-16	挑檐抹水泥砂浆	$10m^2$	13.81	675.61	9330.17
5	14-82	内墙块料面层，单块面积 $0.18m^2$ 以内，砂浆粘贴（瓷砖 300mm×600mm）	$10m^2$	16.11	2820.33	45435.12
小计						91154.45
三	天棚工程					
1	15-87	混凝土天棚，混合砂浆面	$10m^2$	53.81	189.42	10192.69
2	15-5	装配式 U 形（不上人型）轻钢龙骨	$10m^2$	4.72	597.07	2818.17
3	15-55	铝塑板面层，搁在龙骨上	$10m^2$	4.72	874.44	4127.36
小计						17138.22
四	油漆、涂料、裱糊工程					
1	17-1	木门油漆：底油一遍，刮腻子、调和漆二遍	$10m^2$	5.00	324.27	1621.35
2	17-3	木扶手油漆：底油一遍，刮腻子、调和漆二遍	10m	0.82	65.67	53.85
3	17-5	木踢脚油漆：底油一遍，刮腻子、调和漆二遍	10m	3.84	37.87	149.21

续表

序号	定额编号	定额名称	计量单位	工程量	综合单价 / 元	合价 / 元
4	17-160	踢脚线油漆：底油一遍，调和漆二遍	$10m^2$	4.78	117.11	559.79
5	17-197	外墙、零星抹灰面弹性涂料二遍	$10m^2$	59.28	327.68	19424.87
6	17-176	内墙乳胶漆混合腻子各三遍	$10m^2$	106.38	227.49	24200.39
7	17-178	天棚乳胶漆混合腻子各三遍	$10m^2$	53.81	244.15	14639.23
小计						60648.68
五	门窗工程					
1	16-209	胶合板门（有腰单扇）门框制作	$10m^2$	4.13	424.23	1752.07
2	16-210	胶合板门（有腰单扇）门扇制作	$10m^2$	4.13	768.79	3175.10
3	16-211	胶合板门（有腰单扇）门框安装	$10m^2$	4.13	57.09	235.78
4	16-212	胶合板门（有腰单扇）门扇安装	$10m^2$	4.13	244.72	1010.69
5	16-215	胶合板门（有腰双扇）门框制作	$10m^2$	0.864	302.18	261.08
6	16-216	胶合板门（有腰双扇）门扇制作	$10m^2$	0.864	848.91	733.46
7	16-217	胶合板门（有腰双扇）门框安装	$10m^2$	0.864	43.62	37.69
8	16-218	胶合板门（有腰双扇）门扇安装	$10m^2$	0.864	197.33	170.49
9	16-12	塑钢窗	$10m^2$	9.02	2913.8	26282.48
小计						33658.85
六	外墙外保温					
1	11-38	外墙外保温，聚苯乙烯挤塑板，厚225mm，砖墙面	$10m^2$	52.58	799.65	42045.60
小计						42045.60
合计						288852.57

14.2.4 装饰工程分部分项工程费

二维码 14.3

14.2.4.1 楼地面装饰工程清单综合单价

（1）水泥砂浆地面

水泥砂浆地面清单综合单价 = 定额合价 / 清单工程量 =（4536.49+6145.72+4327.94）/ 269.13=55.77（元 /m^2）

（2）卫生间地砖地面

卫生间地砖地面清单综合单价 = 定额合价 / 清单工程量 =（404.59+547.98+2227.49）/ 24.02=132.39（元 /m^2）

（3）水泥砂浆楼面

水泥砂浆楼面清单综合单价 = 定额合价 / 清单工程量 =（2263.07+2861.17）/177.90=28.80（元 /m^2）

（4）地砖楼面

地砖楼面清单综合单价 = 定额合价 / 清单工程量 =2227.49/24.02=92.73（元 /m^2）

（5）复合木地板楼面

复合木地板楼面清单综合单价 = 定额合价 / 清单工程量

=（1147.43+10989.43）/90.16=134.61（元 /m^2）

（6）水泥砂浆踢脚线

水泥砂浆踢脚线清单综合单价 = 定额合价 / 清单工程量 =2132.78/47.83=44.59（元 /m^2）

（7）地砖踢脚线

地砖踢脚线清单综合单价 = 定额合价 / 清单工程量 =998.79/7.72=129.38（元 /m^2）

（8）硬木踢脚（会议室）

硬木踢脚线清单综合单价 = 定额合价 / 清单工程量 =551.96/5.76=95.83（元 /m^2）

（9）水泥砂浆楼梯面

水泥砂浆楼梯面清单综合单价 = 定额合价 / 清单工程量 =1383.87/16.80=82.37（元 /m^2）

（10）水泥砂浆台阶面

水泥砂浆台阶面清单综合单价 = 定额合价 / 清单工程量 =1460.59/36.40=40.13（元 /m^2）

14.2.4.2　墙、柱面装饰工程清单综合单价

（1）外墙一般抹灰

二维码 14.4

外墙一般抹灰清单综合单价 = 定额合价 / 清单工程量 =9078.57/347.88=26.10（元 /m^2）

（2）内墙一般抹灰

内墙一般抹灰清单综合单价 = 定额合价 / 清单工程量 =23692.95/1063.76=22.27（元 /m^2）

（3）阳台栏板抹灰

阳台栏板抹灰清单综合单价 = 定额合价 / 清单工程量 =3617.23/44.08=82.06（元 /m^2）

（4）挑檐抹灰

挑檐抹灰清单综合单价 = 定额合价 / 清单工程量 =9330.17/138.11=67.56（元 /m^2）

（5）内墙块料墙面

内墙块料墙面清单综合单价 = 定额合价 / 清单工程量 =45435.12/155.87=291.49（元 /m^2）

14.2.4.3　天棚工程

（1）天棚抹灰

天棚抹灰清单综合单价 = 定额合价 / 清单工程量 =10192.69/536.59=19.00（元 /m^2）

（2）天棚吊顶

天棚吊顶清单综合单价 = 定额合价 / 清单工程量 =（2818.17+4127.36）/47.17

=147.24（元 /m^2）

14.2.4.4　油漆、涂料、裱糊工程

（1）木门油漆

木门油漆清单综合单价 = 定额合价 / 清单工程量 =1621.35/49.95=32.46（元 /m^2）

（2）木扶手油漆

木扶手油漆清单综合单价 = 定额合价 / 清单工程量 =53.85/8.22=6.55（元 /m）

（3）硬木踢脚油漆

硬木踢脚油漆清单综合单价 = 定额合价 / 清单工程量 =149.21/5.76=25.90（元 /m^2）

（4）抹灰面油漆（水泥砂浆踢脚线）

抹灰面油漆清单综合单价 = 定额合价 / 清单工程量 =559.79/47.83=11.70（元 /m^2）

（5）外墙、零星抹灰面喷刷涂料

外墙、零星抹灰面喷刷涂料清单综合单价 = 定额合价 / 清单工程量

=19424.87/530.07=36.65（元 /m^2）

（6）内墙喷刷涂料

内墙喷刷涂料清单综合单价 = 定额合价 / 清单工程量 =24200.39/1063.76=22.75（元 /m^2）

（7）天棚喷刷涂料

天棚喷刷涂料清单综合单价 = 定额合价 / 清单工程量 =14639.23/536.59=27.28（元 /m^2）

14.2.4.5 门窗工程

（1）胶合板门（有腰单扇）

胶合板门（有腰单扇）清单综合单价 = 定额合价 / 清单工程量

=（1752.07+3175.1+235.78+1010.69）/41.31=149.45（元 /m^2）

（2）胶合板门（有腰双扇）

胶合板门（有腰双扇）清单综合单价 = 定额合价 / 清单工程量

=（261.08+733.46+37.69+170.49）/8.64=139.2（元 /m^2）

（3）塑钢窗

塑钢窗清单综合单价 = 定额合价 / 清单工程量 =（26282.48）/90.18=291.44（元 /m^2）

14.2.4.6 墙面保温工程

墙面外保温综合单价 = 定额合价 / 清单工程量 =42045.6/525.34=80.04（元 /m^2）

将以上计算得出的综合单价填入表 14-8 中，得办公楼装饰分部分项工程的清单费用。详见表 14-12。

表 14-12 分部分项工程清单与计价表

工程名称：某办公楼装饰工程　　　标段：　　　第 1 页　共 1 页

序号	项目编码	项目名称	项目特征描述	计量单位	工程量	金额 / 元		
						综合单价	合价	其中暂估价
一	楼地面装饰工程							
1	011101001001	水泥砂浆地面	素土夯实；100 厚碎石夯实；60 厚 C15 混凝土；20 厚 1 ： 2 水泥砂浆压实抹光	m^2	269.13	55.77	15009.38	
2	011101001002	水泥砂浆楼面	20 厚 1 ： 3 水泥砂浆找平层；20 厚 1 ： 2 水泥砂浆面层	m^2	177.90	28.8	5123.52	
3	011102003001	地砖地面	素土夯实；100 厚碎石夯实；60 厚 C15 混凝土；刷素水泥浆（或界面剂）一道；30 厚 1 ： 2 干硬性水泥砂浆粘接层；8 ～ 10厚地面砖，干水泥擦缝；地面砖 300mm×600mm	m^2	24.02	132.39	3180.01	
4	011102003002	地砖楼面	30厚1 ： 2干硬性水泥砂浆结合层；8 ～ 10 厚地面砖，干水泥擦缝；地面砖 300mm×600mm	m^2	24.02	92.73	2227.37	

续表

序号	项目编码	项目名称	项目特征描述	计量单位	工程量	金额/元		
						综合单价	合价	其中暂估价
5	011104002001	复合木地板楼面	20厚1 ： 2水泥砂浆找平层；2或3厚配套软质衬垫（带防潮薄膜）；复合地板	m^2	90.16	134.61	12136.44	
6	011105001001	水泥砂浆踢脚线高150mm	12厚1 ： 3水泥砂浆打底；8厚1 ： 2.5水泥砂浆	m^2	47.83	44.59	2132.74	
7	011105003001	地砖踢脚线高150mm	12厚1 ： 3水泥砂浆打底；5厚1 ： 1水泥细砂结合层；8厚地砖素水泥擦缝	m^2	7.72	129.38	998.81	
8	011105005001	硬木踢脚高150mm	墙内预留木砖400中距，板背面与木砖满涂防腐剂；18厚硬木踢脚	m^2	5.76	95.83	551.98	
9	011106004001	水泥砂浆楼梯面	20厚1 ： 3水泥砂浆找平层；10厚1 ： 2水泥砂浆面层	m^2	16.80	82.37	1383.82	
10	011107004001	水泥砂浆台阶面	素土夯实；200厚碎石灌1 ： 5水泥砂浆；70厚C15混凝土，上撒1 ： 1水泥砂子，压实抹光	m^2	36.40	40.13	1460.73	
小　计							44204.80	
二	墙、柱面装饰与隔断、幕墙工程							
1	011201001001	外墙一般抹灰	多孔砖墙，1砖墙，标准砖240mm×115mm×53mm；12厚1 ： 3水泥砂浆打底；6厚1 ： 2.5水泥砂浆粉面，水刷带出小麻面	m^2	347.88	26.10	9079.67	
2	011201001002	内墙一般抹灰	KP1多孔砖墙，1砖墙，KP1砖240mm×115mm×90mm；12厚1 ： 1 ： 6水泥石灰膏砂浆打底；5厚1 ： 0.3 ： 3水泥石灰膏砂浆粉面	m^2	1063.76	22.27	23689.94	
3	011203001001	阳台栏板一般抹灰	C20现浇混凝土栏板：12厚1 ： 3水泥砂浆打底；6厚1 ： 2.5水泥砂浆面层	m^2	44.08	82.06	3617.20	
4	011203001002	挑檐一般抹灰	C20现浇混凝土挑檐：12厚1 ： 3水泥砂浆打底；6厚1 ： 2.5水泥砂浆面层	m^2	138.11	67.56	9330.71	
5	011204003001	卫生间内墙块料墙面	KP1多孔砖墙，1砖墙，KP1砖240mm×115mm×90mm；12厚1 ： 3水泥砂浆打底；6厚1 ： 0.1 ： 2.5水泥石灰膏砂浆结合层；5厚釉面砖白水泥砂浆擦缝	m^2	155.87	291.49	45434.55	
小　计							91152.07	

续表

序号	项目编码	项目名称	项目特征描述	计量单位	工程量	金额/元		
						综合单价	合价	其中暂估价
三		天棚工程						
1	011301001001	天棚抹灰	现浇钢筋混凝土板；6 厚 1 ∶ 0.3 ∶ 3 水泥石灰膏砂浆打底扫毛；6 厚 1 ∶ 0.3 ∶ 3 水泥石灰膏砂浆粉面	m^2	536.59	19.00	10195.21	
2	011302001001	吊顶天棚	现浇钢筋混凝土板；装配式 U 形（不上人）轻钢龙骨；6 厚铝塑板天棚面层 300mm×600mm	m^2	47.17	147.24	6945.31	
		小计					17140.52	
四		油漆、涂料、裱糊工程						
1	011401001001	门油漆	胶合板门；M1，洞口尺寸：900mm×2100mm；底油一遍，刮腻子二遍；调和漆二遍	m^2	41.31	32.46	1340.92	
2	011401001001	门油漆	胶合板门；M2，洞口尺寸：1600mm×2100mm；底油一遍，刮腻子二遍；调和漆二遍	m^2	8.64	32.46	280.45	
3	011403001001	木扶手油漆	底油一遍；刮腻子二遍；调和漆二遍	m	8.22	6.55	53.84	
4	011404003001	硬木踢脚油漆	底油一遍；刮腻子二遍；调和漆二遍	m^2	5.76	25.90	149.18	
5	011406002001	踢脚线抹灰面油漆	底油一遍；调和漆二遍	m^2	47.83	11.70	559.61	
6	011407001001	外墙面、零星抹灰面喷刷涂料	外墙弹性涂料二遍	m^2	530.07	36.65	19427.07	
7	011407001002	内墙面喷刷涂料	混合腻子、乳胶漆各三遍	m^2	1063.76	22.75	24200.54	
8	011407002001	天棚喷刷涂料	混合腻子、乳胶漆各三遍	m^2	536.59	27.28	14638.18	
		小计					60649.79	
五		门窗工程						
1	010801001001	胶合板门	洞口尺寸：900mm×2700mm（有腰单扇），17 樘；门框制作单裁口，立梃断面 $55cm^2$；门扇边梃断面 $22.8cm^2$，调和漆二遍	m^2	41.31	149.45	6173.78	
2	010801001002	胶合板门	洞口尺寸：1600mm×2700mm（有腰双扇），2 樘；门框制作单裁口，立梃断面 $55cm^2$；门扇边梃断面 $22.8cm^2$，调和漆二遍	m^2	8.64	139.2	1202.69	

续表

序号	项目编码	项目名称	项目特征描述	计量单位	工程量	金额/元		
						综合单价	合价	其中暂估价
3	010807001001	塑钢窗	洞口尺寸：1500mm×1800mm，13 樘；1800mm×1800mm，15 樘；1200mm×1800mm，3 樘	m^2	90.18	291.44	26282.06	
小计							33658.53	
六	墙面保温工程							
1	011001003001	保温隔热墙面	保温隔热部位：外墙面、走廊墙面＋冷桥部位；界面剂，20 厚 1：3 水泥砂浆找平；黏结砂浆，纵向纤维岩棉条 25 厚；10 厚聚合物砂浆	m^2	525.34	80.04	42048.21	
总计							288853.92	

办公楼项目装饰工程分部分项工程清单费用为 288853.92 元。

案例分析

二维码 14.5

【14-1】 背景资料：某多层学生公寓，三类建筑工程，底层地面做法及按计价定额规定计算出工程量如下。

150mm 高水泥砂浆踢脚线：1840m；20 厚 1 ：2 水泥砂浆面层：1800m^2。

100 厚 C15 混凝土（不分格）：180m^3；100 厚碎石夯实：180m^3；原土夯实：1800m^2。

根据“计算规范”计算出的相应工程量清单数量如下：

水泥砂浆地面：1900m^2；水泥砂浆踢脚线：276m^2。

问题：编制该工程底层地面项目的工程量清单，计算其清单综合单价和清单合价。

解析：① 根据“计算规范”附录对地面工程清单项目的项目编码、项目名称、项目特征、计量单位的规定和背景资料给出的清单工程量，编制清单表，详见表 14-13。

表 14-13 分部分项工程量清单与计价表

工程名称：某学生公寓地面装饰工程　　　　标段：　　　　第 1 页　共 1 页

序号	项目编码	项目名称	项目特征描述	计量单位	工程量	金额/元		
						综合单价	合价	其中暂估价
1	011101001001	水泥砂浆地面	20 厚 1 ：2 水泥砂浆面层；100 厚 C15 混凝土（不分格）：100 厚碎石夯实；原土夯实：900m^2	m^2	1900			
2	011105001001	水泥砂浆踢脚线	12 厚 1 ：3 水泥砂浆打底；8 厚 1 ：2.5 水泥砂浆，高 150mm	m^2	276			

② 根据已知的定额工程量，套用计价定额相应子目，计算该工程底层地面项目的定额分部分项工程费，见表 14-14。

表 14-14 底层地面定额计价计算表

序号	定额编号	子目名称	计量单位	工程量	金额 / 元	
					综合单价	合价
1	13-22	20 厚 1 ： 2 水泥砂浆面层	$10m^2$	180	160.83	28949.4
2	13-11	100 厚 C15 混凝土	m^3	180	380.54	68497.2
3	13-9	100 厚碎石夯实	m^3	180	168.58	30344.4
4	1-99	原土夯实	$10m^2$	180	11.95	2151
5	13-27	水泥砂浆踢脚线	10m	184	62.49	11498.16
合 计						141440.16

③ 计算项目的综合单价，详见表 14-15 工程量清单综合单价分析表。

表 14-15 工程量清单综合单价分析表

项目编码	项目名称	项目特征描述	计量单位	工程量	金额 / 元		
					综合单价	合价	其中暂估价
011101001001	水泥砂浆地面	20 厚 1 ： 2 水泥砂浆面层；100 厚 C15 混凝土（不分格）：100 厚碎石夯实；原土夯实：$1800m^2$	m^2	1900	68.39	129941.00	
清单综合单价	定额编号	子目名称	单位	工程量	单价	合价	
	13-22	水泥砂浆面层	$10m^2$	180	160.83	28949.4	
	13-11	100 厚 C15 混凝土	m^3	180	380.54	68497.2	
	13-9	100 厚碎石夯实	m^3	18	168.58	30344.4	
	1-99	原土夯实	$10m^2$	180	11.95	2151	
011105001001	水泥砂浆踢脚线	12 厚 1 ： 3 水泥砂浆打底；8 厚 1 ： 2.5 水泥砂浆，高 150mm	m^2	276	41.66	11498.16	
清单综合单价	定额编号	子目名称	单位	工程量	单价	合价	
	13-27	水泥砂浆踢脚线	10m	184	62.49	11498.16	

表 14-15 中：水泥砂浆地面定额合价 =28949.4+68497.2+30344.4+2151=129942（元）

水泥砂浆地面清单综合单价 =129942/1900=68.39（元 /m^2）

水泥砂浆踢脚线清单综合单价 =11498.16/276=41.66（元 /m^2）

将计算得出的清单综合单价填入表 14-14 中，计算项目的清单合价。详见表 14-16。

表 14-16 分部分项工程量清单与计价表

工程名称：某学生公寓地面装饰工程　　标段：　　第 1 页 共 1 页

序号	项目编码	项目名称	项目特征描述	计量单位	工程量	金额 / 元		
						综合单价	合价	其中暂估价
1	011101001001	水泥砂浆地面	20 厚 1 ∶ 2 水泥砂浆面层；100 厚 C15 混凝土（不分格）；100 厚碎石夯实；原土夯实；900m²	m²	1900	68.39	129941	
2	011105001001	水泥砂浆踢脚线	12 厚 1 ∶ 3 水泥砂浆打底；8 厚 1 ∶ 2.5 水泥砂浆，高 150mm	m²	276	41.66	11498.16	
合计							141439.16	

【14-2】 背景资料：某办公楼四层会议室平面图如图 14-1 所示，会议室层高为 4.2m，楼面现浇板厚为 120mm，其部分项目施工说明如下。

① 楼面：800mm×800mm 彩釉砖，30mm 厚干硬性水泥砂浆黏结层，地砖的价格为 196（元 /m²）。

② 内墙：砖墙抹混合砂浆：15 厚 1 ∶ 1 ∶ 6 混合砂浆打底，5 厚 1 ∶ 0.3 ∶ 3 混合砂浆粉面，白色乳胶漆批、刷各三遍。

③ 墙裙：木龙骨基层，龙骨断面为 24mm×30mm，间距 300mm×300mm，胶合板面（5mm），墙裙高 1200mm（无木压条和踢脚线），刷一底两度调和漆。

④ 塑钢推拉窗：2000mm×2000mm，4 樘；木门：2000mm×3000mm，2 樘。窗台高度为 1000mm。

⑤ 天棚：装配式 U 形（不上人型）轻钢龙骨；纸面石膏板天棚面层，面层 1000mm×2000mm。白色乳胶漆批、刷各三遍。

问题：计算该会议室楼面、墙面、天棚的清单综合单价及清单合价。

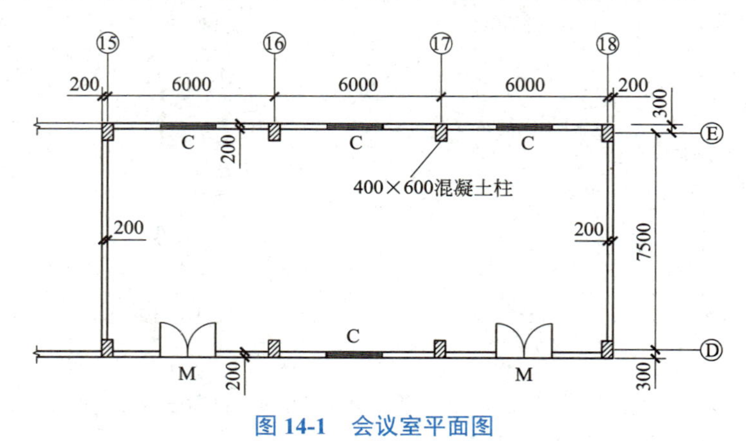

图 14-1 会议室平面图

解析：（1）计算清单工程量

① 块料楼地面工程量，按图示尺寸实铺面积以平方米计算，应扣除＞ 0.3m^2 的孔洞面积。

地面清单工程量 =18×(7.5+0.1×2)-(0.4×0.4×4+0.2×0.4×4)+2×0.2×2=18×7.7-0.96+0.8=138.44(m^2)

② 内墙面一般抹灰工程量应扣除门窗洞口和空圈所占的面积。抹灰长度以主墙间的图示净长计算，高度按实际抹灰高度确定。

抹灰长度 =（18+7.7）×2-（0.4×8+0.2×4）（扣柱面所占长度）=47.40（m）

抹灰高度 =4.2-1.2-0.12=2.88（m）

门窗所占抹灰面积 =2×1.8×2+2×1.8×4=21.6（m^2）

内墙面抹混合砂浆清单工程量 =47.40×2.88-21.6=114.91（m^2）

③ 柱面一般抹灰工程量，按柱结构展开面积计算。

柱面抹混合砂浆清单工程量 =（4.2-1.2-0.12）×（0.4×16+0.2×4）=20.74（m^2）

④ 木墙裙龙骨、衬板、面层工程量按净面积计算，并扣除门、窗洞口及 0.3m^2 以上的孔洞所占的面积。

木墙裙长度 =47.40m（同抹灰长度）

木墙裙高度 =1.2m

门窗所占墙裙面积 =2×1.2×2+2×0.2×4=6.4（m^2）

木墙裙清单工程量 =1.2×47.4-6.4=50.48（m^2）

⑤ 柱面装饰工程量，按柱结构展开面积计算。

柱面装饰清单工程量 =1.2×（0.4×16+0.2×4）=8.64（m^2）

⑥ 天棚吊顶工程量按设计图示尺寸的水平投影面积计算，构件所占面积 0.3m^2 以内的不扣除。

天棚吊顶工程量 =18×（7.5+0.2）-0.96=137.64（m^2）

⑦ 木墙裙油漆工程量，为墙面墙裙和柱面墙裙工程量之和，即：

50.48+8.64=59.12（m^2）

⑧ 墙面喷刷涂料工程量，同内墙面抹混合砂浆清单工程量 114.91m^2。

⑨ 柱面喷刷涂料工程量，同柱面抹混合砂浆清单工程量 20.74m^2。

⑩ 天棚喷刷涂料工程量，同天棚吊顶清单工程量 137.64m^2。

根据以上计量结果，列出会议室楼面、墙面工程量清单表，详见表 14-17。

表 14-17　分部分项工程量清单与计价表

工程名称：某办公楼会议室

序号	项目编码	项目名称	项目特征描述	计量单位	工程量
1	011102003001	块料楼面	800mm×800mm 彩釉砖；50mm 厚干硬性水泥砂浆黏结层	m^2	138.44
2	011201001001	内墙一般抹灰	砖墙抹混合砂浆：15 厚 1 ∶ 1 ∶ 6 混合砂浆打底；5 厚 1 ∶ 0.3 ∶ 3 混合砂浆粉面	m^2	114.91
3	011202001001	柱面一般抹灰	同内墙面	m^2	20.74
4	011207001001	墙面装饰	木龙骨基层，龙骨断面为 24mm×30mm，间距 300mm×300mm，胶合板面（5mm），墙裙高 1200mm（无木压条和踢脚线）	m^2	50.48

续表

序号	项目编码	项目名称	项目特征描述	计量单位	工程量
5	011208001001	柱面装饰	同墙面装饰	m^2	8.64
6	011302001001	吊顶天棚	装配式U形（不上人型）轻钢龙骨；纸面石膏板天棚面层，面层1000mm×2000mm	m^2	137.64
7	011404002001	墙裙油漆	一底两度调和漆	m^2	59.12
8	011407001001	墙面喷刷涂料	部位：内墙；基层：混合砂浆；白色乳胶漆批、刷各三遍	m^2	114.91
9	011407001002	柱面喷刷涂料	部位：柱面；同墙面喷刷	m^2	20.74
10	011407002001	天棚喷刷涂料	基层：纸面石膏板；白色乳胶漆批、刷各三遍	m^2	137.64

（2）计算定额工程量

① 块料楼面定额工程量，同清单工程量。

800mm×800mm彩釉砖，50mm厚干硬性水泥砂浆黏结层：138.44m²。

② 内墙面一般抹灰定额工程量，同清单工程量：114.91m²。

内墙面白色乳胶漆批、刷各三遍：114.91m²。

③ 柱面一般抹灰定额工程量，同清单工程量。

柱面抹混合砂浆：20.74m²。

柱面白色乳胶漆批、刷各三遍：20.74m²。

④ 木墙裙定额工程量，同清单工程量。

木龙骨基层、胶合板面工程量：50.48m²。

一底两度调和漆：50.48m²。

⑤ 柱面装饰定额工程量，同清单工程量。

木龙骨基层：8.64m²。

胶合板面：8.64m²。

一底两度调和漆：8.64m²。

⑥ 天棚吊顶工程量，同清单工程量。

装配式U形（不上人）轻钢龙骨：137.64m²。

纸面石膏板天棚面层：137.64m²。

白色乳胶漆批、刷各三遍：137.64m²。

⑦ 木墙裙油漆工程量，同清单工程量59.12m²。

⑧ 墙面喷刷涂料工程量，同内墙面抹混合砂浆清单工程量114.91m²。

⑨ 柱面喷刷涂料工程量，同柱面抹混合砂浆清单工程量20.74m²。

⑩ 天棚喷刷涂料工程量，同天棚吊顶清单工程量137.64m²。

（3）确定清单综合单价

根据以上计量结果，套用计价定额相关子目，计算清单综合单价，详见表14-18工程量清单综合单价分析表。

表 14-18　工程量清单综合单价分析表

项目编码		项目名称	计量单位	工程数量	综合单价/元	合价/元
011102003001		块料楼面	m^2	138.44	91.96	12730.94
清单综合单价组成	定额号	子目名称	单位	数量	单价/元	合价/元
	13-82	楼面单块 0.4m^2 以上地砖，30mm 厚干硬性水泥砂浆	$10m^2$	13.844	919.61	12731.08
011201001001		内墙一般抹灰	m^2	114.91	20.79	2388.98
清单综合单价组成	定额号	子目名称	单位	数量	单价	合价
	14-38	内墙面抹混合砂浆	$10m^2$	11.49	207.88	2388.54
011202001001		柱面一般抹灰	m^2	20.74	29.54	612.66
清单综合单价组成	定额号	子目名称	单位	数量	单价	合价
	14-47	柱面抹混合砂浆	$10m^2$	2.07	295.97	612.66
011207001001		墙面装饰	m^2	50.48	62.64	3162.07
清单综合单价组成	定额号	子目名称	单位	数量	单价	合价
	14-168	墙面木龙骨基层	$10m^2$	5.05	415.1	2096.26
	14-189	墙面胶合板面钉在木龙骨上	$10m^2$	5.05	211.02	1065.65
011208001001		柱面装饰	m^2	8.64	70.75	611.28
清单综合单价组成	定额号	子目名称	单位	数量	单价	合价
	14-169	方形柱面木龙骨基层	$10m^2$	0.86	474.68	408.22
	14-190	柱面胶合板面钉在木龙骨上	$10m^2$	0.86	236.1	203.05
011302001001		吊顶天棚	m^2	137.64	78.98	10870.81
清单综合单价组成	定额号	子目名称	单位	数量	单价	合价
	15-7	装配式 U 形（不上人）轻钢龙骨	$10m^2$	13.764	536.29	7381.50
	15-45	纸面石膏板天棚面层	$10m^2$	13.764	253.53	3489.59
011404002001		墙裙油漆	m^2	59.12	20.17	1192.45
清单综合单价组成	定额号	子目名称	单位	数量	单价	合价
	17-4	木材面油漆	$10m^2$	5.91	201.73	1192.22
011407001001		墙面喷刷涂料	m^2	114.91	24.64	2831.38
清单综合单价组成	定额号	子目名称	单位	数量	单价	合价
	17-177	内墙面乳胶漆	$10m^2$	11.49	246.43	2831.48
011407001002		柱面喷刷涂料	m^2	20.74	26.45	548.57

续表

项目编码		项目名称	计量单位	工程数量	综合单价/元	合价/元
清单综合单价组成	定额号	子目名称	单位	数量	单价	合价
	17-178	柱面乳胶漆	$10m^2$	2.07	264.96	548.47
011407002001		天棚喷刷涂料	m^2	137.64	26.50	3647.46
清单综合单价组成	定额号	子目名称	单位	数量	单价	合价
	17-178	天棚面乳胶漆	$10m^2$	13.764	264.96	3646.91

（4）清单计价

将计算得出的清单综合单价填入分部分项工程清单与计价表中，计算项目的清单合价。详见表14-19。

表 14-19 分部分项工程量清单与计价表

工程名称：某办公楼会议室

序号	项目编码	项目名称	项目特征描述	计量单位	工程量	金额/元	
						综合单价	合价
1	011102003001	块料楼面	800mm×800mm彩釉砖；50mm厚干硬性水泥砂浆黏结层	m^2	138.44	91.96	12730.94
2	011201001001	内墙一般抹灰	砖墙抹混合砂浆：15厚1∶1∶6混合砂浆打底；5厚1∶0.3∶3混合砂浆粉面	m^2	114.91	20.79	2388.98
3	011202001001	柱面一般抹灰	同内墙面	m^2	20.74	29.54	612.66
4	011207001001	墙面装饰	木龙骨基层，龙骨断面为24mm×30mm，间距300mm×300mm，胶合板面（5mm），墙裙高1200mm（无木压条和踢脚线）	m^2	50.48	62.64	3162.07
5	011208001001	柱面装饰	同墙面装饰	m^2	8.64	70.75	611.28
6	011302001001	吊顶天棚	装配式U形（不上人型）轻钢龙骨；纸面石膏板天棚面层，面层1000mm×2000mm	m^2	137.64	78.98	10870.81
7	011404002001	墙裙油漆	一底两度调和漆	m^2	59.12	20.17	1192.45
8	011407001001	墙面喷刷涂料	部位：内墙；基层：混合砂浆；白色乳胶漆批、刷各三遍	m^2	114.91	24.64	2831.38
9	011407001002	柱面喷刷涂料	部位：柱面；同墙面喷刷	m^2	20.74	26.45	548.57
10	011407002001	天棚喷刷涂料	基层：纸面石膏板；白色乳胶漆批、刷各三遍	m^2	137.64	26.50	3647.46
合计							38596.60

技能训练

一、思考题

1. 楼地面工程量清单项目包括哪些主要内容?

2. 水磨石楼面由哪些项目组成? 分别套用什么定额子目?

3. 墙柱面工程量清单项目包括哪些内容?

4. 计价定额中墙柱面镶贴块料面层时工程量如何计算?

5. 查“计算规范”附录,天棚工程中工程量清单是如何设置的? 对其工程量的计算作了哪些规定?

二、选择题

(一)单项选择题

1. 根据《房屋建筑与装饰工程工程量计算规范》(GB 50854—2013),墙面抹灰工程量计算正确的是(　　)。【造价师职业资格考试真题】

A. 墙面抹灰中墙面勾缝不单独列项

B. 有吊顶天棚的内墙面抹灰至吊顶以上部分应另行计算

C. 墙面水刷石按墙面装饰抹灰编码列项

D. 墙面抹石膏灰浆按墙面装饰抹灰编码列项

2. 根据《房屋建筑与装饰工程工程量计算规范》(GB 50854—2013),天棚工程量计算正确的是(　　)。【造价师职业资格考试真题】

A. 采光天棚工程量按框外围展开面积计算

B. 天棚工程量按设计图示尺寸以水平投影面积计算

C. 天棚骨架并入天棚工程量,不单独计算

D. 吊顶龙骨单独列项计算工程量

3. 根据《房屋建筑与装饰工程工程量计算规范》(GB 58054—2013),石材踢脚线工程量应(　　)。【造价师职业资格考试真题】

A. 不予计算　　B. 并入地面面层工程量

C. 按设计图示尺寸以长度计算　　D. 按设计图示长度乘以高度以面积计算

4. 根据《房屋建筑与装饰工程工程量计算规范》(GB 58054—2013),天棚抹灰工程量计算正确的是(　　)。【造价师职业资格考试真题】

A. 扣除检查口和管道所占面积　　B. 板式楼梯底面抹灰按水平投影面积计算

C. 扣除间壁墙、垛和柱所占面积　　D. 锯齿形楼梯底板抹灰按展开面积计算

5. 根据《房屋建筑与装饰工程工程量计算规范》(GB 50854—2013)。关于门窗工程量计算,说法正确的是(　　)。

A. 木质门带套工程量应按套外围面积计算

B. 门窗工程量计量单位与项目特征描述无关

C. 门窗工程量按图示尺寸以面积为单位时,项目特征必须描述洞口尺寸

D. 门窗工程量以数量“樘”为单位时,项目特征必须描述洞口尺寸

(二)多项选择题

1. 根据《房屋建筑与装饰工程工程量计算规范》(GB 50854—2013),关于柱面抹灰工程量计算正确的为(　　)。【造价师职业资格考试真题】

A. 柱面勾缝忽略不计

B. 柱面抹麻刀石灰浆按柱面装饰抹灰编码列项

C. 柱面一般抹灰按设计截面周长乘以高度以面积计算

D. 柱面勾缝按设计断面周长乘以高度以面积计算

E. 柱面砂浆找平按设计截面周长乘以高度以面积计算

2. 根据《房屋建筑与装饰工程工程量计算规范》(GB 50854—2013)，楼地面装饰工程量计算正确的有（　　）。【造价师职业资格考试真题】

A. 现浇水磨石楼地面按设计图示尺寸以面积计算

B. 细石混凝土楼地面按设计图示尺寸以体积计算

C. 块料台阶面按设计图示尺寸以展开面积计算

D. 金属踢脚线按延长米计算

E. 石材楼地面按设计图示尺寸以面积计算

三、分析计算题

1. 某经理室装修工程如图14-2、图14-3所示。间壁轻隔墙厚120mm，承重墙厚240mm。经理室内装修做法详见表中所列。踢脚、墙面门口侧边的工程量不计算，柱面与墙面踢脚做法相同，柱装饰面层厚度50mm。

装修做法：

（1）块料楼地面

结合层：素水泥浆一遍，30mm厚干硬性水泥砂浆；面层：800mm×800mm东鹏米黄色抛光砖，优质品；白水泥砂浆擦缝。

（2）木质踢脚线

踢脚线高：120mm；基层：9mm厚胶合板；面层：红榉饰面板，上口钉木线，油漆。

（3）柱面装饰

木龙骨饰面包方柱：木龙骨25mm×30mm，中距300mm×300mm；基层9mm胶合板；面层红榉饰面板；木结构基层防火漆两遍；饰面板清漆四遍。

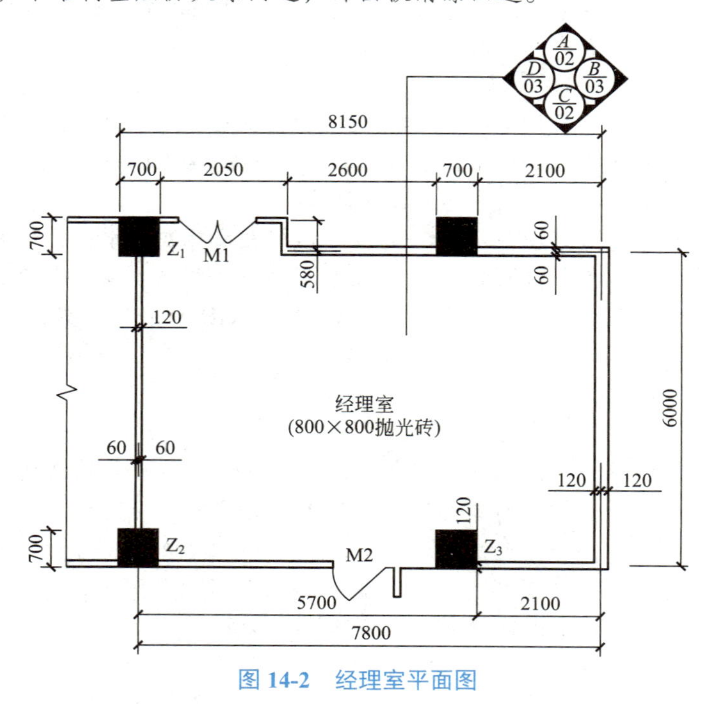

图14-2　经理室平面图

（4）天棚吊顶

轻钢龙骨石膏板平面天棚：龙牌U形轻钢龙骨中距450mm×450mm；面层：石膏板；面层刮腻子刷白色乳胶漆。

（5）墙纸裱糊

墙面裱糊墙纸；满刮油性腻子；面层米色牌墙纸。

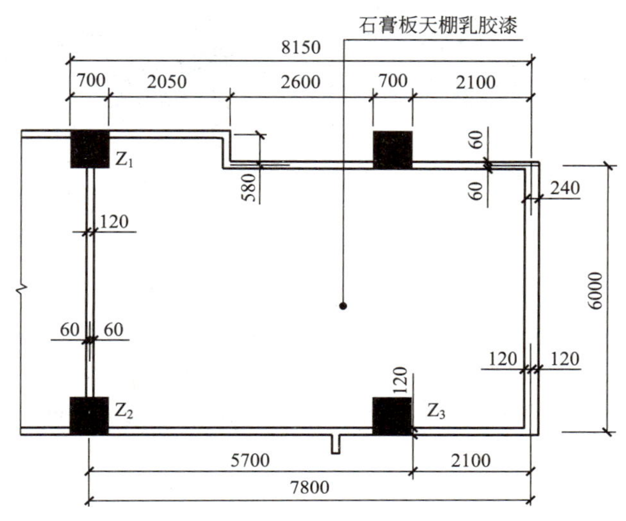

图14-3　经理室天棚图

问题：

（1）计算经理室装修清单工程量。计算范围包括：*A*和*C*两个立面（图14-4）、柱面（Z1、Z2、Z3）、地面、踢脚线、天棚。

（2）根据“计价定额”，编制分部分项工程量清单综合单价分析表。管理费按人工费的70%、利润按人工费的50%计算（计算结果均保留两位小数）。

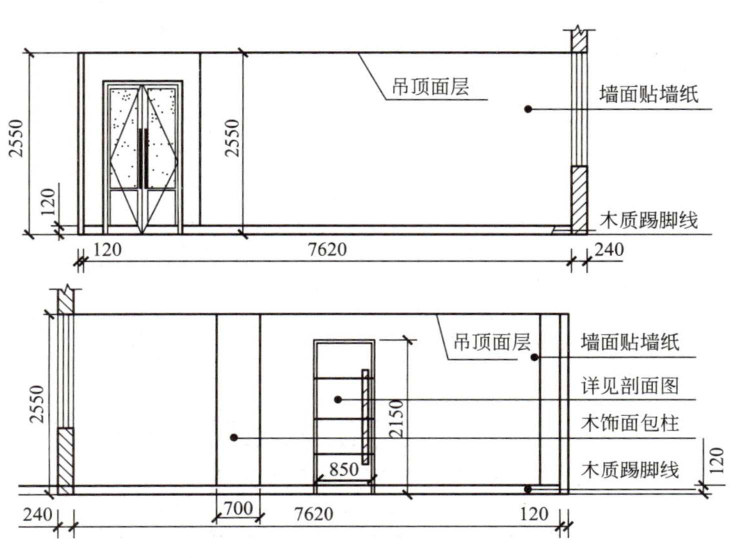

图14-4　经理室*A*、*C*立面图

项目 15

单价措施项目费计算

学习目标

● 知识目标：了解《房屋建筑与装饰工程工程量计算规范》中单价措施项目清单项目的设置，掌握单价措施项目清单工程量计算规则，熟悉单价措施项目的计价要点及其应用。

● 能力目标：能够编制单价措施项目的工程量清单，能够计算单价措施项目费。

素质目标

● 严格遵循有关标准、规范、规程、管理规定和合同，规范计量，强调“规范”意识和“标准”意识。

● 脚手架、模板等单价措施项目都属于“危大工程”，加深理解工程造价与质量、安全的辨证关系，树立质量意识、安全意识、环保意识。

15.1 建筑物超高增加费计算

导入项目1 某现浇框架结构办公楼如图 15-1 所示。主楼为 16 层，每层建筑面

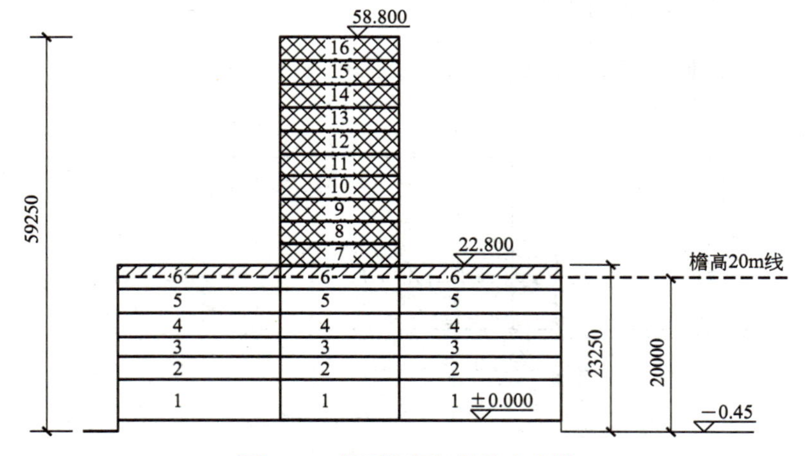

图 15-1 某现浇框架结构办公楼

积为 2000m²；两侧附楼均为 6 层，每层每侧建筑面积为 2200m²，主附楼底层层高均为 4.8m，其余各层层高均为 3.6m。

要求：计算该办公楼的建筑物超高增加费。

15.1.1 建筑物超高增加费清单计量

（1）清单项目设置及其工程量计算规则

根据“计算规范”建筑物超高增加的工程量清单项目设置、项目特征描述的内容、计量单位及工程量计算规则，应按表 15-1 的规定执行。

表 15-1 超高施工增加清单项目设置

项目编码	项目名称	项目特征	计量单位	工程量计算规则
011704001	超高施工增加	1. 建筑物建筑类型及结构形式 2. 建筑物檐口高度、层数 3. 单层建筑物檐口高度超过 20m，多层建筑物超过 6 层部分的建筑面积	m^2	按建筑物超高部分的建筑面积计算

注：1. 单层建筑物檐口高度超过 20m，多层建筑物超过 6 层时，可按超高部分的建筑面积计算超高施工增加。计算层数时，地下室不计入层数。

2. 同一建筑物有不同檐高时，可按不同高度的建筑面积分别计算建筑面积，以不同檐高分别编码列项。

（2）工程量清单编制

根据以上清单项目的工程量计算规则计算本办公楼建筑物超高增加费的清单工程量。

主楼第 7 层及其以上楼层（第 7 ～ 16 层）为超高部分，应计算超高增加费，即：

超高建筑面积 =2000m²/ 层 ×10 层 =20000m²

根据清单设置规定和工程量计算结果，列出建筑物超高增加费工程量清单，详见表 15-2。

表 15-2 办公楼工程超高增加费项目清单与计价表

工程名称：某办公楼工程　　标段：　　第　页　共　页

序号	项目编码	项目名称	项目特征描述	计量单位	工程量	金额 / 元	
						综合单价	合价
1	011704001001	超高施工增加	1. 主楼：16 层，檐口高度 59.25m 2. 建筑结构形式：现浇框架结构	m^2	20000		

15.1.2 建筑物超高增加费清单计价

15.1.2.1 建筑物超高增加费定额计量

建筑物超高费以超过 20m 或 6 层部分的建筑面积计算；单独装饰工程超高人工降效，以超过 20m 或 6 层部分的工日分段计算。

根据以上所述工程量计算规则，项目建筑物超高增加费的定额工程量计算如下：

① 主楼中高度完全超过 20m 的楼层为：第 7 层及其以上楼面，共 10 层。

建筑面积 =2000m²/ 层 ×10 层 =20000m²

② 主楼第 6 层楼面高度在 20m 以下，该层超过 20m 部分的高度为 3.25m。

建筑面积 =2000m²

③ 两侧附楼顶层（第 6 层）楼面高度在 20m 以下，该层超过 20m 部分的高度为 3.25m。

$$建筑面积=2200\times2=4400\ (m^2)$$

15.1.2.2 建筑物超高增加费定额计价

（1）建筑物超高增加费计价要点

① 建筑物设计室外地面至檐口的高度（不包括女儿墙、屋顶水箱、突出屋面的电梯间、楼梯间等高度）超过 20m 时，应计算超高费。

② 超高费内容包括：人工降效、除垂直运输机械外的机械降效费用、高压水泵摊销、上下联络通信等所需费用。超高费包干使用，不论实际发生多少，均按定额执行，不作调整。

③ 建筑物檐高超过 20m 或层数超过 6 层部分的按其超过部分的建筑面积计算。“高度”和“层数”，只要其中一个指标达到规定，即可套用该项目。

④ 建筑物檐高超过 20m，但其最高一层或其中一层楼面未超过 20m 且在 6 层以内时，则该楼层在 20m 以上部分的超高费，每超过 1m（不足 0.1m 按 0.1m 计算）按相应定额的 20% 计算。

⑤ 建筑物 20m 或 6 层以上楼层，如层高超过 3.6m，层高每增高 1m（不足 0.1m 按 0.1m 计算），层高超高费按相应定额的 20% 计取。

⑥ 同一建筑物中有 2 个或 2 个以上的不同檐口高度时，应分别按不同高度竖向切面的建筑面积套用定额。当同一个楼层中的楼面和天棚不在同一计算段内时，按天棚面标高段为准计算。

⑦ 单层建筑物（无楼隔层者）高度超过 20m，其超过部分除构件安装按规定执行外，另再按相应项目计算每增高 1m 的层高超高费。

（2）定额计价

根据以上计算出的定额工程量，套用“计价定额”中的建筑物超高增加费相应定额子目，进行项目的定额计价。计价时要注意定额子目的套用条件、计量单位，结合项目的特征描述，正确地套用和换算定额子目。计算详见表 15-3。

表 15-3 办公楼工程超高增加费定额计价计算表

序号	定额编号	定额名称	计量单位	工程数量	金额 / 元	
					综合单价	合价
		主楼				
1	19-4 换	建筑物檐口高度在 20m（7 层）～ 60m	m^2	20000	69.17	1383400
2	19-4 换	建筑物檐口高度在 20m（7 层）～ 60m	m^2	2000	45.65	91300
		小计				1474700
		附楼				
1	19-1 换	建筑物檐口高度在 20m（7 层）～ 30m	m^2	4400	20.03	88132
		小计				88132
合计						1562832

表中综合单价的换算：

① 定额子目 19-4，建筑物檐口高度在 20m（7 层）～ 60m。

本办公楼工程为公共建筑，檐口高度为 59.25m，按“费用定额”建筑工程类别划分表中的划分标准，本办公楼工程为一类工程，需对子目 19-4 进行换算。一类工程的管理费率、利润率分别为 32% 和 12%。

$$子目\ 19\text{-}4\ 换综合单价 =（42.64+5.40）×（1+32\%+12\%）=69.17（元/m^2）$$

合价：69.17×20000=1383400（元）

② 定额子目 19-4，主楼第 6 层檐高超过 20m 的部分，每超过 1m（不足 0.1m 按 0.1m 计算）按相应定额的 20% 计算，该层超过 20m 部分的高度为 3.25m。

$$子目\ 19\text{-}4\ 换综合单价 =69.17×20\%×3.3=45.65（元/m^2）$$

合价：45.65×2000=91300（元）

③ 定额子目 19-1，建筑物檐口高度在 20m（7 层）～ 30m。

两侧附楼顶层（第 6 层）楼面高度超过 20m 的部分，计算方法同②。即：

三类工程换算为一类工程；每超过 1m 按相应定额的 20% 计算；超过高度 3.25m。

$$子目\ 19\text{-}1\ 换综合单价 =［（18.86+2.21）×（1+32\%+12\%）］×20\%×3.3=20.03（元/m^2）$$

合价：20.03×4400=88132（元）

15.1.2.3 建筑物超高增加费清单计价

根据公式：清单综合单价 = 定额合价之和 / 清单工程量，该办公楼超高施工增加费清单综合单价为：

$$超高施工增加清单综合单价 =1562792/20000=78.14（元/m^2）$$

该办公楼建筑物超高施工增加费计算详见表 15-4。

表 15-4 办公楼工程超高增加费项目清单与计价表

工程名称：某办公楼工程　　　　标段：　　　　第　页　共　页

序号	项目编码	项目名称	项目特征描述	计量单位	工程量	金额 / 元	
						综合单价	合价
1	011704001001	超高施工增加	1. 主楼：16 层，檐口高度 59.25m 2. 建筑结构形式：现浇框架结构	m^2	20000	78.14	1562800
合计							1562800

案例分析

【15-1】　某 7 层住宅，无地下室，从设计室外地面到第 7 层楼面高度为 18.3m，从设计室外地面到第 7 层楼顶面高度为 21.3m，每层建筑面积 $600m^2$。按 2014 年《江苏省建筑与装饰工程计价定额》（营改增调整后的定额子目综合单价）计算该住宅的超高增加费用。

解析：（1）计算定额工程量

第 7 层超过 20m 部分的高度为：21.3−20=1.3（m）。

应计算超过增加费的建筑面积 $=600m^2$

（2）定额计价

定额子目 19-1，檐口高度为 20m（7 层）～ 30m。第 7 层超过 20m 的部分，每超过 1m

（不足 0.1m 按 0.1m 计算）按相应定额的 20% 计算。

定额子目 19-1 换综合单价 =29.08×20%×1.3=7.56（元 /m²）

该住宅工程的超高增加费 =7.56×600=4536（元）

15.2 脚手架工程费计算

导入项目2 背景资料同 15.1 导入项目 1。要求：计算该办公楼的脚手架费用。

15.2.1 脚手架工程清单计量

（1）清单项目设置及其工程量计算规则

“计算规范”中，脚手架工程的工程量清单项目设置共有 8 项，分别为综合脚手架、外脚手架、里脚手架、悬空脚手架、挑脚手架、满堂脚手架、整体提升架、外装饰吊篮。

导入项目中，脚手架工程的工程量清单项目设置、项目特征描述的内容、计量单位及工程量计算规则，应按表 15-5 的规定执行。

表 15-5 脚手架清单项目设置

项目编码	项目名称	项目特征	计量单位	工程量计算规则
011701001	综合脚手架	1. 建筑结构形式；2. 檐口高度	m²	按建筑面积计算

（2）工程量清单编制

根据以上清单项目的工程量计算规则计算各项目的清单工程量。

① 主楼建筑面积 =2000m²/ 层 ×16 层 =32000m²

② 两侧附楼建筑面积 =2200m²/ 层 ×6 层 ×2=26400m²

根据清单设置规定和工程量计算结果，列出脚手架工程工程量清单，详见表 15-6。

表 15-6 办公楼脚手架项目清单与计价表

工程名称：某办公楼工程　　标段：　　第　页　共　页

序号	项目编码	项目名称	项目特征描述	计量单位	工程量	金额 / 元	
						综合单价	合价
1	011701001001	综合脚手架	1. 建筑结构形式：现浇框架结构 2. 主楼：16 层，檐口高度 59.25m	m²	32000		
2	011701001002	综合脚手架	1. 建筑结构形式：现浇框架结构 2. 附楼：6 层，檐口高度 23.25m	m²	26400		

15.2.2 脚手架工程清单计价

15.2.2.1 脚手架工程定额计量

二维码 15.1

（1）脚手架工程定额工程量计算规则

① 综合脚手架。综合脚手架按建筑面积计算。单位工程中不同层高的建筑面积应分别计算。

综合脚手架建筑物檐高超过 20m 可计算脚手架材料增加费。建筑物檐高超过 20m 脚手架材料增加费以建筑物超过 20m 部分建筑面积计算。

② 单项脚手架。

a. 凡砌筑高度超过 1.5m 的砌体均需计算脚手架。

b. 砌墙脚手架均按墙面（单面）垂直投影面积以平方米计算。

c. 计算脚手架时，不扣除门、窗洞口、空圈、车辆通道、变形缝等所占面积。

d. 同一建筑物高度不同时，按建筑物的竖向不同高度分别计算。

单项脚手架建筑物檐高超过 20m 可计算脚手架材料增加费。建筑物檐高超过 20m 脚手架材料增加费同外墙脚手架计算规则，从设计室外地面起算。

③ 砌筑脚手架。

a. 外墙脚手架按外墙外边线长度（如外墙有挑阳台，则每个阳台计算一个侧面宽度，计入外墙面长度内，两户阳台连在一起的也只算一个侧面）乘以外墙高度以平方米计算。外墙高度指室外设计地坪至檐口（或女儿墙上表面）高度，坡屋面至屋面板下（或椽子顶面）墙中心高度，墙算至山尖 1/2 处的高度。

b. 内墙脚手架以内墙净长乘以内墙净高计算。有山尖时，高度算至山尖 1/2 处；有地下室时，高度自地下室室内地坪至墙顶面。

c. 砌体高度在 3.60m 以内者，套用里脚手架；高度超过 3.60m 者，套用外脚手架。

d. 山墙自设计室外地坪至山尖 1/2 处高度超过 3.60m 时，该整个外山墙按相应外脚手架计算，内山墙按单排外架子计算。

e. 独立砖（石）柱高度在 3.60m 以内者，脚手架以柱的结构外围周长乘以柱高计算，执行砌墙脚手架里架子；柱高超过 3.60m 者，以柱的结构外围周长加 3.60m 乘以柱高计算，执行砌墙脚手架外架子（单排）。

f. 砌石墙到顶的脚手架，工程量按砌墙相应脚手架乘系数 1.50。

g. 外墙脚手架包括一面抹灰脚手架在内，另一面墙可计算抹灰脚手架。

h. 砖基础自设计室外地坪至垫层（或混凝土基础）上表面的深度超过 1.50m 时，按相应砌墙脚手架执行。

i. 突出屋面部分的烟囱，高度超过 1.5m 时，其脚手架按外围周长加 3.6m 乘以实砌高度按 12m 内单排外脚手架计算。

④ 外墙镶（挂）贴脚手架。

a. 外墙镶（挂）贴脚手架工程量计算规则同砌筑脚手架中的外墙脚手架。

b. 吊篮脚手架按装修墙面垂直投影面积以平方米计算（计算高度从室外地坪至设计高度）。安拆费按施工组织设计或实际数量确定。

⑤ 现浇钢筋混凝土脚手架。

a. 钢筋混凝土基础自设计室外地坪至垫层上表面的深度超过 1.50m，同时带形基础底宽超过 3.0m、独立基础或满堂基础及大型设备基础的底面积超过 $16m^2$ 的混凝土浇捣脚手架应按槽、坑土方规定放工作面后的底面积计算，按满堂脚手架相应定额乘以系数 0.3 计算脚手架费用（使用泵送混凝土者，混凝土浇捣脚手架不得计算）。

b. 现浇钢筋混凝土独立柱、单梁、墙高度超过 3.60m 应计算浇捣脚手架。柱的浇捣脚手架以柱的结构周长加 3.60m 乘以柱高计算；梁的浇捣脚手架按梁的净长乘以地面（或楼面）至梁顶面的高度计算；墙的浇捣脚手架以墙的净长乘以墙高计算。套柱、梁、墙混凝土浇捣脚手架。

c. 层高超过 3.60m 的钢筋混凝土框架柱、墙（楼板、屋面板为现浇板）所增加的混凝土浇捣脚手架费用，以框架轴线水平投影面积，按满堂脚手架相应子目乘以系数 0.3 执行；层高超过 3.60m 的钢筋混凝土框架柱、梁、墙（楼板、屋面板为预制空心板）所增加的混凝土浇捣脚手架费用，以框架轴线水平投影面积，按满堂脚手架相应子目乘以系数 0.4 执行。

⑥ 抹灰脚手架。

a. 钢筋混凝土单梁、柱、墙脚手架：单梁以梁净长乘以地坪（或楼面）至梁顶面高度计算；柱以柱结构外围周长加 3.60m 乘以柱高计算；墙以墙净长乘以地坪（或楼面）至板底高度计算。

b. 墙面抹灰以墙净长乘以净高计算。

c. 如有满堂脚手架可以利用，不再计算墙、柱、梁面抹灰脚手架。

d. 天棚抹灰高度在 3.60m 以内，按天棚抹灰面（不扣除柱、梁所占的面积）以平方米计算。

⑦ 满堂脚手架。天棚抹灰高度超过 3.60m 按室内净面积计算满堂脚手架，不扣除柱、垛、附墙烟囱所占面积。

a. 基本层。高度在 8m 以内计算基本层。

b. 增加层。高度超过 8m，每增加 2m，计算一层增加层，计算式如下：

$$增加层数=（室内净高-8m）/2m \tag{15-1}$$

增加层数计算结果保留整数，小数在 0.6 以内舍去，在 0.6 以上进位。

c. 满堂脚手架高度以室内地坪面（或楼面）至天棚面或屋面板的底面为准（斜的天棚或屋面板按平均高度计算）。室内挑台栏板外侧共享空间的装饰如无满堂脚手架利用，按地面（或楼面）至顶层栏板顶面高度乘以栏板长度以平方米计算，套相应抹灰脚手架定额。

（2）定额工程量计算

根据定额计价规定，本项目除执行综合脚手架项目外，檐高超过 20m 的部分，还应计算脚手架材料增加费。

① 主楼。

a. 层高在 3.6m 以内的各层建筑面积 =2000×15=30000（m^2）。

b. 层高在 5m 以内的（底层）建筑面积 =2000m^2。

c. 第 7 层及以上楼面，高度完全超过 20m，共 10 层，建筑面积 =2000×10=20000（m^2）。

d. 第 6 层超过 20m 部分的高度为 3.25m，仅计算每增高 1m 的增加费，建筑面积 = 2000（m^2）。

② 两侧附楼

a. 层高在 3.6m 以内的各层建筑面积 =2200×5×2=22000（m^2）。

b. 层高在 5m 以内的（底层）建筑面积 =2200×2=4400（m^2）。

c. 第 6 层超过 20m 部分的高度为 3.25m，仅计算每增高 1m 的增加费，建筑面积 = 2200×2=4400（m^2）。

15.2.2.2 脚手架工程定额计价

① 计价定额中，脚手架工程分为综合脚手架和单项脚手架两部分。单项脚手架适用于单独地下室、装配式和多（单）层工业厂房、仓库、独立的展览馆、体育馆、影剧院、礼堂、饭堂（包括附属厨房）、锅炉房、檐高未超过 3.6m 的单层建筑、超过 3.6m 高的屋顶构架、构筑物和单独装饰工程等。除此之外的单位工程均执行综合脚手架项目。

② 超高脚手架材料增加费。

a. 综合脚手架：

• 檐高超过 20m 部分的建筑物，应按其超过部分的建筑面积计算；

• 层高超过 3.6m，每增高 0.1m 按增高 1m 的比例换算（不足 0.1m 按 0.1m 计算），按相应项目执行；

• 建筑物檐高高度超过 20m，但其最高一层或其中一层楼面未超过 20m 时，则该楼层在 20m 以上部分仅能计算每增高 1m 的增加费；

• 同一建筑物中有 2 个或 2 个以上的不同檐口高度时，应分别按不同高度竖向切面的建筑面积套用相应子目。

b. 单项脚手架：

• 檐高超过 20m 的建筑物，应根据脚手架计算规则按全部外墙脚手架面积计算；

• 同一建筑物中有 2 个或 2 个以上的不同檐口高度时，应分别按不同高度竖向切面的外脚手架面积套用相应子目。

根据以上计算出的定额工程量，套用"计价定额"中的脚手架工程相应定额子目，进行项目的定额计价。计价时要注意定额子目的套用条件、计量单位，结合项目的特征描述，正确地套用和换算定额子目。计算详见表 15-7。

表 15-7　办公楼脚手架工程定额计价计算表

序号	定额编号	定额名称	计量单位	工程数量	金额 / 元	
					综合单价	合 价
		主　楼				
1	20-5 换	檐高在 12m 以上，层高在 3.6m 内	m^2	30000	20.50	615000
2	20-6 换	檐高在 12m 以上，层高在 5m 内	m^2	2000	62.33	124660
3	20-52	建筑物檐高 20 ～ 60m	m^2	20000	10.59	211800
4	20-52 换	建筑物檐高 20 ～ 60m	m^2	2000	6.88	13760
		小　计				965220
		附　楼				
1	20-5 换	檐高在 12m 以上，层高在 3.6m 内	m^2	22000	20.50	451000
2	20-6 换	檐高在 12m 以上，层高在 5m 内	m^2	4400	62.33	274252
3	20-49 换	建筑物檐高 20 ～ 30m	m^2	4400	5.06	22264
		小　计				747516
合　计						1712736

表中综合单价换算如下：

① 定额子目 20-5，檐高在 12m 以上，层高在 3.6m 内，三类工程换算为一类工程。

定额子目 20-5 换综合单价 =（7.38+1.23）×（1+32%+12%）+8.1=20.50（元 /m^2）

② 定额子目 20-6，檐高在 12m 以上，层高在 5m 内，三类工程换算为一类工程。

定额子目 20-6 换综合单价 =（26.24+3.28）×（1+32%+12%）+19.82=62.33（元 /m^2）

③ 定额子目 20-52，建筑物檐高 20 ～ 60m，檐高超 20m 脚手架材料增加费。主楼第 6

层超过 20m 部分的高度为 3.25m，仅计算每增高 1m 的增加费。

定额子目 20-52 换综合单价 =10.59×20%×3.25=6.88（元 /m^2）

④ 定额子目 20-49，建筑物檐高 20 ～ 30m，檐高超 20m 脚手架材料增加费。两侧附楼第 6 层超过 20m 部分的高度为 3.25m，仅计算每增高 1m 的增加费。

定额子目 20-49 换综合单价 =7.78×20%×3.25=5.06（元 /m^2）

15.2.2.3 脚手架工程清单计价

根据公式：清单综合单价 = 定额合价之和 / 清单工程量，计算办公楼脚手架工程综合单价。

主楼脚手架综合单价 =965220/32000=30.16（元）

附楼脚手架综合单价 =747516/26400=28.32（元）

将以上综合单价填入表 15-6 中，计算办公楼脚手架工程清单费用，详见表 15-8。

表 15-8 办公楼脚手架工程项目清单与计价表

工程名称：某办公楼工程　　　　标段：　　　　第 页 共 页

序号	项目编码	项目名称	项目特征描述	计量单位	工程量	金额 / 元	
						综合单价	合价
1	011701001001	综合脚手架	1. 建筑结构形式：现浇框架结构 2. 主楼：16 层，檐口高度 59.25m	m^2	32000	30.16	965120
2	011701001002	综合脚手架	1. 建筑结构形式：现浇框架结构 2. 附楼：6 层，檐口高度 23.25m	m^2	26400	28.32	747648
合 计							1712768

案例分析

【15-2】 某一层传达室工程，平面为矩形，外墙外边线尺寸为 6m×4.5m，层高 3m，平屋面檐口标高 3m，室内外高差为 0.45m。已知：内砖墙面积为 13m^2，内砖墙处的门洞单面面积为 2m^2，外墙门窗洞口单面面积为 6m^2，室内墙体粉刷面积为 80m^2，请按 2014 年《江苏省建筑与装饰工程计价定额》计算该传达室内外墙砌墙脚手架、内外墙粉刷脚手架的费用。

解析： 该传达室檐高未超过 3.6m 的单层建筑，应执行单项脚手架定额。

（1）计算定额工程量

① 内外墙砌墙脚手架

外墙砌墙脚手架：（6+4.5）×2×（3+0.45）=72.45（m^2）

内墙砌墙脚手架：13+2=15（m^2）

小计：72.45+15=87.45（m^2）

② 内外墙粉刷脚手架

外墙砌墙脚手架包括外侧抹灰脚手架在内，所以外墙粉刷脚手架不再计取。

内墙粉刷脚手架：包括外墙内侧和内墙两侧粉刷脚手架。

外墙内侧粉刷脚手架：80−13×2+6=60（m^2）

内墙两侧粉刷脚手架：(13+2)×2=30（m^2）

小计：60+30=90（m^2）

（2）定额计价

根据以上计算出的定额工程量，套用“计价定额”中的脚手架工程相应定额子目，进行项目的定额计价。计算详见表15-9。

表15-9　某传达室工程脚手架定额计价表

序号	定额编号	定额名称	计量单位	工程数量	金额/元	
					综合单价	合价
1	20-9	砌墙脚手架，里架子，高3.60m以内	$10m^2$	8.745	15.75	137.73
2	20-23	抹灰脚手架，高在3.60m以内	$10m^2$	9.00	3.58	32.22
合　计						169.95

15.3　模板工程费计算

导入项目3　某全现浇钢筋混凝土框架结构工程，其三层结构如图15-2所示。已知柱截面尺寸均为600mm×600mm；二层楼面结构标高4.470m；三层楼面结构标高8.970m，现浇楼板厚120mm；轴线尺寸为柱中心线尺寸。模板采用复合木模板。

要求：计算二层柱及三层楼面梁、板的模板清单费用（按接触面积计算）。

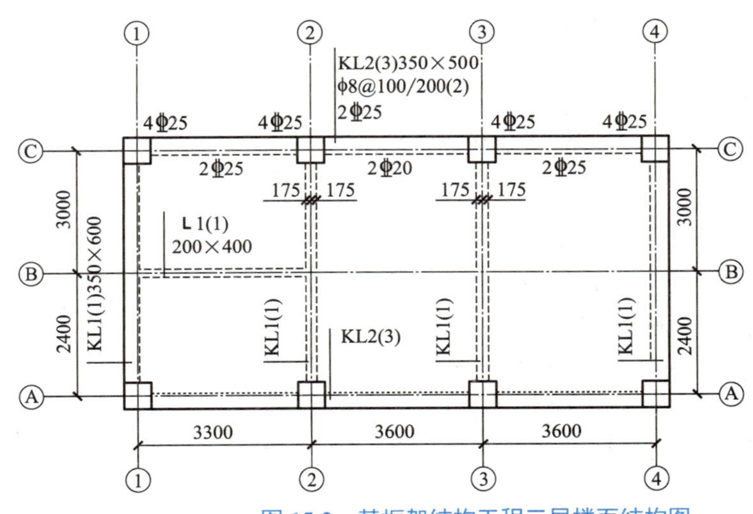

图15-2　某框架结构工程三层楼面结构图

二维码15.2

15.3.1　模板工程清单计量

（1）清单项目设置及其工程量计算规则

根据“计算规范”，混凝土模板及支架（撑）的工程量清单项目设置共有32项，包括各类基础、柱、梁、墙、板、楼梯、台阶、扶手、后浇带等。

① 混凝土柱、梁、板的模板工程量按模板与现浇混凝土构件的接触面积计算。

a. 现浇钢筋混凝土墙、板单孔面积≤ $0.3m^2$ 的孔洞不予扣除，洞侧壁模板亦不增加；单孔面积＞ $0.3m^2$ 时应予扣除，洞侧壁模板面积并入墙、板工程量内计算。

b. 现浇框架分别按梁、板、柱有关规定计算；附墙柱、暗梁、暗柱并入墙内工程量内计算。

c. 柱、梁、墙、板相互连接的重叠部分，均不计算模板面积。

d. 构造柱按图示外露部分计算模板面积。

② 雨棚、悬挑板、阳台板的模板工程量按图示外挑部分尺寸的水平投影面积计算，挑出墙外的悬臂梁及板边不另计算。

③ 楼梯的模板工程量按楼梯（包括休息平台、平台梁、斜梁和楼层板的连接梁）的水平投影面积计算，不扣除宽度≤ 500mm 的楼梯井所占面积，楼梯踏步、踏步板、平台梁等侧面模板不另计算，伸入墙内部分亦不增加。

④ 台阶的模板工程量按图示台阶水平投影面积计算，台阶端头两侧不另计算模板面积。架空式混凝土台阶，按现浇楼梯计算。

导入项目中模板工程的工程量清单项目设置、项目特征描述的内容、计量单位及工程量计算规则，应按表 15-10 的规定执行。

表 15-10　某框架结构工程模板清单项目

项目编码	项目名称	项目特征	计量单位	工程量计算规则
011702002	矩形柱	截面面积：0.6m×0.6m	m^2	按模板与现浇混凝土构件的接触面计算
011702014	有梁板	支撑高度：4.38m	m^2	按模板与现浇混凝土构件的接触面计算

（2）工程量清单编制

根据以上清单项目的工程量计算规则计算各项目的清单工程量。

① 计算二层柱的模板工程量：

柱侧模：0.6×4×(8.97−4.47−0.12)×8=84.096（m^2）

扣梁头：0.35×0.48×8+0.35×0.38×12=2.94（m^2）

小计：二层柱模板工程量 =84.096−2.94=81.156（m^2）

② 三层楼面梁、板按有梁板计算工程量：

KL1 侧模：(0.6−0.12)×(2.4+3−0.6)×2×4=18.432（m^2）

KL2 侧模：(0.5−0.12)×(3.3+3.6+3.6−0.6×3)×2×2=13.224（m^2）

L1 侧模：(0.4−0.12)×(3.3−0.05−0.175)×2=1.722（m^2）

扣梁头：0.2×0.28×2=0.112（m^2）

板底模：(3.3+3.6×2+0.6)×(2.4+3+0.6) =66.6（m^2）

扣柱头：0.6×0.6×8=2.88（m^2）

板侧模：(3.3+3.6×2+0.6+2.4+3+0.6)×2×0.12=4.104（m^2）

小计：三层楼面有梁板模板工程量 =18.432+13.224+1.722−0.112+66.6−2.88+4.104=101.09（m^2）

根据清单设置规定和工程量计算结果，编制模板工程工程量清单，详见表 15-11。

表 15-11　分部分项工程项目清单与计价表

工程名称：某框架结构工程　　　　　　　　　　标段：　　　　　　　　　　第　页　共　页

序号	项目编码	项目名称	项目特征描述	计量单位	工程量	金额 / 元	
						综合单价	合价
1	011702002001	矩形柱	截面面积：0.6m×0.6m	m^2	81.156		
2	011702014001	有梁板	支撑高度：4.38m	m^2	101.09		

15.3.2　模板工程清单计价

（1）模板工程定额计量

模板工程工程量计算按设计图纸计算模板接触面积或使用混凝土含模量折算模板面积，两种方法仅能使用其中一种，相互不得混用。

① 现浇混凝土及钢筋混凝土模板工程量除另有规定者外，均按混凝土与模板的接触面积计算。若使用含模量计算模板接触面积者，其工程量 = 构件体积 × 相应项目含模量。

② 钢筋混凝土墙、板上单孔面积在 0.3m^2 以内的孔洞不予扣除，洞侧壁模板不另增加，但突出墙面的侧壁模板应相应增加。单孔面积在 0.3m^2 以外的孔洞应予扣除，洞侧壁模板面积并入墙、板模板工程量之内计算。

③ 现浇钢筋混凝土框架分别按柱、梁、墙、板有关规定计算，墙上单面附墙柱、暗梁、暗柱并入墙内工程量计算，双面附墙柱按柱计算，但后浇墙、板带的工程量不扣除。

④ 设备螺栓套孔或设备螺栓分别按不同深度以“个”计算；二次灌浆按实灌体积计算。

⑤ 预制混凝土板间或边补现浇板缝，缝宽在 100mm 以上者，模板按平板定额计算。

⑥ 构造柱外露均应按图示外露部分计算面积（锯齿形，则按锯齿形最宽面计算模板宽度），构造柱与墙接触面不计算模板面积，如图 15-3 所示。

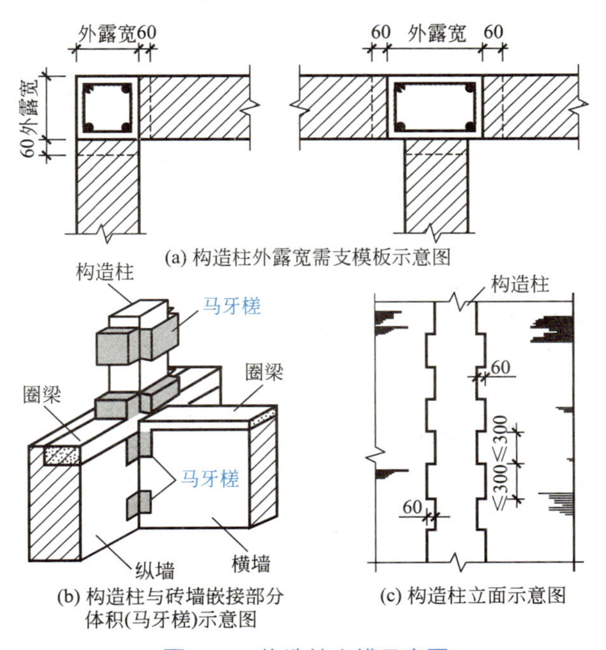

图 15-3　构造柱支模示意图

⑦ 现浇混凝土雨篷、阳台、水平挑板，按图示挑出墙面以外板底尺寸的水平投影面积计算（附在阳台梁上的混凝土线条不计算水平投影面积）。挑出墙外的牛腿及板边模板已包括在内。复式雨篷挑口内侧净高超过250mm时，其超过部分按挑檐定额计算（超过部分的含模量按天沟含模量计算）。

⑧ 整体直形楼梯包括楼梯段、中间休息平台、平台梁、斜梁及楼梯与楼板连接的梁，按水平投影面积计算，不扣除小于500mm的楼梯井，伸入墙内部分不另增加。

⑨ 圆弧形楼梯按楼梯的水平投影面积计算（包括圆弧形梯段、休息平台、平台梁、斜梁及楼梯与楼板连接的梁）。

⑩ 楼板后浇带以延长米计算（整板基础的后浇带不包括在内）。

⑪ 现浇圆弧形构件除定额已注明者外，均按垂直圆弧形的面积计算。

⑫ 栏杆按扶手长度计算，栏板竖向挑板按模板接触面积计算。扶手、栏板的斜长按水平投影长度乘系数1.18计算。

⑬ 劲性混凝土柱模板按现浇柱定额执行。

⑭ 砖侧模分不同厚度，按砌筑面积计算。

⑮ 后浇板带模板、支撑增加费，工程量按后浇板带设计长度以延长米计算。

⑯ 整板基础后浇带铺设热镀锌钢丝网，按实铺面积计算。

根据以上所述工程量计算规则，项目模板工程的定额工程量同清单工程量，即：

$$二层柱模板工程量 =81.156m^2$$

$$三层楼面有梁板模板工程量 =101.09m^2$$

（2）模板工程定额计价

“计价定额”中的模板子目分现浇构件模板、现场预制构件模板、加工厂预制构件模板和构筑物工程模板四个部分，使用时应分别套用。

① 现浇构件模板子目按不同构件分别编制了组合钢模板配钢支撑、复合木模板配钢支撑，使用时，任选一种套用。

② 预制构件模板子目，按不同构件，分别以组合钢模板、复合木模板、木模板、定型钢模板、长线台钢拉模、加工厂预制构件配混凝土地模、现场预制构件配砖胎模、长线台配混凝土地胎模编制，使用其他模板时，不予换算。

③ 模板工作内容包括清理、场内运输、安装、刷隔离剂、浇灌混凝土时模板维护、拆模、集中堆放、场外运输。木模板包括制作（预制构件包括刨光、现浇构件不包括刨光），组合钢模板、复合木模板包括装箱。

④ 现浇钢筋混凝土柱、梁、墙、板的支模高度以净高（底层无地下室者高需另加室内外高差）在3.6m以内为准，净高超过3.6m的构件其钢支撑、零星卡具及模板人工分别乘以表15-12中的系数。如属于高大支模的，其费用另行计算。

表15-12　构件净高超过3.6m增加系数

增加内容	净高在	
	5m以内	8m以内
独立柱、梁、板钢支撑及零星卡具	1.10	1.30
框架柱（墙）、梁、板钢支撑及零星卡具	1.07	1.15
模板人工（不分框架和独立柱梁板）	1.30	1.60

注：轴线未形成封闭框架的柱、梁、板称独立柱、梁、板。

⑤ 支模高度净高的确定。

柱：无地下室底层是指设计室外地面至上层板底面、楼层板顶面至上层板底面。

梁：无地下室底层是指设计室外地面至上层板底面、楼层板顶面至上层板底面。

板：无地下室底层是指设计室外地面至上层板底面、楼层板顶面至上层板底面。

墙：整板基础板顶面（或反梁顶面）至上层板底面、楼层板顶面至上层板底面。

⑥ 设计⊥、L、+形柱，其单面每边宽在 1000mm 内按⊥、L、+形柱相应子目执行，其余按直形墙相应定额执行。

⑦ 计价定额模板项目中，仅列出周转木材而无钢支撑的项目，其支撑量已含在周转木材中，模板与支撑按 7 ∶ 3 拆分。

⑧ 模板材料已包含砂浆垫块与钢筋绑扎用的 22# 镀锌铁丝在内，现浇构件和现场预制构件不用砂浆垫块而改用塑料卡，每 $10m^2$ 模板另加塑料卡费用每只 0.2 元，计 30 只。

⑨ 有梁板中的弧形梁模板按弧形梁定额执行（含模量 = 肋形板含模量）其弧形板部分的模板按平板定额执行。砖墙基上带形混凝土防潮层模板按圈梁定额执行。

⑩ 混凝土满堂基础底板面积在 $1000m^2$ 内，若使用含模量计算模板面积，基础有砖侧模时，砖侧模的费用应另外增加，同时扣除相应的模板面积（总量不得超过总含模量）；超过 $1000m^2$ 时，按混凝土接触面积计算。

⑪ 地下室后浇墙带的模板应按已审定的施工组织设计另行计算，但混凝土墙体模板含量不扣。

⑫ 带形基础、设备基础、栏板、地沟如遇圆弧形，除按相应定额的复合模板执行外，其人工、复合木模板乘系数 1.30，其他不变（其他弧形构件按相应定额执行）。

⑬ 现浇有梁板、无梁板、平板、楼梯、雨篷及阳台，底面设计不抹灰者，增加模板缝贴胶带纸人工 0.27 工日 /$10m^2$。

⑭ 飘窗上下挑板、空调板按板式雨棚模板执行。

⑮ 混凝土线条按小型构件定额执行。根据以上计算出的定额工程量，套用“计价定额”中的模板工程中相应定额子目，进行项目的定额计价。计价时要注意定额子目的套用条件、计量单位，结合项目的特征描述，正确地套用和换算定额子目。计算详见表 15-13。

表 15-13　模板工程定额计价表

序号	定额编号	定额名称	计量单位	工程数量	金额 / 元	
					综合单价	合价
1	21-27 换	矩形柱，复合木模板	$10m^2$	8.1156	707.69	5743.33
2	21-59 换	现浇板厚度 20cm 内，复合木模板	$10m^2$	10.109	638.52	6454.80
合计						12198.13

表中综合单价的换算：

a. 定额子目 21-27，矩形柱，复合木模板。本项目二层净高 4.38m，支模净高超过 3.6m 的构件其钢支撑、零星卡具及模板人工分别乘以相应系数。21-27 换综合单价：

$$588.14+285.36\times0.3\times1.38+(12.82+7.4)\times0.07=707.69\ (\text{元}/10m^2)$$

b. 定额子目 21-59，现浇板厚度 20cm 内，复合木模板。本项目二层净高 4.38m，支模净高超过 3.6m 的构件其钢支撑、零星卡具及模板人工分别乘以相应系数。21-59 换综合单价：

$$537.12+239.44\times0.3\times1.38+(24.91+7.57)\times0.07=638.52\ (\text{元}/10m^2)$$

（3）模板工程清单计价

根据公式：清单综合单价 = 定额合价之和 / 清单工程量，计算模板工程的清单综合单价，并填入表 15-11 中，计算该工程项目模板工程清单报价，详见表 15-14。

表 15-14　分部分项工程项目清单与计价表

工程名称：某办公楼工程　　　　标段：　　　　第　页　共　页

序号	项目编码	项目名称	项目特征描述	计量单位	工程量	金额 / 元	
						综合单价	合价
1	011702002001	矩形柱	截面面积：0.6m×0.6m	m^2	81.156	70.77	5743.41
2	011702014001	有梁板	支撑高度：4.38m	m^2	101.09	63.85	6454.60
合计							12198.01

案例分析

【15-3】　某传达室基础平面图和剖面图如图 15-4 所示。根据地质勘探报告，土壤类别为三类，无地下水。该工程设计室外地坪标高为 -0.300m，室内地坪标高为 ±0.000m，防潮层标高 -0.600m，防潮层做法为 C20 抗渗混凝土 P10 以内，C20 钢筋混凝土条形基础，混凝土构造柱截面尺寸为 240mm×240mm，从钢筋混凝土条形基础中伸出。要求计算：①混凝土基础模板工程量；②砖基础中构造柱模板工程量（采用与混凝土接触面积和含模量两种计算方法）。

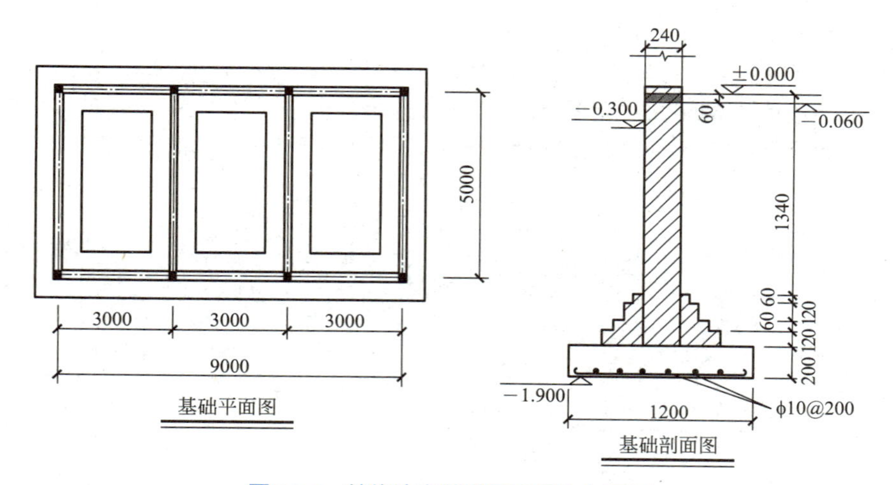

图 15-4　某传达室基础平面图和剖面图

解析：（1）按含模量计算

$$模板工程量 = 混凝土构件体积 \times 含模量系数 \tag{15-2}$$

① 混凝土构件体积

混凝土条基体积 =1.2×[（9+5）×2＋（5−1.2）×2]×0.2=8.544（m^3）

构造柱体积 =1.7×（0.24×0.24×8+0.24×0.03×20）=1.03（m^3）

② 模板工程量

二维码 15.3

无梁式钢筋混凝土带形基础含模量系数 =0.74

混凝土基础模板工程量 =8.544×0.74=6.32（m^2）

构造柱含模量系数 =11.1

构造柱模板工程量：1.03×11.1=11.43（m^2）

（2）按混凝土接触面积计算

混凝土基础模板工程量：[(9+5)×2 +（5−1.2)×2]×2×0.2=14.24（m^2）

构造柱模板工程量：

1.7×｛[(0.24+0.06)×2+0.06×2]×4+ [(0.24+0.06×2）+0.06×4]×4｝=8.98（m^2）

15.4 垂直运输费计算

导入项目4 某现浇框架结构住宅楼，结构外围平面尺寸为 56m×15m，层高 2.7m，11 层，如图 15-5 所示。塔式起重机施工，定额工期为 200 天。要求：计算该住宅楼的垂直运输费用。

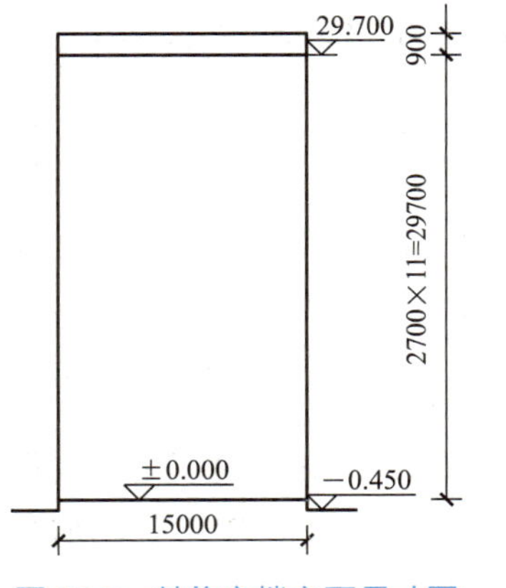

图 15-5 某住宅楼立面尺寸图

15.4.1 垂直运输清单计量

（1）清单项目设置及其工程量计算规则

根据“计算规范”垂直运输的工程量清单项目设置、项目特征描述的内容、计量单位及工程量计算规则，垂直运输清单项目设置应按表 15-15 的规定执行。

表 15-15 垂直运输清单项目设置

项目编码	项目名称	项目特征	计量单位	工程量计算规则
011703001	垂直运输	1. 建筑物建筑类型及结构形式 2. 地下室建筑面积 3. 建筑物檐口高度、层数	1.m^2 2. 天	1. 按建筑面积计算 2. 按施工工期日历天数计算

① 建筑物的檐口高度是指设计室外地坪至檐口滴水的高度（平屋顶系指屋面板底高度），突出主体建筑物屋顶的电梯机房、楼梯出口间、水箱间、瞭望塔、排烟机房等不计入檐口高度。

② 垂直运输指施工工程在合理工期内所需垂直运输机械。

③ 同一建筑物有不同檐高时，按建筑物的不同檐高做纵向分割，分别计算建筑面积，以不同檐高分别编码列项。

（2）工程量清单编制

根据表 15-15 的要求，结合项目背景资料中施工工期日历天数 200 天，编制垂直运输费工程量清单。详见表 15-16。

表 15-16　分部分项工程项目清单与计价表

工程名称：某住宅楼工程　　　　　　　　　　标段：　　　　　　　　　　　　第　页　共　页

序号	项目编码	项目名称	项目特征描述	计量单位	工程量	金额 / 元	
						综合单价	合价
1	011703001001	垂直运输	1. 建筑结构形式：现浇框架结构 2. 建筑物层数：11 层	天	200		

15.4.2 垂直运输清单计价

（1）垂直运输定额计量

① 建筑物垂直运输机械台班用量，区分不同结构类型、檐口高度（层数）按国家工期定额套用单项工程工期以日历天计算。

② 单独装饰工程垂直运输机械台班，区分不同施工机械、垂直运输高度、层数、按定额工日分别计算。

③ 烟囱、水塔、筒仓垂直运输机械台班，以“座”计算。超过定额规定高度时，按每增高 1m 定额项目计算。高度不足 1m，按 1m 计算。

④ 施工塔吊、电梯基础，塔吊及电梯与建筑物连接件，按施工塔吊及电梯的不同型号以“台”计算。

根据以上所述工程量计算规则，导入项目垂直运输的定额工程量为 200 天。

（2）垂直运输定额计价

① 建筑物“檐高”是指设计室外地坪至檐口的高度，突出主体建筑物顶的女儿墙、电梯间、楼梯间、水箱等不计入檐口高度以内；“层数”指地面以上建筑物的层数，地下室、地面以上部分净高小于 2.1m 的半地下室不计入层数。

② 定额工作内容包括在江苏省调整后的国家工期定额内完成单位工程全部工程项目所需的垂直运输机械台班，不包括机械的场外运输、一次安装、拆卸、路基铺垫和轨道铺拆等费用。施工塔吊与电梯基础、施工塔吊和电梯与建筑物连接的费用单独计算。

③ 项目划分是以建筑物“檐高”“层数”两个指标界定，只要其中一个指标达到定额规定，即可套用该定额子目。

④ 一个工程，出现两个或两个以上檐口高度（层数），使用同一台垂直运输机械时，定额不作调整；使用不同垂直运输机械时，应依照国家工期定额分别计算。

⑤ 当建筑物垂直运输机械数量与定额不同时，可按比例调整定额含量。本定额按卷扬机施工配 2 台卷扬机，塔式起重机施工配 1 台塔吊 1 台卷扬机（施工电梯）考虑。如仅采用塔式起重机施工，不采用卷扬机时，塔式起重机台班含量按卷扬机含量取定，卷扬机扣除。

⑥ 垂直运输高度小于 3.6m 的单层建筑物、单独地下室和围墙，不计算垂直运输机械台班。

⑦ 预制混凝土平板、空心板、小型构件的吊装机械费用已包括在定额中。

⑧ 定额中现浇框架系指柱、梁、板全部为现浇的钢筋混凝土框架结构。如部分现浇，部分预制，按现浇框架乘以系数 0.96。

⑨ 柱、梁、墙、板构件全部现浇的钢筋混凝土框筒结构、框剪结构按现浇框架执行，筒体结构按剪力墙（滑模施工）执行。

⑩ 预制屋架的单层厂房，不论柱为预制或现浇，均按预制排架定额计算。

⑪ 单独地下室工程项目定额工期按不含打桩工期自基础挖土开始计算。多幢房屋下有

整体连通地下室时，上部房屋分别套用对应单项工程工期定额，整体连通地下室按单独地下室工程执行。

⑫ 在计算定额工期时，未承包施工的打桩、挖土等的工期不扣除。

⑬ 混凝土构件，使用泵送混凝土浇筑者，卷扬机施工定额台班乘以系数 0.96；塔式起重机施工定额中的塔式起重机台班含量乘以系数 0.92。

根据以上计算出的定额工程量，套用“计价定额”中的垂直运输相应定额子目，进行项目的定额计价。计价时要注意定额子目的套用条件、计量单位，结合项目的特征描述，正确地套用和换算定额子目。计算详见表 15-17。

表 15-17　住宅楼工程垂直运输定额计价计算表

序号	定额编号	定额名称	计量单位	工程数量	金额 / 元	
					综合单价	合价
1	23-9	现浇框架，檐高（层数）40m（7 ～ 13 层）以内	天	200	671.83	134366
合　计						134366

（3）垂直运输清单计价

根据公式：清单综合单价 = 定额合价之和 / 清单工程量，计算该办公楼垂直运输清单报价，详见表 15-18。

表 15-18　分部分项工程项目清单与计价表

工程名称：某住宅楼工程　　标段：　　第　页　共　页

序号	项目编码	项目名称	项目特征描述	计量单位	工程量	金额 / 元	
						综合单价	合价
1	011703001001	垂直运输	1. 建筑结构形式：现浇框架结构 2. 建筑物层数：11 层	天	200	671.83	134366
合　计							134366

15.5 施工排水、降水费计算

导入项目5 某基础土方工程的底面尺寸、开挖截面如图 15-6 所示，土方类别为三类土，地下水位标高 -1.300m，采用人工挖土。施工排水日历天数为 60 天。未采用施工降水措施。要求：计算该工程施工排水费用。

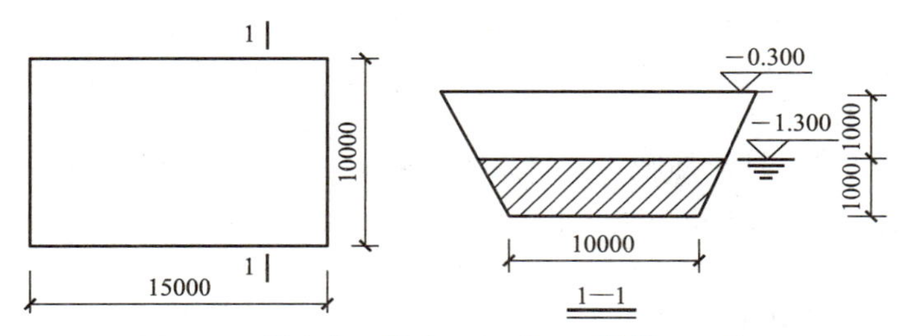

图 15-6　某土方工程底面尺寸及开挖截面示意图

15.5.1 施工排水、降水清单计量

（1）清单项目设置及其工程量计算规则

根据“计算规范”施工排水、降水的工程量清单项目设置、项目特征描述的内容、计量单位及工程量计算规则，施工排水、降水清单项目设置应按表 15-19 的规定执行。

表 15-19 施工排水、降水清单项目设置

项目编码	项目名称	项目特征	计量单位	工程量计算规则
011706001	成井	1. 成井方式 2. 地层情况 3. 成井直径 4. 井（滤）管类型、直径	m	按设计图示尺寸以钻孔深度计算
011706002	排水、降水	1. 机械规格型号 2. 降排水管规格	昼夜	按排水、降水日历天数计算

（2）工程量清单编制

根据表 15-19 的要求，结合项目背景资料中施工排水日历天数为 60 天，编制施工排水工程量清单。详见表 15-20。

表 15-20 分部分项工程项目清单与计价表

工程名称：某建筑工程　　　　标段：　　　　第　页　共　页

序号	项目编码	项目名称	项目特征描述	计量单位	工程量	金额 / 元	
						综合单价	合价
1	011706002001	排水、降水	1. 机械规格型号 2. 降排水管规格	昼夜	60		

15.5.2 施工排水、降水清单计价

15.5.2.1 施工排水、降水定额计量

（1）定额工程量计算规则

① 人工土方施工排水不分土壤类别、挖土深度，按挖湿土工程量以立方米计算。

② 人工挖淤泥、流砂施工排水按挖淤泥、流砂工程量以立方米计算。

③ 基坑、地下室排水按土方基坑的底面积以平方米计算。

④ 强夯法加固地基坑内排水，按强夯法加固地基工程量以平方米计算。

⑤ 井点降水 50 根为一套，累计根数不足一套者按一套计算，井点使用定额单位为套天，一天按 24h 计算。井管的安装、拆除以“根”计算。

⑥ 深井管井降水安装、拆除按座计算，使用按座天计算，一天按 24h 计算。

（2）定额工程量计算

根据以上所述工程量计算规则，项目施工排水的定额工程量计算如下：

① 挖湿土排水工程量同挖湿土工程量：按照项目 6 土方工程计量与计价中的定额计量方法，计算挖湿土工程量。

基坑坑底尺寸：10m×15m

基坑干湿土分界处尺寸：（10+2×0.33×1）×（15+2×0.33×1）=10.66（m）×15.66（m）

挖湿土的工程量为：

$$[10\times15+10.66\times15.66+(10+10.66)\times(15+15.66)]\times1/6=158.40\ (m^3)$$

② 基坑排水工程量：基坑排水面积 = 基坑坑底面积 $=10\times15=150\ (m^2)$。

15.5.2.2 施工排水、降水定额计价

① 人工土方施工排水是在人工开挖湿土、淤泥、流砂等施工过程中发生的机械排放地下水费用。

② 基坑排水是指地下常水位以下且基坑底面积超过 $150m^2$（两个条件同时具备）的土方开挖以后，在基础或地下室施工期间所发生的排水包干费用（不包括 ±0.00 以上有设计要求待框架、墙体完成以后再回填基坑土方期间的排水）。

③ 井点降水项目适用于降水深度在 6m 以内。井点降水使用时间按施工组织设计确定。井点降水材料使用摊销量中已包括井点拆除时材料损耗量。井点间距根据地址和降水要求由施工组织设计确定，一般轻型井点管间距为 1.2m。

④ 强夯法加固地基坑内排水是指井点坑内的积水排抽台班费用。

⑤ 机械土方工作面中的排水费已包含在土方中，但不包括地下水位以下的施工排水费用，如发生，依据施工组织设计规定，排水人工、机械费用另行计算。

根据以上计算出的定额工程量，套用“计价定额”中的施工排水、降水相应定额子目，进行项目的定额计价。计价时要注意定额子目的套用条件、计量单位，结合项目的特征描述，正确地套用和换算定额子目。计算详见表 15-21。

表 15-21　施工排水降水定额计价计算表

序号	定额编号	定额名称	计量单位	工程数量	金额 / 元	
					综合单价	合价
1	22-1	人工挖湿土排水	m^3	158.40	12.68	2008.51
2	22-2	基坑排水	$10m^2$	15.00	276.22	4143.3
合　计						6151.81

15.5.2.3 施工排水、降水清单计价

根据公式：清单综合单价 = 定额合价之和 / 清单工程量，计算施工排水、降水清单综合单价，并填入表 15-20 中，计算该建筑工程施工排水、降水清单措施项目费，详见表 15-22。

表 15-22　分部分项工程项目清单与计价表

序号	项目编码	项目名称	项目特征描述	计量单位	工程量	金额 / 元	
						综合单价	合价
1	011706002001	排水、降水	1. 机械规格型号 2. 降排水管规格	昼夜	60	102.53	6151.80
合　计							6151.80

二维码 15.4

二维码 15.5

技能训练

一、思考题

1. 根据“计价定额”的规定，什么情况下应该计算建筑物超高增加费？建筑物超高增加费包括哪些内容？计算建筑物超高增加费时檐口高度如何确定？

2. 脚手架工程的工作内容有哪些？单层建筑物是否应计算脚手架费用？

3. 什么情况下需计算脚手架材料增加费？

4. 模板的计算方法有哪两种？不同构件模板的计算方法又有什么区别？

二、多项选择题

1. 根据《房屋建筑与装饰工程工程量计算规范》(GB 50854—2013)，措施项目工程量计算有（　　）。【造价师职业资格考试真题】

A. 垂直运输按使用机械设备数量计算

B. 悬空脚手架按搭设的水平投影面积计算

C. 排水、降水工程量，按排水、降水日历天数计算

D. 整体提升架按所服务对象的垂直投影面积计算

E. 超高施工增加按建筑物超高部分的建筑面积计算

2. 根据《房屋建筑与装饰工程工程量计算规范》(GB 50854—2013)，措施项目工程量计算正确的有（　　）。【造价师职业资格考试真题】

A. 里脚手架按建筑面积计算

B. 满堂脚手架按搭设水平投影面积计算

C. 混凝土墙模板按模板与墙接触面积计算

D. 混凝土构造柱模板按图示外露部分计算模板面积

E. 超高施工增加费包括人工、机械降效、供水加压以及通信联络设备费用

3. 根据《房屋建筑与装饰工程工程量计算规范》（GB 50854—2013)，下列脚手架中以 m^2 为计算单位的有（　　）。

A. 整体提升架　B. 外装饰吊篮　C. 挑脚手架　D. 悬空脚手架　E. 满堂脚手架

4. 根据《房屋建筑与装饰工程工程量计算规范》（GB 50854—2013)，关于综合脚手架，说法正确的有（　　）。

A. 工程量按建筑面积计算

B. 用于屋顶加层时应说明加层高度

C. 项目特征应说明建筑结构形式和檐口高度

D. 同一建筑物有不同的檐高时，分别按不同檐高列项

E. 项目特征必须说明脚手架材料

5.《房屋建筑与装饰工程工程量计算规范》（GB 50854—2013）对以下措施项目详细列明了项目编码、项目特征、计量单位和计算规则的有（　　）。

A. 夜间施工　　B. 已完工程及设备保护　C. 超高施工增加

D. 施工排水、降水　E. 混凝土模板及支架

三、分析计算题

1. 某多层民用建筑的檐口高度 25m，共 6 层，室内外高差 0.3m，第一层层高 4.7m，第二至六层层高 4.0m，每层建筑面积 $650m^2$，按计价定额计算该建筑物的超高增加费用。

2. 某二类高层建筑，钢筋混凝土框架结构，共 13 层，每层建筑面积约为 $800m^2$，底层层

高4.8m，第二层4.2m，其余各层3.6m。檐口标高为48.6m，室内外高差为0.45m，外墙外边长为146.48m。底层大厅层高为4.8m，吊顶天棚高3.8m，大厅净面积为280m²，大厅框架轴线水平投影面积为292m²。要求：用2014“计价定额”和“费用定额”计算该建筑工程的脚手架费用。

3. 框架结构如图15-7所示，计算混凝土板、柱的模板清单工程量，并编制工程量清单。

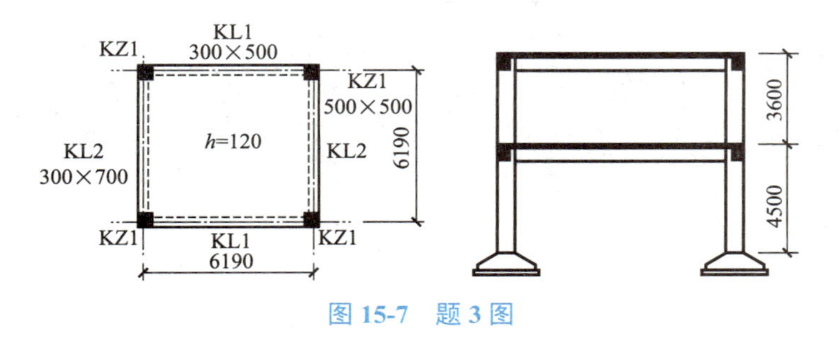

图15-7　题3图

4. 某三类工程项目办公室，其基础平面图、剖面图如图15-8所示。基础为钢筋混凝土条形基础，C10素混凝土垫层，±0.000m以下墙身采用标准砖砌筑，设计室外地坪为−0.150m。DQL的截面尺寸为240mm×240mm，GZ的截面尺寸为240mm×240mm，混凝土采用C20泵送预拌混凝土。

要求：计算混凝土基础、构造柱模板的费用。

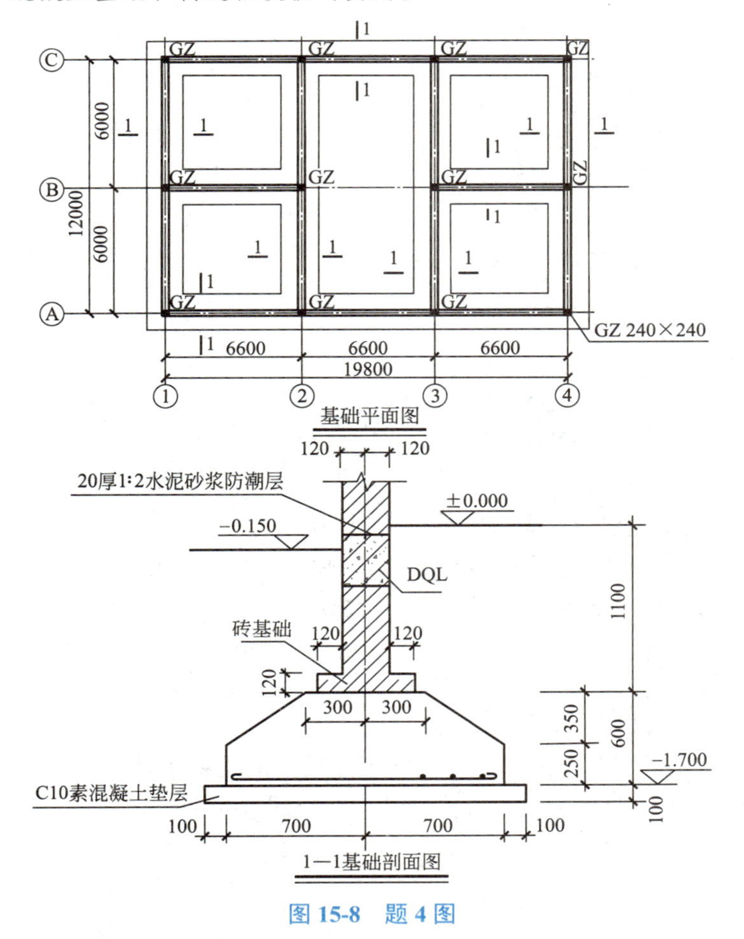

图15-8　题4图

项目16 工程结算

学习目标

- 知识目标：了解工程结算方式，掌握工程预付款的计算、工程进度款结算与支付，熟悉工程变更价款的确定、工程价款的动态结算和竣工结算。
- 能力目标：能够进行工程预付款及起扣点的计算，能够根据索赔资料、合同及有关工程变更价款的方式办理工程进度款结算与支付，能够编制工程结算。

素质目标

- 严格按照标准、规范、合同，独立、客观、公正出具工程结算文件，杜绝采取不正当的手段损害、侵犯同行的权益。
- 善于与同伴团队协作，在多学科背景下，共同高质量完成工程结算工作。
- 结合造价工程师贪腐案例，教育学生诚实守信、廉洁自律，恪守工程职业道德和从业规范。

16.1 工程结算方式

工程结算是指发承包双方根据合同约定，对合同工程在实施中、终止时、已完工后进行的合同价款计算、调整和确认。包括期中结算、终止结算、竣工结算。

按照2004年财政部、建设部《建设工程价款结算暂行办法》的规定，工程价款的结算方式主要有以下两种。

① 按月结算与支付。即实行按月支付进度款，竣工后结算的方法。合同工期在两个年度以上的工程，在年终进行工程盘点，办理年度结算。

② 分段结算与支付。即当年开工、当年不能竣工的工程按照工程形象进度，划分不同阶段，支付工程进度款。具体的工程分段划分，在合同中约定。

16.2 工程合同价款的约定

16.2.1 合同价款约定的一般规定

（1）合同价款

工程合同价款的约定是建设工程合同的主要内容。

① 实行招标的工程合同价款应在中标通知书发出之日起30日内，由发承包双方依据招标文件和中标人的投标文件在书面合同中约定。合同约定不得违背招、投标文件中关于工期、造价、质量等方面的实质性内容。招标文件与中标人投标文件不一致的地方，以投标文件为准。

② 不实行招标的工程合同价款，在发承包双方认可的工程价款基础上，由发承包双方在合同中约定。

（2）合同形式

实行工程量清单计价的工程，应采用单价合同。建设规模较小，技术难度较低，工期较短，且施工图设计已审查批准的建设工程可以采用总价合同；紧急抢险、救灾以及施工技术特别复杂的建设工程可以采用成本加酬金合同。

① 单价合同　指发承包双方约定以工程量清单及其综合单价进行合同价款计算、调整和确认的建设工程施工合同。

② 总价合同　指发承包双方约定以施工图及其预算和有关条件进行合同价款计算、调整和确认的建设工程施工合同。

③ 成本加酬金合同　指发承包双方约定以施工工程成本再加合同约定酬金进行合同价款计算、调整和确认的建设工程施工合同。

16.2.2 合同价款约定的内容

发承包双方应在合同条款中对下列事项进行约定：

① 预付工程款的数额、支付时间及抵扣方式。

② 安全文明施工措施的支付计划，使用要求等。

③ 工程计量与支付工程进度款的方式、数额及时间。

④ 工程价款的调整因素、方法、程序、支付及时间。

⑤ 施工索赔与现场签证的程序、金额确认与支付时间。

⑥ 承担计价风险的内容、范围以及超出约定内容、范围的调整办法。

⑦ 工程竣工价款结算编制与核对、支付及时间。

⑧ 工程质量保证金的数额、扣留方式及时间。

⑨ 违约责任以及发生工程价款争议的解决方法及时间。

⑩ 与履行合同、支付价款有关的其他事项等。

合同中没有按照上述要求约定或约定不明的，若发承包双方在合同履行中发生争议由双方协商确定；协商不能达成一致的，按清单“计价规范”的规定执行。

16.3 预付工程款

预付款是在开工前，发包人按照合同约定，预先支付给承包人用于购买合同工程施工所需的材料、工程设备，以及组织施工机械和人员进场等的款项。

二维码 16.1

16.3.1　预付款的一般规定

承包人对预付款必须专用于合同工程。凡是没有签订合同或不具备施工条件的工程，发包人不得预付工程款，不得以预付款为名转移资金。

16.3.2　预付款支付比例

包工包料工程的预付款的支付比例不得低于签约合同价（扣除暂列金额）的 10%，不宜高于签约合同价（扣除暂列金额）的 30%。即：

$$预付工程款 = 合同价 \times 预付工程款支付比例 \qquad (16\text{-}1)$$

16.3.3　预付款支付程序

① 承包人应在签订合同或向发包人提供与预付款等额的预付款保函（如有）后向发包人提交预付款支付申请。

② 发包人应在收到支付申请的 7 天内进行核实后向承包人发出预付款支付证书，并在签发支付证书后的 7 天内向承包人支付预付款。

③ 发包人没有按合同约定按时支付预付款的，承包人可催告发包人支付；发包人在预付款期满后的 7 天内仍未支付的，承包人可在付款期满后的第 8 天起暂停施工。发包人应承担由此增加的费用和（或）延误的工期，并向承包人支付合理利润。

16.3.4　预付款管理

（1）预付款扣回

预付款应从每一个支付期应支付给承包人的工程进度款中扣回，直到扣回的金额达到合同约定的预付款金额为止。

发包人拨付给承包人的预付工程款属于预支性质，当工程实施到一定程度后，随着工程所需主要材料储备的逐步减少，办理工程价款结算时，应以抵充工程结算价款的方式陆续扣回预付的工程款。抵扣方式必须在合同中约定。

常见的预付工程款的扣款方式，是从未施工工程尚需的主要材料的价值相当于预付款数额时起扣，从每次结算的工程价款中按材料比例抵扣预付工程款，竣工前全部扣清。其起扣点公式是：

$$T=P-M/N \qquad (16\text{-}2)$$

式中　T——预付款起扣点，即预付工程款开始扣回时的累计完成工程量金额；

M——预付工程款数额；

N——主要材料所占比例；

P——工程合同价。

另一种预付工程款的扣款方式是按照建设部《招标文件范本》中的规定，在承包人完成金额累计达到合同总价的 10% 后，由承包人开始向发包人还款，发包人从每次应付给承包人的金额中扣回预付工程款，发包人至少在合同规定的完工期前三个月将预付工程款的总计金额按逐次分摊的办法扣回。

（2）预付款保函处理

承包人的预付款保函（如有）的担保金额根据预付款扣回的数额相应递减，但在预付款全部扣回之前一直保持有效。发包人应在预付款扣完后的 14 天内将预付款保函退还给承包人。

案例分析

【16-1】 背景资料：某工程合同价为1860万元，预付工程款的支付比例为15%，材料费占合同价的比例为60%，7月份累计完成工作量1480万元，其中当月完成工作量320万元，8月份累计完成工作量1660万元。

问题：确定预付工程款的起扣点，并计算7月份和8月份按月工程结算时应抵扣预付款的数额。

解析：

① 工程预付款数额 =1860×15%=279（万元）。

② 工程预付款的起扣点：从未施工工程尚需的主要材料的价值相当于预付款数额时起扣。

起扣点 =1860−279/60%=1395（万元）

③ 因6月份累计完成工作量 =1480−320=1160（万元），未达到起扣点，故扣款从7月份开始。

7月份应抵扣预付款的数额 =（1480−1395）×60%=51（万元）。

④ 8月份应抵扣预付款的数额 =（1660−1480）×60%=108（万元）。

【16-2】 背景资料：某建筑工程承包合同总额为6000万元，主要材料费用占合同总额60%，工程预付款的额度为20%，预付款扣款的方法是以未施工工程尚需的主要材料及构件的价值相当于预付款数额时起扣，从每次结算的工程价款中按材料比例抵扣工程价款。截止到2022年底累计完成合同价值3000万元，2023年一季度各月实际完成的合同价值分别为600万元、800万元、800万元。

问题：计算2023年一季度各月应支付的结算工程款。

二维码 16.2

解析：

① 预付工程款数额：6000×20%=1200（万元）。

② 预付工程款的起扣点：6000−1200/60%=4000（万元）。

③ 到2022年底累计完成合同价值为3000万元，未达到预付工程款的起扣点，2023年一季度1月实际完成的合同价值为600万元，累计完成合同价值为3600万元，也未达到预付工程款的起扣点，故2023年一季度1月应支付的结算工程款为600万元。

④ 2023年一季度2月实际完成的合同价值为800万元，累计完成合同价值为4400万元，超过了预付工程款的起扣点。故扣款从2023年一季度2月开始。

2月应抵扣预付款 =（4400−4000）×60%=240（万元）。

2月应支付的结算工程款为800−240=560（万元）。

⑤ 2023年一季度3月实际完成的合同价值为800万元。

3月应抵扣预付款的数额 =800×60%=480（万元）。

3月应支付的结算工程款为800−480=320（万元）。

16.4 工程计量

工程计量是指发承包双方根据合同约定，对承包人完成合同工程的数量进行的计算和确认。正确计量是发包人向承包人支付工程进度款的前提和依据。发、承包双方应在合同中约定工程量的计量时间、程序、方法和要求。

16.4.1 工程计量的一般规定

① 工程量必须按照相关工程现行国家“计量规范”规定的工程量计算规则计算。

② 工程计量可选择按月或按工程形象进度分段计量，具体计量周期在合同中约定。

③ 由承包人造成的超出合同工程范围施工或返工的工程量，发包人不予计量。

16.4.2 单价合同的计量

① 计量原则。工程量必须以承包人完成合同工程应予计量的按照现行国家“计量规范”规定的工程量计算规则计算得到的工程量确定。

② 计量调整。施工中工程计量时，若发现招标工程量清单中出现缺项、工程量偏差，或因工程变更引起工程量的增减，应按承包人在履行合同义务中实际完成的工程量计算。

③ 计量程序。承包人应当按照合同约定的计量周期和时间，向发包人提交当期已完工程量报告。发包人应在收到报告后 7 天内核实，并将核实计量结果通知承包人。发包人未在约定时间内进行核实的，则承包人提交的计量报告中所列的工程量视为承包人实际完成的工程量。

④ 现场计量。发包人认为需要进行现场计量核实时，应在计量前 24h 通知承包人，承包人应为计量提供便利条件并派人参加。双方均同意核实结果时，则双方应在上述记录上签字确认。承包人收到通知后不派人参加计量，视为认可发包人的计量核实结果。发包人不按照约定时间通知承包人，致使承包人未能派人参加计量，计量核实结果无效。

⑤ 计量确认。如承包人认为发包人核实后的计量结果有误，应在收到计量结果通知后的 7 天内向发包人提出书面意见，并附上其认为正确的计量结果和详细的计算资料。发包人收到书面意见后，应在 7 天内对承包人的计量结果进行复核后通知承包人。承包人对复核计量结果仍有异议的，按照合同约定的争议解决办法处理。

⑥ 计量报表。承包人完成已标价工程量清单中每个项目的工程量后，发包人应要求承包人派人共同对每个项目的历次计量报表进行汇总，以核实最终结算工程量。发承包双方应在汇总表上签字确认。

16.4.3 总价合同的计量

① 采用工程量清单方式招标形成的总价合同，其工程量应按照单价合同计量的规定计算。

② 采用经审定批准的施工图纸及其预算方式发包形成的总价合同，除按照工程变更规定引起的工程量增减外，总价合同各项目的工程量是承包人用于结算的最终工程量。

③ 总价合同约定的项目计量应以合同工程经审定批准的施工图纸为依据，发承包双方应在合同中约定工程计量的形象目标或时间节点进行计量。

④ 承包人应在合同约定的每个计量周期内，对已完成的工程进行计量，并向发包人提交达到工程形象目标完成的工程量和有关计量资料的报告。

⑤ 发包人应在收到报告后 7 天内对承包人提交的上述资料进行复核，以确定实际完成的工程量和工程形象目标。对其有异议的，应通知承包人进行共同复核。

16.5 合同价款调整

合同价款调整是在合同价款调整因素出现后，发承包双方根据合同约定，对合同价款进行变动的提出、计算和确认。

发承包双方应当按照合同约定调整合同价款的情形有：法律法规变化；工程变更；项目特征描述不符；工程量清单缺项；工程量偏差；计日工；现场签证；物价变化；暂估价；不可抗力；提前竣工（赶工补偿）；误期赔偿；施工索赔；暂列金额等。

16.5.1 法律法规变化引起的合同价款调整

发包人完全承担法律、法规、规章和政策变化等引起的合同价款调整，省级或行业建设主管部门发布的人工费调整、由政府定价或政府指导价管理的原材料等价格的调整也应由发包人承担。

① 招标工程以投标截止日前 28 天，非招标工程以合同签订前 28 天为基准日，其后国家的法律、法规、规章和政策发生变化引起工程造价增减变化的，发承包双方应当按照省级或行业建设主管部门或其授权的工程造价管理机构据此发布的规定调整合同价款。

② 由于承包人原因导致工期延误，且法律法规变化发生在合同工程原定竣工时间之后，合同价款调增的不予调整，合同价款调减的予以调整。也就是说承包人由于自身原因导致工期延误而引起事件状态发生变化的，应遵循逆向原则，不能从事件状态变化中获得益处，风险自担。

发包人承担法律、法规、规章和政策变化等引起的合同价款的时间界限如图 16-1 所示。

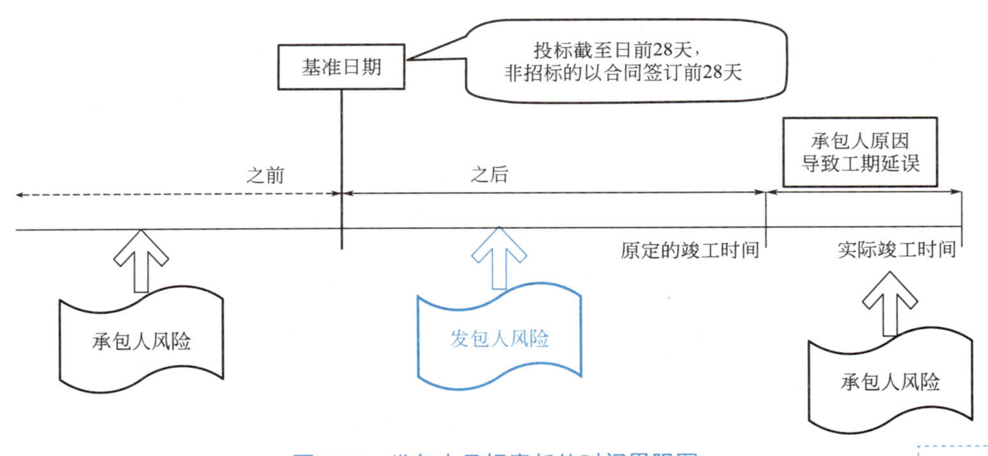

图 16-1 发包人承担责任的时间界限图

二维码 16.3

16.5.2 工程变更和工程量偏差引起的合同价款调整

工程变更是指合同工程实施过程中由发包人提出或由承包人提出经发包人批准的合同工程任何一项工作的增、减、取消或施工工艺、顺序、时间的改变，设计图纸的修改，施工条件的改变，招标工程量清单的错、漏从而引起合同条件的改变或工程量的增减变化。

工程量偏差是指承包人按照合同工程的图纸（含经发包人批准由承包人提供的图纸）实施，按照现行国家“计量规范”规定的工程量计算规则计算得到的完成合同工程项目应予计量的工程量与相应的招标工程量清单项目列出的工程量之间出现的量差。

工程实践中，工程变更是项目投资失控的关键因素，发、承包双方应将变更管理作为风险管理的重点内容。工程量清单计价模式下，工程变更管理的关键问题主要是工程变更价款的确定程序和工程变更价款的确定。

（1）变更程序

① 出现合同价款调增事项后的 14 天内，承包人应向发包人提交合同价款调增报告并附上相关资料，若承包人在 14 天内未提交合同价款调增报告的，视为承包人对该事项不存在调整价款请求。

② 出现合同价款调减事项后的 14 天内，发包人应向承包人提交合同价款调减报告并附相关资料，若发包人在 14 天内未提交合同价款调减报告的，视为发包人对该事项不存在调整价款请求。

③ 发（承）包人应在收到承（发）包人合同价款调增（减）报告及相关资料之日起 14 天内对其核实，予以确认的应书面通知承（发）包人。如有疑问，应向承（发）包人提出协商意见。发（承）包人在收到合同价款调增（减）报告之日起 14 天内未确认也未提出协商意见的，视为承（发）包人提交的合同价款调增（减）报告已被发（承）包人认可。发（承）包人提出协商意见的，承（发）包人应在收到协商意见后的 14 天内对其核实，予以确认的应书面通知发（承）包人。如承（发）包人在收到发（承）包人的协商意见后 14 天内既不确认也未提出不同意见的，视为发（承）包人提出的意见已被承（发）包人认可。

（2）分部分项工程变更价款的确定

工程变更引起已标价工程量清单项目或其工程数量发生变化，应按照下列规定调整：

① 已标价工程量清单中有适用于变更工程项目的，采用该项目的单价；但当工程变更或工程量偏差导致该清单项目的工程数量发生变化，且工程量偏差超过 15%，调整的原则为：当工程量增加 15% 以上时，其增加部分的工程量的综合单价应予调低；当工程量减少 15% 以上时，减少后剩余部分的工程量的综合单价应予调高。工程量偏差责任分担范围示意如图 16-2 所示。此时，按下列公式调整分部分项工程费。

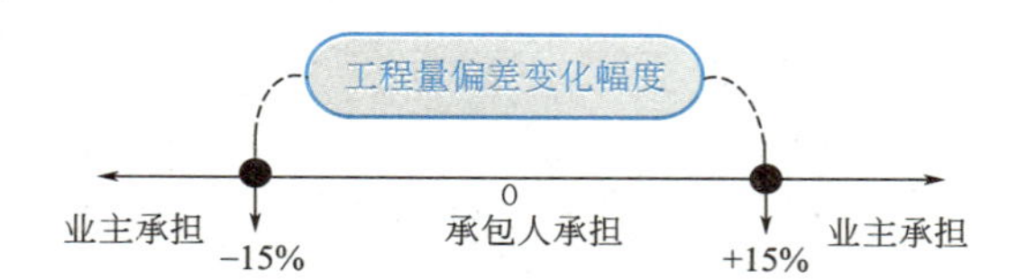

图 16-2 工程量偏差责任分担范围示意图

$$当\ Q_1 > 1.15Q_0\ 时，S=1.15Q_0\times P_0+(Q_1-1.15Q_0)\times P_1 \qquad (16\text{-}3)$$

$$当\ Q_1 < 0.85Q_0\ 时，S=Q_1\times P_1 \qquad (16\text{-}4)$$

式中 S——调整后的某一分部分项工程结算价；

Q_1——最终完成的工程量；

Q_0——招标工程量清单中列出的工程量；

P_1——调整后的综合单价；

P_0——承包人在工程量清单中填报的综合单价。

按合同中已有的综合单价确定时包括两种情况：工程量的变化和工程量的变更。

工程量的变化是由于设计图纸深度不够或者业主编写工程量清单时工程量编写错误，而导致在实施过程中工程量产生变化，且变化幅度在 15% 以内，这种情况不改变合同标的物，不构成变更，执行原合同单价。

工程量的变更是在工程项目建设过程中，由于工程变更而使合同中已有某些工作的工程量单纯地进行增减，且变化幅度在 15% 以内，这种变更的综合单价执行原合同单价。如某栋楼墙面贴瓷砖，合同中写明工程量是 $3000m^2$，在实际施工过程中，业主进行变更，增加了墙面贴瓷砖工程，面积增加至 3200m^2。

② 已标价工程量清单中没有适用、但有类似于变更工程项目的，可在合理范围内参照类似项目的单价。此类变更主要包括以下两种情形：

a. 变更项目与合同中已有的工程量清单项目，两者的施工图纸改变，但是施工方法、材料、施工环境不变。如水泥砂浆找平层厚度的改变，或者沥青混凝土路面设计改变。

在这种情况下，变更项目综合单价的组价内容没有变，可以原报价清单综合单价为基础采用按比例分配法确定变更项目的综合单价，即单位变更工程的人工费、机械费、材料费的消耗量按比例进行调整，人工单价、材料单价、机械单价不变；变更工程的管理费及利润执行原合同确定的费率。如项目 14 中地砖黏结层厚度的改变。

b. 变更项目与合同中已有项目两者材质改变，而人工、材料、机械消耗量及施工方法、施工环境相同。如混凝土标号由 C20 变为 C25。

在此情形下，由于变更项目只改变材料，变更项目的综合单价只需将原有项目综合单价中材料的组价进行替换，替换为新材料组价，即变更项目的人工费、机械费执行原清单项目的人工费、机械费；变更项目的材料消耗量执行报价清单中的消耗量，对报价清单中的材料单价可按市场价信息价进行调整；变更工程的管理费执行原合同确定的费率。则：

变更项目综合单价 = 报价综合单价 +（变更后材料价格 − 合同中的材料价格）× 清单中材料消耗量 （16-5）

③ 已标价工程量清单中没有适用也没有类似于变更工程项目的，由承包人根据变更工程资料、计量规则和计价办法、工程造价管理机构发布的信息价格和承包人报价浮动率提出变更工程项目的单价，报发包人确认后调整。合同中没有适用或类似单价的变更，应符合以下特点之一：

a. 变更项目与合同中已有的项目性质不同，因变更产生新的工作，从而产生新的单价，原清单单价无法套用；

b. 因变更导致施工环境不同；

c. 变更工程的增减工程量、价格在执行原有单价的合同约定幅度以外；

d. 承包商对原合同项目单价采用明显不平衡报价；

e. 变更工作增加了关键线路工程的施工时间。

变更项目综合单价 = 变更项目初始综合单价 ×（1− 承包人报价浮动率） （16-6）

承包人报价浮动率可按下列公式计算：

招标工程： 承包人报价浮动率 L=（1− 中标价 / 招标控制价）×100% （16-7）

非招标工程： 承包人报价浮动率 L=（1− 报价值 / 施工图预算）×100% （16-8）

④ 已标价工程量清单中没有适用也没有类似于变更工程项目，且工程造价管理机构发布的信息价格缺价的，由承包人根据变更工程资料、计量规则、计价办法和通过市场调查等取得有合法依据的市场价格提出变更工程项目的单价，报发包人确认后调整。

⑤ 如果工程变更项目出现承包人在工程量清单中填报的综合单价与发包人招标控制价相应清单项目的综合单价偏差超过 15%，则工程变更项目的综合单价可由发承包双方调整。

（3）措施项目变更价款的确定

工程变更引起施工方案改变，并使措施项目发生变化的，承包人提出调整措施项目费的，应事先将拟实施的方案提交发包人确认，并详细说明与原方案措施项目相比的变化情况。如果承包人未事先将拟实施的方案提交给发包人确认，则视为工程变更不引起措施项目费的调整或承包人放弃调整措施项目费的权利。拟实施的方案经发承包双方确认后执行。并应按照下列规定调整措施项目费：

① 安全文明施工费按照实际发生变化的措施项目调整，必须按国家或省级、行业建设主管部门的规定计算，不得作为竞争性费用。

② 采用单价计算的措施项目费，按照实际发生变化的措施项目，并按分部分项工程单价合同价款调整的规定确定单价。采用单价计算的措施项目有脚手架费，混凝土、混凝土模板及支架（撑）费，垂直运输费，超高施工增加费，大型机械设备进出场及安拆费，施工排水、降水费。

③ 按总价（或系数）计算的措施项目费，除安全文明施工费外，还包括夜间施工增加费，非夜间施工照明费，二次搬运费，地上、地下设施、建筑物的临时保护设施费，已完工程及设备保护费。

采用总价计算的措施项目按照实际发生变化的措施项目调整，但应考虑承包人报价浮动因素。即：工程结算的措施项目费 = 工程量清单中填报的措施项目费 ± 工程变更部分的措施项目费 × 承包人报价浮动率。如果承包人未事先将拟实施的方案提交给发包人确认，则视为工程变更不引起措施项目费的调整或承包人放弃调整措施项目费的权利。

16.5.3 项目特征描述不符及工程量清单缺项引起的合同价款调整

（1）项目特征描述不符

发包人在招标工程量清单中对项目特征的描述，应被认为是准确的和全面的，并且与实际施工要求相符合。承包人应按照发包人提供的招标工程量清单，根据其项目特征描述的内容及有关要求实施合同工程，直到其被改变为止。

项目特征描述不符分为两种情况：

① 招标工程量清单与实际施工要求不符。

② 招标工程量清单与设计图纸不符。

承包人应按照发包人提供的设计图纸实施合同工程，若在合同履行期间，出现设计图纸（含设计变更）与招标工程量清单任一项目的特征描述不符，且该变化引起该项目的工程造价增减变化的，应按照实际施工的项目特征按相关规定重新确定相应工程量清单项目的综合单价，调整合同价款。

（2）工程量清单缺项

合同履行期间，由于招标工程量清单中缺项，新增分部分项工程清单项目的，应按照规定确定综合单价，调整合同价款。新增分部分项工程清单项目后，引起措施项目发生变化的，在承包人提交的实施方案被发包人批准后，调整合同价款。

由于招标工程量清单中措施项目缺项，承包人应将新增措施项目实施方案提交发包人批准后，按照规定调整合同价款，因此，工程量清单缺项引起的价款调整依然参照变更价款的确定原则，其调整因素如下：

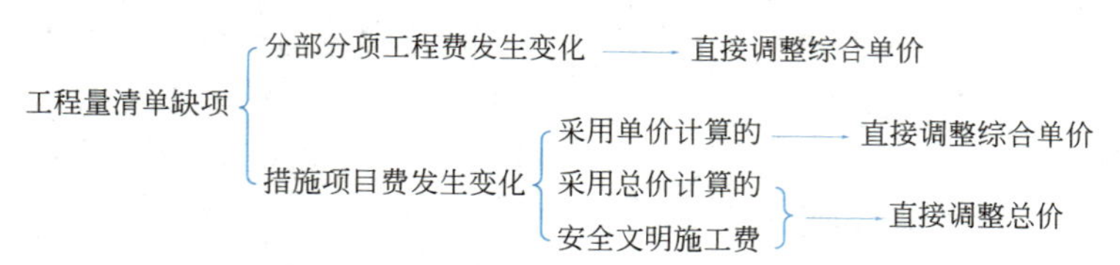

综上所述，无论是“设计图纸与工程量清单项目特征描述不符”风险，还是“工程量清单缺项引起的分部分项清单项目及措施项目的增加”风险，均应由业主承担。究其原因在于：变更类风险导致的变更发生属于一种主动性行为，只有经过业主（监理师指令）允许后

才会发生变更，因此，业主必须为自己的行为负责，承担此类变更性风险，而不应该由承包商承担。

16.5.4　不可抗力引起的合同价款调整

因不可抗力事件而导致的人员伤亡、财产损失及其费用增加，发承包双方应按以下原则分别承担并调整合同价款和工期。

① 合同工程本身的损害、因工程损害而导致第三方人员伤亡和财产损失以及运至施工场地用于施工的材料和待安装的设备的损害，由发包人承担。

② 发包人、承包人人员伤亡由其所在单位负责，并承担相应费用。

③ 承包人的施工机械设备损坏及停工损失，由承包人承担。

④ 停工期间，承包人应发包人要求留在施工场地的必要的管理人员及保卫人员的费用由发包人承担。

⑤ 工程所需清理、修复费用，由发包人承担。

不可抗力解除后复工的，若不能按期竣工，应合理延长工期，发包人要求赶工的，赶工费用由发包人承担。

16.5.5　现场签证引起的合同价款调整

二维码 16.4

现场签证是发包人现场代表（或其授权的监理人、工程造价咨询人）与承包人现场代表就施工过程中涉及的责任事件所作的签认证明。

（1）签证的前提

① 发包人指令：承包人应发包人要求完成合同以外的零星项目、非承包人责任事件等工作的，发包人应及时以书面形式向承包人发出指令，提供所需的相关资料；承包人在收到指令后，应及时向发包人提出现场签证要求。

② 承包人提出：承包人在施工过程中，若发现合同工程内容因场地条件、地质水文、发包人要求等不一致时，应提供所需的相关资料，提交发包人签证认可，作为合同价款调整的依据。

（2）签证处理程序和支付时间

① 承包人应在收到发包人指令后的 7 天内，向发包人提交现场签证报告，发包人应在收到现场签证报告后的 48h 内对报告内容进行核实，予以确认或提出修改意见。发包人在收到承包人现场签证报告后的 48h 内未确认也未提出修改意见的，视为承包人提交的现场签证报告已被发包人认可。

② 现场签证工作完成后的 7 天内，承包人应按照现场签证内容计算价款，报送发包人确认后，作为增加合同价款，与进度款同期支付。

（3）签证费用计算

现场签证的工作如已有相应的计日工单价，则现场签证中应列明完成该类项目所需的人工、材料、工程设备和施工机械台班的数量。

如现场签证的工作没有相应的计日工单价，应在现场签证报告中列明完成该签证工作所需的人工、材料设备和施工机械台班的数量及其单价。

$$\text{现场签证费用}=\sum_{i=1}^{n}\text{人工单价}i\times\text{人工数量}i+\sum_{k=1}^{m}\text{材料单价}k\times\text{材料数量}k+\sum_{j=1}^{p}\text{施工机械单价}j\times\text{机械台班}j \tag{16-9}$$

单价的确定　　量的确定

（4）承包商自行承担签证费用的情形

合同工程发生现场签证事项，未经发包人签证确认，承包人便擅自施工的，除非征得发包人书面同意，否则发生的费用由承包人承担。

（5）工程变更与现场签证的区别

在工程实践中，往往会把工程变更与现场签证混淆，对工程造价的确定与控制造成影响。工程变更与现场签证的区别详见表16-1。

表16-1 工程变更与现场签证的区别

类目	工程变更	现场签证
适用范围	更改工程有关部分的标高、基线、位置和尺寸； 增减合同中约定的工程量； 取消合同中约定的工程内容； 改变工程质量、性质或工程类型； 改变有关工程的施工时间和顺序； 其他有关工程变更需要的附加工作	施工企业除施工图纸、工程变更所确定的工程内容外，施工图预算或预算定额取费中未含有而施工中又实际发生费用的施工内容
性质	以设计变更、技术变更为主	以返修加固、施工中途修改或增减的工程量为主
特点	工程变更数量相对现场签证较少，有规定的审批程序，手续较复杂	临时发生，具体内容不同，没有规律性。手续简单，无正式程序
提出者	提出工程变更的各方当事人包括业主、设计单位、施工单位、监理工程师以及工程相邻地段的第三方等提出的变更	一般由施工单位提出
变更程序	设计变更一般由发包人提出，向承包人发出变更通知。变更超过原设计标准或建设规模，须经原规划管理部门和其他有关部门审查批准，并由原设计单位提供变更的相应图纸和说明。承包人提出设计变更必须经工程师同意。其他变更应由一方提出，与对方协商一致签署补充协议后，方可进行变更	施工单位报审，现场监理和业主签发，不需要规划管理部门和其他有关部门审查批准
费用处理	按工程变更处理，计入追加合同价款，与工程进度款同期支付，最后从“暂列金额”项目中开支	所发生的费用按发生原因处理。计入现场签证费用，从“暂列金额”开支，与工程进度款同期支付

现场签证可以定义为承发包双方确认工程相关事项的文件。现场签证的签证主体、签证事项、签证形式三项要件缺一不可。

案例分析

【16-3】 背景资料：某土方工程的清单工程量为100万立方米，合同约定：工程款按月支付并同时在该款项中扣留5%的工程预付款，土方工程的综合单价为12元/m^3，当实际工程量超过清单工程量15%时，超过部分调整单价为10元/m^3。某月施工单位完成的土方工程量为30万立方米，截至该月累计完成的工程量为125万立方米，则该月的结算工程款是多少？

解析：根据题意可知，当完成的实际工程量≤100×（1+15%）=115（万立方米）时，土方工程的综合单价按12元/m^3计算，超过115万立方米的工程量综合单价按10元/m^3计算。

截至该月累计完成的工程量为125万立方米。因此，在该月完成的30万立方米土方工程量中，有20万立方米的工程量综合单价仍按12元/m^3计算，10万立方米的工程量综合单价按10元/m^3计算。扣留5%的工程预付款后，则该月的结算工程款为：

$$(12\times20+10\times10)\times(1-5\%)=323\text{（万元）}$$

【16-4】 背景资料：某大学一幢学生宿舍楼项目的投标文件中，《分部分项工程量清单与计价表》序号45、项目编码020506001001、项目名称“抹灰面油漆”、项目特征描述“内墙及天棚抹瓷粉乳胶漆”工程量22962.71m^2、综合单价19元/m^2、项目合价436291.49元。在施工中，承包方发现各层宿舍房间的内置阳台内墙立面乳胶漆项目漏项，经监理工程师和业主确认，其工程量偏差4320m^2。经与承包商协商，将此项目综合单价调减为18（元/m^2）。

问题：调整后分部分项工程费是多少？

解析：实际工程量 Q_1=22962.71+4320=27282.71（m^2）

按原综合单价19元/m^2计价的工程量=（1+15%）×22962.71=26407.12（m^2）

按调减后的综合单价18元/m^2计价的工程量=27282.71−26407.12=875.59（m^2）

调整后分部分项工程费=19×26407.12+18×875.59=517495.90（元）

【16-5】 背景资料：某长江大桥在工程的实施过程中，设计单位为了降低造价，对大桥的主塔桩基础进行了优化设计：原设计钻孔灌注桩直径为2.8m，投标单价为11682.92元/m，该清单项目总价为50330019元。实际施工开始前，经设计单位优化设计，上部结构重量减少，钻孔桩的直径调整为2.5m。对这一工程变更，承包人提出了调整清单支付单价，并且重新编制了预算，在桩的总长度不变、桩径缩小的情况下，提出了变更单价为18750.89元/m，清单项目总价为80778824元。

问题：承包商提出的变更是否合理？应如何调整？

解析：针对该项设计变更，在原有的工程量清单中已有适用于该项的单价组成。承包方原投标单价组成及变更发生后提出的新单价组成详见表16-2。

表16-2 钻孔灌注桩综合单价变更表

项　目	原投标单价/（元/m）	变更发生后提出的单价/（元/m）	最终确认单价/（元/m）
水上钻孔灌注桩	11682.92	18750.89	10508.86
1. 钻孔	5734.84	7745.89	5120.39
2. 水下混凝土	2759.34	5243.77	2199.73
3. 钢护筒及平台	3188.74	5761.23	3188.74
总价/元	50330019	80778824	45272169

① 由直径2.8m变更为2.5m，施工难度降低，但考虑变更因由业主提出，对承包人的机具准备、施工方案造成了影响，所以，钻孔拟根据直径的大小进行同比计算。即：

$$5734.84\times2.5/2.8=5120.39\text{（元/m）}$$

② 水下30号混凝土，因直径变小，长度不变，所用混凝土数量按截面积比例进行调整。即：2759.34×（2.5×2.5）/（2.8×2.8）=2199.73（元/m）

③ 考虑桩径缩小，护筒的用量也缩小，应该同样予以调减；平台由于整个群桩范围没

有缩小，桩径缩小，对平台工程量基本没有影响，因此不予调整。但承包人提出，因桩径缩小，造成其原应有利润降低，原来摊在桩基混凝土单价中的拌和船因混凝土工程量减小，摊销费增加。为公正合理处理变更工程，考虑承包人提出的合理因素影响，经过协商确定，钢护筒及平台的费用不调减，水上拌和船费用的增加、利润降低也不补偿，由此形成的综合单价详见表16-2。

在以调整后的综合单价为计算基础的情况下，该清单项目总价为45272169元，比原来的2.8m钻孔桩节约造价5057850元。通过设计变更既优化了设计，又合理地控制了因设计变更而导致的价款调整，达到了节约工程投资的目的。

16.6 工程索赔

16.6.1 工程索赔的概念和特征

索赔是指在工程合同履行过程中，合同当事人一方由于非己方的原因而遭受损失，按合同约定或法律法规规定应由对方承担责任，从而向对方提出补偿的要求。

建设工程施工中的索赔是双向的，承包人可向发包人索赔，发包人也可向承包人索赔。索赔是发、承包双方行使正当权利的行为。而在通常情况下，索赔是指承包人（施工单位）在合同实施过程中，对非自身原因造成的工程延期、费用增加而要求发包人给予补偿损失的一种权利要求。

（1）承包商向业主的索赔

承包商向业主的索赔内容包括：不利的自然条件与人为障碍引起的索赔，工程变更引起的索赔，工期延期的费用索赔，提前竣工费用的索赔，业主不正当地终止工程而引起的索赔，物价上涨引起的索赔，法律、货币及汇率变化引起的索赔，拖延支付工程款的索赔，业主的风险及不可抗力等。

（2）业主向承包商的索赔

由于承包商不履行或不完全履行约定的义务，或者承包商的行为使业主受到损失时，业主可向承包商提出索赔。业主向承包商的索赔内容有：工期延误索赔，质量不满足合同要求索赔，承包商不履行的保险费用索赔，对超额利润的索赔，对指定分包商的付款索赔，业主合理终止合同或承包商不正当地放弃工程的索赔等。

索赔是一种未经对方确认的单方行为，只有实际发生了经济损失或权利损害，一方才能向对方索赔。按索赔目的可以将工程索赔分为工期索赔和费用索赔。

16.6.2 施工索赔成立条件和索赔程序

施工索赔的成立，一是对于索赔事件，承包人没有责任；二是依据合同的约定，属于发包人的责任（或非承包人责任）。同时事件的发生对于承包人形成了实际的损失或延误。

根据合同约定，承包人认为非承包人原因发生的事件造成了承包人的损失，应按以下程序向发包人提出索赔：

① 承包人应在知道或应当知道索赔事件发生后28天内，向发包人提交索赔意向通知书，说明发生索赔事件的事由。承包人逾期未发出索赔意向通知书的，丧失索赔的权利。

② 承包人应在发出索赔意向通知书后28天内，向发包人正式提交索赔通知书。索赔通

知书应详细说明索赔理由和要求，并附必要的记录和证明材料。

③ 索赔事件具有连续影响的，承包人应继续提交延续索赔通知，说明连续影响的实际情况和记录。

④ 在索赔事件影响结束后的28天内，承包人应向发包人提交最终索赔通知书，说明最终索赔要求，并附必要的记录和证明材料。

16.6.3 索赔计算

（1）索赔费用组成

承包人要求赔偿时，可以选择以下一项或几项方式获得赔偿：

① 延长工期。

② 要求发包人支付实际发生的额外费用。

③ 要求发包人支付合理的预期利润。

④ 要求发包人按合同的约定支付违约金。

发包人要求赔偿时，可以选择以下一项或几项方式获得赔偿：

① 延长质量缺陷修复期限。

② 要求承包人支付实际发生的额外费用。

③ 要求承包人按合同的约定支付违约金。

工程项目建设施工的复杂性和长期性，使索赔内容复杂多样，如人为障碍、不利的自然条件、不可预见因素、设计遗漏、工程价款支付、人工、材料、机械要素市场价格的变化等都有可能引起索赔，计算较为复杂。其主要费用有：

① 人工费。包括增加工作内容的人工费、停工损失费和工作效率降低的损失费等，其中增加工作内容的人工费按计日工费计算，而停工损失费和工作效率降低的损失费按窝工费计算。

② 材料费。因索赔事件发生，材料实际用量超过合同内的计划用量而增加的材料费和材料因市场价格浮动（合同中规定）需调整的材料费以及索赔事件发生导致材料价格浮动（超过合同规定）、超期储备、二次运输等增加的费用。

③ 机械费。可采用机械台班费、机械折旧费、设备租赁费等几种形式。工作内容增加引起的机械费索赔时，按机械台班费计算。因窝工而引起的设备费索赔，如机械属于施工企业自有，按机械折旧费计算；如机械属于施工企业从外部租赁，按设备租赁费计算。

④ 管理费。因索赔事件发生，额外增加的现场管理和公司（总部）管理费。

⑤ 利润。一般来说，由于工程范围的变更、文件有缺陷或技术性错误、业主未能提供现场等引起的索赔，承包商可以列入利润。但对于工程暂停的索赔，由于利润通常是包括在每项实施的工程内容的价格之内的，而延误工期并未削减某些项目的实施而导致利润减少，因此不应将利润列入索赔额。

（2）费用索赔的计算

费用索赔的计算方法主要有总费用法、修正的总费用法和实际费用法。

① 总费用法。计算出索赔工程的总费用，减去原合同报价，即得索赔金额。

$$索赔费用=工程结算造价-工程预算造价（或合同价） \tag{16-10}$$

② 修正的总费用法。原则上与总费用法相同，计算对某些方面作出相应的修正，以使结果更趋合理，修正的内容主要有：一是计算索赔金额的时期仅限于受事件影响的时段，而不是整个工期；二是只计算在该时期内受影响项目的费用，而不是全部工作项目的费用；三是不采用原合同报价，而是采用在该时期内如未受事件影响而完成该项目的合理费用。根据

上述修正，可比较合理地计算出索赔事件影响而实际增加的费用。

③ 实际费用法。即按照每件索赔事件所引起损失的费用项目分别分析计算索赔值，然后将各费用项目的索赔值汇总，就可得到总索赔费用值。常用的费用索赔计算方法是实际费用法。

索赔费用 = 每个或每类索赔事件的索赔费用之和 =∑ 索赔费用 a、b、c⋯　（16-11）

（3）工期索赔的计算

工期索赔的计算主要有网络分析法和比例计算法两种。

① 网络分析法，它是利用进度计划的网络图，分析其关键线路。如果延误的工作为关键工作，则总延误的时间为批准顺延的工期；如果延误的工作为非关键工作，当该工作由于延误超过时差限制而成为关键工作时，可以批准延误时间与时差的差值；若该工作延误后仍为非关键工作，则不存在工期索赔问题。

由于非承包商自身的原因造成关键线路上的工序暂停施工时，工期索赔天数 = 关键线路上的工序暂停施工的日历天数；由于非承包商自身的原因造成非关键线路上的工序暂停施工时，工期索赔天数 = 工序暂停施工的日历天数 − 该工序的总时差天数。

② 比例计算法。计算公式为：

工期索赔值 =（额外增加的工程量的价格 / 原合同总价）× 原合同总工期　（16-12）

发承包双方在按合同约定办理了竣工结算后，应被认为承包人已无权再提出竣工结算前所发生的任何索赔。承包人在提交的最终结清申请中，只限于提出竣工结算后的索赔，提出索赔的期限自发承包双方最终结清时终止。

案例分析

【16-6】 背景资料：某工程施工中由于非承包商原因致使承包商的工人窝工 50 工日，增加配合用工 10 工日，机械两个台班。合同中约定人工单价为 80 元 / 工日，机械台班为 360 元 / 台班，人员窝工补贴费为 25 元 / 工日。承包商可获得的直接工程费索赔额是多少？

解析： 增加配合用工 10 工日的人工费 =80×10=800（元）

窝工补贴费 =25×50=1250（元）

增加机械两个台班的机械台班费 =360×2=720（元）

可获得的直接工程费索赔额 =800+1250+720=2770（元）

【16-7】 背景资料：某基础工程，基坑开挖后，发现局部有原勘察报告中没有说明的较深软土层，施工方按监理工程师的指示配合进行地质复查，配合用工 50 个工日。地质复查后，由设计单位对原基础设计方案进行了修改，施工方按批准的方案进行施工，由此增加直接费 8 万元，因地质复查和处理，作业时间延长 10 天，人员窝工 60 个工日，机械闲置 15 个台班。此外，由于施工单位挖土施工机械出现了从未出现过的机械故障，作业时间延长了 15 天，并造成人员窝工 30 个工日，机械闲置 15 个台班。

已知： 人工费为 130 元 / 工日，窝工人工费补偿标准为 25 元 / 工日，机械台班为 500 元 / 台班，台班折旧费为 50 元 / 台班，综合费率为 30%。

问题： 该基础工程施工过程中，哪些事件索赔成立，哪些不成立，为什么？对索赔成立的事件承包商能得到的工期补偿为多少？费用补偿为多少？

解析：

① 因地质条件的变化属于非承包商原因，索赔成立。因施工单位挖土施工机械出现机

械故障，属于承包商应承担的责任，索赔不成立。

② 施工方可得到的费用索赔为：

$$[50\times130+80000]\times(1+30\%)+60\times25+15\times50=114700\text{（元）}$$

施工方可得到的工期索赔为：10 天。

16.7 工程进度款中期支付

工程进度款是指在合同工程施工过程中，发包人按照合同约定对付款周期内承包人完成的合同价款给予支付的款项，也是合同价款期中结算支付。

发承包双方应按照合同约定的时间、程序和方法，根据工程计量结果，办理期中价款结算，支付进度款。进度款支付周期，应与合同约定的工程计量周期一致。

16.7.1 工程进度款支付额度

《建设工程价款结算暂行办法》第十三条（三）工程进度款支付规定：根据确定的工程计量结果，承包人向发包人提出支付工程进度款申请，14 天内，发包人应按不低于工程价款的 60%，不高于工程价款的 90% 向承包人支付工程进度款。按约定时间发包人应扣回的预付款，与工程进度款同期结算抵扣。

16.7.2 工程进度款支付申请

承包人应在每个计量周期到期后的 7 天内向发包人提交已完工程进度款支付申请一式四份，详细说明此周期认为有权得到的款额，包括分包人已完工程的价款。支付申请的内容包括：

① 累计已完成的合同价款。

② 累计已实际支付的合同价款。

③ 本周期合计完成的合同价款，包括：本周期已完成单价项目的金额，本周期应支付的总价项目的金额，本周期已完成的计日工价款，本周期应支付的安全文明施工费，本周期应增加的金额。

④ 本周期合计应扣减的金额，包括本周期应扣回的预付款和本周期应扣减的金额。

⑤ 本周期实际应支付的合同价款。

16.7.3 工程进度款支付程序

① 发包人应在收到承包人进度款支付申请后的 14 天内，根据计量结果和合同约定对申请内容予以核实，确认后向承包人出具进度款支付证书。若发承包双方对有的清单项目的计量结果出现争议，发包人应对无争议部分的工程计量结果向承包人出具进度款支付证书。

② 发包人应在签发进度款支付证书后的 14 天内，按支付证书列明的金额向承包人支付进度款。

③ 若发包人逾期未签发进度款支付证书，则视为承包人提交的进度款支付申请已被发包人认可，承包人可向发包人发出催告付款的通知。发包人应在收到通知后的 14 天内，按照承包人支付申请的金额向承包人支付进度款。

④ 发包人未按照规定支付进度款的，承包人可催告发包人支付，并有权获得延迟支付

的利息；发包人在付款期满后的 7 天内仍未支付的，承包人可在付款期满后的第 8 天起暂停施工。发包人应承担由此增加的费用和（或）延误的工期，向承包人支付合理利润，并承担违约责任。

16.7.4 关于进度款支付的其他规定

（1）甲供材料款的支付处理

发包人提供的甲供材料金额，应按照发包人签约提供的单价和数量从进度款支付中扣出，列入本周期应扣减的金额中。

（2）索赔及签证款的支付处理

承包人现场签证和得到发包人确认的索赔金额列入本周期应增加的金额中。

（3）进度款的修正处理

发现已签发的任何支付证书有错、漏或重复的数额，发包人有权予以修正，承包人也有权提出修正申请。经发承包双方复核同意修正的，应在本次到期的进度款中支付或扣除。

（4）措施费的计量与支付

已标价工程量清单中的单价项目，承包人应按工程计量确认的工程量与综合单价计算，如综合单价发生调整的，以发承包双方确认调整的综合单价计算进度款。已标价工程量清单中的总价项目，承包人应按合同中约定的进度款支付分解，分别列入进度款支付申请中的安全文明施工费和本周期应支付的总价项目的金额中。

16.7.5 工程进度款支付计算的具体步骤

工程进度款支付计算按以下步骤进行。

① 根据每月所完成的工程量依照合同计算工程款。

② 计算累计工程款。若累计工程款没有超过起扣点，则根据当月工程量计算出的工程款即为该月应支付的工程款；若累计工程款已超过起扣点，则应支付工程款的计算公式分别为：

累计工程款超过起扣点的当月应支付工程款 = 当月完成的合同价值 -（截至当月累计工程款 - 起扣点）× 主要材料所占比例　（16-13）

累计工程款超过起扣点后各月应支付的工程款 = 当月完成的合同价值 ×（1 - 主要材料所占比例）　（16-14）

16.8 工程价款的动态结算

工程价款的动态结算是指在进行工程价款结算的过程中，充分考虑市场价格波动对工程造价的影响，调整工程价款，从而使所结算的工程价款能够如实反映工程项目的实际消耗费用。对物价波动引起的工程价款调整用调值公式法。即：按照人工、材料和设备等的价格指数和权重，用调值公式进行价差调整，其调值公式一般为：

$$P=P_0\times(a_0+a_1\times A/A_0+a_2\times B/B_0+a_3\times C/C_0+a_4\times D/D_0+\cdots)\qquad(16\text{-}15)$$

式中　P——调值后合同价款或工程实际结算款；

P_0——合同价款中工程预算进度款；

a_0——定值权重（不调整部分的权重）；

a_1——各项因素（如人工、材料等）的变值权重（可调部分的权重），为各项因素在合同总价中所占的比例；

A_0，B_0，C_0，D_0…——各项费用的基期价格或价格指数；

A，B，C，D…——各项费用的现行价格或价格指数。

二维码 16.5

案例分析

【16-8】 背景资料：某项目合同约定采用调值公式法进行结算。合同价为 5000 万元，并约定合同价的 70% 为可调部分。在可调部分中人工占 40%，材料占 50%，其余占 10%。结算时人工费、材料费价格指数均增长了 10%，而其他未发生变化。问该项目应结算的工程价款是多少？

解析：合同价的 70% 为可调部分，则合同价的定值权重（不调整部分的权重）为 30%。运用调值公式，该项目应结算的工程价款：

$$5000\times(30\%+70\%\times40\%\times1.1+70\%\times50\%\times1.1+70\%\times10\%)=5315\text{（万元）}$$

【16-9】 背景资料：某工程项目施工承包合同价 6400 万元，工期 18 个月，合同双方约定：

① 发包人在开工前 7 天向承包人支付合同价 20% 的工程预付款。

② 工程预付款自工程开工后的第 8 个月起分 5 个月等额抵扣。

③ 工程进度款按月结算。工程质量保证金为承包合同价的 5%，发包人从承包人每月的工程款中按比例扣留。

④ 当分项工程实际完成工程量比清单工程量增加 10% 以上时，超出部分的相应综合单价调整系数为 0.9。

⑤ 规费费率 3.5%，以工程量清单中分部分项工程合价为基数计算；增值税税率 11%。

在施工过程中发生以下事件：

① 工程开工后，发包人要求变更设计，增加一项花岗石墙面工程，由发包人提供花岗石材料，双方商定该项综合单价中的管理费、利润均以人工费与机械费之和为计算基数，管理费率为 40%，利润率为 14%。消耗量及价格信息资料见表 16-3。

表 16-3 铺贴花岗石面层定额消耗量及价格信息

项目		单位	消耗量	市场价 / 元
人工	综合工日	工日	0.56	60.00
材料	白水泥	kg	0.155	0.80
	花岗石	m^2	1.06	530.00
	水泥砂浆（1 ∶ 3）	m^3	0.0299	240.00
	其他材料费			6.40
机械	灰浆搅拌机	台班	0.0052	49.18
	切割机	台班	0.0969	52.00

② 在工程进度至第 8 个月时，施工单位按计划进度完成了 400 万元建安工作量，同时还完成了发包人要求增加的一项工作内容。经工程师计量后的工程量为 $520m^2$，经发包人批

准的综合单价为 352（元 /m^2）。

③ 施工至第 14 个月时，承包人向发包人提交了按原综合单价计算的该月已完工程量结算报告 360 万元。经工程师计量，其中某分项工程因设计变更实际完成工程量 580m^3，(原清单工程量为 360m^3，综合单价为 1200 元 /m^3)。

问题：

（1）计算该项目工程预付款

（2）编制花岗石墙面工程的工程量清单综合单价分析表

（3）计算第 8 个月的应付工程款

（4）计算第 14 个月的应付工程款

分析：

（1）工程预付款：6400×20%=1280（万元）

（2）花岗石墙面工程的工程量清单综合单价分析

① 人工费：0.56×60=33.60（元 /m^2）

② 材料费：0.155×0.8+0.0299×240+1.06×530+6.4=575.5（元 /m^2）

③ 机械费：0.0052×49.18+0.0969×52=5.29（元 /m^2）

④ 管理费：(33.60+5.29)×40%=15.56（元 /m^2）

⑤ 利润：(33.60+5.29)×14%=5.44（元 /m^2）

综合单价：33.60+575.5+5.29+15.56+5.44=635.39（元 /m^2）

花岗石墙面工程的工程量清单综合单价分析表详见表 16-4。

表 16-4　花岗石墙面工程工程量清单综合单价分析表

项目编号	项目名称	工程内容	综合单价组成 / 元					综合单价 / 元
			人工费	材料费	机械费	管理费	利润	
011204001001	花岗石墙面	进口花岗岩板（25mm） 1 ：3 水泥砂浆结合层	33.60	575.5	5.29	15.56	5.44	635.39

（3）第 8 个月应付工程款

① 增加工作的工程款：分部分项工程费 =520×352=183040（元）

规费 =183040×3.5%=6406（元）

增值税 =（183040+6406.4）×11%=20839（元）

小计：分部分项工程费 + 规费 + 增值税 =210285 元 ≈21.03 万元

② 8 月按计划完成工程量：400 万元

合计：21.03+400=421.03（万元）

扣除：5% 质量保证金 =421.03×5%=21.05（万元）

材料预付款 =1280÷5=256（万元）

③ 第 8 个月应付工程款：421.03−21.05−256=143.98（万元）

（4）第 14 个月应付工程款

① 分项工程的工程款：

按原综合单价结算的工程款 =360×（1+10%）×1200=47.52（万元）

按调减的综合单价结算的工程款 =（580−360×1.1）×1200×0.9=19.87（万元）

分项工程的工程款 =47.52+19.87=67.39（万元）

承包人向发包人提交的工程量结算报告中，分项工程的工程款 =580×1200=69.6（万元）

② 扣减不合理部分价款 =69.6−67.39=2.21（万元）

相应规费 =2.21×3.5%=0.077（万元）；增值税 =（2.21+0.077）×11%=0.25（万元）

共扣减不合理部分价款：2.21+0.077+0.25=2.54（万元）

③ 第 14 个月应付工程款 =360−2.54=357.46（万元）

16.9 竣工结算与支付

竣工结算是指发承包双方依据国家有关法律、法规和标准规定，按照合同约定确定的，包括在履行合同过程中按合同约定进行的合同价款调整，是承包人按合同约定完成了全部承包工作后，发包人应付给承包人的合同总金额。

工程完工后，发承包双方必须在合同约定时间内办理工程竣工结算。工程竣工结算由承包人或受其委托具有相应资质的工程造价咨询人编制，由发包人或受其委托具有相应资质的工程造价咨询人核对。

16.9.1 工程竣工结算编制和复核依据

工程竣工结算应根据下列依据编制和复核：

①《建设工程工程量清单计价规范》（GB 50500—2013）。

② 工程合同。

③ 发承包双方实施过程中已确认的工程量及其结算的合同价款。

④ 发承包双方实施过程中已确认调整后追加（减）的合同价款。

⑤ 建设工程设计文件及相关资料。

⑥ 投标文件。

⑦ 其他依据。

16.9.2 办理工程竣工结算时的计价原则

办理工程竣工结算时应遵循以下计价原则：

① 分部分项工程和措施项目中的单价项目应依据双方确认的工程量与已标价工程量清单的综合单价计算；如发生调整的，以发承包双方确认调整的综合单价计算。

② 措施项目中的总价项目应依据合同约定的项目和金额计算；如发生调整的，以发承包双方确认调整的金额计算，其中安全文明施工费应按规定计算。

③ 其他项目中的计日工、暂估价、总承包服务费应按清单规范有关条款的规定计价。

④ 施工索赔费用应依据发承包双方确认的索赔事项和金额计算。

⑤ 现场签证费用应依据发承包双方签证资料确认的金额计算。

⑥ 暂列金额应减去工程价款调整（包括索赔、现场签证）金额计算，如有余额归发包人。

⑦ 规费和税金竣工结算中应按照国家或省级、行业建设主管部门对规费和税金的计取标准计算。规费中的工程排污费应按工程所在地环境保护部门规定标准缴纳后按实列入。

⑧ 发承包双方在合同工程实施过程中已经确认的工程计量结果和合同价款，在竣工结

算办理中应直接进入结算。

16.9.3 竣工结算程序

① 合同工程完工后，承包人应在经发承包双方确认的合同工程期中价款结算的基础上汇总编制完成竣工结算文件，并在提交竣工验收申请的同时向发包人提交竣工结算文件。

承包人未在合同约定的时间内提交竣工结算文件，经发包人催告后 14 天内仍未提交或没有明确答复，发包人有权根据已有资料编制竣工结算文件，作为办理竣工结算和支付结算款的依据，承包人应予以认可。

② 发包人应在收到承包人提交的竣工结算文件后的 28 天内核对。发包人经核实，认为承包人还应进一步补充资料和修改结算文件，应在上述时限内向承包人提出核实意见，承包人在收到核实意见后的 28 天内按照发包人提出的合理要求补充资料，修改竣工结算文件，并再次提交给发包人复核后批准。

③ 发包人应在收到承包人再次提交的竣工结算文件后的 28 天内予以复核，并将复核结果通知承包人。发包人、承包人对复核结果无异议的，应在 7 天内在竣工结算文件上签字确认，竣工结算办理完毕；发包人或承包人对复核结果认为有误的，无异议部分按照规定办理不完全竣工结算；有异议部分由发承包双方协商解决，协商不成的，按照合同约定的争议解决方式处理。

④ 发包人在收到承包人竣工结算文件后的 28 天内，不核对竣工结算或未提出核对意见的，视为承包人提交的竣工结算文件已被发包人认可，竣工结算办理完毕。

⑤ 承包人在收到发包人提出的核实意见后的 28 天内，不确认也未提出异议的，视为发包人提出的核实意见已被承包人认可，竣工结算办理完毕。

⑥ 发包人委托工程造价咨询人核对竣工结算的，工程造价咨询人应在 28 天内核对完毕，核对结论与承包人竣工结算文件不一致的，应提交给承包人复核，承包人应在 14 天内将同意核对结论或不同意见的说明提交工程造价咨询人。承包人逾期未提出书面异议，视为工程造价咨询人核对的竣工结算文件已经被承包人认可。

16.9.4 结算款支付

（1）承包人申请

承包人应根据办理的竣工结算文件，向发包人提交竣工结算款支付申请。该申请应包括下列内容：

① 竣工结算合同价款总额。

② 累计已实际支付的合同价款。

③ 应扣留的质量保证金。

④ 实际应支付的竣工结算款金额。

（2）发包人审核支付

① 发包人应在收到承包人提交竣工结算款支付申请后 7 天内予以核实，向承包人签发竣工结算支付证书。

② 发包人签发竣工结算支付证书后的 14 天内，按照竣工结算支付证书列明的金额向承包人支付结算款。

③ 发包人在收到承包人提交的竣工结算款支付申请后 7 天内不予核实，不向承包人签发竣工结算支付证书的，视为承包人的竣工结算款支付申请已被发包人认可；发包人应在收到承包人提交的竣工结算款支付申请 7 天后的 14 天内，按照承包人提交的竣工结算款支付

申请列明的金额向承包人支付结算款。

④ 发包人未按规定支付竣工结算款的，承包人可催告发包人支付，并有权获得延迟支付的利息。发包人在竣工结算支付证书签发后或者在收到承包人提交的竣工结算款支付申请7天后的56天内仍未支付的，除法律另有规定外，承包人可与发包人协商将该工程折价，也可直接向人民法院申请将该工程依法拍卖。承包人就该工程折价或拍卖的价款优先受偿。

16.9.5 质量保证金

质量保证金是发承包双方在工程合同中约定，从应付合同价款中预留，用以保证承包人在缺陷责任期内履行缺陷修复义务的金额。

(1) 质量保证金的预留额度

质量保证金为用以保证施工企业在缺陷责任期内对已通过竣（交）工验收的项目工程出现的缺陷进行维修的资金。该项资金预留额度直接影响着施工单位能否在竣工后及时对工程进行维修。发包人应按照合同约定的质量保证金比例从结算款中扣留质量保证金。

(2) 质量保证金的预留期限

在工程建设实施过程中，质量保证金的保留为约束承包商在一定的期限内履行自身的对工程的质量维修责任。该段期限也被称为缺陷责任期，即承包人对已交付使用的合同工程承担合同约定的缺陷修复责任的期限。

按照《建设工程质量保证金管理暂行办法》规定，缺陷责任期一般为六个月、十二个月或二十四个月，具体可由发、承包双方在合同中约定。

缺陷责任期从工程通过竣（交）工验收之日起计。由于承包人原因导致工程无法按规定期限进行竣（交）工验收的，缺陷责任期从实际通过竣（交）工验收之日起计。由于发包人原因导致工程无法按规定期限进行竣（交）工验收的，在承包人提交竣（交）工验收报告90天后，工程自动进入缺陷责任期。

(3) 质量保证金的返还

承包人未按照合同约定履行属于自身责任的工程缺陷修复义务的，发包人有权从质量保证金中扣留用于缺陷修复的各项支出。若经查验，工程缺陷属于发包人原因造成的，应由发包人承担查验和缺陷修复的费用。

在合同约定的缺陷责任期终止后的14天内，发包人应将剩余的质量保证金返还给承包人。剩余质量保证金的返还，并不能免除承包人按照合同约定应承担的质量保修责任和应履行的质量保修义务。

16.9.6 最终结清

① 缺陷责任期终止后，承包人应按照合同约定向发包人提交最终结清支付申请。发包人对最终结清支付申请有异议的，有权要求承包人进行修正和提供补充资料。承包人修正后，应再次向发包人提交修正后的最终结清支付申请。

② 发包人应在收到最终结清支付申请后的14天内予以核实，向承包人签发最终结清支付证书。

③ 发包人应在签发最终结清支付证书后的14天内，按照最终结清支付证书列明的金额向承包人支付最终结清款。

④ 若发包人未在约定的时间内核实，又未提出具体意见的，视为承包人提交的最终结清支付申请已被发包人认可。

⑤ 发包人未按期最终结清支付的，承包人可催告发包人支付，并有权获得延迟支付的

利息。

⑥ 最终结清时，如果承包人被扣留的质量保证金不足以抵减发包人工程缺陷修复费用的，承包人应承担不足部分的补偿责任。

⑦ 承包人对发包人支付的最终结清款有异议的，按照合同约定的争议解决方式处理。

16.10 工程计价争议处理

在工程计价中，对工程造价计价依据、办法以及相关政策规定发生争议事项的，由工程造价管理机构负责解释。

① 发包人以对工程质量有异议，拒绝办理工程竣工结算的，已竣工验收或已竣工未验收但实际投入使用的工程，其质量争议按该工程保修合同执行，竣工结算按合同约定办理；已竣工未验收且未实际投入使用的工程以及停工、停建工程的质量争议，双方应就有争议的部分委托有资质的检测鉴定机构进行检测，根据检测结果确定解决方案，或按工程质量监督机构的处理决定执行后办理竣工结算，无争议部分的竣工结算按合同约定办理。

② 发、承包双方发生工程造价合同纠纷时，应通过下列办法解决：

a. 双方协商。

b. 提请调解，工程造价管理机构负责调解工程造价问题。

c. 按合同约定向仲裁机构申请仲裁或向人民法院起诉。

③ 在合同纠纷案件处理中，需作工程造价鉴定的，应委托具有相应资质的工程造价咨询人进行。

案例分析

【16-10】 背景资料：某建设工程施工合同，承包范围为办公楼土建、水电安装施工，建筑面积6540m。框架六层，该合同约定为固定单价合同，风险调整办法：

① 工程量清单漏项或设计变更引起的新的工程量清单项目，其综合单价由承包人提出，经发包人确认后作为结算依据。相应的综合单价应按照招标文件中工程量清单编制说明确定的编制方法确定单价，并按投标报价相对于最高限价的下浮比例下浮。

② 在合同工期内，发生国家政策性调整时，文件规定必须调整的则按规定调整，否则不予调整。

③ 措施项目费不因工程量的增减而调整。

④ 其他未约定事项双方协商解决。

合同签订后，承包人按合同约定时间如期进行施工，发包人按合同约定支付工程款。

施工至第四层时，承包人收到发包人一份书面通知。通知中载明：由于规划调整，原办公楼设计六层改为三层，承包人立即停止三层以上有关项目施工。此时四层柱筋已结束，柱模已完成，梁模已完成85%。停工期间承包人及时向发包人按照索赔程序，提交了索赔报告，要求发包人对停工期间的工期及费用损失进行补偿，否则不予复工，并尽快提供有关变更图纸。后经双方多次协商对费用索赔未能达成一致意见，承包人因此拒绝复工。

双方争议焦点：

（1）三层以下工程量清单综合单价如何确定？

（2）三层以上已完实体工程量如何计价？

（3）措施费如何调整？主要是垂直运输费、脚手架、模板及支撑等。

（4）停工期间费用损失补偿如何确定？

（5）工程量减少后造成的损失如何赔偿？

解析：

合同争议判断的依据：合同协议书、中标通知书、投标文件、专用条款、通用条款、技术规范、设计文件、国家有关计价方面的法律法规政策等。

（1）三层以下工程量清单综合单价确定（六层改为三层）

依据“计价规范”，当工程变更或工程量偏差导致该清单项目的工程数量发生变化，且工程量偏差超过15%的调整原则。处理意见：

对三层以下工程量清单综合单价调增。参照原招标文件，有效投标报价在最高限价3%～13%之间，原投标下浮率12.5%。考虑到工程量减少，综合取定下浮9.8%的下浮率。

（2）三层以上已完实体工程量的计价

对于已绑扎四层钢筋，承包方要求按已完工作量套用2014年《江苏省建筑与装饰工程计价定额》计价。拆除费用按实际用工人数现场签证，并按市场价100元/工日计；发包方意见是按定额中钢筋损耗给予补偿，拆除人工按钢筋制作安装定额人工的50%计价。

处理意见：经发包方、监理现场计量确认的四层钢筋分部分项工程费，套用《计价定额》计价，拆除后的钢材由承包人进行回收，回收款按市场价一定的百分比（60%）抵扣一部分钢筋工程费用；电渣压力焊接头按实计量；拆除费用按计日工计算费用。

（3）措施费调整

承包方观点措施项目费不因工程量减少而调整；发包方意见按变更后分部分项工程清单计价合计与原标底分部分项工程清单计价合计的比例调低措施费。处理意见：

① 已完成四层柱梁模及支撑，按已完模板面积经业主、监理现场计量后计入，单价执行投标单价。

② 双排外脚手架三层以下按外墙脚手架工程量计算规则计价，三层以上按实际已搭设面积，经现场计量后合并计入，单价执行投标单价。

③ 塔吊垂直运输费按变更后的图纸重新核定定额工期并计算相应的垂直运输费，单价执行投标单价。

④ 临时设施费、材料检验试验费、安全文明施工措施费、机械进退场费、塔吊基础、塔吊组装、拆卸费等因施工现场已全部或基本到位，仍按原投标价计列，不因工程量减少而调整。

（4）工程停工补偿

工程中途因变更停工23天，发包方承担责任，补偿办法如下：

① 搅拌机、塔吊等机械停置补偿费：按机械台班定额中机械停置台班费计算，机械数量、规格、型号结合设备进场报验单确定，停置台班数按23台班计。

② 施工人员停工误工费：按当时当地工资最低标准，折算日工资，人数按上月工地考勤人数计算，并按误工23天计发。

（5）工程量减少后造成的损失补偿

依据合同专用条款：因变更导致合同价款的增减及造成承包人的损失，由发包人承担。处理意见：

① 已签订的材料购销合同、周转材料租赁协议、劳务分包协议，随工程量而调整，并发生的相关索赔事项，应予补偿。合同须经发包人确认真实有效后方可补偿。

② 已进场未使用的木材、复合模板按材料价格的 10% 一次性补偿。已制作模板按模板五次摊销考虑，一次性补偿材料价格的 20%。已进场但未使用的钢材，按废钢处理，依据市场行情按 60% 折价，发包方一次性补偿承包方钢材价格的 40%。材料数量现场计量核定。

材料单价按真实有效发票票面单价计取，发票价格超过信息价的按信息价计取。

二维码 16.6

二维码 16.7

二维码 16.8

二维码 16.9

技能训练

一、思考题

1. 什么是工程结算？工程结算的方法有哪些？
2. 工程价款调整的因素有哪些？
3. 结合其他相关专业课程，讨论什么是索赔？承包人索赔成立的具体条件有哪些？
4. 什么是建筑工程竣工结算？建筑工程竣工结算的依据是什么？

二、选择题

（一）单项选择题

1. 下列工程计价文件中，由施工承包单位编制的是（　　）。【造价师职业资格考试真题】

A. 工程概算文件　　B. 施工图结算文件　　C. 工程结算文件　　D. 竣工决算文件

2. 关于安全文明施工费的支付，下列说法正确的是（　　）。【造价师职业资格考试真题】

A. 按施工工期平均分摊安全文明施工费，与进度款同期支付

B. 按合同建筑安装工程费分摊安全文明施工费，与进度款同期支付

C. 在开工后 28 天内预付不低于当年施工进度计划的安全文明施工费总额的 60%，其余部分与进度款同期支付

D. 在正式开工前预付不低于当年施工进度计划的安全文明施工费总额的 60%，其余部分与进度同期支付

3. 某工程合同总额为 20000 万元，其中主要材料占比 40%，合同中约定的工程预付款项总额为 2400 万元，则按起扣点计算法计算的预付款起扣点为（　　）。【造价师职业资格考试真题】

A.6000　　B.8000　　C.12000　　D.14000

4. 采用起扣点计算法扣回预付款的正确做法是（　　）。【造价师职业资格考试真题】

A. 从已完工程的累计合同额相当于工程预付款数额时起扣

B. 从已完工程所用的主要材料及构件的价值相当于工程预付款数额时起扣

C. 从未完工程所需的主要材料及构件的价值相当于工程预付款数额时起扣

D. 从未完工程的剩余合同额相当于工程预付款数额时起扣

5. 发生下列工程事项时，发包人应予计量的是（　　）。【造价师职业资格考试真题】

A. 承包人自行增建的临时工程工程量

B. 因监理人抽查不合格返工增加的工程量

C. 承包人修复因不可抗力损坏工程增加的工程量

D. 承包人自检不合格返工增加的工程量

6. 根据《建设工程工程量清单计价规范》(GB 50500—2013),关于工程计量,下列说法中正确的是(　　)。【造价师职业资格考试真题】

A. 合同文件中规定的各种费用支付项目应予计量

B. 因异常恶劣天气造成的返工工程量不予计量

C. 成本加酬金合同应按照总价合同的计量规定进行计量

D. 总价合同应按实际完成的工程量计算

7. 因工程变更引起措施项目发生变化时,关于合同价款的调整,下列说法正确的是(　　)。【造价师职业资格考试真题】

A. 安全文明施工费不予调整

B. 按总价计算的措施项目费的调整,不考虑承包人报价浮动因素

C. 按单价计算的措施项目费的调整,以实际发生变化的措施项目数量为准

D. 招标清单中漏项的措施项目费的调整,以承包人自行拟定的实施方案为准

8. 下列发承包双方在约定调整合同价款的事项中,属于工程变更类的是(　　)。【造价师职业资格考试真题】

A. 工程量清单缺项　B. 不可抗力　C. 物价波动　D. 提前竣工

9. 某项目施工合同约定,由承包人承担 ±10% 范围内的碎石价格风险,超出部分采用造价信息法调差。已知承包人投标价格、基准期的价格分别为 100 元 /m^3、96 元 /m^3,2020 年 7 月的造价信息发布价为 130 元 /m^3,则该月碎石的实际结算价格为(　　)元 /m^3。【造价师职业资格考试真题】

A.117.0　B.120.0　C.124.4　D.130.0

10. 施工合同履行期间出现现场签证事件时,现场签证应由(　　)提出。【造价师职业资格考试真题】

A. 发包人　B. 监理人　C. 设计人　D. 承包人

11. 某施工现场主导施工机械一台,由承包人租得。施工合同约定,当发生索赔事件时,该机械台班单价、租赁费分别按 900 元 / 台班、400 元 / 台班计;人工工资、窝工补贴分别按 100 元 / 工日、50 元 / 工日计;以人工费与机械费之和为基数的综合费率为 30%。在施工过程中,发生如下事件:①出现异常恶劣天气导致工程停工 2 天,人员窝工 20 个工日;②因恶劣天气导致工程修复用工 10 个工日、主导机械 1 个台班。为此承包人可向发包人索赔的费用为(　　)元。【造价师职业资格考试真题】

A.1820　B.2470　C.2820　D.3470

12. 因不可抗力造成的下列损失,应由承包人承担的是(　　)。【造价师职业资格考试真题】

A. 工程所需清理、修复费用

B. 运至施工场地待安装设备的损失

C. 承包人的施工机械设备损坏及停工损失

D. 停工期间,发包人要求承包人留在工地的保卫人员费用

13. 某市政工程投标截止日期为 2022 年 4 月 20 日,确定中标人后,工程于 2022 年 6 月 1 日开工。施工合同约定,工程价款结算时人工、钢材、水泥、砂石料及施工机具使用费采用价格指数法调差,各项权重系数及价格指数见表 16-5。2022 年 8 月,承包人当月完成清单子目价款 2000 万元,当月按已标价工程量清单价格确认的变更金额为 200 万元,则本工程 2022 年 8 月的价格调整金额为(　　)万元。

表 16-5　各项权重系数及价格指数

项目	人工	钢材	水泥	砂石料	施工机具使用费	定值部分
权重系数	0.15	0.1	0.2	0.1	0.1	0.35
2022 年 3 月指数	100	84	104.5	115.6	110	
2022 年 4 月指数	100	86	105.6	120	110	
2022 年 8 月指数	105	90	107.8	135	110	

A.57.8　　B.63.58　　C.75.40　　D .82.94

14. 根据《建设工程工程量清单计价规范》(GB 50500—2013)，中标人投标报价浮动率的计算公式是（　　）。

A.（1- 中标价 / 招标控制价）×100%

B.（1- 中标价 / 施工图预算）×100%

C.（1- 不含安全文明施工费的中标价 / 不含安全文明施工费的招标控制价）×100%

D.（1- 不含安全文明施工费的中标价 / 不含安全文明施工费的施工图预算）×100%

15. 某分项工程招标工程量清单数量为 4000m^2，施工中由于设计变更调减为 3000m^2，该项目招标控制价综合单价为 600 元 /m^2，投标报价为 450 元 /m^2。合同约定实际工程量与招标工程量偏差超过 ±15% 时，综合单价以招标控制价为基础调整。若承包人报价浮动率为 10%，该分项工程费结算价为（　　）万元。

A.137.70　　B.155.25　　C.186.30　　D.207.00

（二）多项选择题

1. 工程施工的下列情形中，发包人不予计量的有（　　）。【造价师职业资格考试真题】

A. 监理人抽检不合格返工增加的工程量

B. 承包人自检不合格返工增加的工程量

C. 承包人修复因不可抗力损坏工程增加的工程量

D. 承包人在合同范围之外按发包人要求增建的临时工程的工程量

E. 工程质量验收资料缺项的工程量

2. 关于工程签证争议的鉴定，下列做法正确的有（　　）。【造价师职业资格考试真题】

A. 签证明确了人工、材料、机具台班数及价格的，按签证的数量和价格计算

B. 签证只有用工数量没有人工单价的，其人工单价比照鉴定项目人工单价下浮计算

C. 签证只有材料用量没有价格的，其材料价格按照鉴定项目相应材料价格计算

D. 签证只有总价款而无明细表述的，按总价款计算

E. 签证中零星工程数量与实际完成的数量不一致时，按签证的数量计算

3. 下列费用中，承包人可以索赔的有（　　）。

A. 法定增长的人工费

B. 承包人原因导致工效降低增加的机械使用费

C. 承包人垫资施工的垫资利息

D. 发包人拖延支付工程款的利息

E. 发包人错误扣款的利息

4. 因发包人原因导致工程延期时，下列索赔事件能够成立的有（　　）。【造价师职业资格考试真题】

A. 材料超期储存费用索赔　　B. 材料保管不善造成的损坏费用索赔

C. 现场管理费索赔　　　　　　　　　　　D. 保险费索赔

F. 保函手续费索赔

5. 关于承包人原因导致的工期延误期间合同价款的调整，下列说法正确的有（　　）。

A. 国家政策变化引起工程造价增加的应调增合同价款

B. 国家政策变化引起工程造价降低的应调减合同价款

C. 使用价格调整公式调价时，以计划进度日期指数为现行价格指数

D. 使用价格调整公式调价时，以实际进度日期指数为现行价格指数

E. 使用价格调整公式调价时，以计划进度日期与实际进度日期两个指数中较低者作为调价指数

三、分析计算题

1. 已知某单项工程工程预付款限额为 300 万元，主要材料款在合同总价中所占的比例为 60%，若该工程合同总价为 2000 万元，且各月完成工程量如表 16-6 所示，则工程预付款从第几月起扣？

表 16-6　各月完成工程量

月份	1	2	3	4	5
工程量 /m^3	1000	2000	3000	3000	1000
合同价 / 万元	200	400	600	600	200

2. 某建设项目业主与施工单位签订可调价格合同。合同中约定：主导施工机械一台为施工单位租赁设备，台班单价 1600 元 / 台班，租赁费为 1000 元 / 台班，人工日工资单价为 100 元 / 工日，窝工工费 40 元 / 工日。合同履行中，因工程师指令延迟造成全场停工 3 天，造成人员窝工 60 个工日；同时业主指令增加一项新工作，完成该工作需要 6 天时间，机械 6 台班，人工 120 个工日，材料费 30000 元，则施工单位可向业主提出补偿费用为多少元？

3. 某工程项目合同价为 6000 万元，合同工期为 20 个月，后因增建项目的附属配套工程需增加工程费用 480 万元，则承包商提出的工期索赔为几个月？

4. 某工程合同价款为 8500 万元，于 2021 年 8 月签订合同并施工，2022 年 6 月竣工。合同约定按工程造价指数调整法对工程价款进行动态结算。根据当地造价管理部门公布的造价指数，该类工程 2021 年 8 月和 2022 年 6 月的造价指数分别为 113.15 和 117.60。则此工程价款调整额为多少万元？

项目17 BIM软件算量与计价

学习目标

- 知识目标：了解图形算量软件和计价软件的种类，掌握图形算量软件的使用方法，掌握计价软件的使用方法。
- 能力目标：能够利用图形算量软件计算工程量，能够利用计价软件进行清单组价。

素质目标

- BIM技术在火神山、雷神山医院建设中的作用，引导学生感受中国速度，感悟中国基建人的责任担当，BIM技术在工程造价管理的具体应用及发展展望。
- 不断提高学生的信息素养、技术技能和人文素养，开拓进取、勇于创新的时代担当，提升学生对未来职业的使命感和荣誉感。培养自主学习和终身学习意识，不断提高执业水平，适应社会发展和专业技术更新。

自2003年，建设部发布了《2004-2010年全国建筑业信息化发展规划纲要（征求意见稿)》和《2003-2008年全国建筑业信息化发展规划纲要》两个文件以来，我国开启了用信息技术等高新技术改造和提升传统建筑行业，用信息化带动工业化，以工业化促进信息化的时代。《2003—2008年全国建筑业信息化发展规划纲要》文件中，对建筑业信息化的定义为“运用信息技术，特别是计算机技术、网络技术、通信技术、控制技术、系统集成技术和信息安全技术等，改造和提升建筑业技术手段和生产组织方式，提高建筑企业经营管理水平和核心竞争能力，提高建筑业主管部门的管理、决策和服务水平”。而BIM（建筑信息模型）是建筑信息技术的核心。

国际标准组织设施信息委员会（Facilities Information Council）对BIM的定义是：建筑信息模型，是在开放的工业标准下对设施的物理和功能特性及其相关的项目生命周期信息的可计算或运算的形式表现，与建筑信息模型相关的所有信息组织在一个连续的应用程序中，并允许进行获取、修改等操作。

近年来，我国在BIM实施研究和中国BIM标准的研究方面都取得了丰硕研究成果，BIM技术应用也从最初发生在设计阶段、施工阶段，向BIM技术协同、集成管理转变。由于我国的造价管理体系与其他国家不同，因此，我国造价领域不能直接使用BIM软件群中的造价软件。我国的造价软件种类繁多，按主要功能可以分为算量软件和计价软件两大类。

17.1 BIM 算量软件

17.1.1 不同 BIM 算量软件应用对比

随着建筑产品的造型越来越复杂、投资额越来越大，图形算量已经全面代替了手工算量，并很好地做到自动算量和自动套定额，将造价咨询人员从繁琐的重复性、简单性工作中解放出来。随着 BIM 技术的发展，各算量造价软件公司结合 BIM 技术纷纷推出 BIM 算量软件，主要可分为三类：第一类是以 IFC（Industry Foundation Classes，工业基础类）标准为数据接口开发 Revit 模型文件格式转换软件，基于本身传统的算量平台完成计算，如广联达 BIM、鲁班 BIM 算量软件；第二类是应用 Revit 平台研发 BIM 算量软件，支持任何设计院基于 Revit 平台设计的 rvt 模型算量，如晨曦 BIM 算量软件；第三类是基于 Revit 平台二次开发，可应用已有模型，进行 Revit 模型构件映射，完成工程量计算，如斯维尔 BIM、比目云 BIM、ISBIM 算量软件。

本项目以广联达 GTJ2018 为例进行简单介绍。

第一种建模方法，直接用 Revit 模型。首先，将 BIMMAKE 插件在 Revit 平台中运行，使得 Revit 平台中的模型转化为广联达算量软件能够识别使用的模型，接着在广联达算量软件中进行算量处理，这种方法虽然避免了二次建模，但具有一定的缺陷，模型数据从 Revit 平台转换到广联达软件中时，有可能会丢失部分数据，需要多次进行人工核验。

第二种建模方法，在广联达算量软件中单独建模。其建模流程为：新建工程—建立楼层—建立轴网—定义构件 /CAD 自动识别—绘制构件—套取构件做法—模型检查—汇总计算—查看报表—保存退出。

从目前 BIM 的应用情况来说，对于工程造价从业人员而言常采用第二种建模方法，即在 GTJ2018 中单独建模。本书以第二种方法来简单介绍软件建模方法。

17.1.2 广联达 GTJ2018 简单应用

本书以项目 10 导入项目 2 混凝土工程中预制装配式建筑工程—某住宅装配整体式剪力墙结构（青年人才公寓 5# 楼）为例，通过对工程情况分析，该工程标高 6.160m 楼层中既有装配式剪力墙和装配式叠合板，以该楼层柱、墙、梁、板为例，简述广联达 GTJ2018 图形算量软件应用过程（具体 CAD 图纸请扫描二维码 10.3 ～二维码 10.7 获取）。

第一步，新建工程。打开软件，点击“新建”，工程名称为：青年人才公寓 5 号楼，界面如图 17-1 所示。

第二步，设置工程信息。主要设置蓝色字体部分，蓝色字体表示该工程项目的私有属性，根据工程实际情况，檐高：53.75m；结构类型：剪力墙结构；抗震等级：三级抗震；设防烈度：7 度；室外地坪相对 ±0.000 标高：−0.3m，如图 17-2 所示。

第三步，楼层设置。根据工程图纸信息，标高 6.160m 是该工程的第三层，根据题意，设置混凝土强度等级，墙、柱：C40，梁板：C30，如图 17-3 所示。

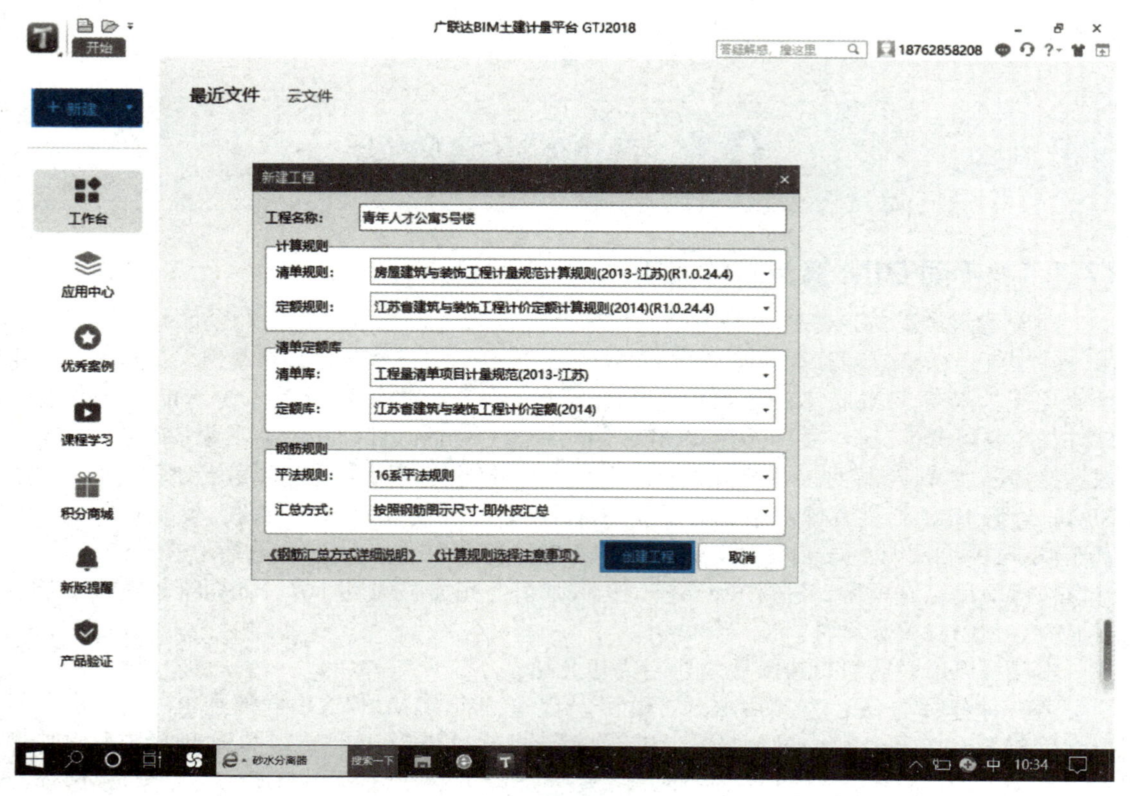

图 17-1　新建工程

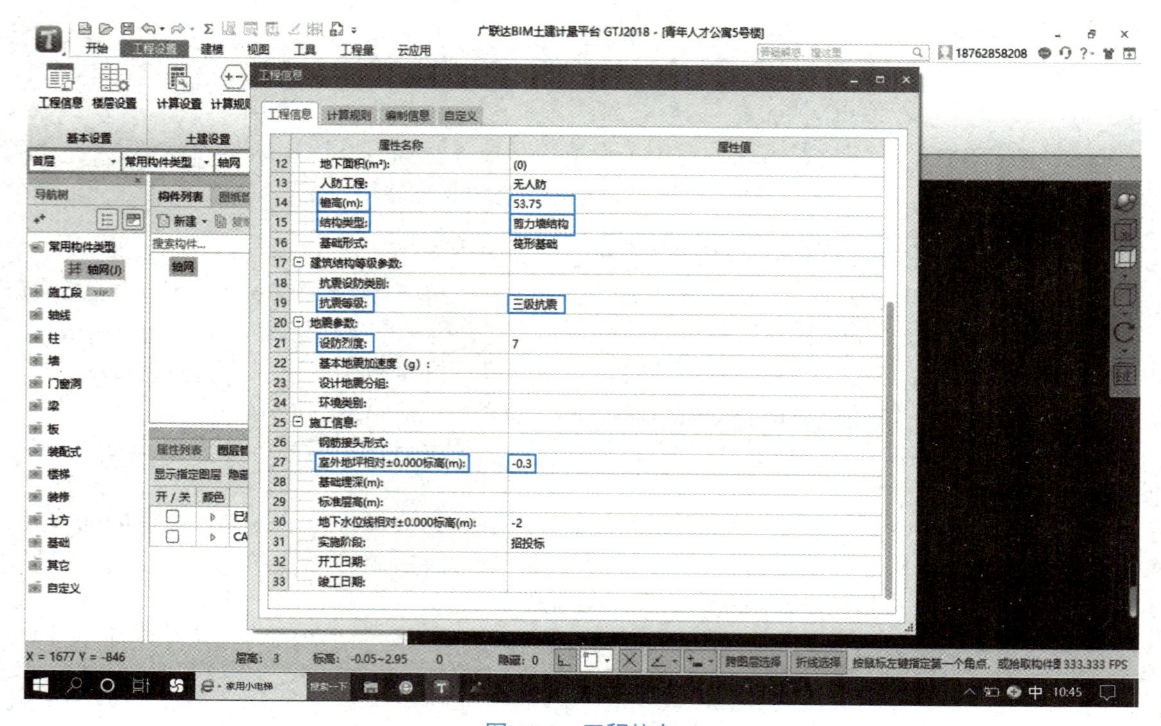

图 17-2　工程信息

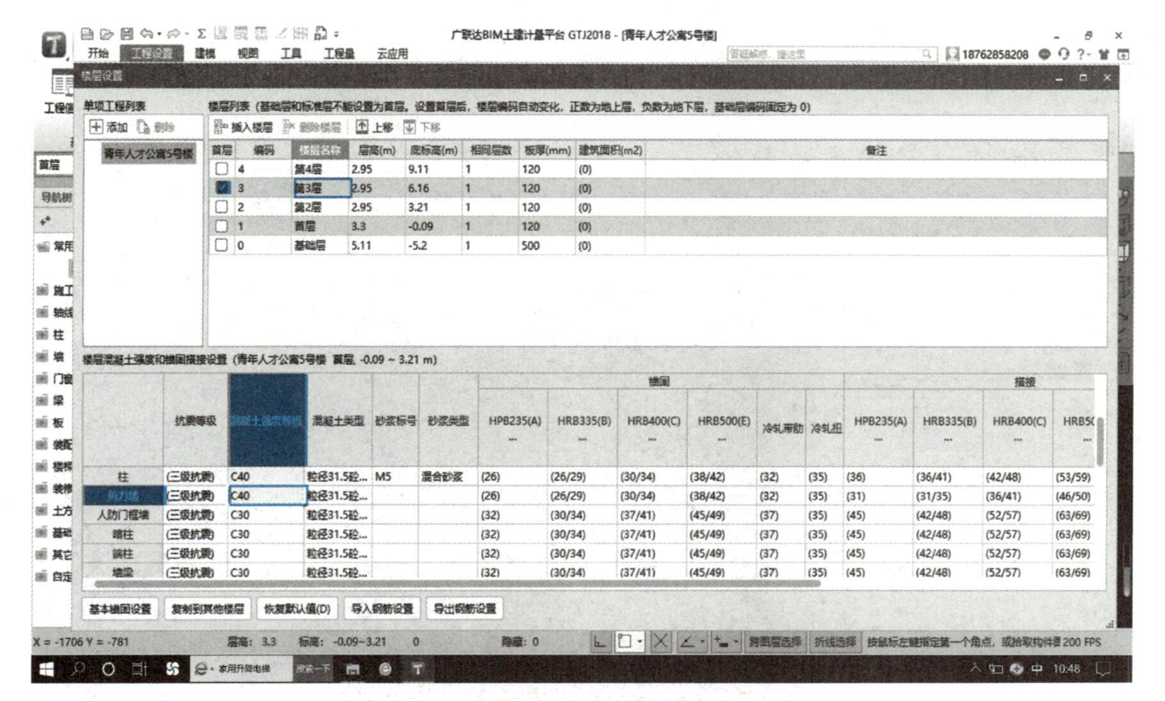

图 17-3　楼层设置

第四步，分割图纸。先导入图纸，将标高 6.160m 位置处的墙柱平法施工图、结构平面图、梁平法施工图、预制剪力墙布置图、预制叠合板布置图，通过手动分割图纸的方式放到第 3 层上，如图 17-4 所示。

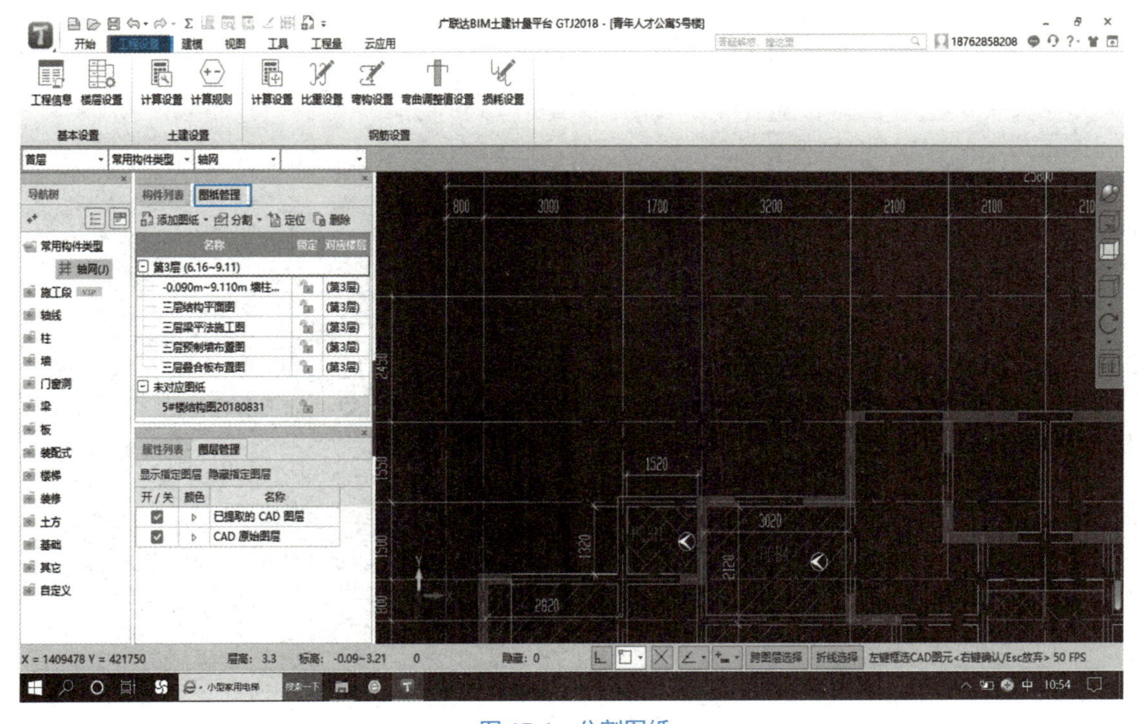

图 17-4　分割图纸

第五步，建立轴网。打开墙柱平法施工图，页签栏选择“建模”，左侧导航树选择“轴网”，功能分组中选择“自动识别轴网”，如图 17-5 所示。

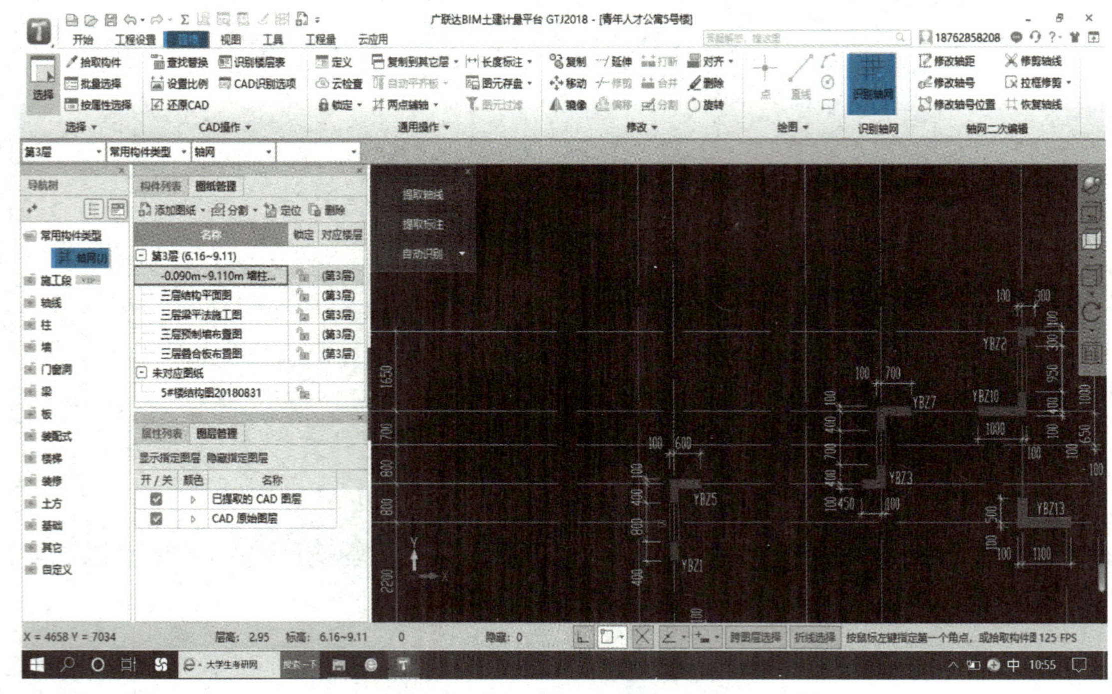

图 17-5　建立轴网

依次“提取轴线”—“提取标注”—“自动识别”，完成轴网建立，如图 17-6 所示。

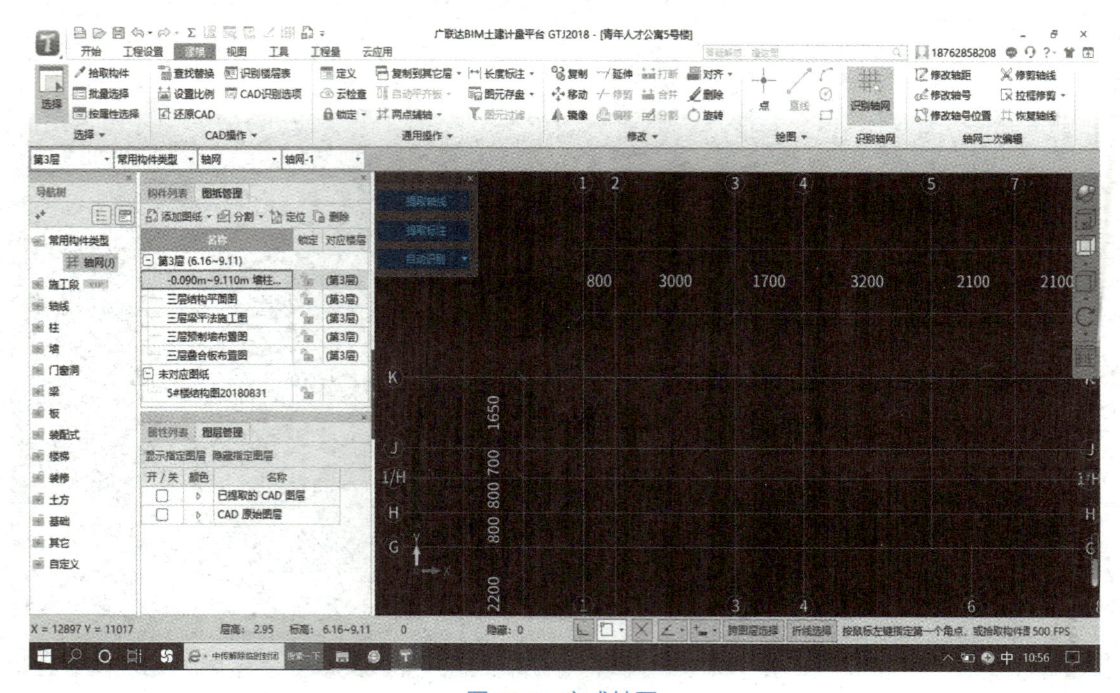

图 17-6　完成轴网

第六步，识别柱大样。左侧导航栏选择“柱”，依次“提取边线”—“提取标注”—“提取钢筋线”—“点选识别”—“自动识别”，在识别过程中要注意检查是否提取完整，完成柱的构件列表，如图 17-7 所示。

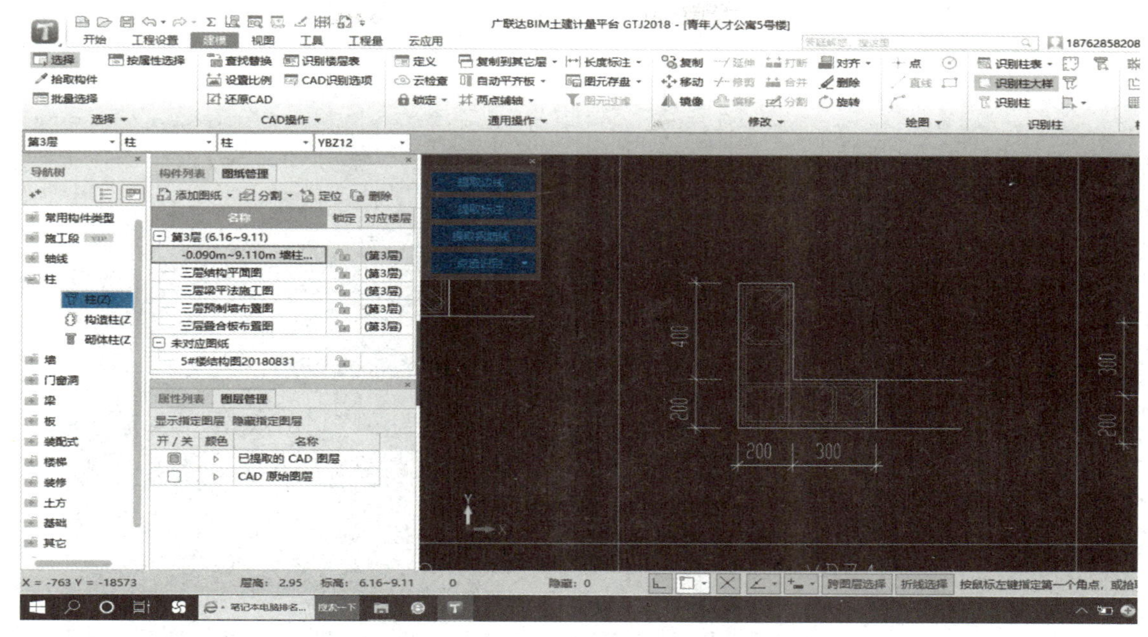

图 17-7　识别柱大样

第七步，识别柱。同样的墙柱平法施工图，先还原 CAD，接着依次“提取边线”—“提取标注”—“点选识别”—“框选识别”，识别完成，最后对照图纸，查看三维图形检查柱是否都识别完整、识别正确，如图 17-8 所示。

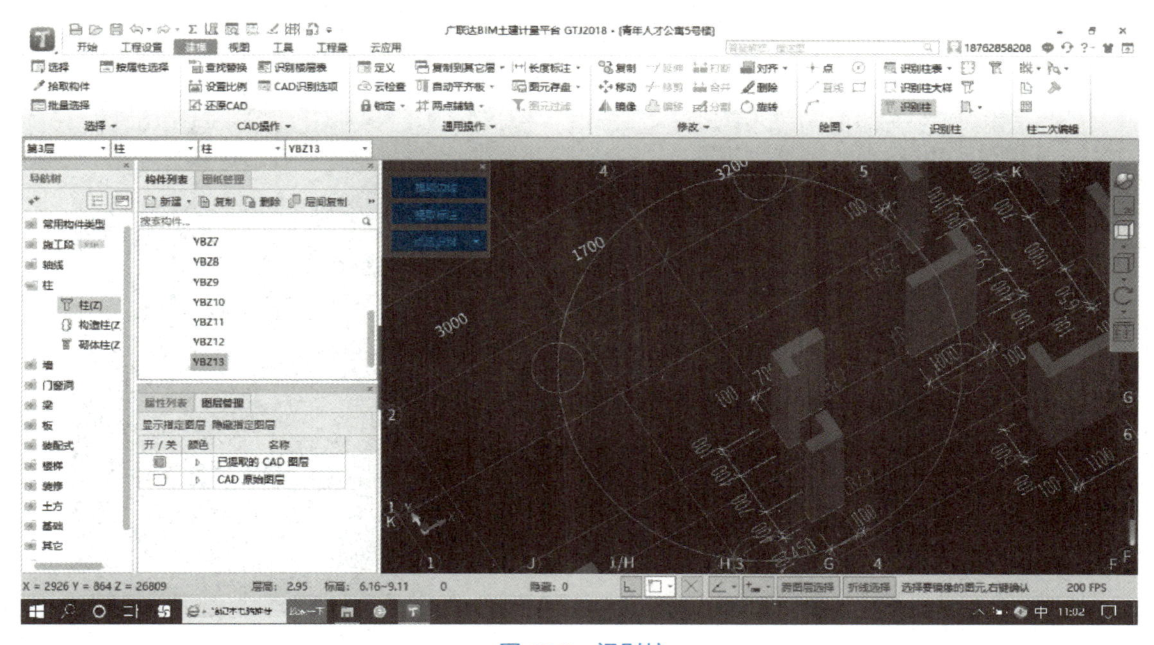

图 17-8　识别柱

第八步，建预制墙。打开装配式剪力墙平面布置图，在图纸管理中完成定位，定位操作非常重要，打开新的图纸第一步就是完成定位，否则建的构件就不在正确的位置上。左侧导航栏找到“装配式”—“预制墙”，对照深化设计图纸尺寸，新建外墙 JWQ1 ～ JWQ4，内墙 JNQ1 ～ JNQ4，要注意预制墙的厚度、高度、强度等级等几个参数，建完构件，用直线方式完成预制墙的布置，如图 17-9 所示。

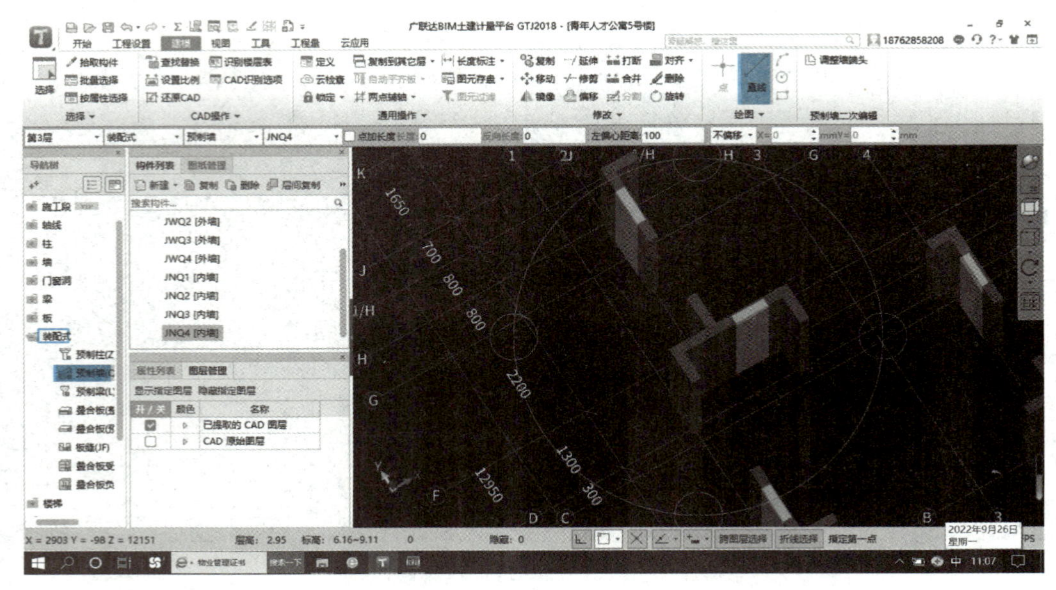

图 17-9　预制剪力墙布置

第九步，建现浇剪力墙。分析图纸可知，只有在电梯井部位有现浇剪力墙，打开左侧导航栏，找到“墙”—“剪力墙”，新建剪力墙 Q-1 外墙，注意根据设计图纸，确定墙厚以及钢筋布置分布情况，如图 17-10 所示。在绘制时，要注意从约束边缘柱的端点起画，一直画

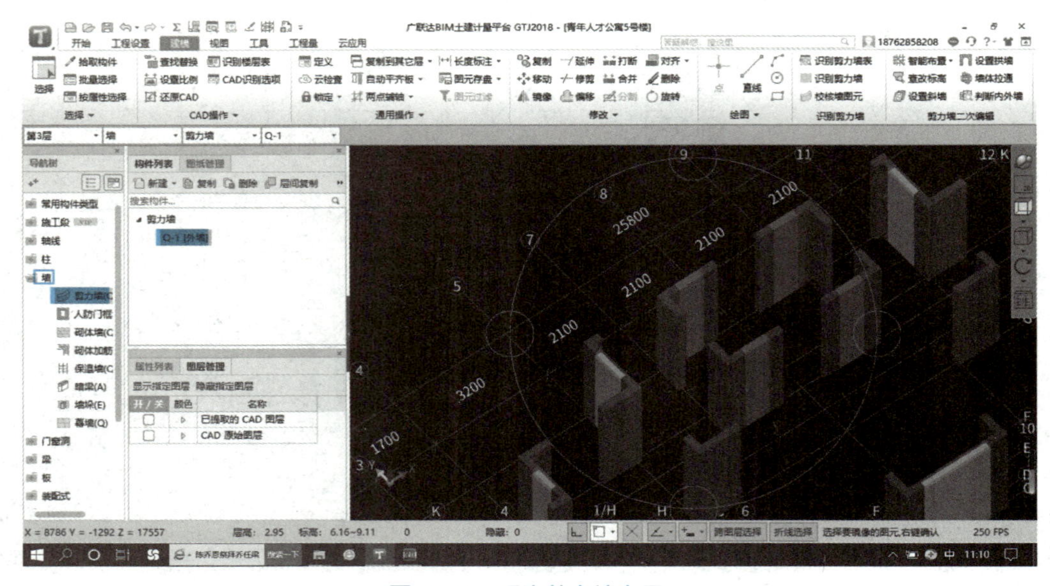

图 17-10　现浇剪力墙布置

到约束边缘柱的另一端终点，使剪力墙 Q-1 与两端的约束边缘柱重叠布置，软件自动实现扣减，现浇剪力墙两端的约束边缘柱算到剪力墙里。

第十步，自动识别梁。打开三层梁平法施工图，检查图纸定位是否准确，接着在左侧导航栏选择“梁”，识别梁，依次“提取边线”—“自动提取标注”—“提取集中标注”—“提取原位标注”—“点选识别梁”—“自动识别梁”，该过程要注意梁信息校核，红色说明需要编辑支座，普通梁变成粉色说明验核通过，其中关键是要注意校核梁的原位标注信息。由于绘图的习惯不同，原位标注经常不能识别准确，导致钢筋工程量统计不准确。在剪力墙结构中连梁比较多，用绿色表示，其工程量软件会自动统计计入剪力墙工程量中，如图 17-11 所示。

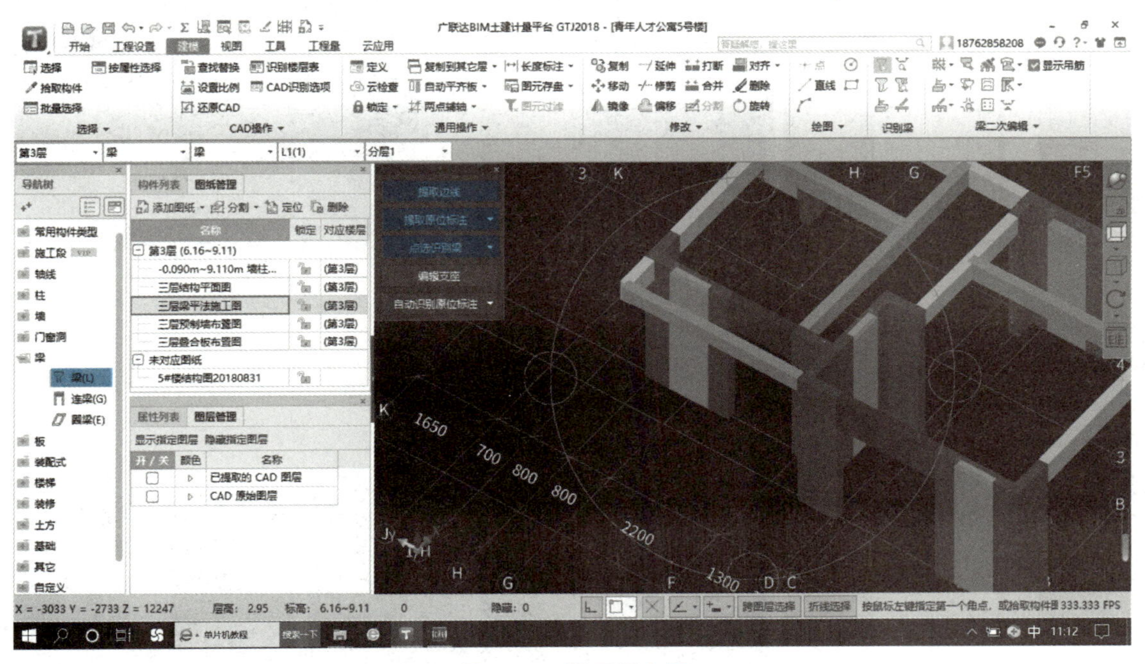

图 17-11　梁平面布置

第十一步，布置叠合板（整厚）。打开三层楼层结构平面布置图，首先确定图纸定位是否正确，再在导航树选择“装配式”—“叠合板（整厚）”，根据三层楼层结构平面布置图板厚，新建“H=100”“H=130”“H=140”三种板厚，完成平面板的布置，布置过程中注意个别板的标高设置一定要正确，否则影响计算结果，标高属于构件私有属性，需要先选中板，再修改标高，如图 17-12 所示。布置完成以后，执行“板延伸至墙梁边”的操作。

第十二步，布置叠合板（预制底板）。打开叠合板平面布置图，同样定位，再在导航树选择“装配式”—“叠合板（预制底板）”，根据深化设计图纸，新建 PCB1 ～ PCB11 叠合板底板，用框选的方式，沿底图布置叠合板（预制底板），如图 17-13 所示，紫色是叠合板（预制底板）。

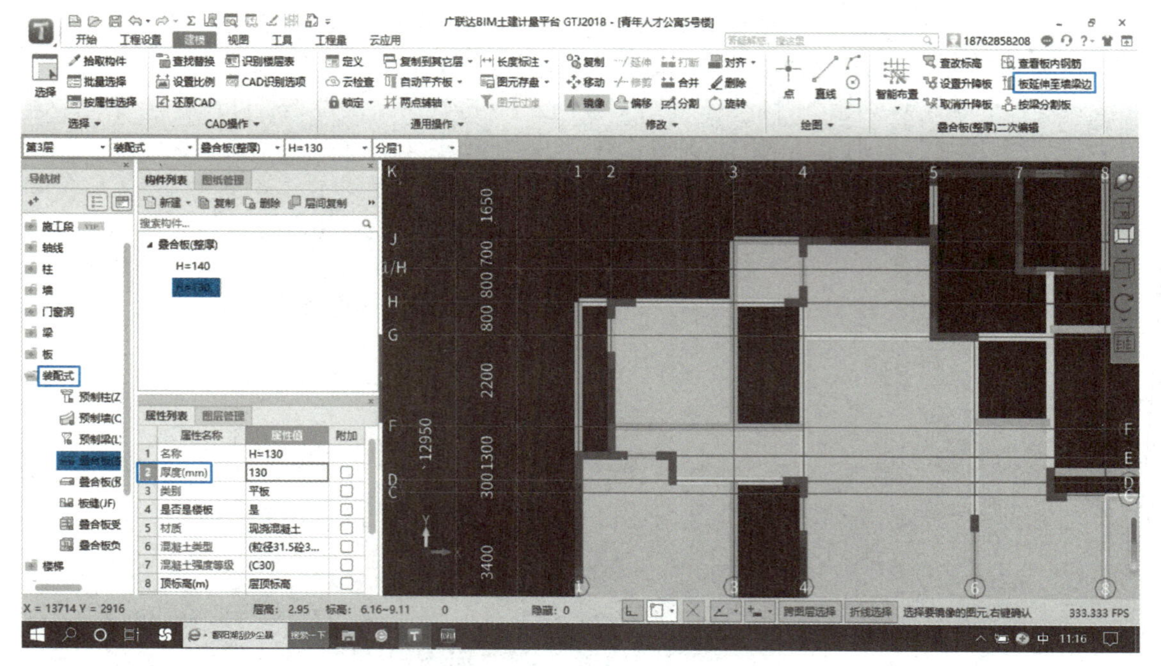

图 17-12　叠合板（整厚）布置

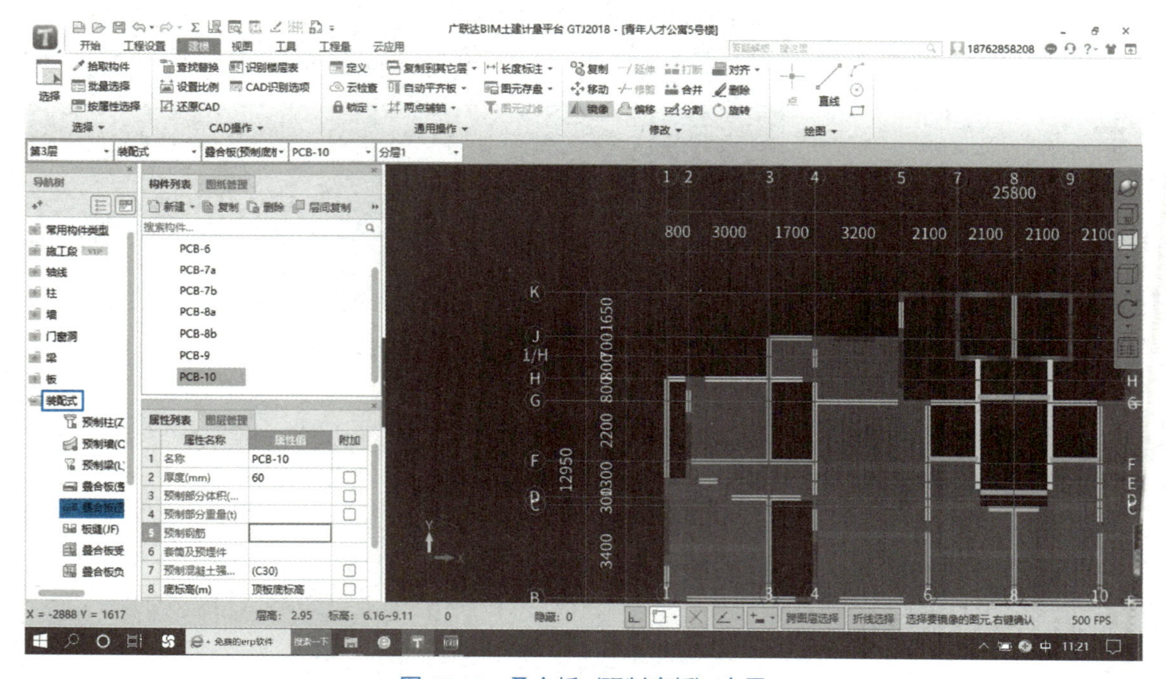

图 17-13　叠合板（预制底板）布置

第十三步，布置叠合板底板之间的板缝。在导航树选择“装配式”—“板缝”，弹出板缝样式对话框，根据题意，选择“后浇接缝 -1”，如图 17-14 所示，“确定”之后，直接在模型中板缝位置布置即可，布置完成如图 17-15 所示。

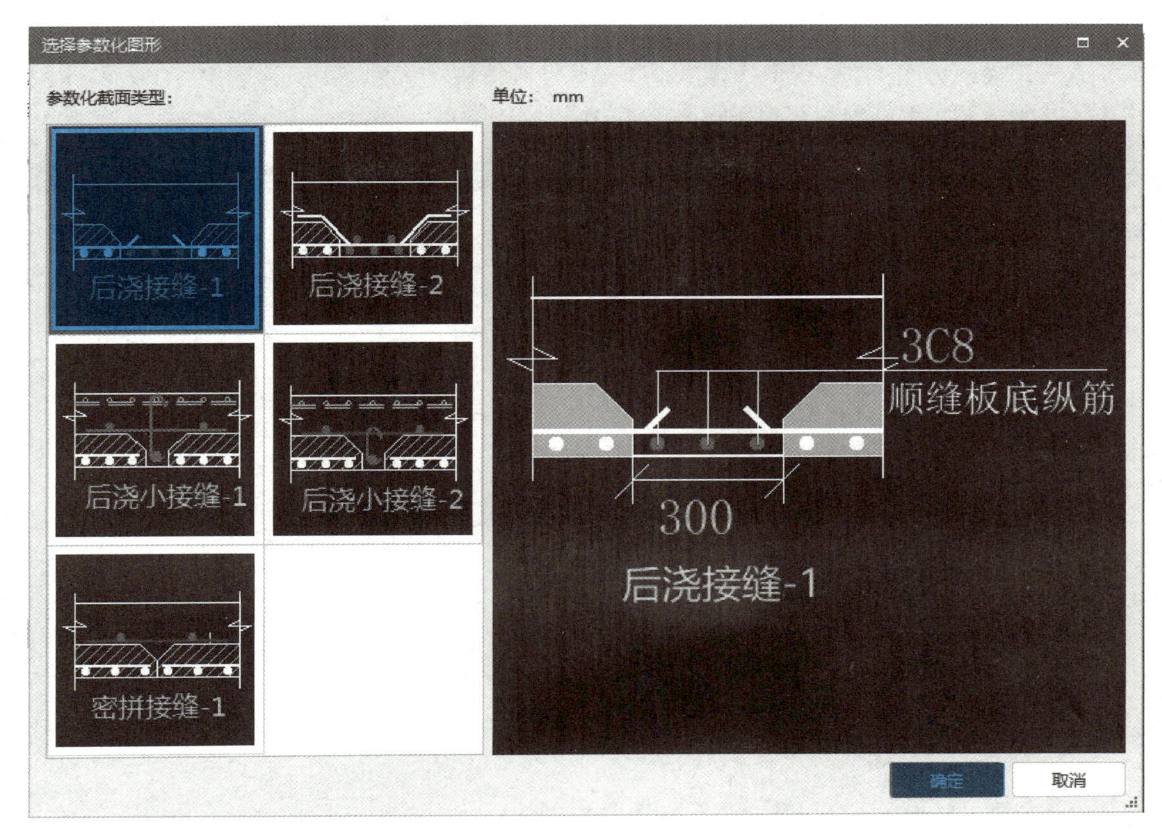

图 17-14　板缝选择对话框

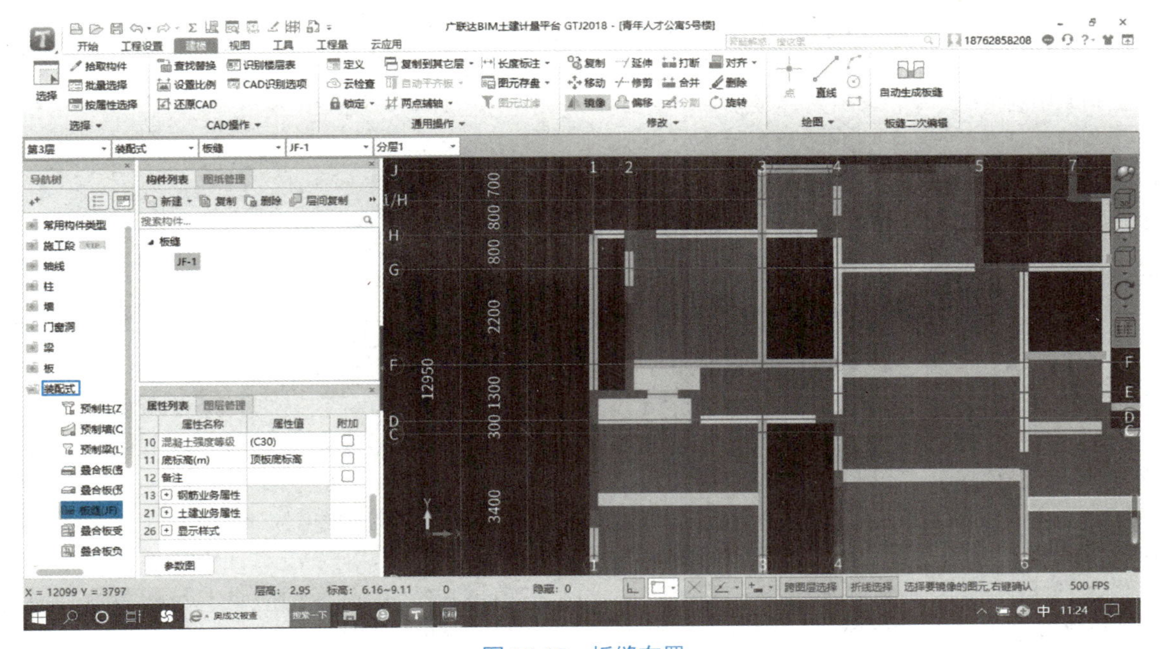

图 17-15　板缝布置

至此，青年人才公寓 5# 楼标高 6.160m 楼层中柱、墙、梁、板等均已布置完成，汇总计算，查看报表，如图 17-16 所示，导出土建部分柱的体积，从报表中可以看出 YBZ6 的体积为零，其工程量自动算到与它相连的现浇剪力墙 Q-1 中。

	楼层	混凝土强度等级	名称	工程量名称						
				周长(m)	体积(m3)	模板面积(m2)	数量(根)	脚手架面积(m2)	高度(m)	截面面积(m2)
1	第3层	C40	YBZ1	14.4	1.886	21.984	12	28.32	35.4	0.96
2			YBZ10	6.4	1.6509	16.982	2	18.88	5.9	0.56
3			YBZ11	10.012	2.7148	27.0334	2	29.5354	5.9	0.9212
4			YBZ12	11.2	3.068	30.37	2	33.04	5.9	1.04
5			YBZ13	7.2	1.8862	19.824	2	21.24	5.9	0.64
6			YBZ2	3.2	0.708	7.964	2	9.44	5.9	0.24
7			YBZ3	4.2	1.0016	10.477	2	12.39	5.9	0.34
8			YBZ4	4.4	1.061	11.076	2	12.98	5.9	0.36
9			YBZ5	4.8	1.179	12.404	2	14.16	5.9	0.4
10			YBZ6	5	0	0	2	0	5.9	0.42
11			YBZ7	20.8	3.8874	40.462	8	46.02	23.6	1.76
12			YBZ8	5.4	1.3558	14.319	2	15.93	5.9	0.46
13			YBZ9	6	1.5314	15.378	2	17.7	5.9	0.52
14			小计	103.012	21.9301	228.2734	42	259.6354	123.9	8.6212
15		小计		103.012	21.9301	228.2734	42	259.6354	123.9	8.6212
16	合计			103.012	21.9301	228.2734	42	259.6354	123.9	8.6212

图 17-16　柱工程量报表

17.2 计价软件应用

计价软件与图形算量软件相比，历史更为悠久，因专业不同、地域不同，软件种类以及版本各不相同。随着计算机的发展、项目管理的需要，很多大型软件公司致力于工程造价协同平台的设计与开发，注重于工程造价全过程数据管理、数据存储、数据分析、数据应用，使企业在使用过程中完成数据积累及利用，帮助企业提高工作效率，节约成本。例如海迈云计价平台、广联达云计价平台产品 GCCP6.0 等。

计价软件最主要的功能就是在工程建筑招投标时进行整体价格估计，地域、专业针对性比较强。例如品茗公司世纪胜算、新点计价软件、未来清单计价软件、清单大师计价软件等。在江苏地区，清单大师计价软件因其界面简洁、流程清晰、操作步骤简单、价格便宜等优势，有一定的市场占有率。

二维码 17.1

本书就以清单大师计价软件为例（软件的下载与安装可以扫描二维码 17.1 查看微课讲解过程），来简单讲解计价软件的组价过程。以上一节

（17.1）工程案例为例，上一节图形算量算出柱的体积是 21.93m^3，该案例中主要是异形柱。

第一步，新建工程。打开软件，新建工程，工程名称：青年人才公寓 5# 楼，工程类别：一类工程，点击“确定”，打开软件，在软件中可以打开费率设置标签，完成项目费率设置。如图 17-17 所示，比如该案例是建筑工程一类工程，其管理费为 32%，利润率为 12%，计算基础：人工费 + 机械费。

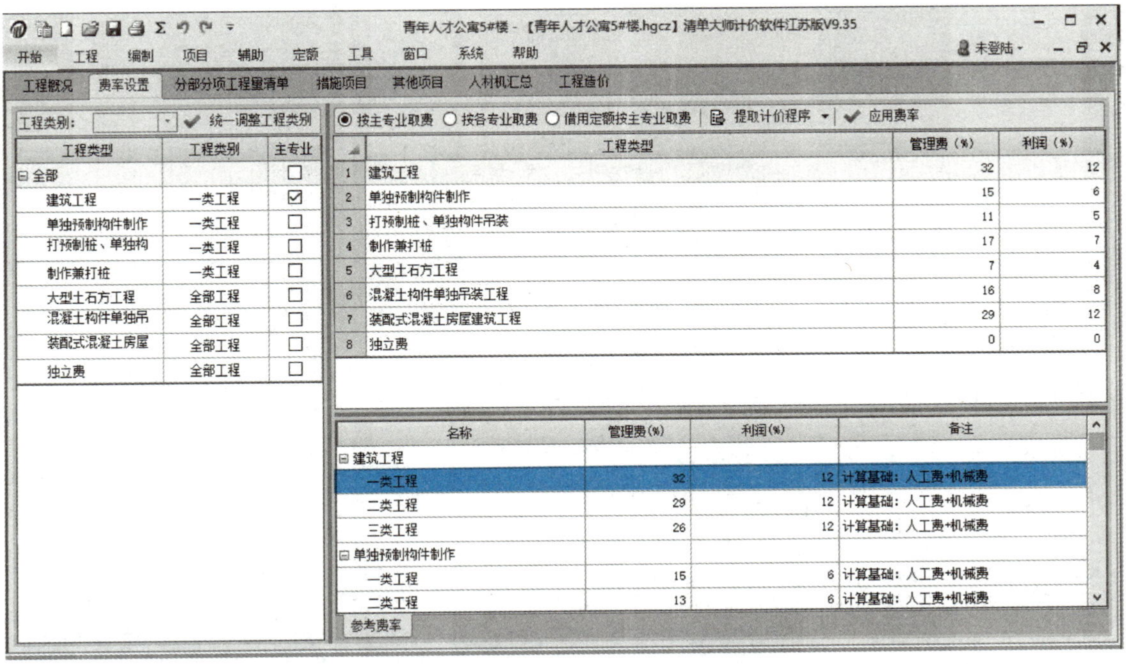

图 17-17　费率设置

第二步，切换到标签“分部分项工程量清单”。左半部分是清单 / 定额列表，右上部分是输入清单项目和定额的主体窗口，右下部分是辅助工具栏。在这里可以完成清单编制，主要有三种方法。第一种，直接在“定额编号”下面输入清单项目编码前九位，回车，软件自动生成十二位编码。例如，异形柱，输入“010502003”回车，工程量输入“21.93”，在辅助工具栏，选择“清单特征”标签，根据题意和清单编制要求输入清单项目特征如图 17-18 所示。第二种方法，在左侧清单列表中找到“混凝土及钢筋混凝土工程”—“现浇混凝土柱”—“异形柱”，双击，工程量输入“21.93”。第三种方法，在清单列表上方查询栏，输入“异形柱”，点击“查询”，弹出查询结果对话框，如图 17-19 所示，选择第一条是现浇混凝土柱中的“异形柱”，点击“添加”，输入工程量“21.93”。

第三步，定额组价。也有三种方法，先选中需要组价的清单项目。第一种方法：在清单项目后插入空行，在“定额编号”下输入定额编号，例如“6-192”，自动弹出定额“C30 现浇 L、T、十形柱（泵送商品混凝土）”。第二种方法：在辅助工具栏，打开“项目指引”标签，可以快速查找定额 6-192。第三种方法：在左侧定额列表中查找定额 6-192。三种方法都可以完成清单项目异形柱的组价，套用定额 6-192 之后，会自动套用模板定额 21-29 复合木模板，如图 17-20 所示。套用完成以后要执行措施项目费转移，将复合木模板转移到单价措施项目中，如图 17-21 所示。

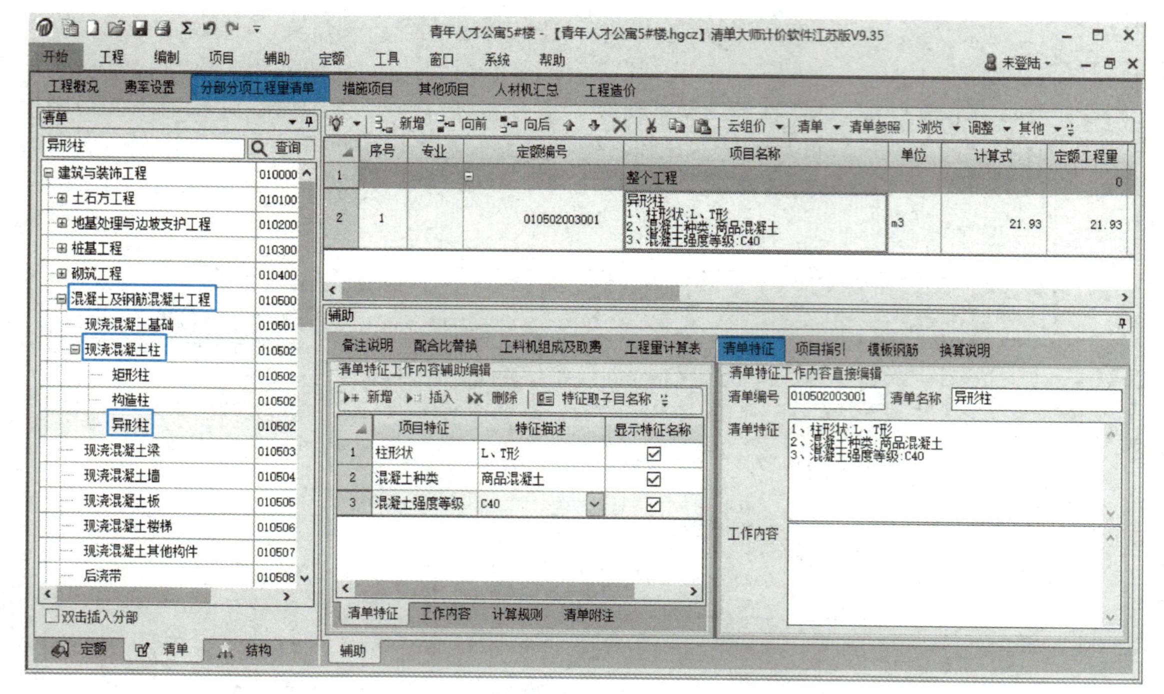

图 17-18　清单编制

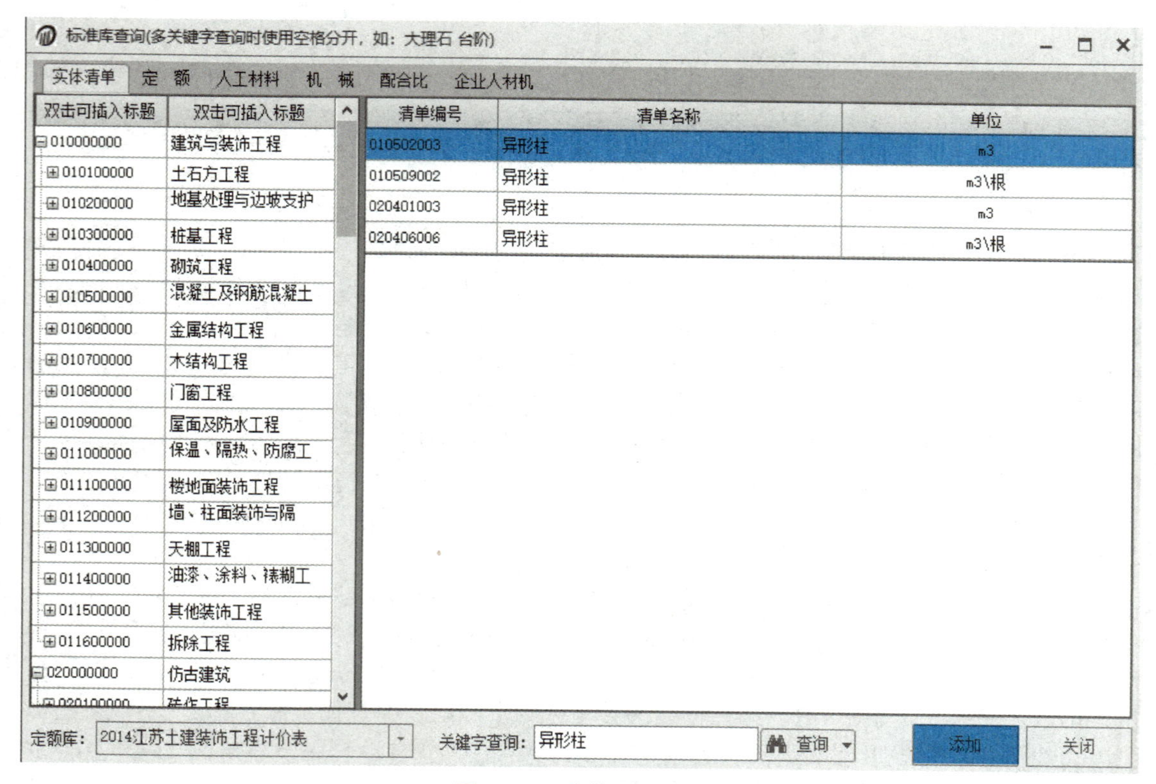

图 17-19　清单查询结果

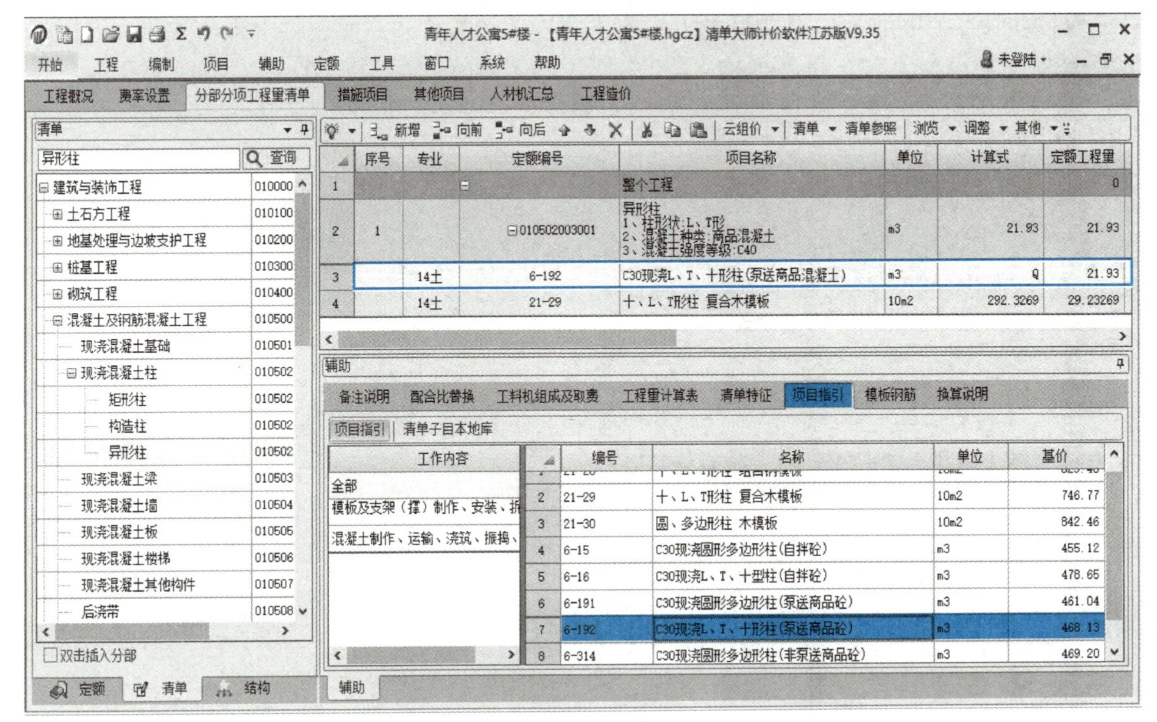

图 17-20 定额组价

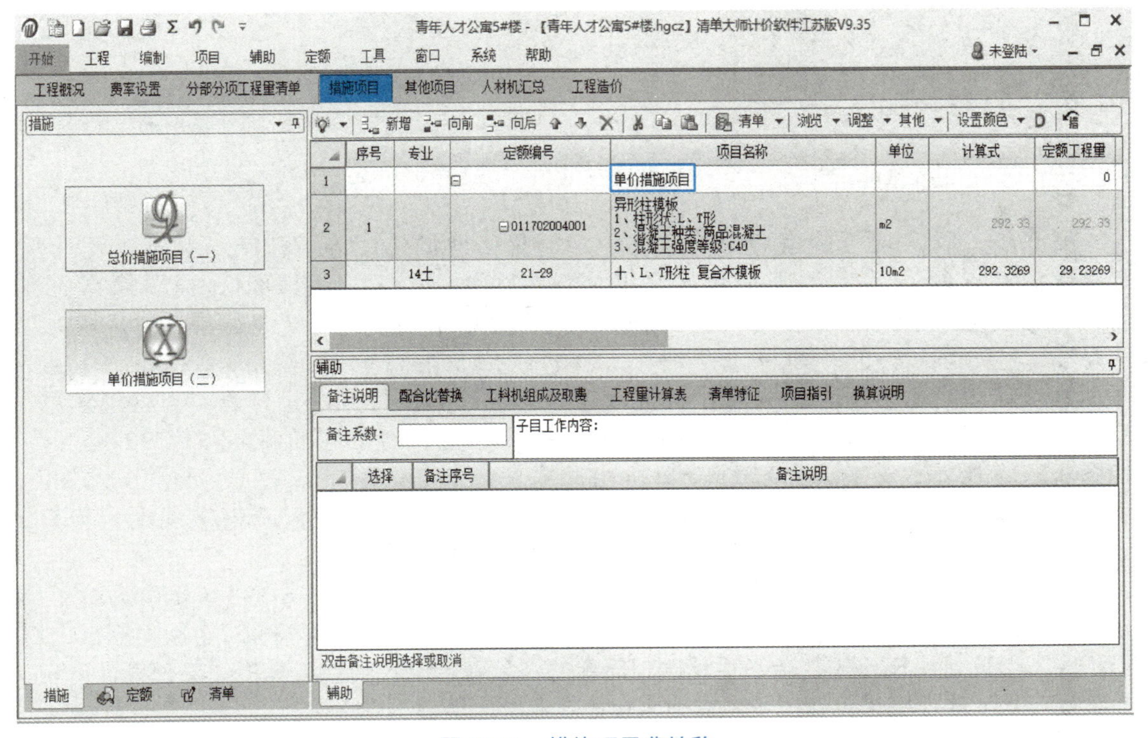

图 17-21 措施项目费转移

第四步，工料机换算。软件默认的混凝土强度等级是C30，而题目中当前楼层柱采用的混凝土强度等级是C40，打开辅助工具栏，“工料机组成及取费”，在下方窗口中右击，选择“工料机换算”，打开定额换算对话框，选中“C40泵送商品混凝土”，点击“替换”，如图17-22所示。

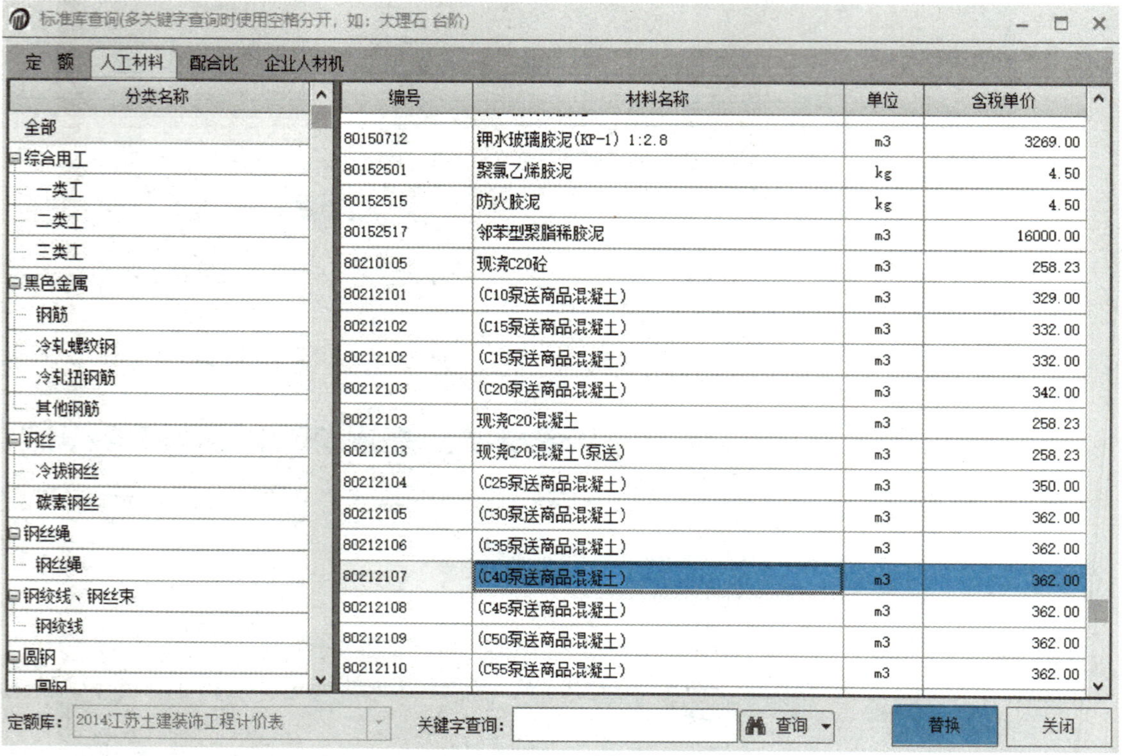

标准库查询(多关键字查询时使用空格分开，如：大理石 台阶)

定 额　人工材料　配合比　企业人材机

分类名称
全部
⊟综合用工
一类工
二类工
三类工
⊟黑色金属
钢筋
冷轧螺纹钢
冷轧扭钢筋
其他钢筋
⊟钢丝
冷拔钢丝
碳素钢丝
⊟钢丝绳
钢丝绳
⊟钢绞线、钢丝束
钢绞线
⊟圆钢

编号	材料名称	单位	含税单价
80150712	钾水玻璃胶泥(KP-1) 1:2.8	m3	3269.00
80152501	聚氯乙烯胶泥	kg	4.50
80152515	防火胶泥	kg	4.50
80152517	邻苯型聚脂稀胶泥	m3	16000.00
80210105	现浇C20砼	m3	258.23
80212101	(C10泵送商品混凝土)	m3	329.00
80212102	(C15泵送商品混凝土)	m3	332.00
80212102	(C15泵送商品混凝土)	m3	332.00
80212103	(C20泵送商品混凝土)	m3	342.00
80212103	现浇C20混凝土	m3	258.23
80212103	现浇C20混凝土(泵送)	m3	258.23
80212104	(C25泵送商品混凝土)	m3	350.00
80212105	(C30泵送商品混凝土)	m3	362.00
80212106	(C35泵送商品混凝土)	m3	362.00
80212107	(C40泵送商品混凝土)	m3	362.00
80212108	(C45泵送商品混凝土)	m3	362.00
80212109	(C50泵送商品混凝土)	m3	362.00
80212110	(C55泵送商品混凝土)	m3	362.00

定额库：2014江苏土建装饰工程计价表　关键字查询：　查询　替换　关闭

图17-22　定额换算窗口

第五步，确定现行价格。当前软件中定额价格遵循《江苏省建筑与装饰工程计价定额》(2014版)，其人材机的价格水平是2014年水平，进行组价时，需要换算成当前人材机价格。例如C40商品混凝土除税价格是614.92元/m^3（南通市2021年9月信息价），换算方法也有两种，一种在工料机组成及取费窗口进行换算，如图17-23所示，在“现行价”下方，双击，就可以进行编辑；第二种方法，打开“人材机汇总”标签，选择“主要材料”，找到C40泵送商品混凝土，将除税价改成614.92元/m^3，如图17-24所示，定额6-192综合单价由原来的495.56元/m^3，变成756.19元/m^3，第二种方法可以在工程项目定额组价全部完成以后，在人材机汇总中实现批量换算，效率更高。

至此，完成了清单项目异形柱的组价，其清单综合单价同定额6-192单价，为766.15元/m^3，如图17-25所示。在清单大师计价计价软件中，也可以计算清单/定额工程量，对于一些图形算量建模比较复杂，手算比较简单的对象就可以在辅助工具栏“工程量计算表”中直接输入公式得结果，如清单项目平整场地、混凝土楼梯等。

清单大师计价软件还可以完成措施项目、其他项目费的编制，最后形成工程总报价。无论是图形算量软件还是计价软件，都大大提高了造价人员的工作效率。

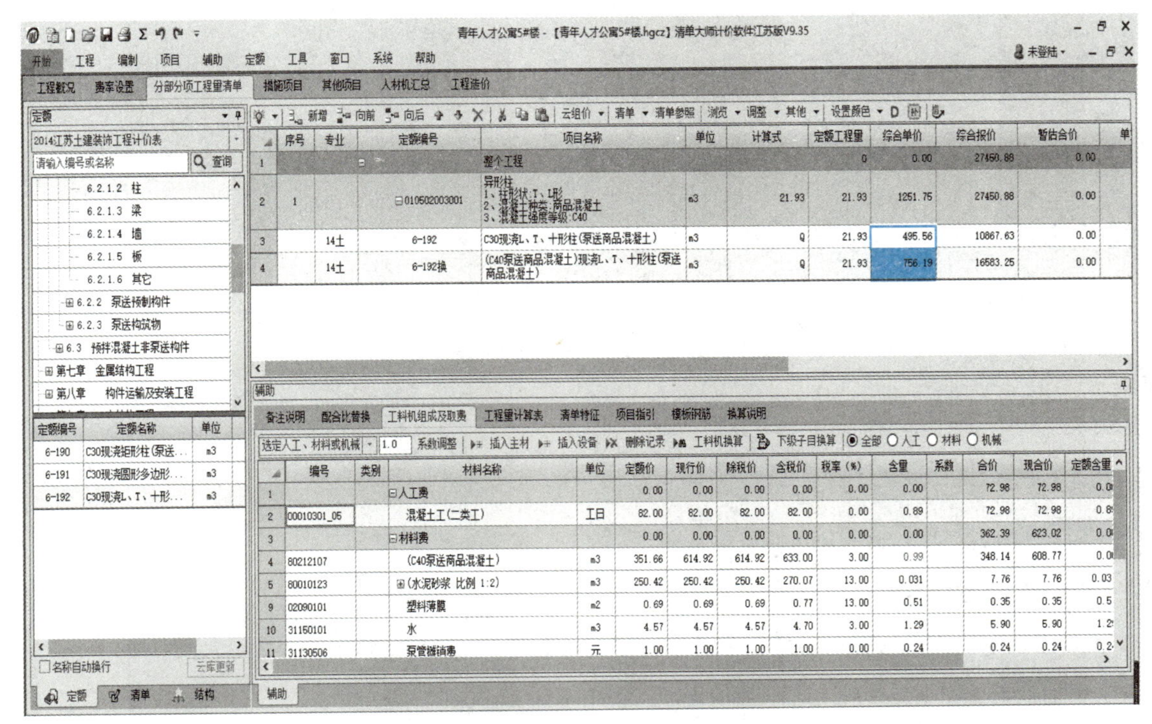

图 17-23　材料价格工料机组成中换算

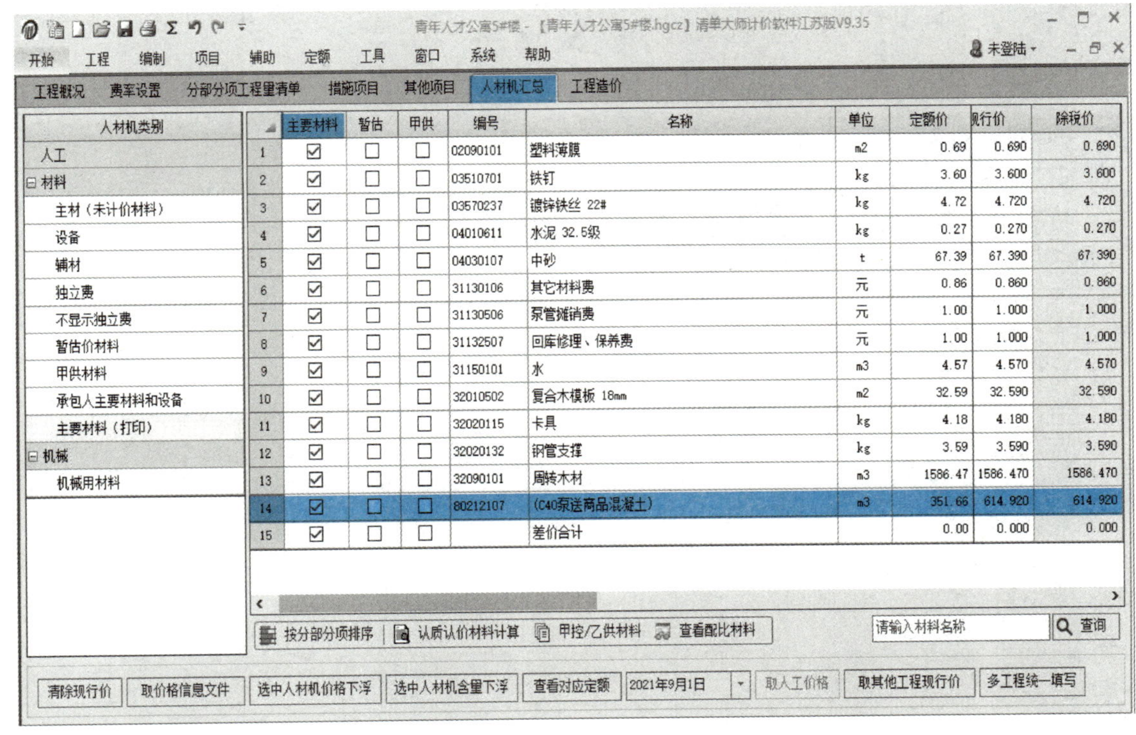

图 17-24　材料价格人材机汇总中换算

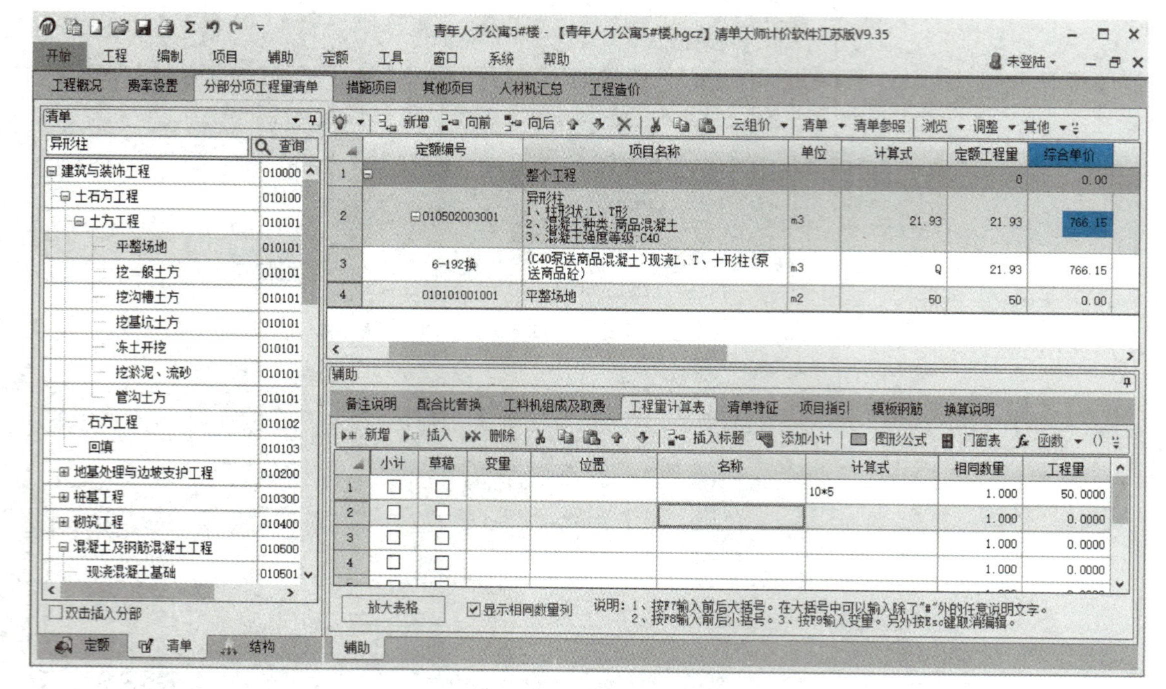

图 17-25　工程量计算表

二维码 17.2

技能训练

请利用本书提供的工程案例图纸（扫描二维码 10.3 和二维码 10.4 获取），用所在学校的计量与计价学习软件，进行软件计量与计价。

参考文献

[1] GB 50500—2013. 建设工程工程量清单计价规范 .

[2] GB 50854—2013. 房屋建筑与装饰工程工程量计算规范 .

[3] GB/T 50353—2013. 建筑工程建筑面积计算规范 .

[4] 江苏省住房和城乡建设厅 . 江苏省建筑与装饰工程计价定额（2014 版）. 南京：江苏凤凰科学技术出版社，2014.

[5] 江苏省住房和城乡建设厅 . 江苏省建设工程费用定额（2014 年）（苏建价［2014］299 号）. 南京：江苏凤凰科学技术出版社，2014.

[6] 全国造价工程师执业资格考试培训教材编审委员会 . 建设工程造价管理 . 北京：中国城市出版社，2019.

[7] 全国造价工程师执业资格考试培训教材编审委员会 . 建设工程计价 . 北京：中国城市出版社，2019.

[8] 全国造价工程师执业资格考试培训教材编审委员会 . 建设工程造价案例分析（土木建筑工程、安装工程）. 北京：中国城市出版社，2019.

[9] 全国二级建造师执业资格考试用书编写委员会 . 建设工程施工管理 . 北京：中国建筑工业出版社，2021.

[10] 姜慧等 . 土木工程造价 . 北京：中国建筑工业出版社，2018.

[11] 祝连波 . 我国建筑业信息化研究文献综述 . 生产力研究，2010（1）.

[12] 祝连波，田云峰 . 我国建筑业 BIM 研究文献综述 . 建筑设计管理，2014，31（02）：33-37.

[13] 洪秀君，黄丽芬 . BIM 技术在工程造价算量软件中的应用 . 居业，2020（08）：52-54.